JN445813

Second Edition

OrCAD PSpice를 이용한

전력전자공학 시뮬레이션

한우용 · 박효식 공저

도서출판 기한재

머리말

전력전자공학은 전기전자 회로설계 기술, 반도체 소자 기술, 전력변환 및 제어기술, 마이크로프로세서 응용 기술 등 전기전자 분야를 총망라하고 있는 종합학문으로서, 그 응용제품이 생활가전, 산업설비, 우주항공, 신재생에너지 등 일상생활의 모든 분야에서 폭넓게 적용되고 있기 때문에 전기, 전자공학 관련 학문을 전공하는 학생들에게는 필수적인 학문분야로 자리 잡고 있다. 전기전자관련 학문 중에서 일반적인 디지털회로, 마이크로프로세서 등과 같이 저전력의 디지털 시스템으로 구성되는 학문의 경우에는 회로를 구성하여 동작을 확인하고 파형을 측정하는 실습과정이 비교적 쉬운 반면에 비해, 전력전자공학과 같이 디지털 및 아날로그 시스템을 모두 포함하는 고전력 회로를 설계하고 해석해야 할 경우에는 시스템을 직접 구성하여 동작을 확인하는 과정이 쉽지 않게 된다. 따라서 시스템을 직접 구성하지 않고 컴퓨터 시뮬레이션에 의해 설계된 회로의 동작을 확인할 수 있는 전기전자회로 설계 시뮬레이션 프로그램이 개발되어 판매되고 있다.

본 교재에서는 여러 가지 전기전자회로 설계 시뮬레이션 중에서 초보자가 비교적 쉽게 접근할 수 있는 PSpice 프로그램을 이용하여 회로를 해석하는 과정을 설명하였다. PSpice 프로그램은 독자적으로 판매되는 상품이었으나 최근에는 소프트웨어 개발 회사들의 인수합병 과정에서 OrCAD와 접목되어 판매되고 있기 때문에 OrCAD 9.1에 탑재된 프로그램을 기초로 하여 회로도 작성, 라이브러리 생성, 회로 시뮬레이션 등의 과정을 설명하였다. OrCAD 자체를 처음으로 접하는 사람이라 할지라도 본 교재의 설명을 따라 순서대로 진행하면 회로를 그리고, 시뮬레이션 결과를 확인하는 모든 과정에 무리가 없을 것으로 판단된다.

PREFACE

본 교재는 가장 기본적인 R,L,C 수동소자 회로에 대한 해석을 시작으로 하여 정류기(AC-DC), 컨버터(DC-DC), 인버터(AC-DC), 사이클로 컨버터(AC-AC) 등과 같은 전력전자공학의 대표적인 4대 전력변환회로를 모두 다루었으며, 각 변환회로를 조합하는 하이브리드 시스템을 구성하여 각각의 시뮬레이션 과정을 기술하였다.

끝으로 이 책을 출판하는데 도움을 주신 도서출판 기한재 사장님 이하 임직원 여러분께 감사드리며, 책의 기획, 저술, 편집에 도움을 주신 여러 교수님들께 감사드립니다.

저자

차례

C.O.N.T.E.N.T.S

차례

C.O.N.T.E.N.T.S

CHAPTER

01

OrCAD PSpice를 이용한 전력전자공학

Chapter 01

OrCAD PSpice를 이용한 전력전자공학

1.1 전력전자공학의 개요

1.1.1 전력전자(Power Electronics) 기술의 산업응용 배경

① 전기의 이용

- 에너지로서 사용 : 수송이나 제어가 용이한 에너지원
- 정보조작에 사용 : 전기, 전자, 제어기기, 통신, 컴퓨터 분야의 정보처리

② 고정된 전압, 주파수의 에너지원을 또 다른 형태의 에너지로의 효율적 변환을 위해 전자(Electronics) 기술이 전력분야에 이용되었다.
즉, 전자(Electronics)기술을 이용하여 전력(Power)을 제어(Control)하는 기술로 발전하였다.

1.1.2 전력전자(Power Electronics) 정의

① Power(정지기기, 회전기)와 Electronics(Device, Circuit)와 이것을 연결하는 Control의 세 가지 영역을 포함하는 종합적인 기술 분야를 통칭

② 전력용 반도체 디바이스의 스위칭 동작에 의한 효율적인 전력변환이나 제어에 관한 기술 분야

③ 정지 전력변환장치, 모터와 같은 회전 전력변환장치를 다루는 전력기기공학 분야, 신호처리 및 반도체소자를 이용한 전자공학분야, 시스템 제어를 포함한 제어공학분야를 결합한 학문

1.1.3 전력변환장치

전력용 반도체 디바이스를 이용하여 전력의 흐름을 제어하고 전압, 전류, 주파수들의 형태를 변환하는 장치

① AC 전력→DC 전력으로 변환 : 순변환장치, 정류기, Converter

② DC 전력→AC 전력으로 변환 : 역변환장치, Inverter

③ DC 전력→DC 전력으로 변환 : Chopper(초퍼), DC/DC Converter

④ AC 전력→AC 전력으로 변환 : CycloConverter, 교류전력조정기

1.1.4 전력전자(Power Electronics) 응용분야

① 신재생에너지 변환장치 : 태양광 발전, 풍력 발전, 수소연료전지, 초전도 코일

② 전동기의 가변속 구동 : 엘리베이터, 산업용 로봇, 공작기계, 기중기, mill drive, 고속철도분야, 전기자동차

③ 무정전 전원장치(UPS : Uninterruptible Power Supply)

④ Switching Regulator : 컴퓨터, 통신 등 각종 전자기기의 직류 정전압 전원 장치

⑤ 가전기기 : 에어콘, TV, 냉장고, 전자조리기, 전자레인지, 형광램프

⑥ 전력계통 : 무효전력보상장치, FACTS

1.2 OrCAD PSpice 사용

1.2.1 OrCAD PSpice 시작

OrCAD PSpice를 이용하여 회로의 설계를 시작하는 과정은 다음과 같다.

1) Capture CIS → File → New → Project를 순서대로 클릭한다.

① Name : test circuit A

- test circuit : Project 이름(반드시 영문으로 작성)
- A : 도면 순서(test circuit A, test circuit B, …)

② Create a New Project Using 항목에서 작업할 프로젝트 종류를 선택한다. 다음과 같이 Analog or Mixed Signal Circuit Wizard를 Check(⊙)한다.

⊙ Analog or Mixed Signal Circuit Wizard : 아날로그 또는 아날로그/디지털 혼합 회로를 설계하기 위해 OrCAD PSpice를 사용

O PC Board Wizard : PCB를 설계하기 위해 OrCAD Layout를 사용

O Programmable Logic Wizard : PLD 내에 포함되는 회로를 설계하기 위해 OrCAD Express를 사용

O Schematic : 단순 회로도면을 작성

2) Location : 파일을 저장할 폴더 위치 지정 또는 생성

Browse → Select Directory or Create Dir... → OK를 클릭하여 폴더를 지정 또는 생성(반드시 영문이름으로 작성)

예) C:\PROGRAM FILES\OrCAD\PE-LECTURE\TEST

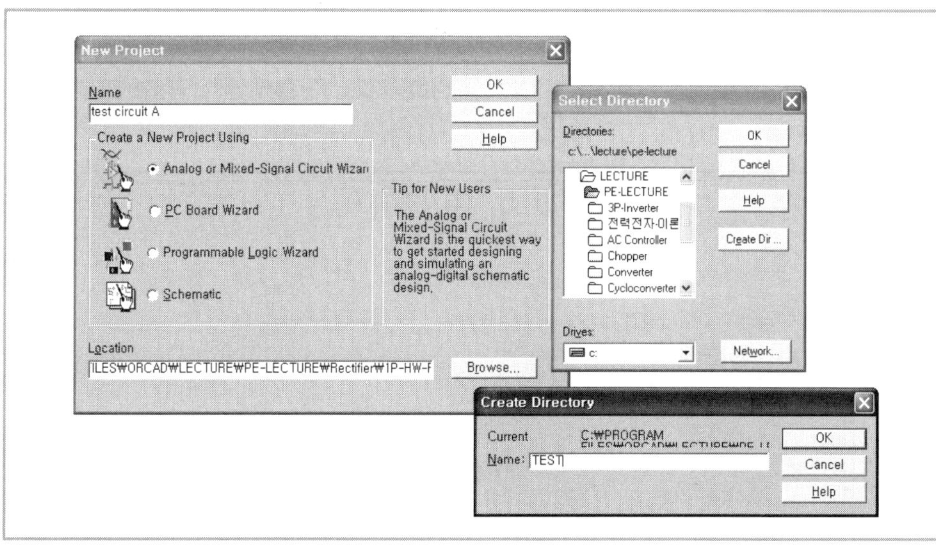

3) 라이브러리를 첨가(ADD), 제거(REMOVE)를 수행

→ 마침을 클릭하면 Schematic 편집창이 열린다.(라이브러리 첨가 및 제거는 회로 작성 시에도 수행이 가능)

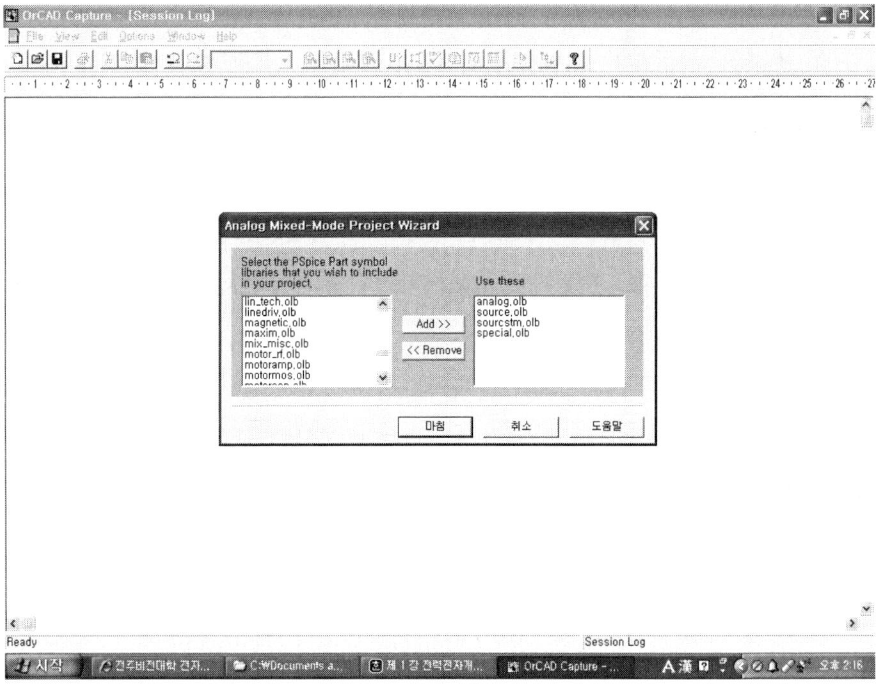
OrCAD Capture - [Session Log]
Analog Mixed-Mode Project Wizard
Select the PSpice Part symbol libraries that you wish to include in your project.
Use these
lin_tech.olb
linedriv.olb
magnetic.olb
maxim.olb
mix_misc.olb
motor_rf.olb
motoramp.olb
motormos.olb
analog.olb
source.olb
sourcstm.olb
special.olb
Add >>
<< Remove
마침
취소
도움말
Ready
Session Log

↓ ↓

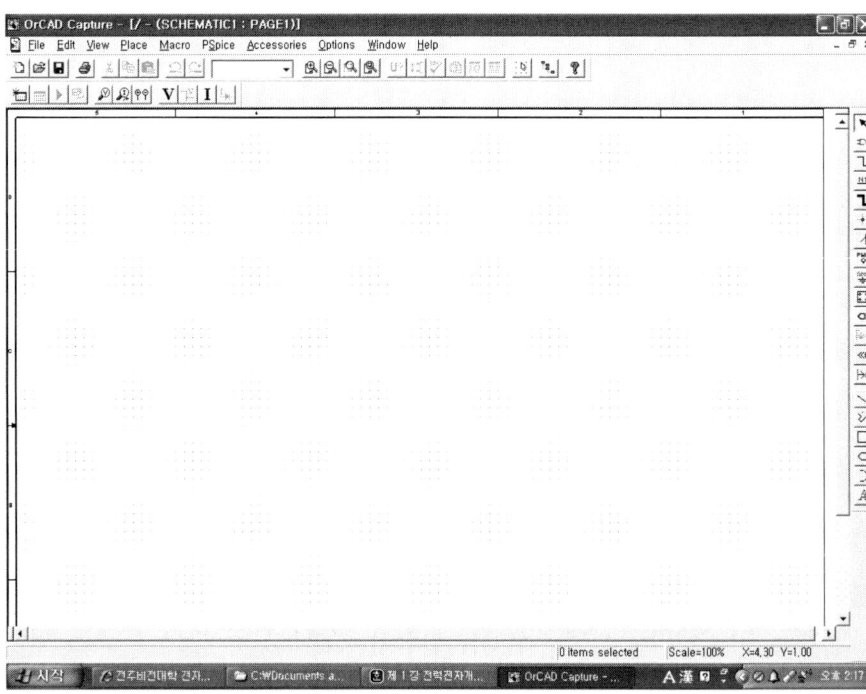
OrCAD Capture - [/ - (SCHEMATIC1 : PAGE1)]
File Edit View Place Macro PSpice Accessories Options Window Help
0 items selected
Scale=100%
X=4.30 Y=1.00

1.2.2 회로 설계 및 시뮬레이션 연습

1.2.1에서 구성한 Schematic 편집창(File name : test circuit A)에 그림 1-1의 회로를 설계하고 시뮬레이션을 수행하는 연습을 한다.

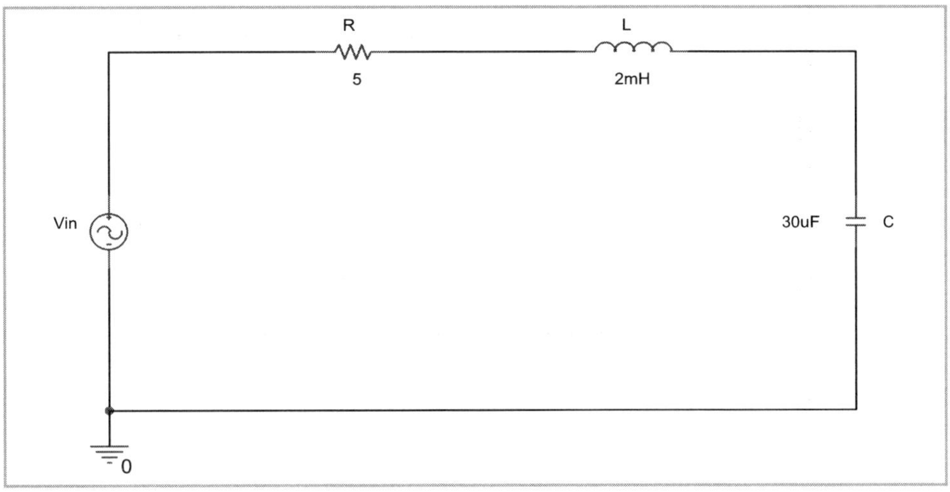

| 그림 1-1 | Test circuit A

도면 작성은 메뉴줄의 Place→Part 버튼을 클릭하여 부품을 선정하고, Place→Wire를 이용하여 선 그리기를 수행한다. 또는 좌측의 툴 팔레트(Tool Palette)의 명령어를 클릭하여 작성하는 것이 용이하다.

- 부품배치(Place→Part) : 툴 팔레트의 명령어 버튼을 클릭하여 부품을 지정
- 선그리기(Place→Wire) : 툴 팔레트의 명령어 버튼을 클릭하여 선 그리기를 지정
- 기타 : 툴 팔레트의 명령어 버튼을 클릭하여 사용

1 회로 설계

부품 배치 : 툴 팔레트의 를 클릭하여, 정현파 전압원, 저항, 인덕터, 커패시터를 배치한다.

1) 정현파 전압원(라이브러리 명 : SOURCE → VSIN)

① 툴 팔레트의 를 클릭 → Libraries에서 SOURCE 지정 → Part에서 VSIN 지정

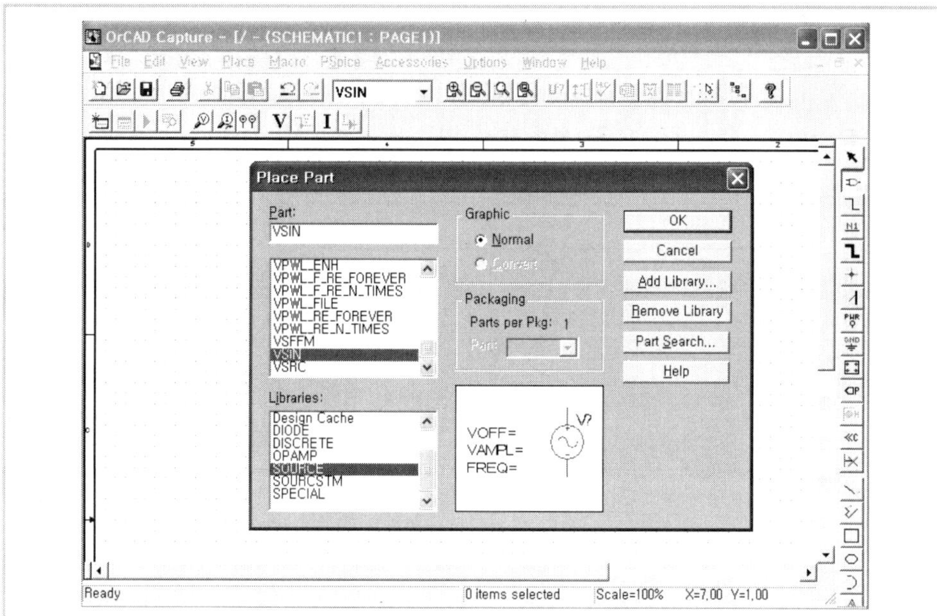

② OK 클릭 → Schematic 편집창에서 오른쪽 마우스 클릭 → End mode(또는 Esc를 클릭하여 빠져나오기)

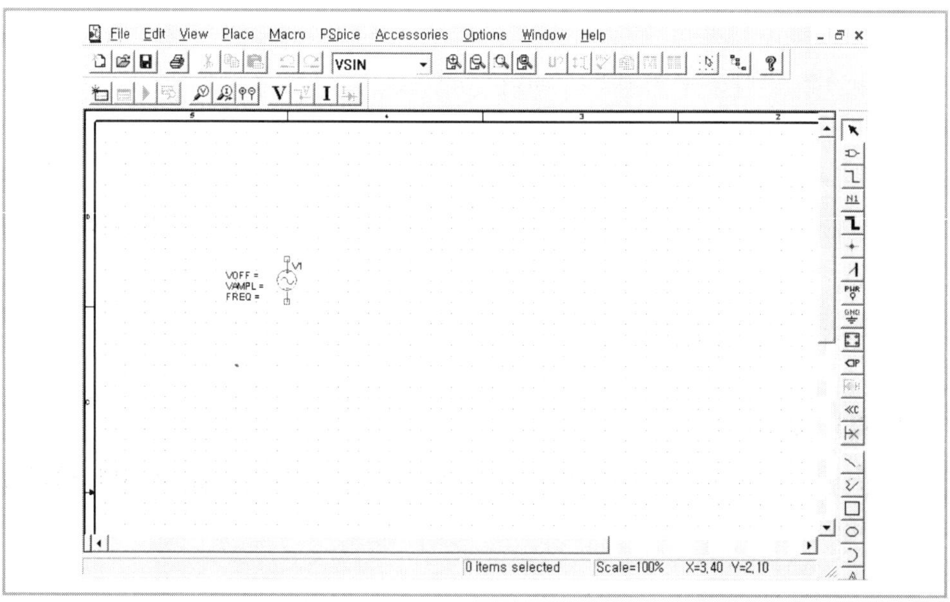

③ 부품 이름 : V_{in}

V_1을 2번 클릭(마우스 왼쪽 버튼)→Display Properties 창의 Value : V_1을 V_{in}으로 수정→OK 클릭

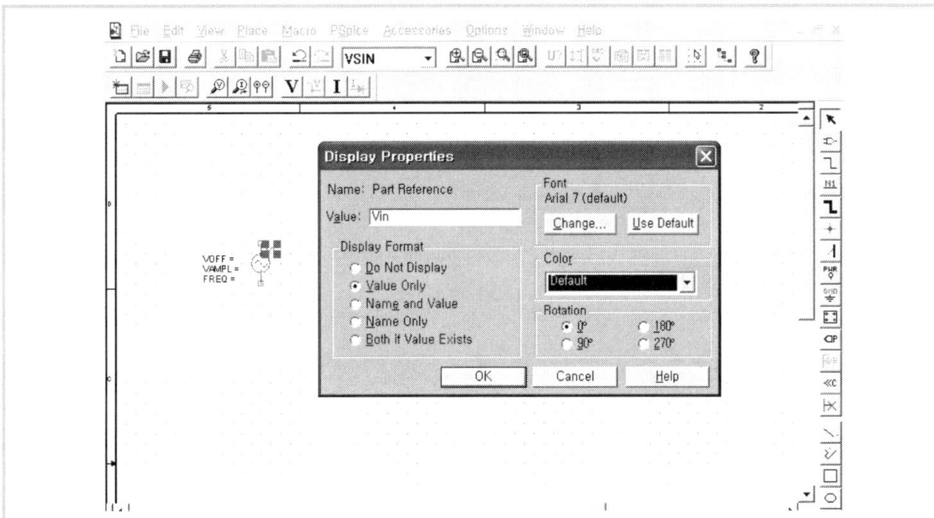

④ 크기 : VOFF = 0, VAMPL = 100V, FREQ = 1000Hz

VOFF =, VAMP =, FREQ =를 차례대로 2번 클릭(마우스 왼쪽 버튼)→Display Properties 창의 Value : 각각의 값을 변경→OK 클릭. VOFF = 0, VAMP = 100V, FREQ = 1000Hz를 클릭하여 좌우로 이동하여 배치

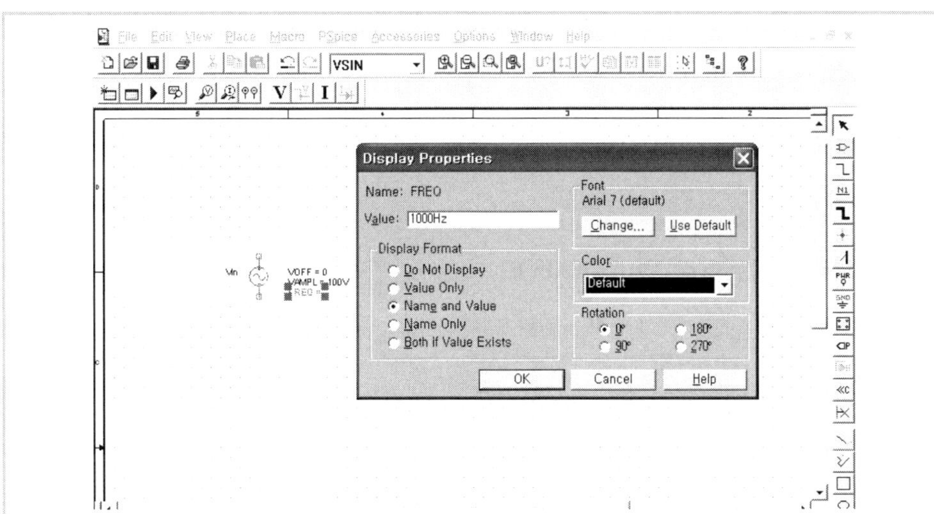

⑤ Property Editor 창에서 입력하기

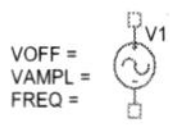

소자 심볼을 2번 클릭→Property Editor 창 열기(왼쪽 하단 Part 지정)→FREQ에는 1000Hz, Part Reference는 V_{in}, VAMP는 100V, VOFF는 0을 입력→창 나오기(우측 상단의 ⊠를 클릭)

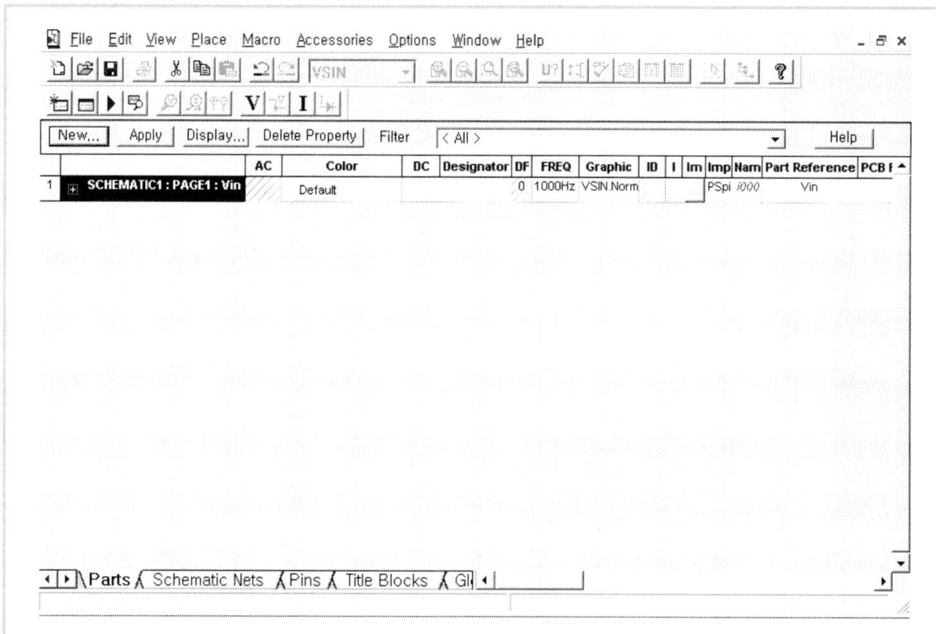

①의 정현파 전압원(라이브러리 명 : SOURCE→VSIN)의 부품 배치 방법을 이용하여 다음 4개 소자를 배치한다.

2) 저항(라이브러리 명 : ANALOG → R)

- 부품 이름/크기 : R = 5(Ω)

3) 인덕터(라이브러리 명 : ANALOG → L)

- 부품 이름/크기 : L = 2(mH)

4) 커패시터(라이브러리 명 : ANALOG → C)

- 부품 이름 = 크기 : C = 30(μF)

5) 접지(라이브러리 명 : Tool Palette → GND → SOURCE)

- symbol : 0 선택

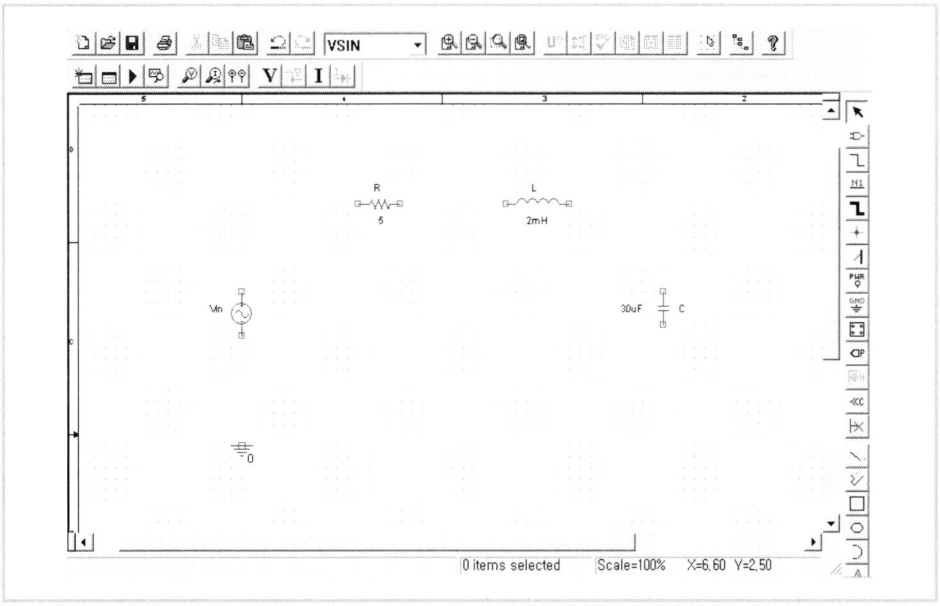

● **선 그리기** : 툴 팔레트의 ㄱ를 클릭하여 각 소자를 선으로 연결한다.

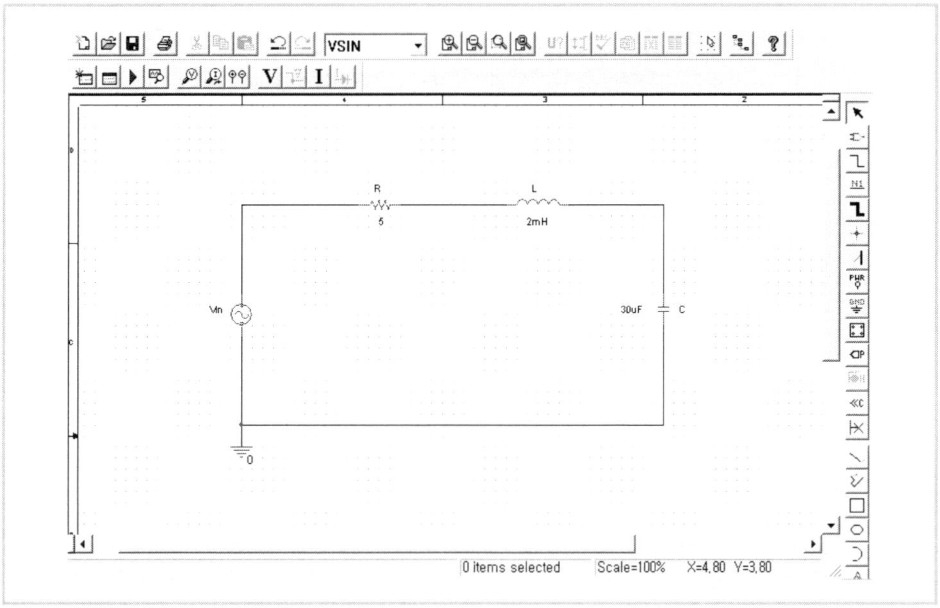

2 시뮬레이션

① 메뉴 PSpice→New Simulation, Name : test circuit A→Create 클릭

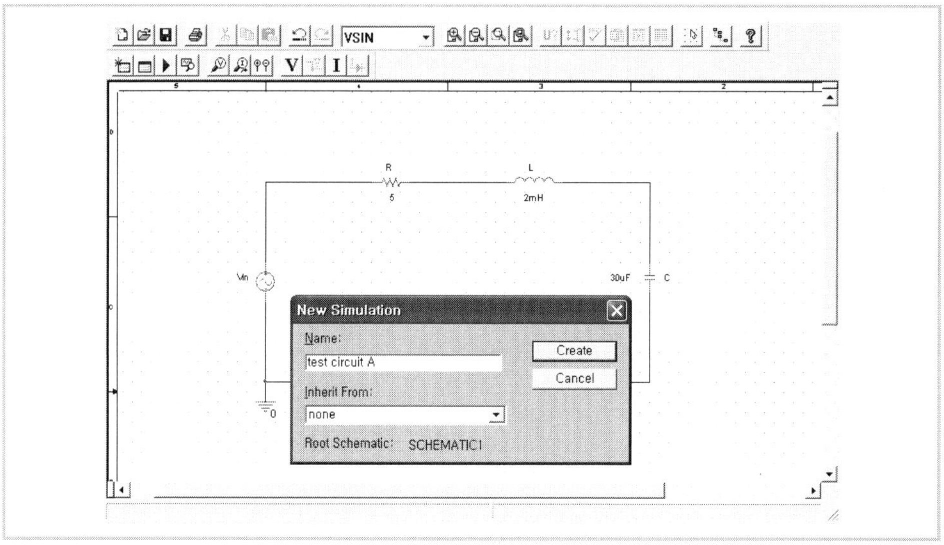

② Simulation setting - test circuit A 창에서 Run to Time : 3ms 입력→확인
(또는 PSpice→Edit Simulation Profile)

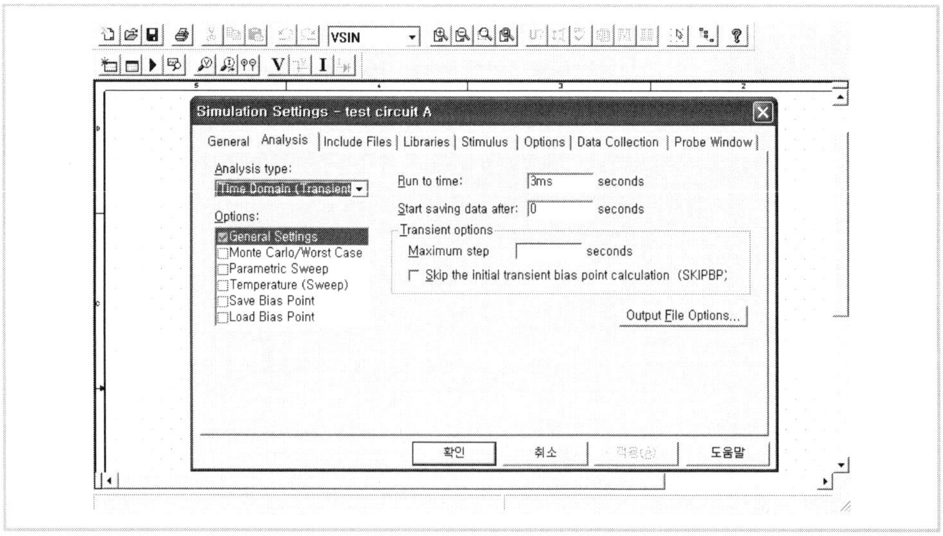

- Run to Time : 시뮬레이션 종료 시간

- Start saving data after : 시뮬레이션 시작 후 데이터를 저장하는 시간을 입력
- Maximum step : 과도 상태 해석의 수치 계산을 위해 최대 step size를 입력
- Skip the initial transient~ : 선택할 경우, 인덕터, 커패시터 등의 초기치를 무시하고 계산

③ PSpice→Run 또는 툴바의 ▶ 클릭(창 분리 : Plot→Add plot to window)

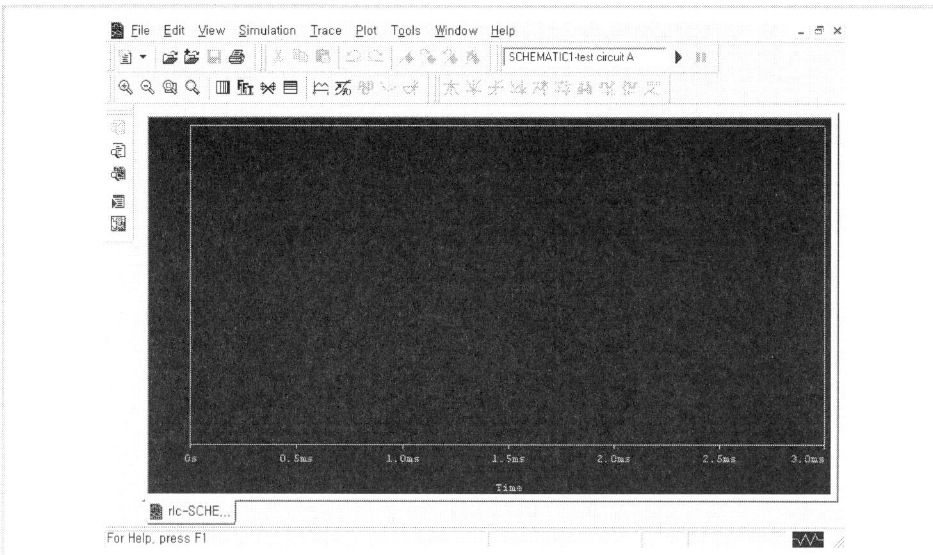

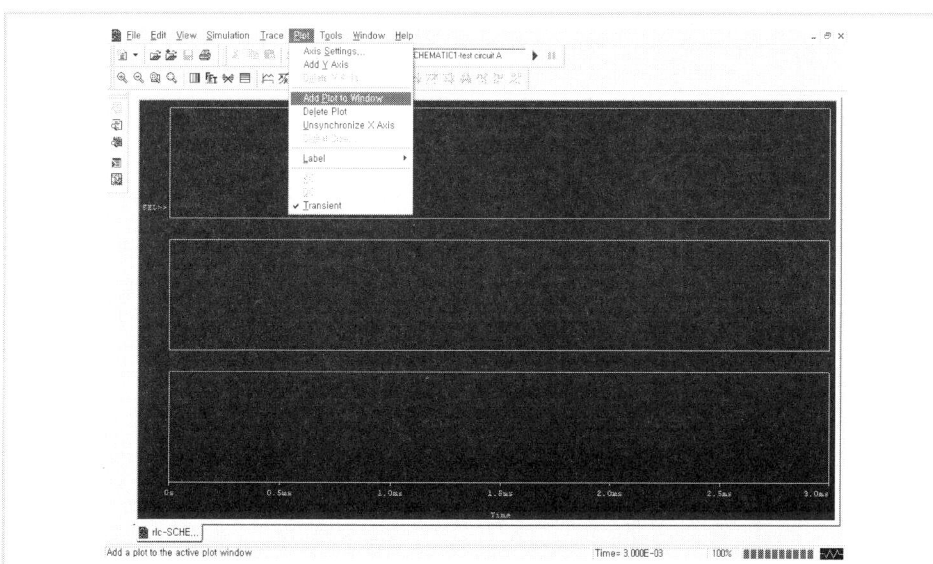

④ 파형 측정

- Markers의 내용

	전압측정(Voltage level)	Probe가 마크된 소자에서 earth까지 전압측정

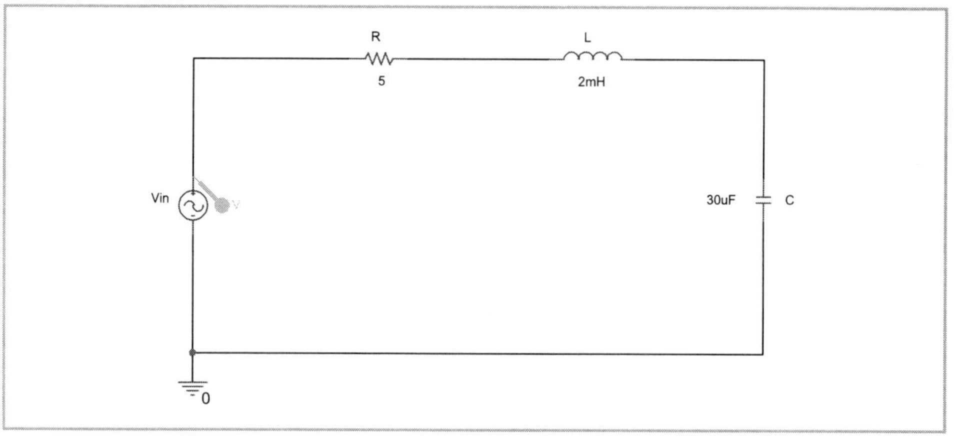

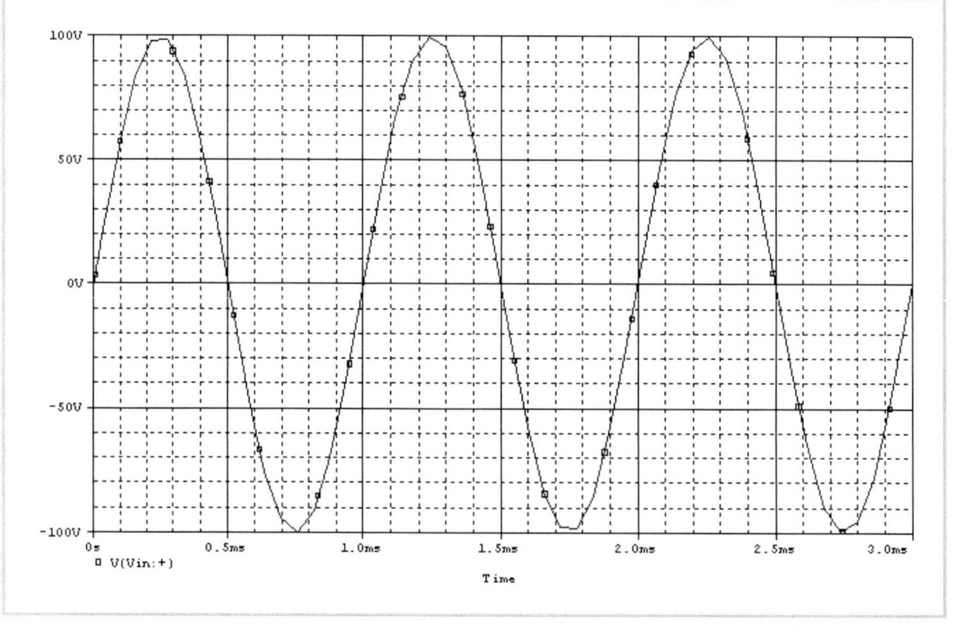

	전압차 측정(Voltage Differential)	Probe가 마크된 소자양단간 전압측정

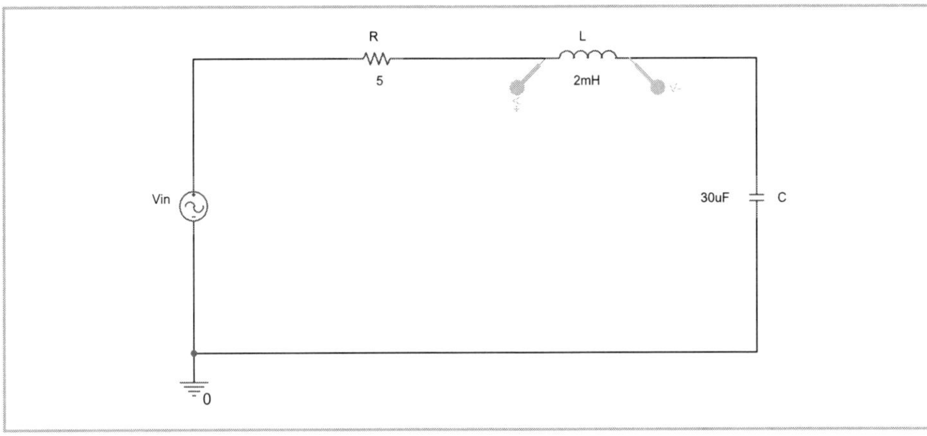

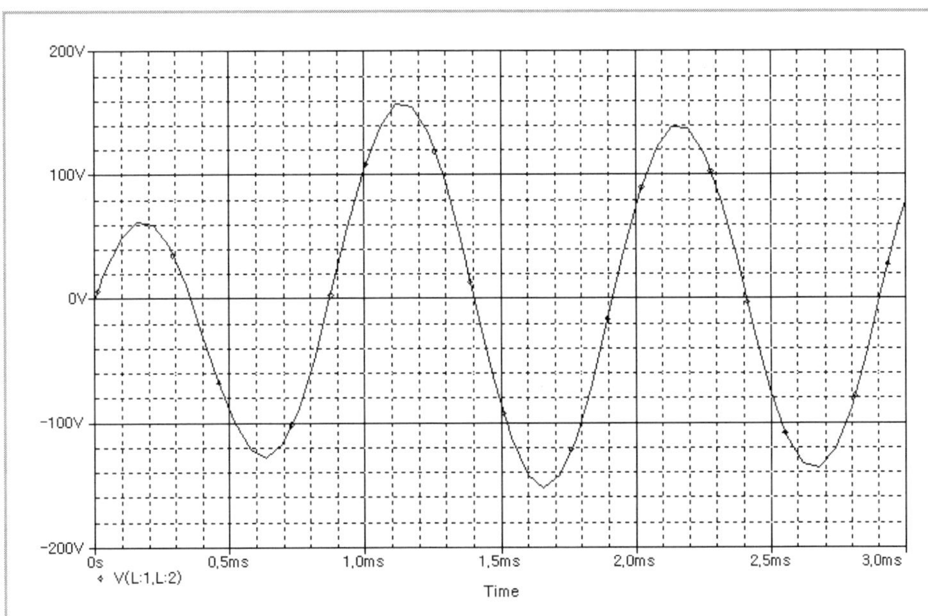

	전류 측정(Current)	Probe가 마크된 소자의 전류 파형 측정

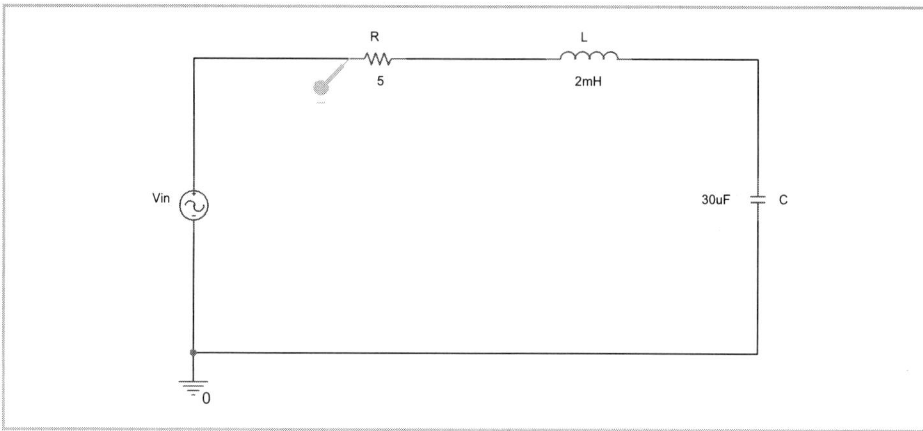

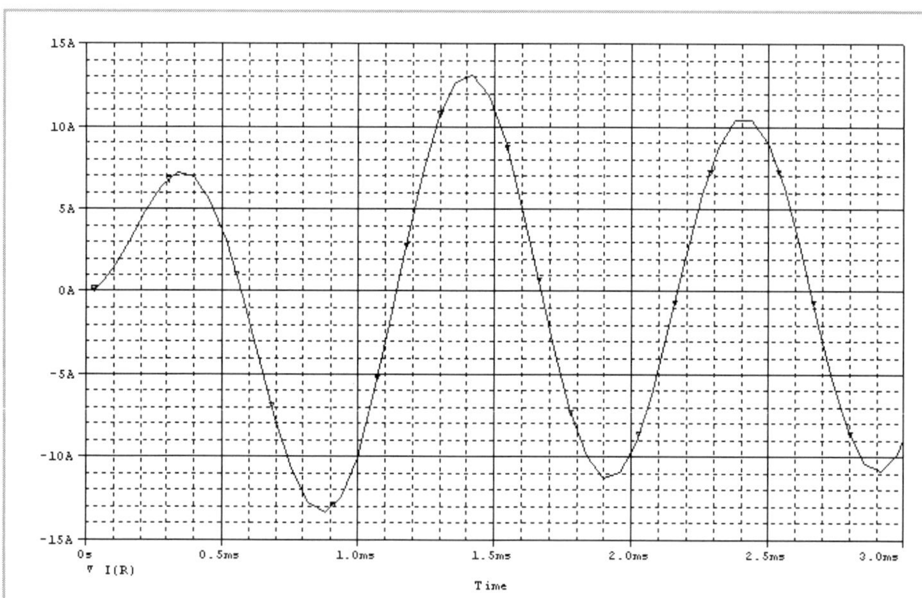

PSpice A/D 창(1)	PSpice A/D 창(2)	PSpice A/D 창(3)	PSpice A/D 창(4)
V_{in} 전압 파형	I_R 전류 파형	V_L 전압 파형	V_{RC}, V_C 전압 파형

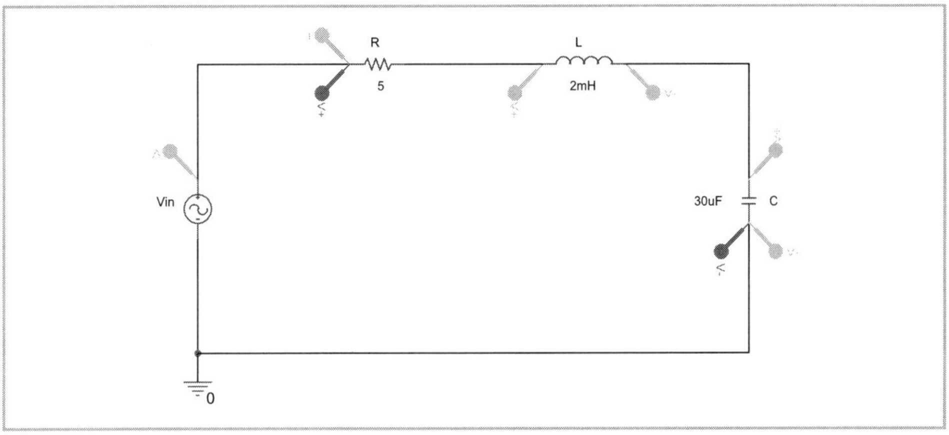

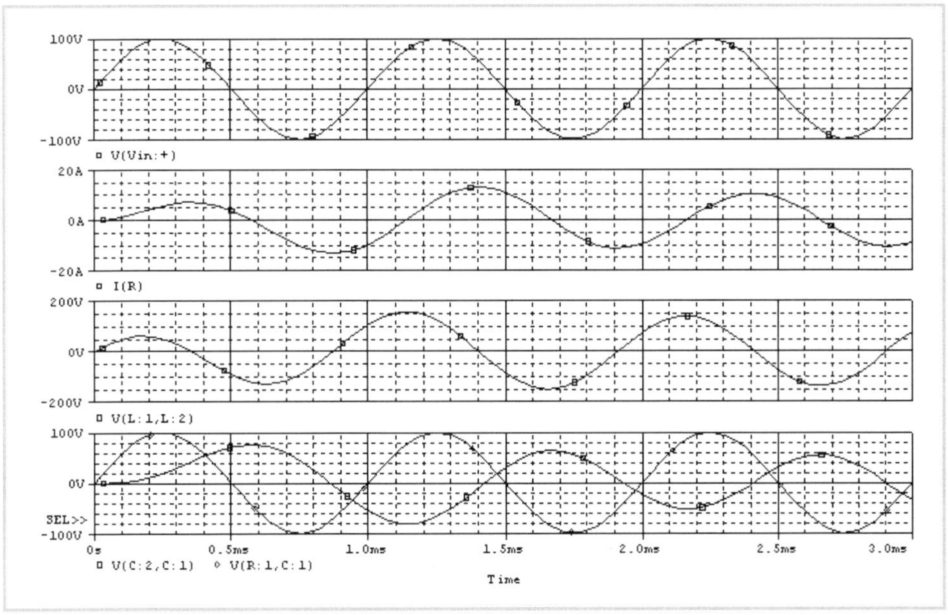

1.3 태양광 충전 제어기 회로 그리기

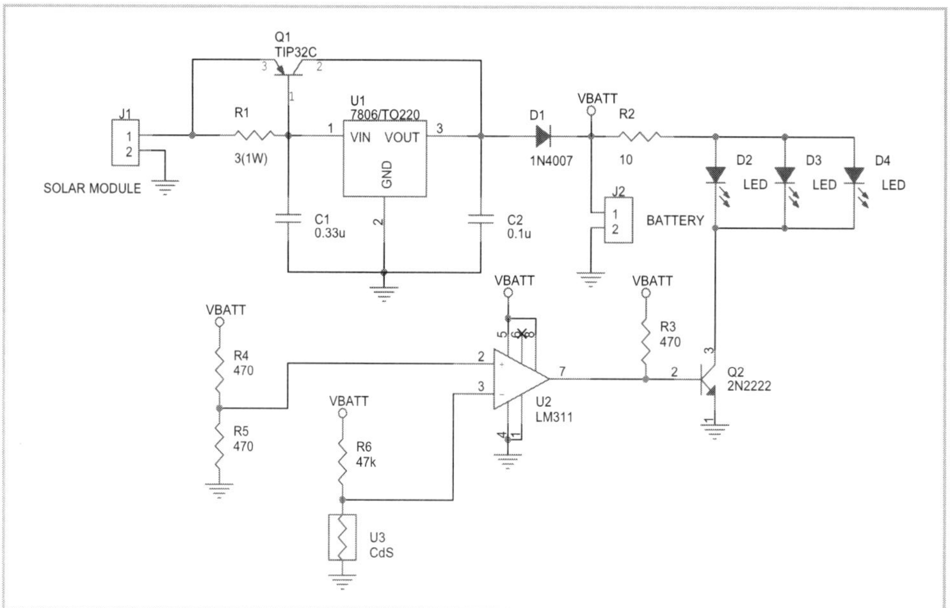

▌그림 1-2▐ 태양광 충전 제어기(Solar light charging controller)

1 회로 그리기

Capture CIS → File → New → Design을 순서대로 클릭하여 수행 또는 → New → Project를 클릭하고 Create a New Project Using 항목에서 ⊙ Schematic : 단순 회로도면을 작성을 선택한다(참조 : 1.2.1절).

① 저항(라이브러리 명 : DISCRETE → RESISTOR)

- 부품 이름/크기 : $R_1 = 3(\Omega)$ 1W, $R_2 = 10(\Omega)$, $R_3 = R_4 = R_5 = 470(\Omega)$, $R_6 = 47(k\Omega)$

② 콘덴서(DISCRETE → CAPACITOR NON-POL)

- 부품 이름/크기 : $C_1 = 0.339(\mu F)$, $C_2 = 0.1(\mu F)$

③ 트랜지스터(라이브러리 명 : TRANSISTOR → PNP BCE, 2N2222)

- 부품 이름 : Q_1 = TIP32C, Q_2 = 2N2222
- Transitor PNP BCE의 수정

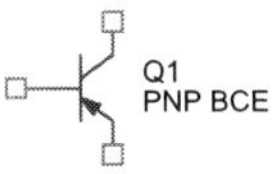

→오른쪽 마우스 클릭→Mirror Horizontally 클릭→ 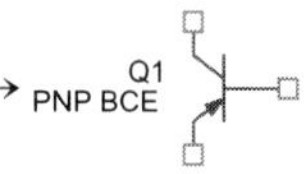

→Value 수정(TIP32C)→ 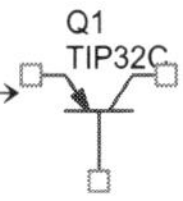

→소자를 오른쪽 마우스 클릭→Edit part 클릭→option 클릭→part properties 클릭→user properties 박스 내부의 Pin Numbers Visible False 클릭→True 변경→OK(핀 번호 보임)→우측 상단의 ⊠ 클릭→Update All 클릭→ 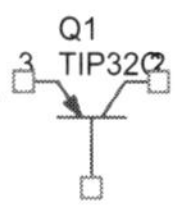

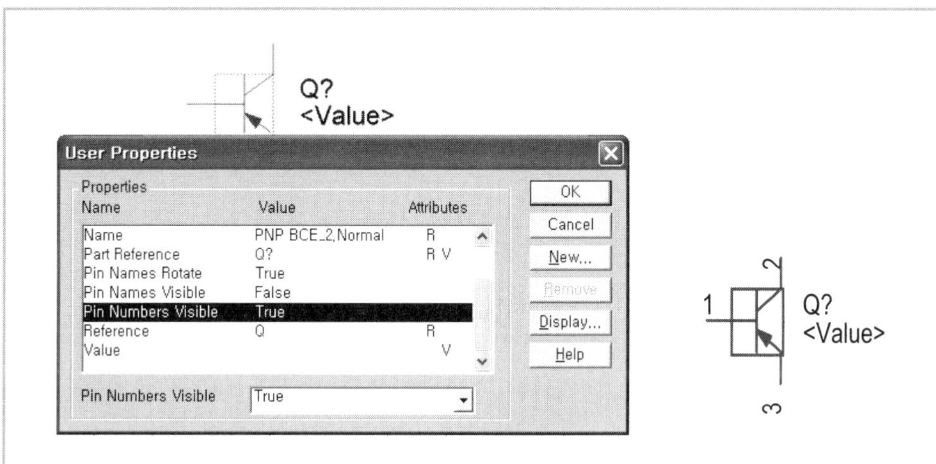

④ 다이오드(라이브러리 명 : DISCRETE→1N4007)

- 부품 이름 : D_1 = 1N4007

⑤ 발광다이오드(라이브러리 명 : DISCRETE→LED)

- 부품 이름 : D_2 / D_3 / D_4 = LED

⑥ 커넥터(라이브러리 명 : CONNECTOR→CON2)

- 부품 이름 : J_1 = SOLAR MODULE, J_2 = Battery

⑦ 전원(라이브러리 명 : Tool Palette→PWR→Design cache→VCC)

- 부품 이름 : V_{BATT}

⑧ 접지(라이브러리 명 : Tool Palette → PWR → CAPSYM → GND)

- symbol : 0 선택

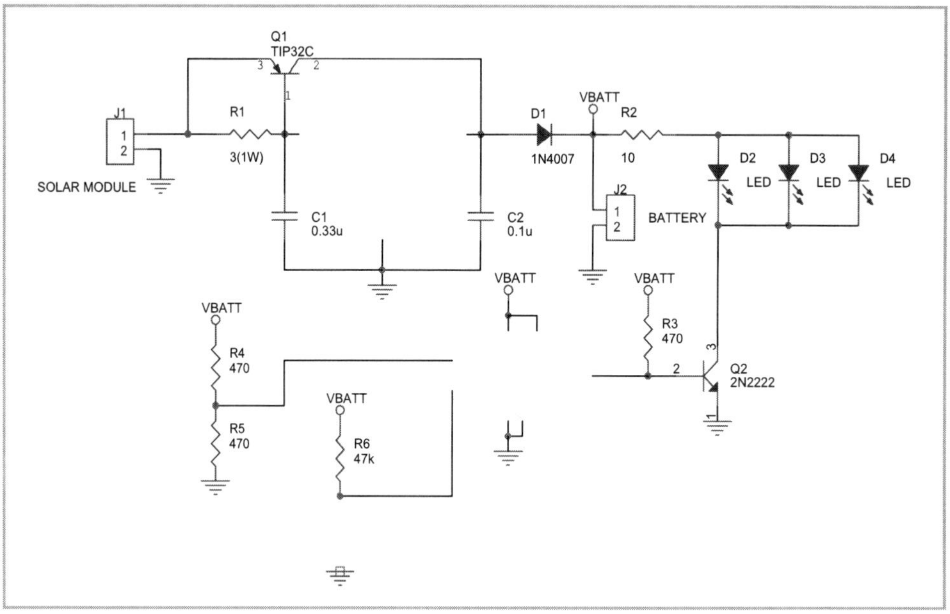

2 새로운 부품의 라이브러리 등록방법

1) OrCAD 실행

OrCAD 메인 화면 실행한다.

2) Library 파일 생성

① 'File → New → Library' 선택한다.

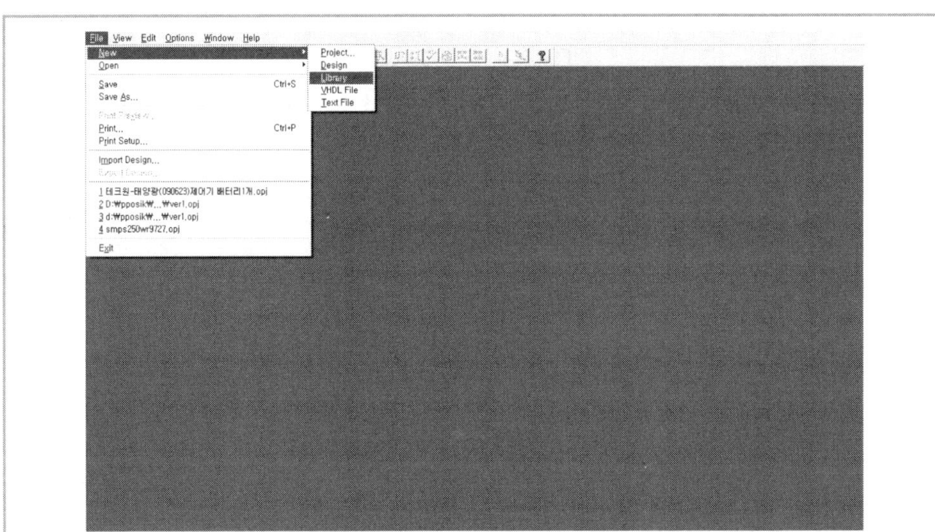

위와 같이 'Library'를 선택하면 'LIBRARY1.olb' 라는 부품 라이브러리 파일이 생성된다.

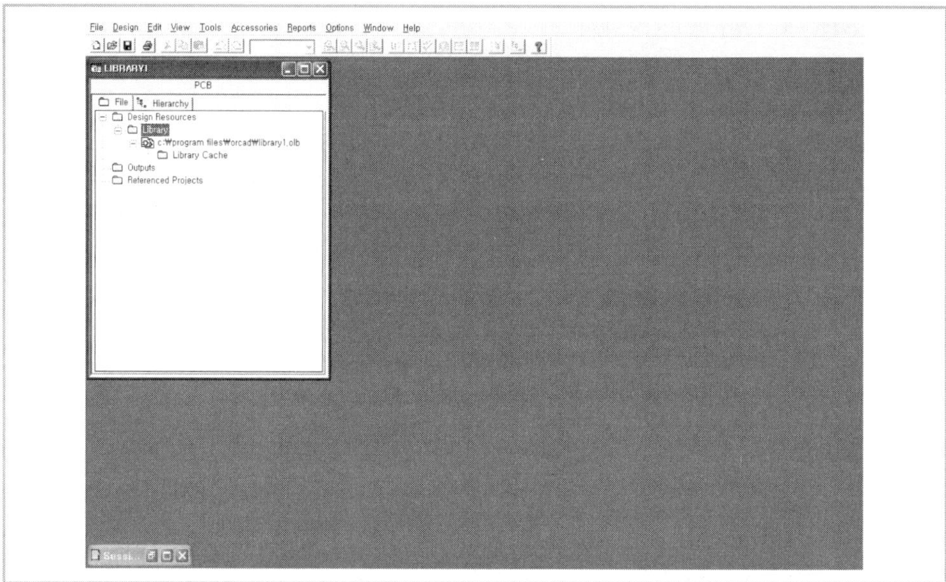

② 라이브러리 <u>파일명 위에</u> 마우스를 위치시키고 마우스 오른쪽 버튼을 누르면 팝업창이 뜨게 되는데, 팝업 메뉴의 'New Part'를 선택한다.

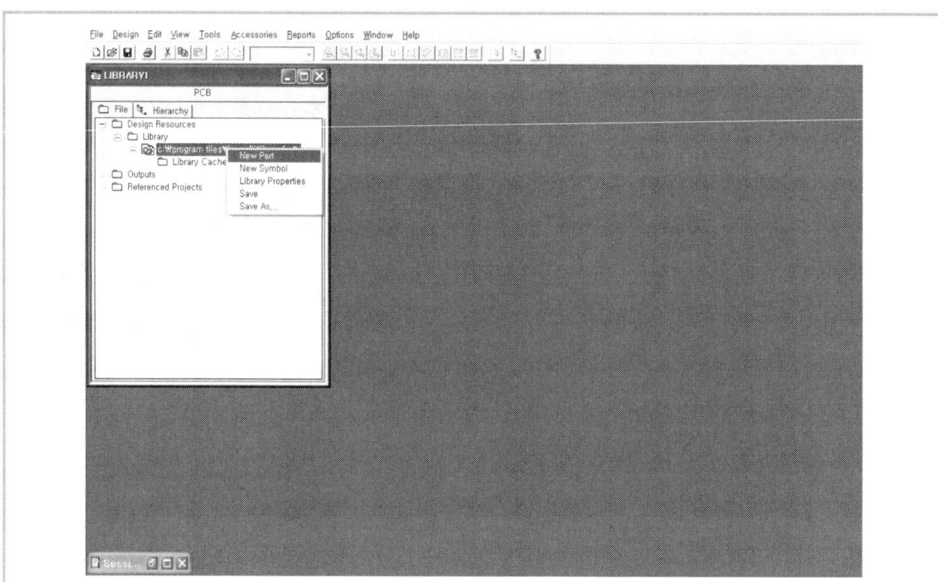

3) 새로운 부품 생성

'New Part Properties' 화면의 'Name:'란에 부품의 이름('CDS'라고 정함)을 입력하고 'OK' 버튼을 누른다.

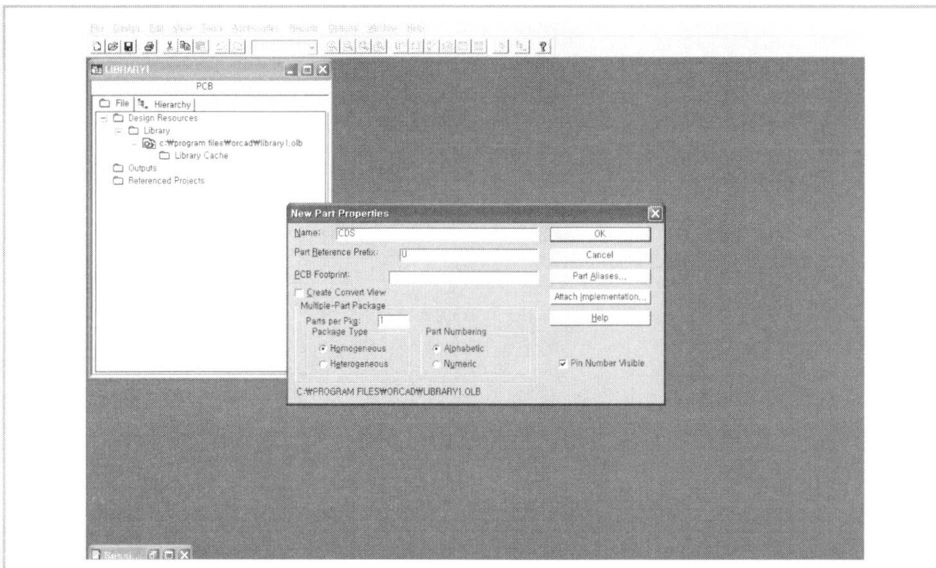

부품의 회로 기호를 그릴 수 있는 창이 나타난다.

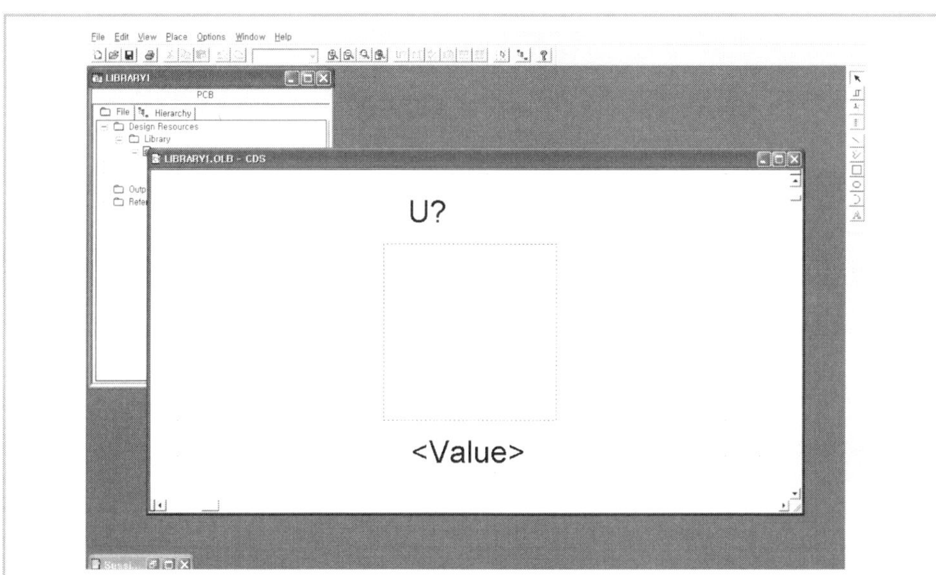

4) 핀 그리기

① 라이브러리 편집창의 크기를 최대로 확대한 후, 화면 오른쪽의 3번째 버튼인 'Place Pin' 메뉴 버튼을 누른다.

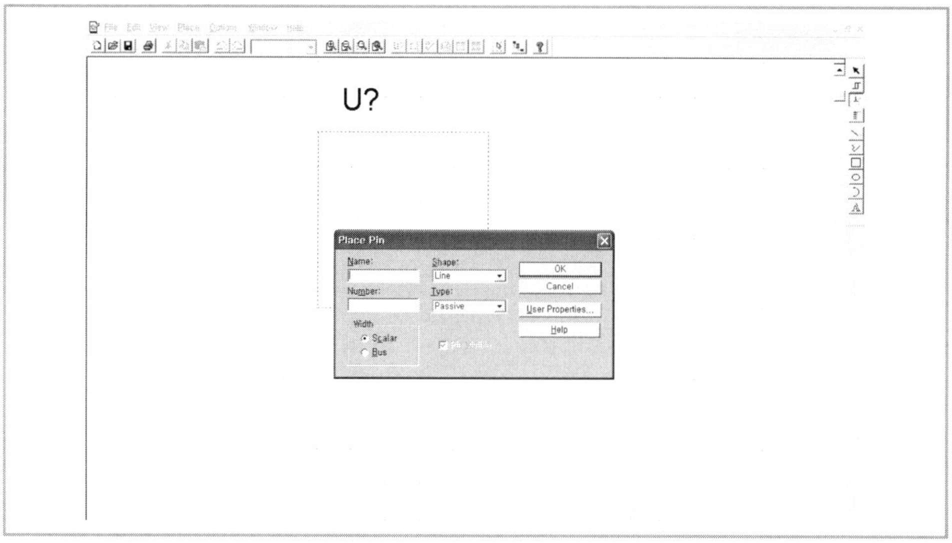

② 'Name' 칸에는 적당한 핀의 이름을 입력하고('CDS1'이라고 입력하기로 함), 'Number' 칸에는 핀 번호를 입력한다('1'이라고 입력). 핀의 이름을 나타내고 싶지 않을 때에는 'Name' 칸을 빈칸으로 하면 된다.

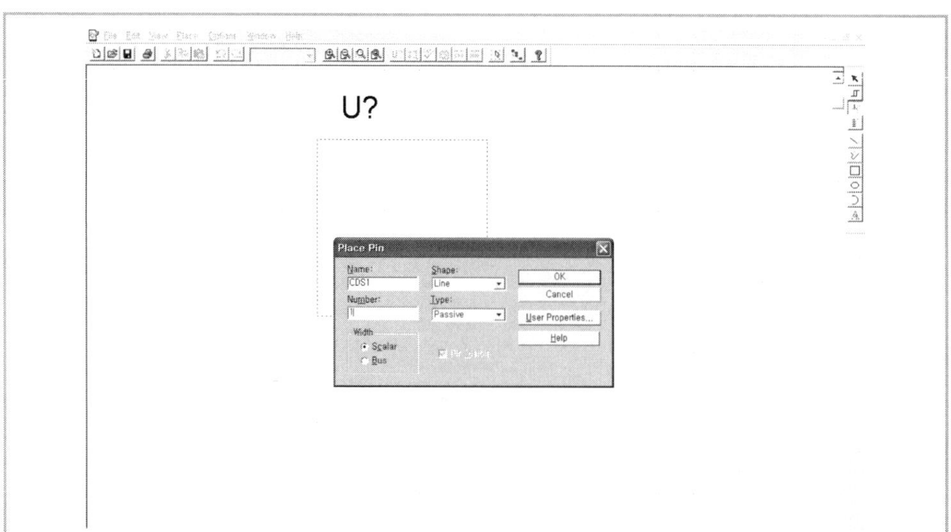

'Shape'는 핀의 모양을 결정하는 메뉴로서, 각 메뉴에 따라 어떤 모양의 핀이 그려지는지는 아래 그림과 같다.(여기서는 Short 선택)

'Zero Length'는 부품을 회로에 그렸을 때 그림에 나타나지 않음에 주의해야 한다. 이 핀 모양은 보통 IC의 Vcc 또는 GND와 같이 회로도에는 표시되지 않는 핀에 사용한다.

선택	Clock	Dot	Dot-Clock	Line	Short	Zero Length
모양	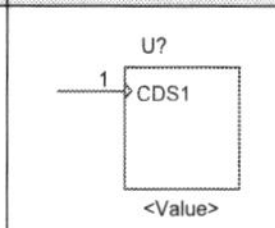	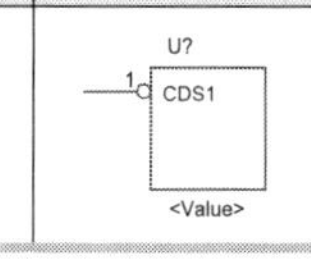	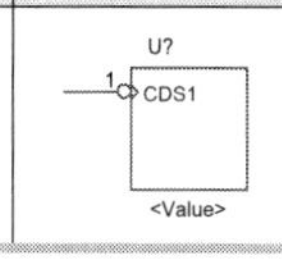	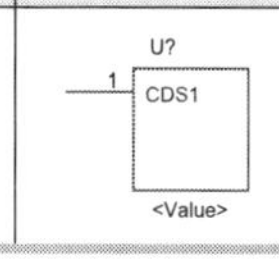	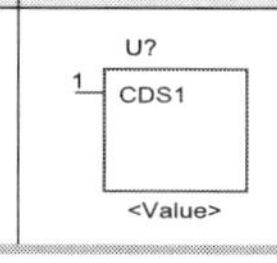	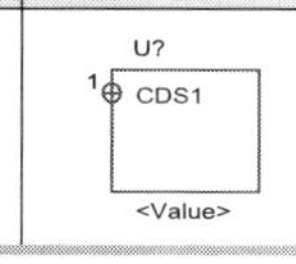

'Type'는 해당핀이 입력핀인지 출력핀인지 또는 3 state인지 등을 결정하는 조건으로 8가지 종류가 있는데 부품 핀의 특성을 정확하게 알고 있어야 선택이 가능하다. 부품 핀의 특성을 정확히 모르고 있는 경우에는 default 값인 'Passive'를 선택하여 사용하면 된다(여기서는 Passive 선택).

③ 각 항목에 대한 입력이 완료되면 'OK' 버튼을 누른다.

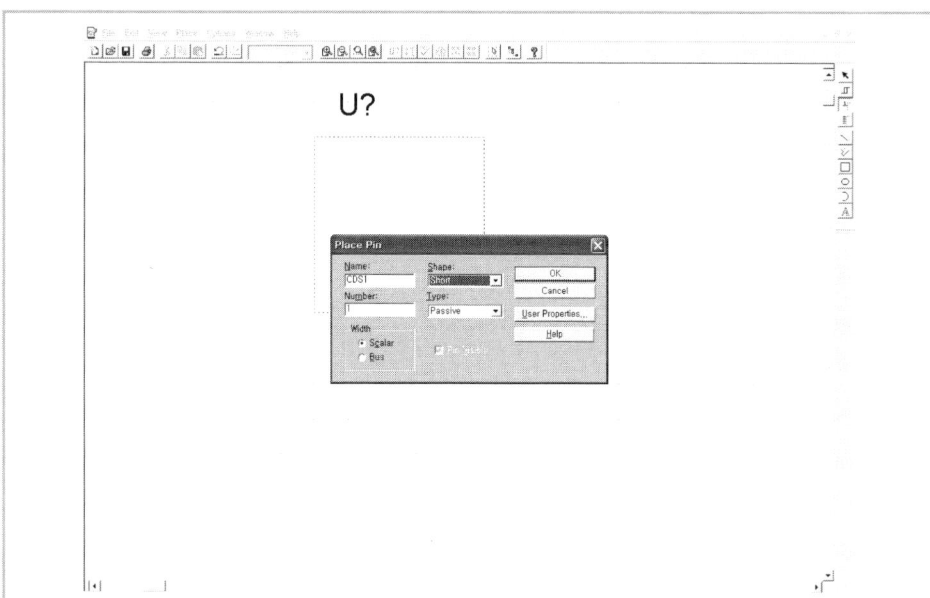

④ 'OK' 버튼을 누르고 마우스를 움직이면 핀이 나타나게 되고, 원하는 위치에 핀을 위치시킨 후 마우스 왼쪽 버튼을 누르면 핀이 고정되며, 'ESC' 키를 누르면 'Place Pin' 모드에서 빠져 나오게 된다.

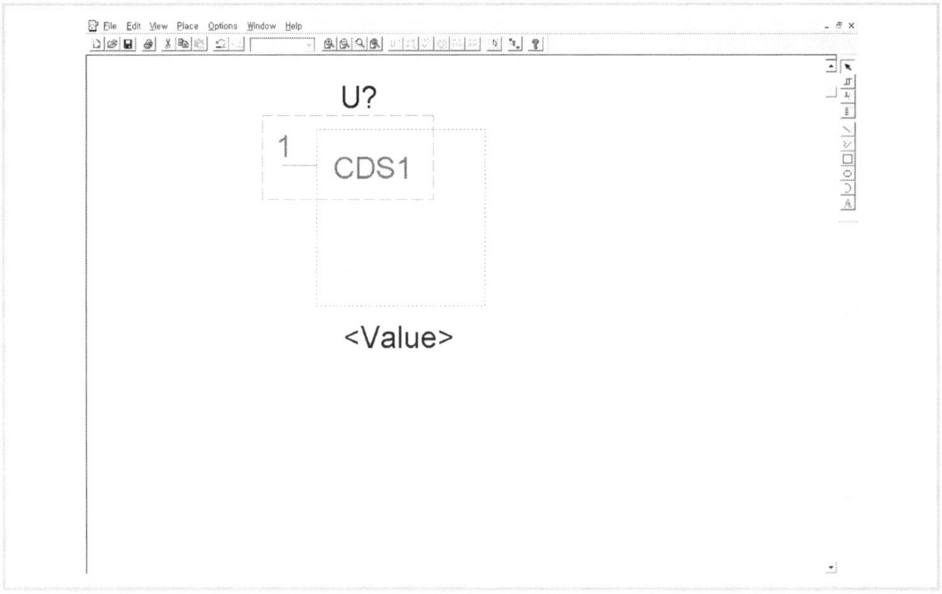

⑤ ①~④의 과정을 반복하여 2번 핀을 그린다.

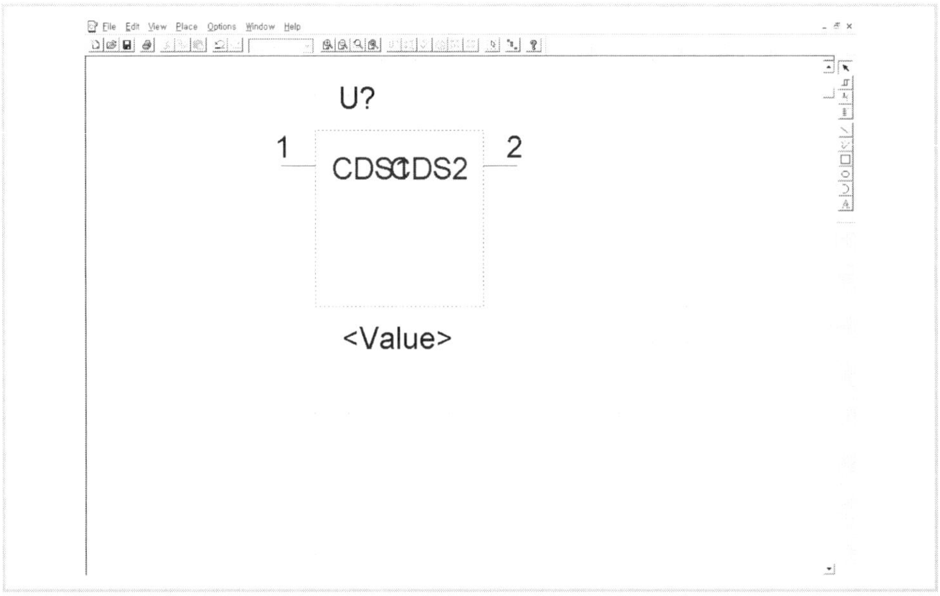

⑥ 핀의 이름 CDS1과 CDS2가 겹쳐서 나타나게 되는데, 마우스로 네모 점선을 선택하여 활성화한 후 네모 점선의 모서리에 있는 점을 마우스 왼쪽 버튼을 누른 채 drag하여 원하는 크기로 상하좌우 크기를 조정한다. 점선의 크기가 회로도 상에 나타나는 부품의 크기가 된다.

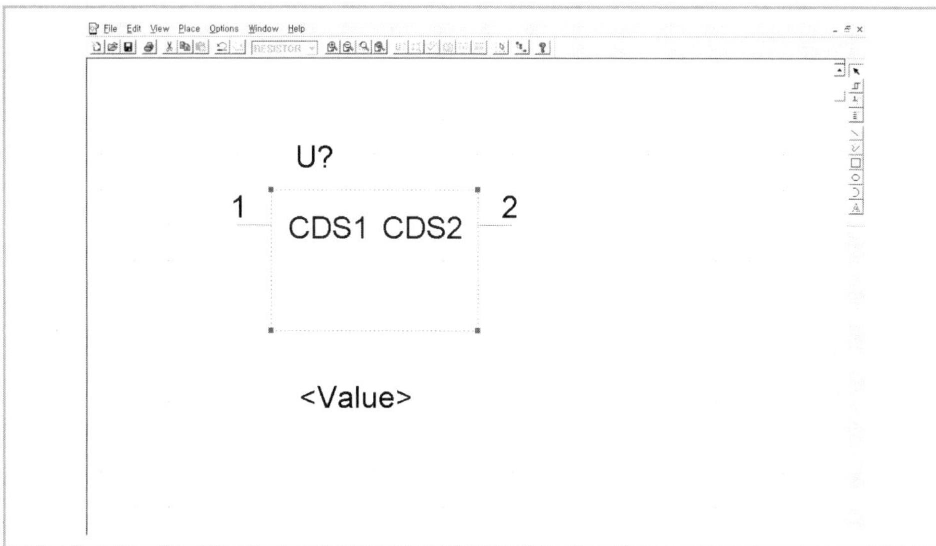

▌좌우 크기 조정 후의 화면▐

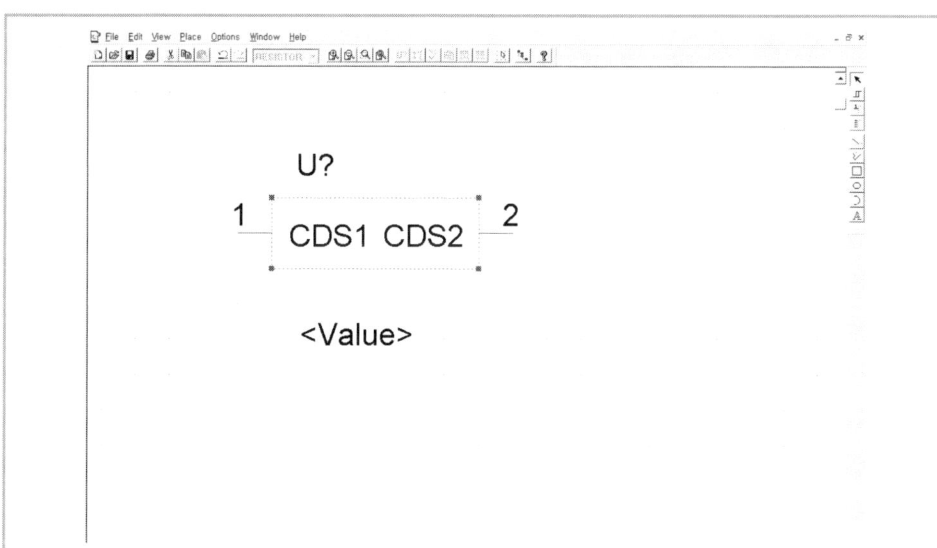

▌상하 크기 조정 후의 화면

5) 그리드(Grid) 변경

그리드란 CAD 프로그램에서 그림을 그릴 때 전체 화면상에 가로, 세로 일정한 간격으로 좌표를 표시하고 해당 좌표 상에만 그림의 객체가 위치하도록 함으로써 쉽게 그림을 그릴 수 있도록 하는 기능이다. OrCAD에서도 그리드 기능을 이용하여 부품의 배치, 전선의 연결 등이 쉽게 이루어지도록 할 수 있다. 그러나 OrCAD에서 디폴트로 설정되어 있는 그리드는 간격이 넓기 때문에 라이브러리 부품 생성 시 디폴트 그리드 간격으로 그림을 그리면 부품의 기호가 다소 커지는 경향이 있다. 따라서 부품의 기호를 그리기 전에 사용자가 선호하는 그리드로 간격을 바꿀 필요가 있다.

여기서 한 가지 주의해야 할 사항이 있는데 라이브러리 부품의 핀을 배치할 때에는 가능하면 그리드를 디폴트 그리드를 사용하는 것이 편리하다. 만일 라이브러리 핀 배치 시에 그리드를 바꾼다면 나중에 회로도 작성 시 부품을 불러왔을 때 핀의 그리드가 회로도 워크시트 상의 그리드와 다른 경우가 발생하며, 이 경우에는 부품의 핀에 전선을 연결하는 것이 불가능하게 된다. 새로운 부품의 라이브러리 생성 작업을 할 때에는 OrCAD 디폴트 그리드에서 핀 배치를 먼저 마친 후 부품 기호를 작성할 때 그리드를 변경하여 필요한 작업을 수행하는 것이 필요하다.

① 'Options→Design Template...'를 선택한다.

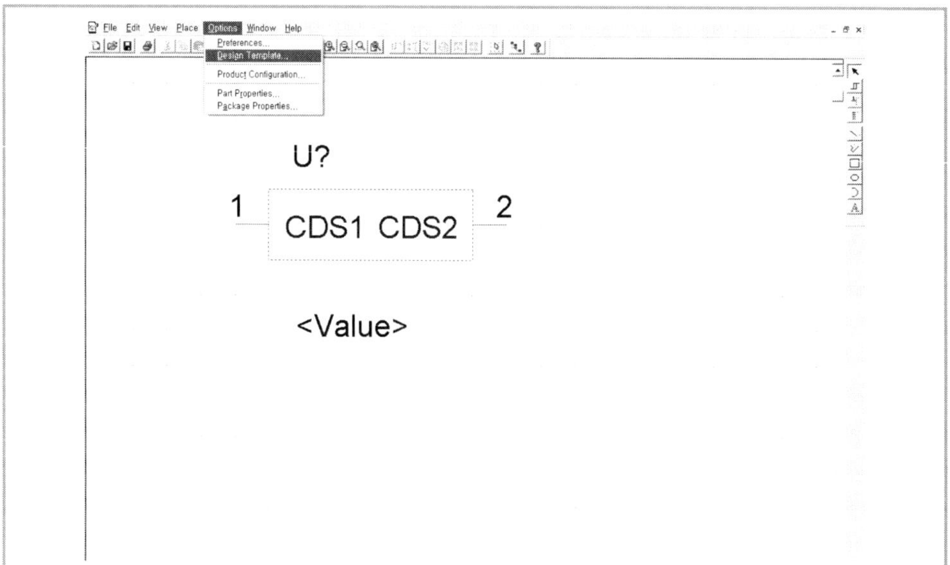

② 'Grid Reference'를 선택한다.

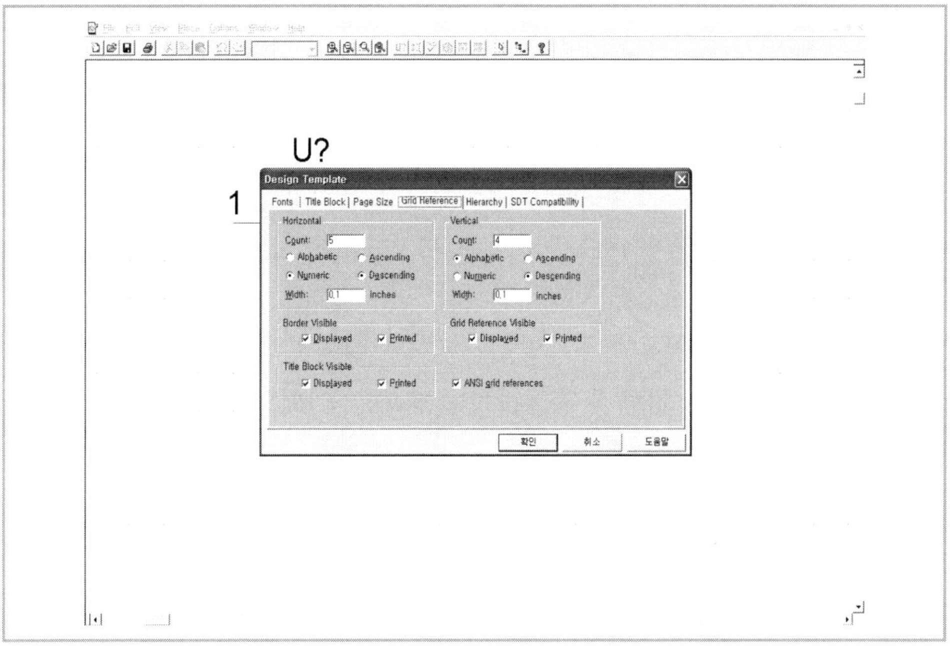

③ 그리드 간격 입력

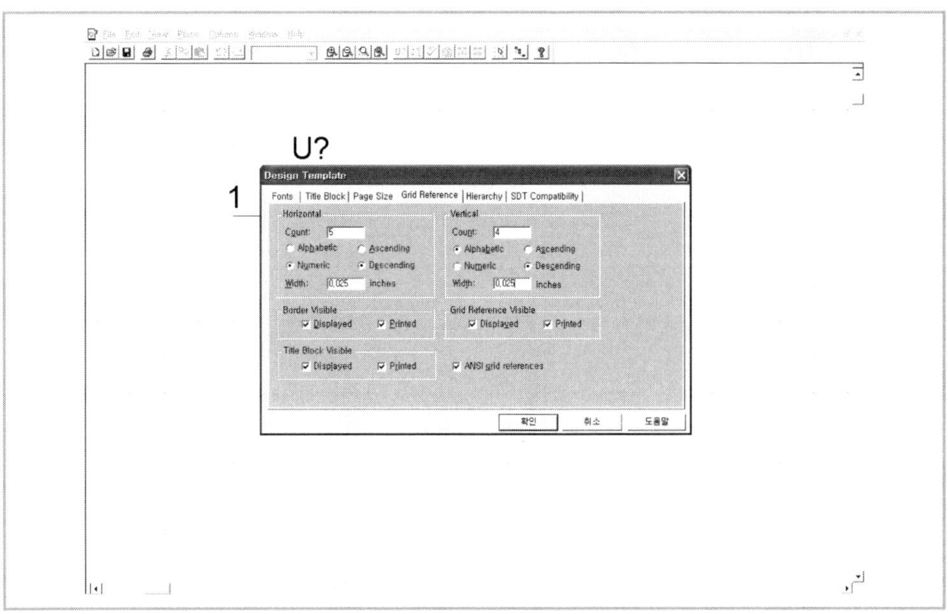

그리드 창에 디폴트값은 vertical, horizontal 모두 0.1[inch]로 설정되어 있으므로 이 값을 원하는 값으로 변경한다.

그리드 간격을 입력할 때에 가능하면 vertical 값과 horizontal 값을 같은 값으로 설정한다. 또한 그림을 그릴 때 대칭성 등을 고려하여 작업하기 위해서, 그리드 값을 입력할 때에는 ... 4배, 2배, 1/2배, 1/4배... 등의 배수로 입력하는 것이 바람직하다. 여기서는 디폴트값의 1/4배인 '0.025'를 입력한다.

입력이 끝나면 '확인' 버튼을 누르고 빠져나온다.

④ 그리드 스냅 해제

그리드 간격을 조정한 후에는 그리드 상에만 객체를 위치할 수 있게 하는 그리드 스냅 기능을 해제해야 한다.

그리드 스냅을 해제하기 위해서는 'Options → Preferences...'를 선택한다.

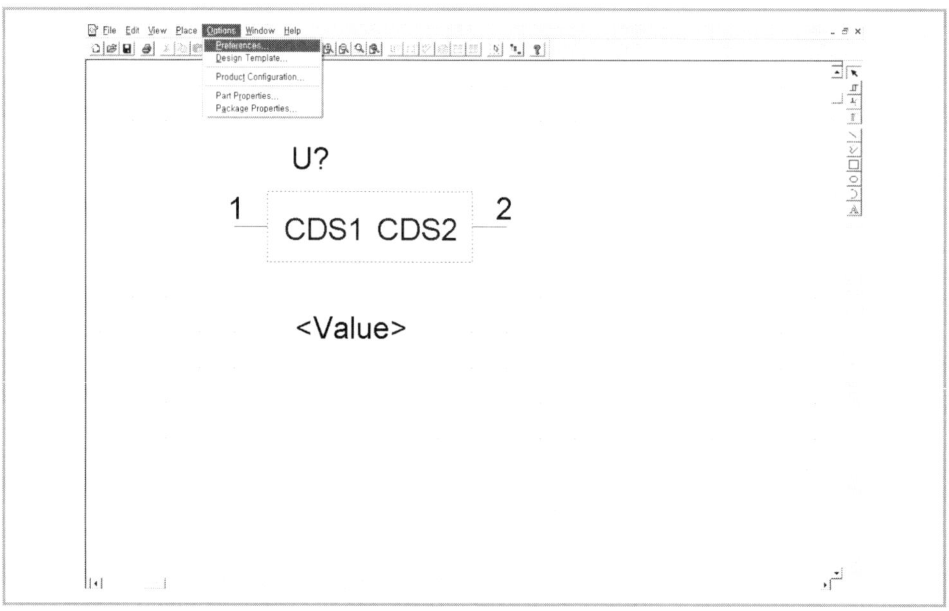

Preferences 팝업메뉴에서 'Grid Display'를 선택하고, 'Pointer snap to grid' 앞의 ☑ 표시를 해제한 후 '확인' 버튼을 누르고 빠져나온다.

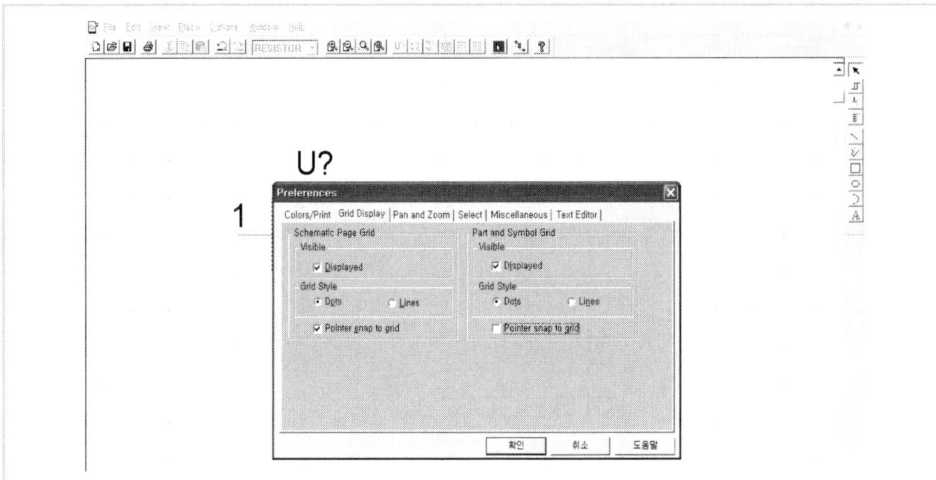

6) 기호 그리기

부품의 기호는 화면 오른쪽의 툴 팔레트 5번째 'Place Line', 6번째 'Place Poly-line', 7번째 'Place Rectangle', 8번째 'Place Ellipse', 9번째 'Place Arc' 메뉴를 이용하여 원하는 모양의 기호를 그린다.

① 사선 그리기

화면 오른쪽 툴 팔레트의 5번째 'Place Line' 버튼을 선택한 후 마우스 왼쪽 버튼을 이용하여 원하는 모양의 선을 긋는다.

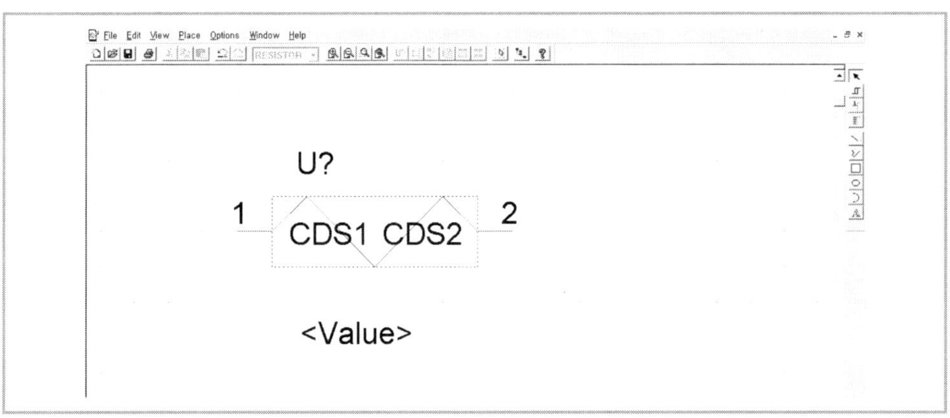

② 네모 그리기

화면 오른쪽의 7번째 'Place Rectangle' 버튼을 선택한 후 마우스 왼쪽 버튼을 이용하여 점선 네모를 따라 네모를 그린다.

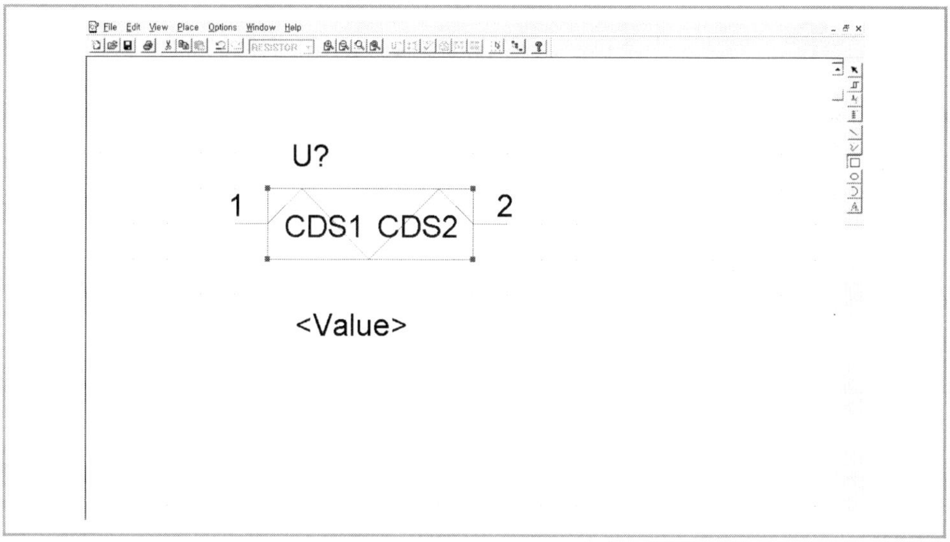

6) 저장하기

① 기호 그리기 작업을 완료한 후에는 'File→Save'를 선택한다.

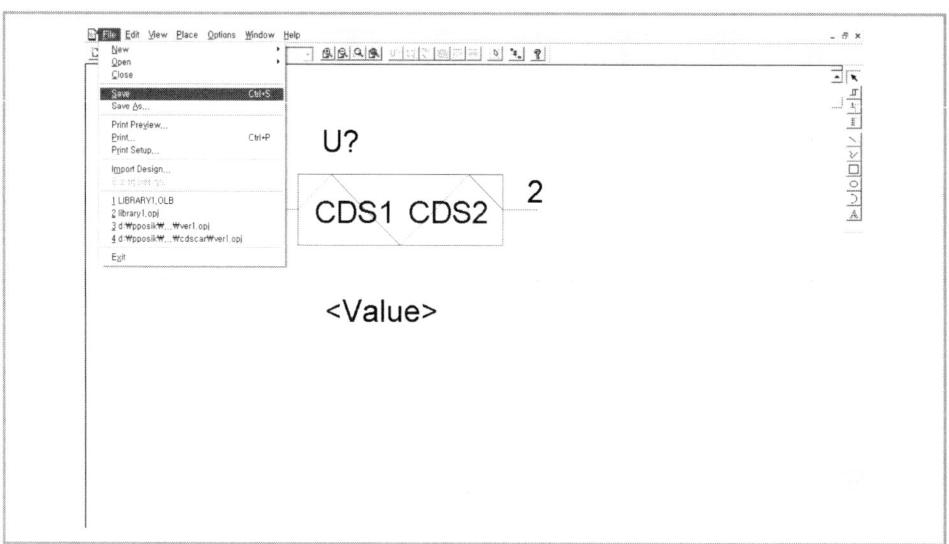

② 라이브러리 기호를 저장한 후에는 화면 우측의 화면 닫기 버튼(☒)을 이용하여 라이브러리 편집 모드를 빠져나온다. <u>'library1.olb' 파일에 'CDS' 부품이 추가되었는지 확인한다.</u>

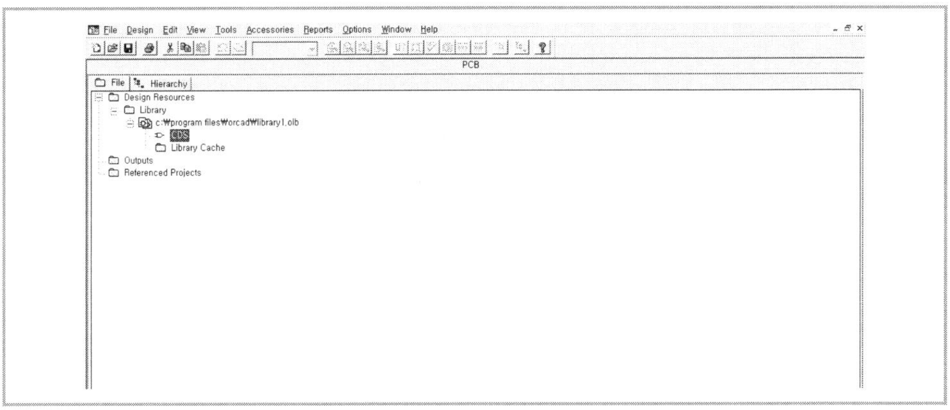

7) 새로 추가한 부품 불러오기

회로도를 그릴 때 새로 추가한 부품을 불러들여 회로를 그리는 연습을 해 본다.

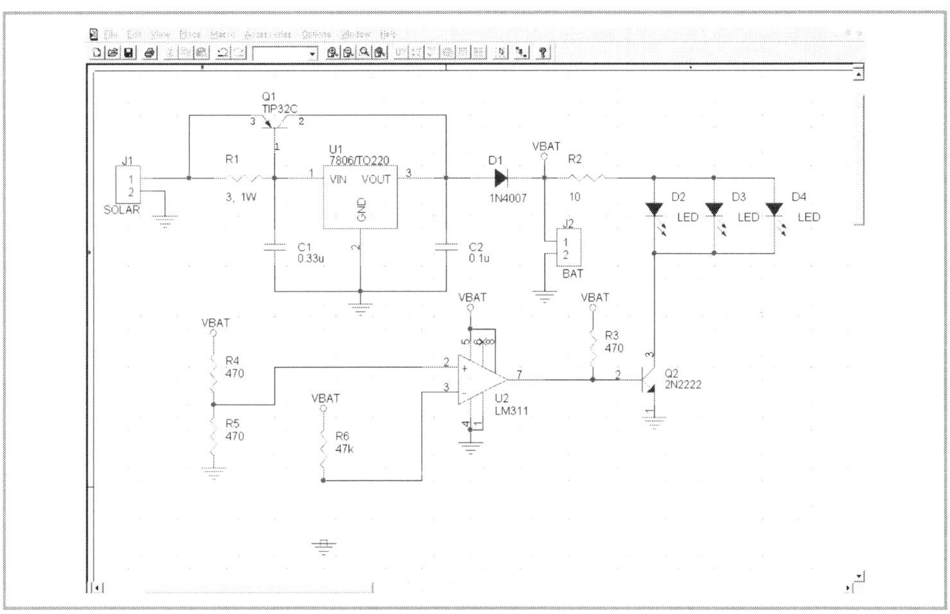

① 라이브러리 파일 등록

CDS 기호를 불러오기 위해서 화면 오른쪽의 'Place Part' 아이콘을 누른다.

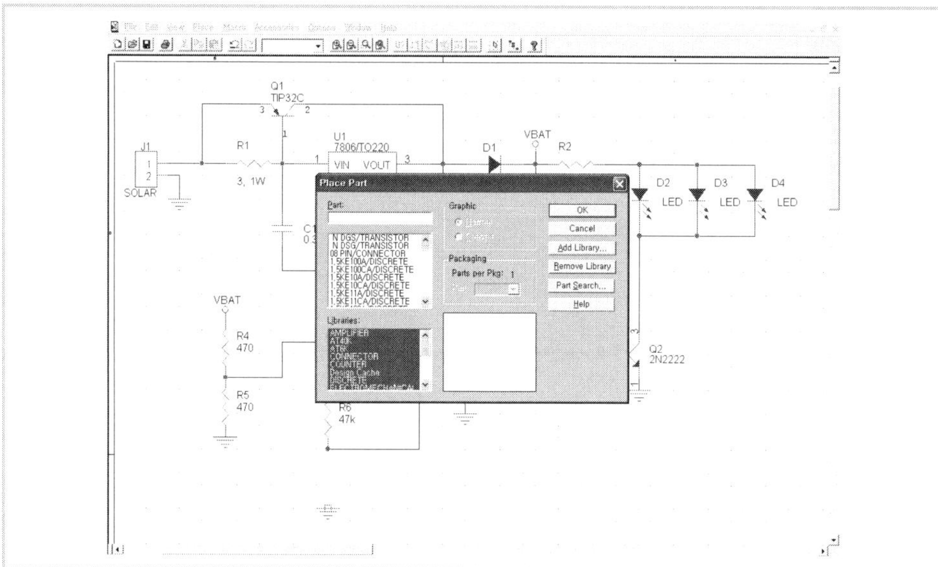

이때 CDS는 라이브러리를 새로 만든 부품이기 때문에 부품을 불러오기 전에 먼저 새로운 라이브러리 파일을 등록해야 한다. 라이브러리 파일을 등록하기 위해 먼저 팝업창의 'Add library...' 버튼을 누른다.

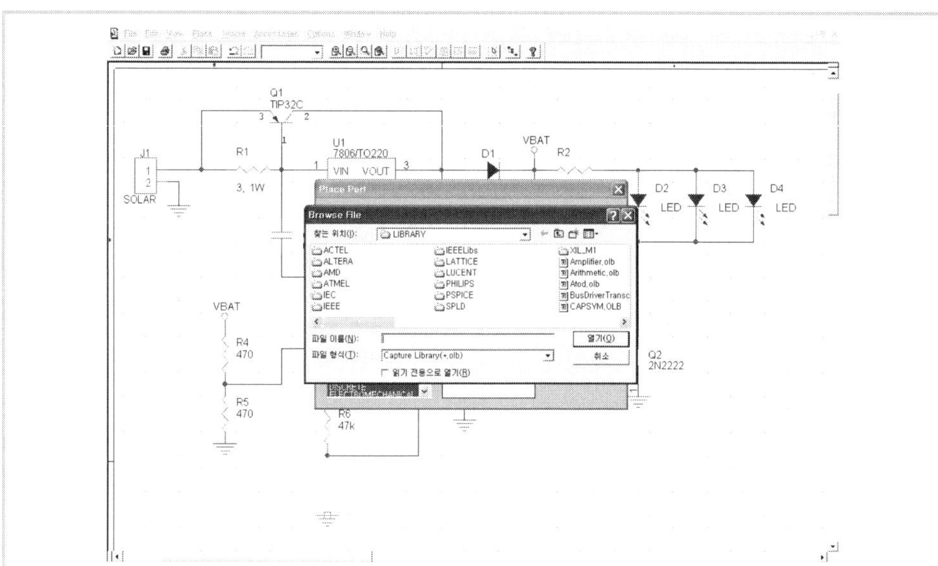

'library1.olb' 파일이 있는 폴더 경로를 지정하여 'library1.olb' 파일을 등록한다. 'library1.olb' 파일은 'C:\Programs File\OrCAD\' 폴더에 포함되어 있다

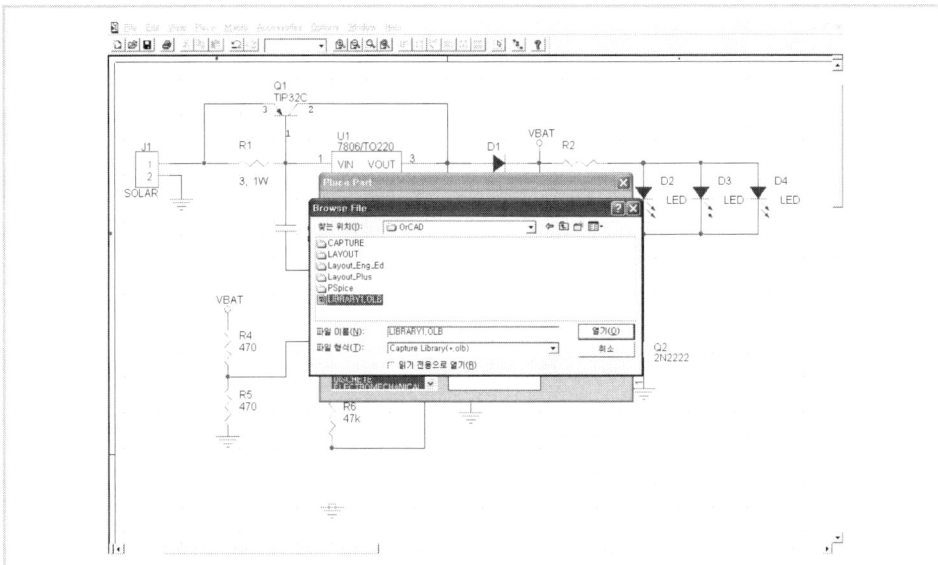

② CDS 불러오기

라이브러리 파일을 등록하면 아래 그림과 같이 'LIBRARY1'가 선택되어 있으며 'Part' 창에 'CDS' 부품이 등록되어 있음을 확인할 수 있다.

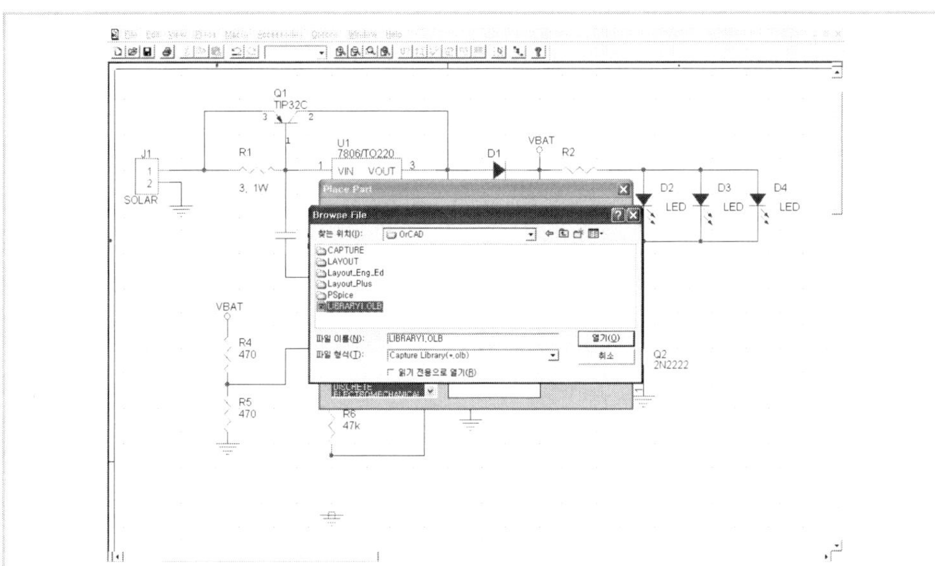

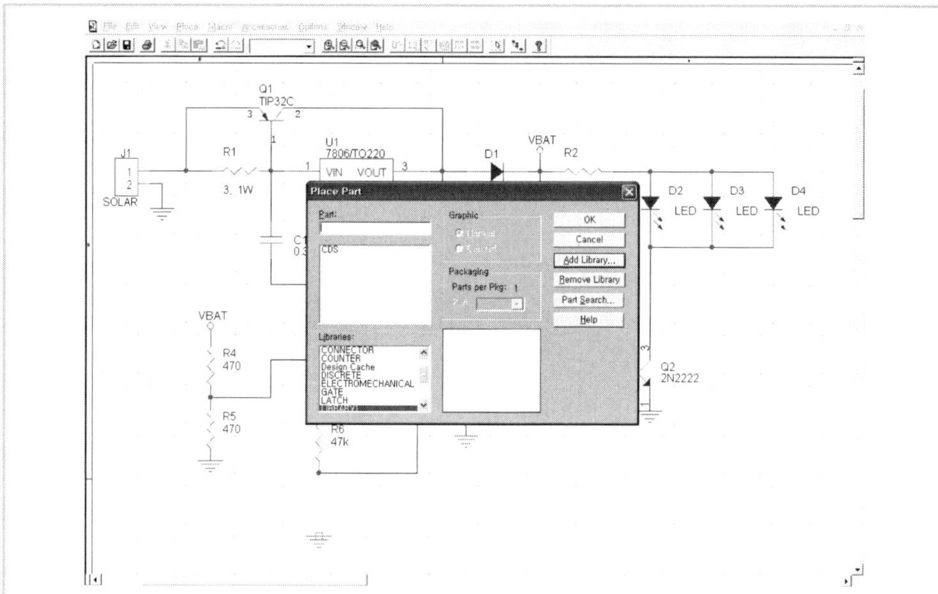

'CDS'를 선택하면 'CDS' 그림이 창에 나타나며, 'OK' 버튼을 누르면 'CDS' 부품이 선택된다.

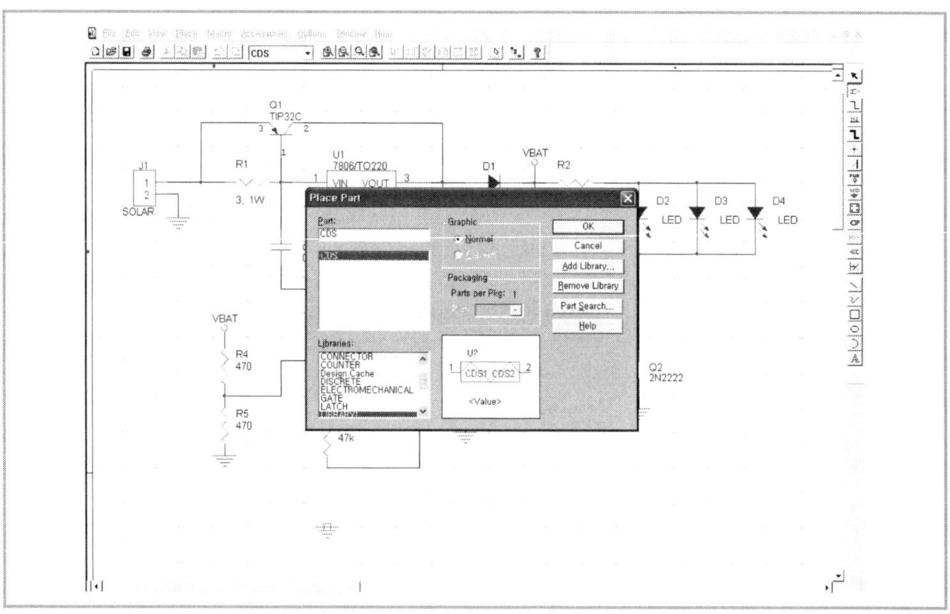

'CDS'를 불러들인 후, 적당한 곳에 위치시킨다.

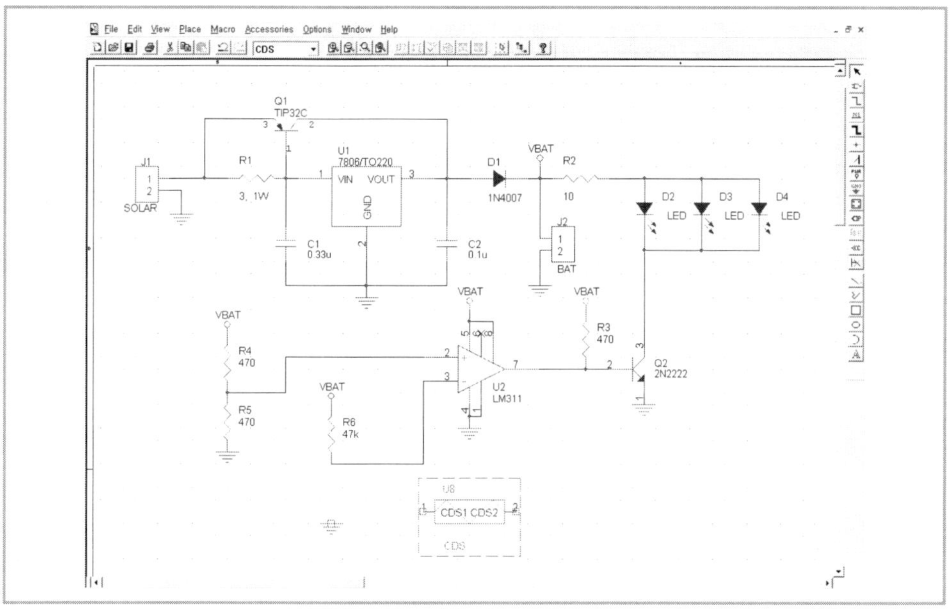

회전 및 이동 기능을 이용하여 'CDS'를 원하는 위치에 위치시키고, 기호의 'Name' 및 'Value'의 위치도 조정하여 원하는 곳에 위치시킨다.

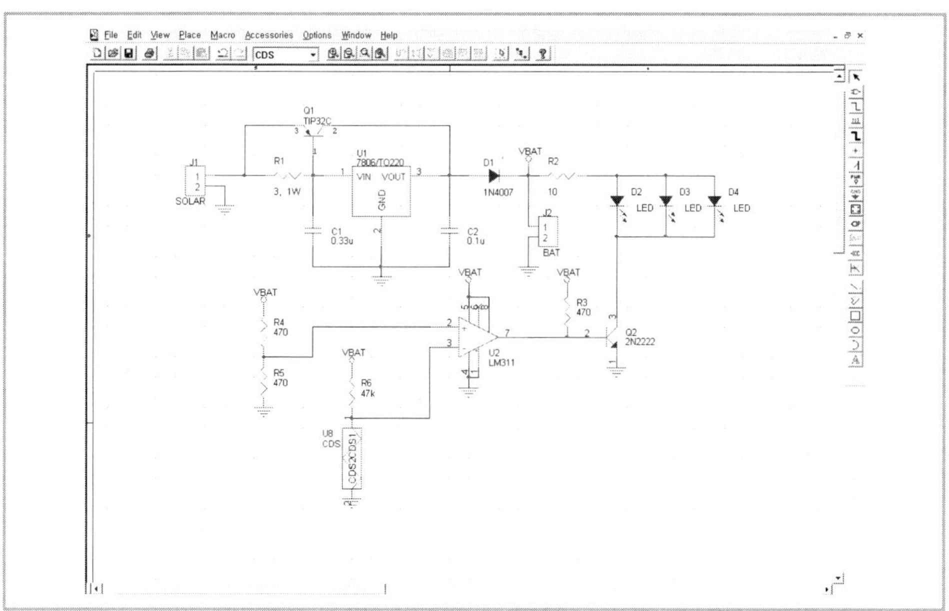

③ 핀 이름 지우기

부품에서 저항이나 무극성 커패시터와 같이 핀의 이름이 큰 의미를 갖지 못하는 경우에는 필요에 따라 핀 이름을 지울 수도 있다. 핀 이름을 지우기 위해서는 회로도에서 'CDS'를 선택한 후 오른쪽 마우스를 눌러 팝업창의 'Edit Part'를 선택한다.

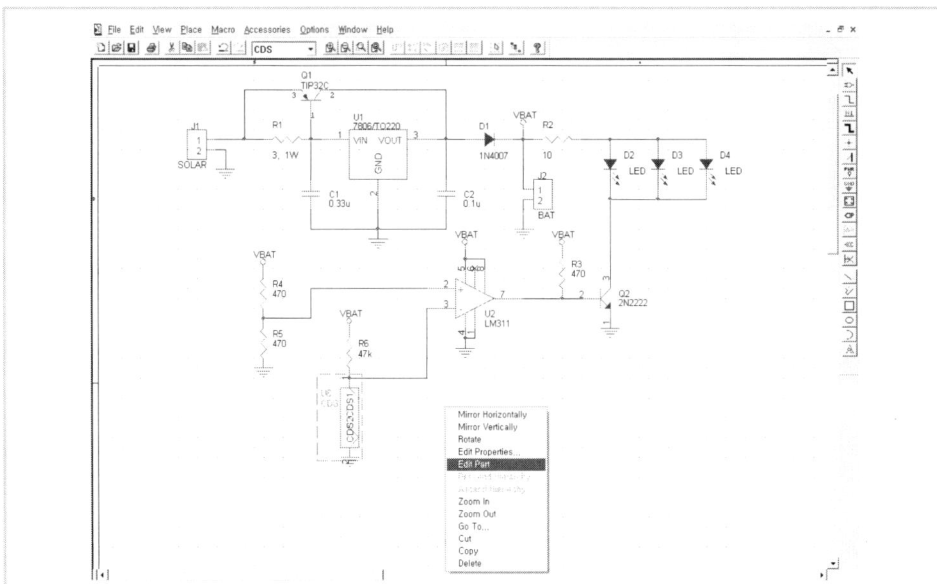

1번 핀을 선택하여 활성화시킨 후, 메인 메뉴의 'Options→Part Properties...'를 선택한다.

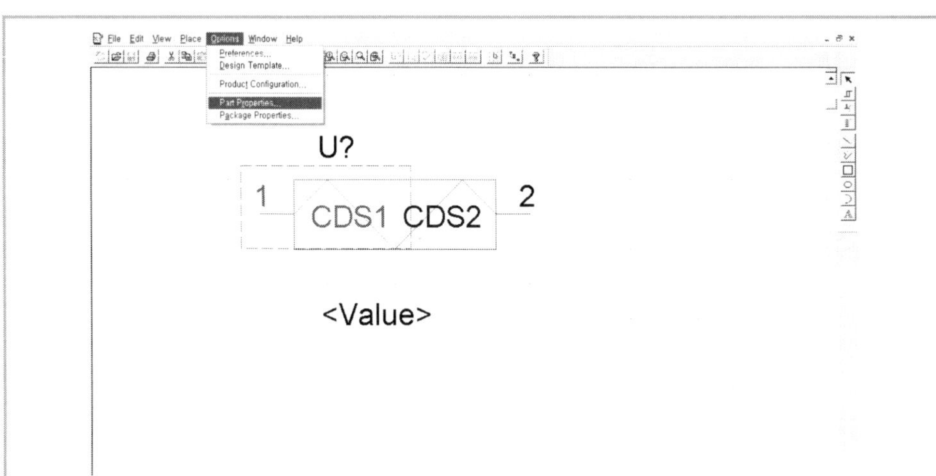

'Pin Names Visible'을 선택한다.

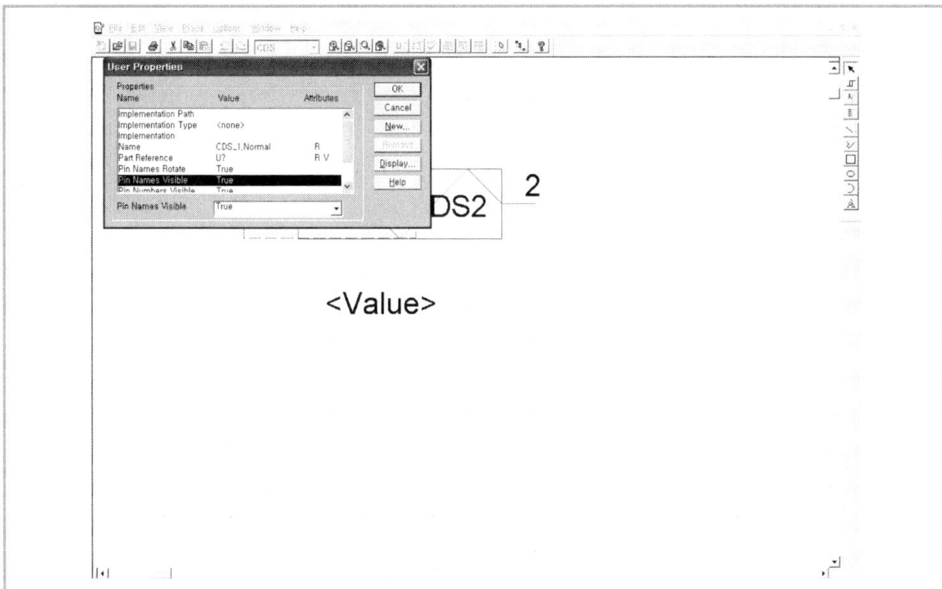

'Pin Names Visible' 창의 값 'True'를 'False'로 변경시킨 후, 'OK' 버튼을 눌러 빠져나온다.

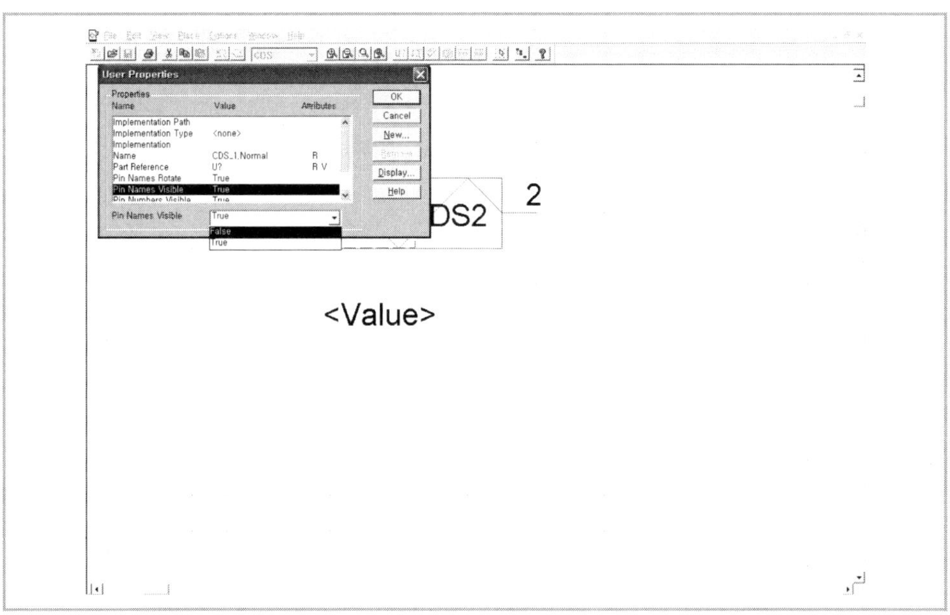

핀 이름이 없어졌음을 확인한 후, 'Part Edit' 화면 '닫기'를 누른다. 'Update Current' 버튼을 눌러 'Part Edit' 모드를 빠져나온다.

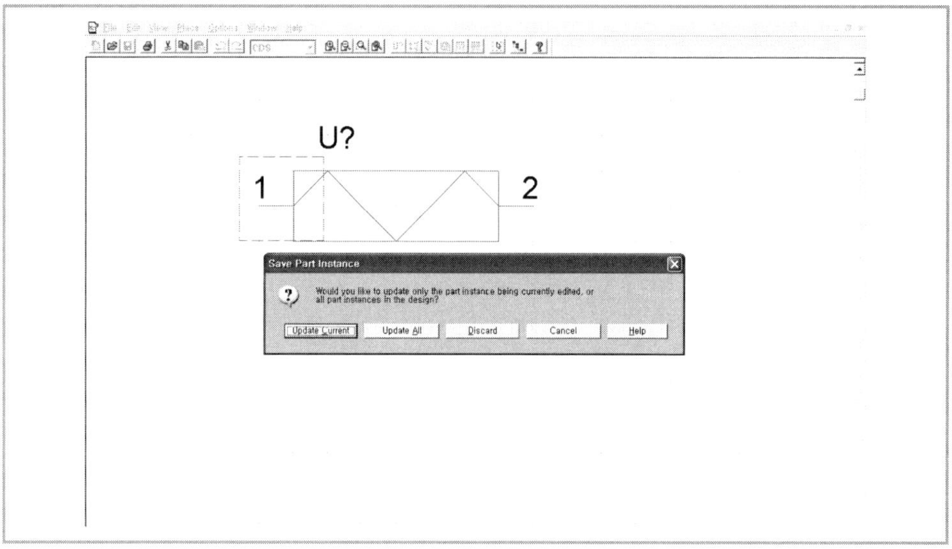

회로도의 'CDS' 부품의 핀 이름이 없어졌음을 확인할 수 있다.

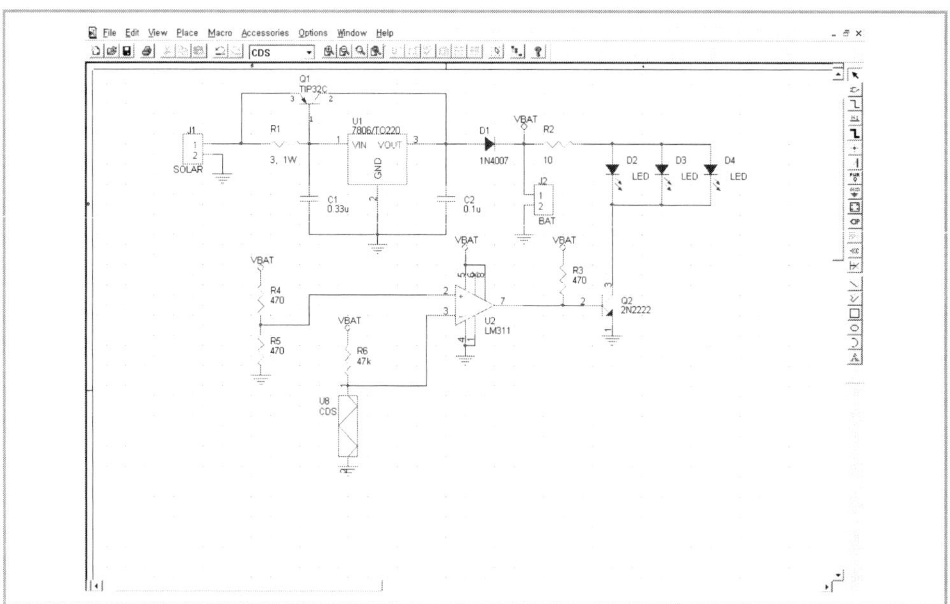

3 '7806' 라이브러리 생성 예제

1) 예제 회로도 불러오기

예제 회로도를 불러온 후, '7806' 부품을 지운다.

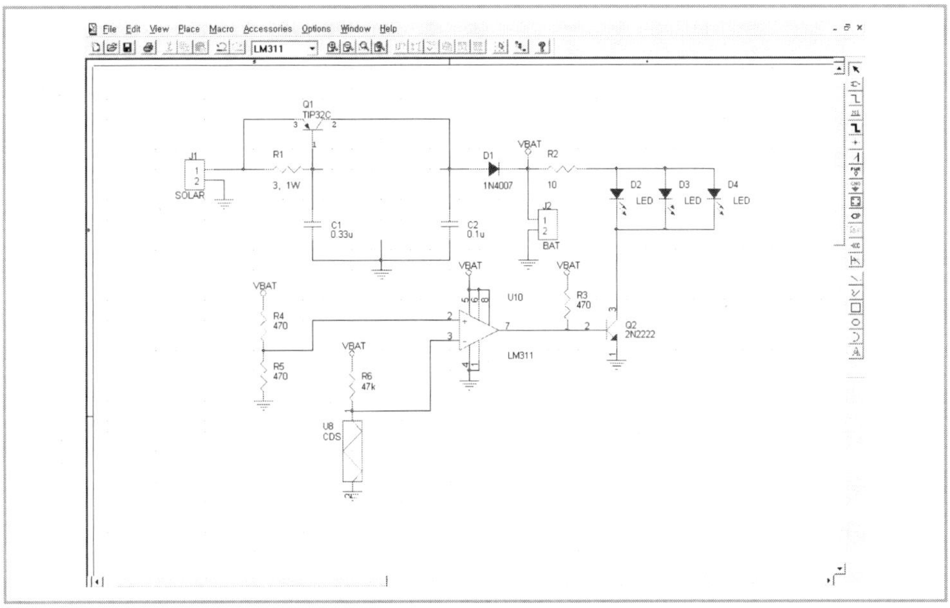

2) 7806 라이브러리 생성 준비작업

① 회로도 편집창을 최소화하기 하여 프로젝트 창을 띄운다.

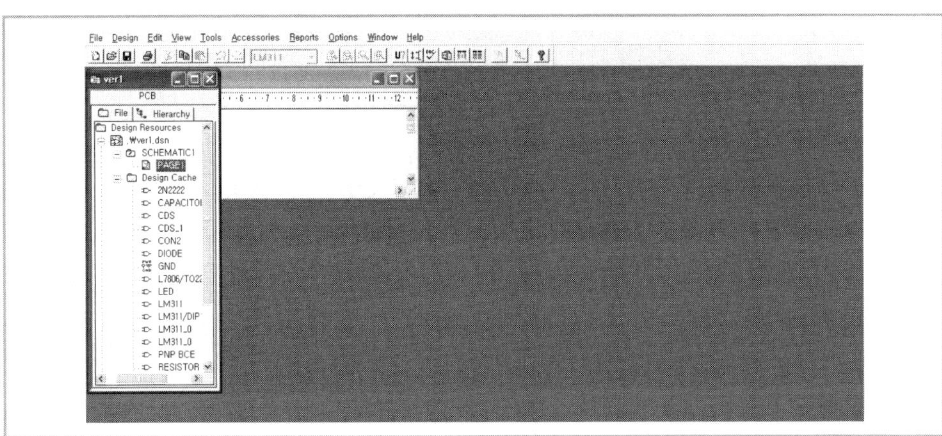

② 오른쪽의 스크롤바를 아래로 내려 'Library' 폴더를 선택한다.

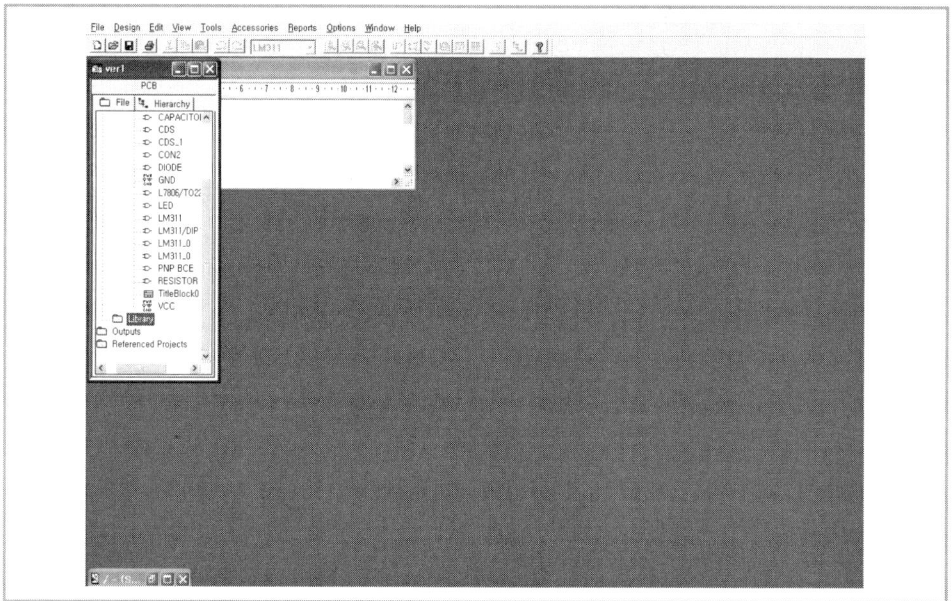

③ 오른쪽 마우스 버튼을 눌러 'Add File' 메뉴를 선택한다.

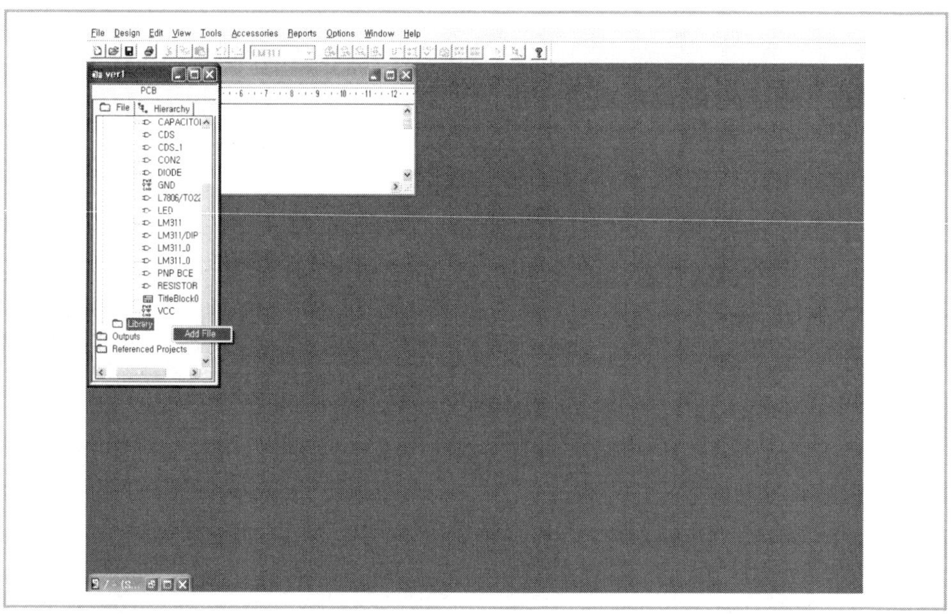

④ 'Library.olb' 가 위치한 폴더('C:\Program Files\OrCAD\Library.olb')를 지정하고 'Library.olb' 파일을 선택하여 더블클릭한다.

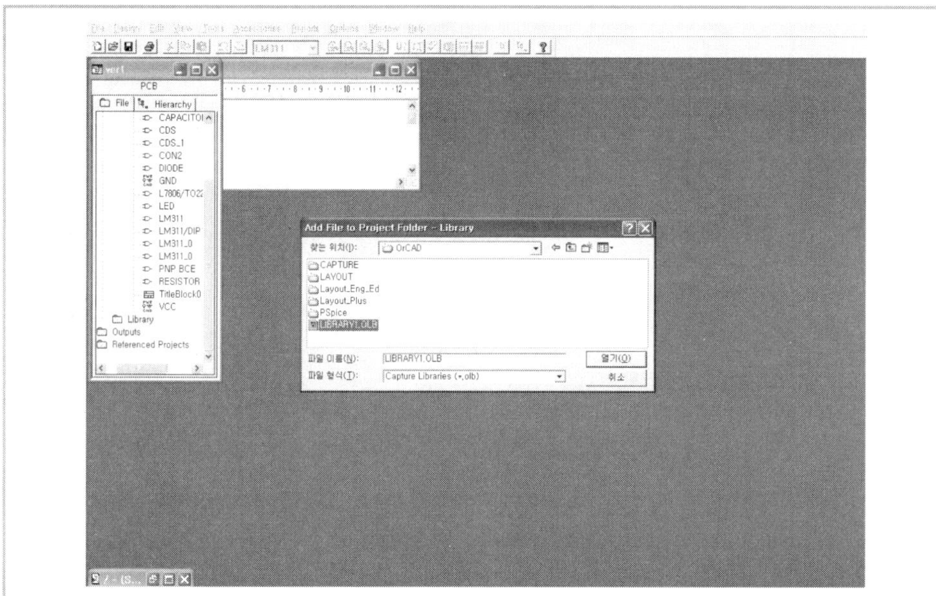

⑤ 'Library' 폴더를 선택한다.

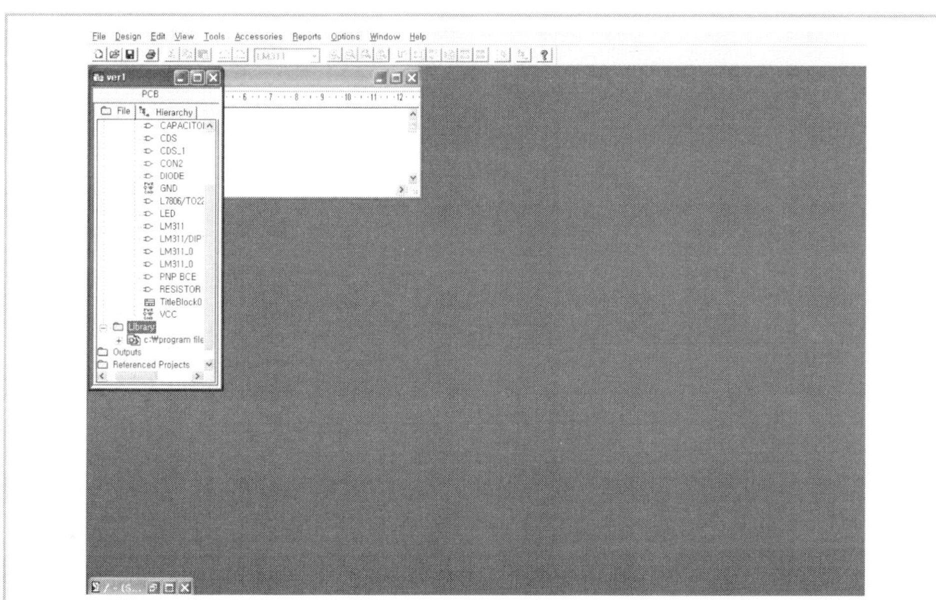

⑥ 화면크기를 조정한다.

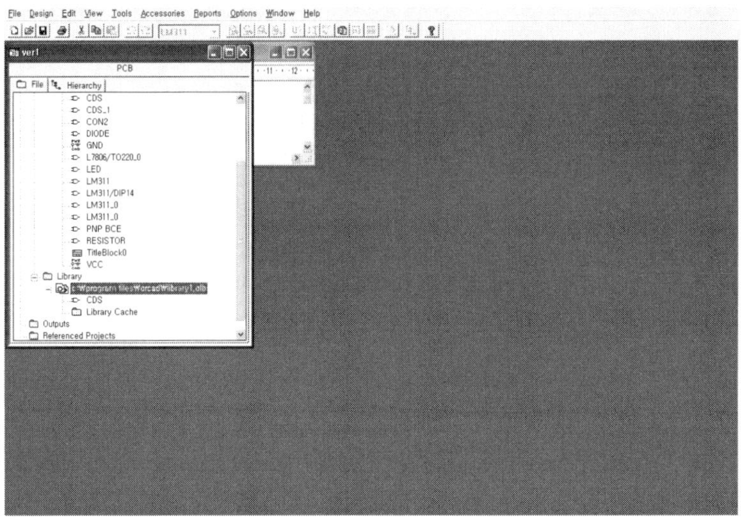

3) 라이브러리 부품 생성

① 새로운 부품 등록

'Library.olb' 파일을 선택하여 활성화한 후, 마우스 오른쪽 버튼을 눌러 팝업창의 'New Part'를 선택한다.

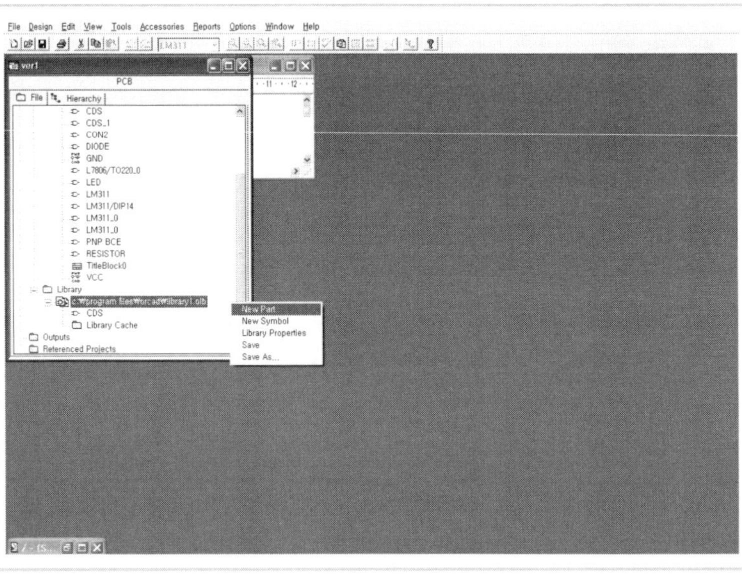

② 부품명 부여하기

'Name' 창에 '7806' 이라고 입력하여 부품의 이름을 부여한다.

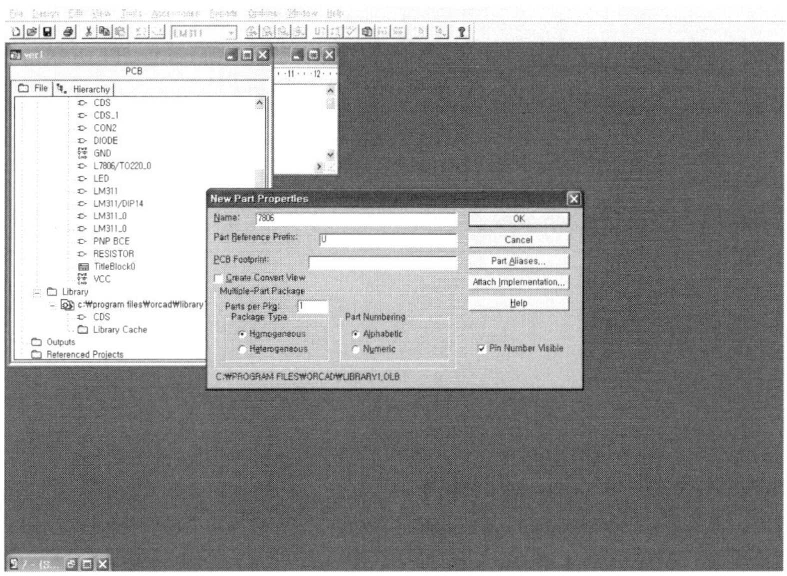

'OK' 버튼을 눌러 빠져나온다. 라이브러리 편집창을 최대크기로 조정한다.

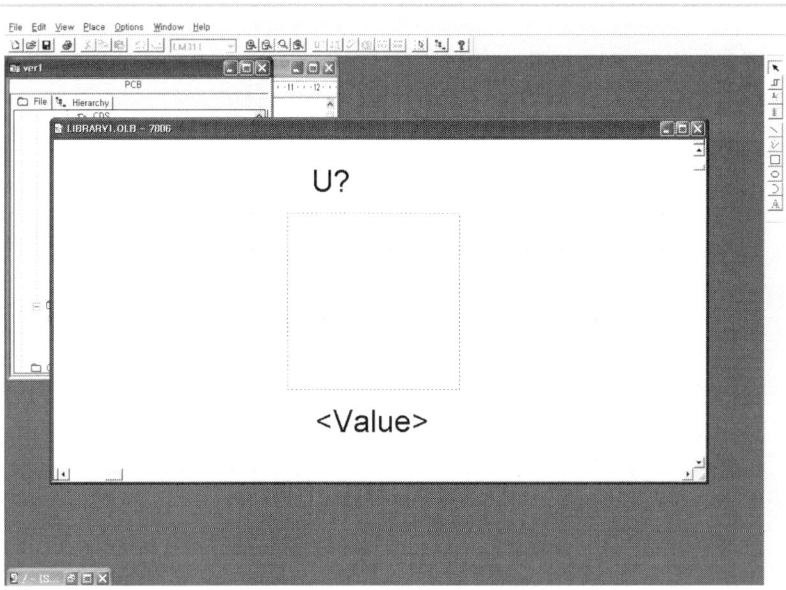

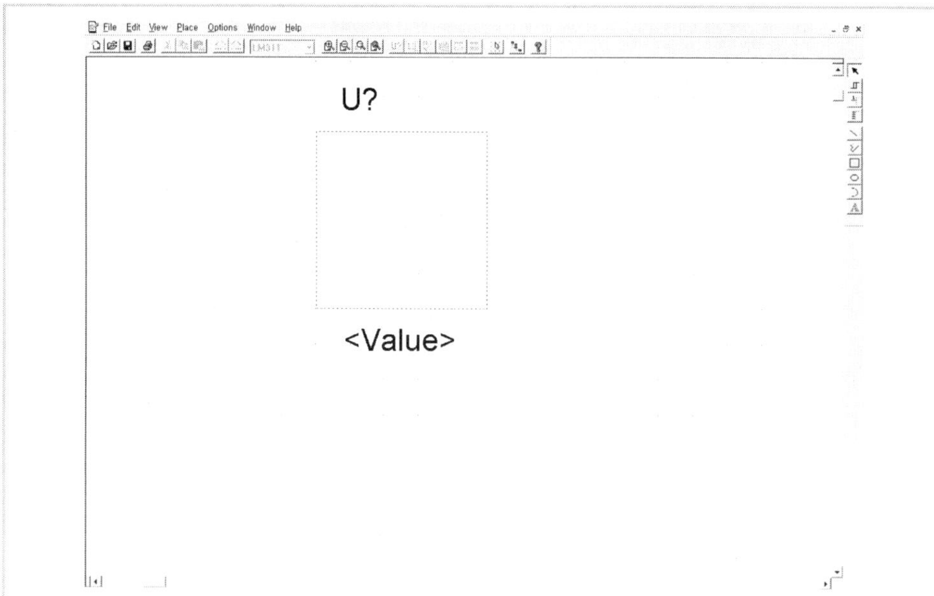

③ 핀 만들기

오른쪽 3번째 'Place Pin' 메뉴를 선택한다.

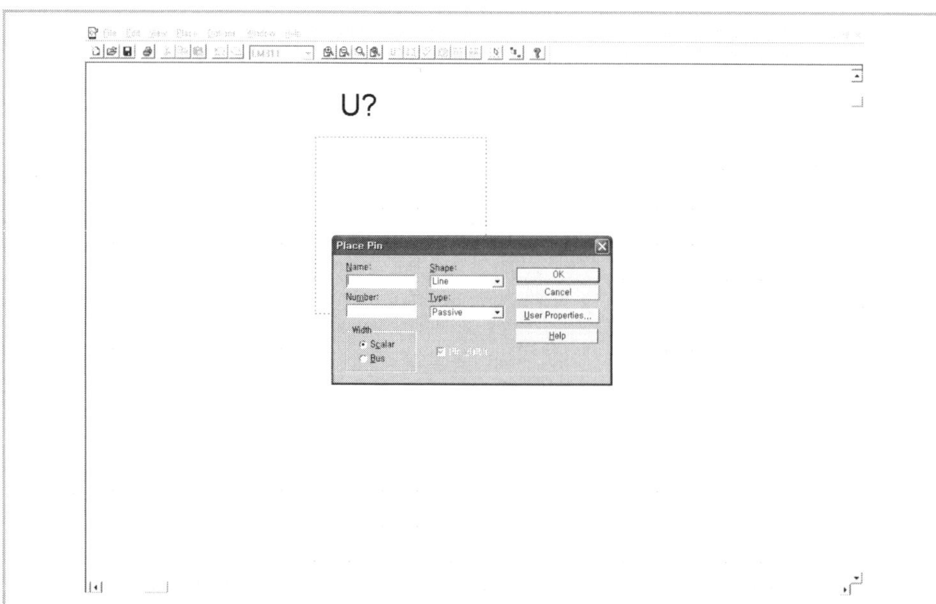

핀 번호 칸에 '1'을, 핀 이름 칸에 'In'을 각각 입력하고, 'Shape'를 'Short'로 변경한다.

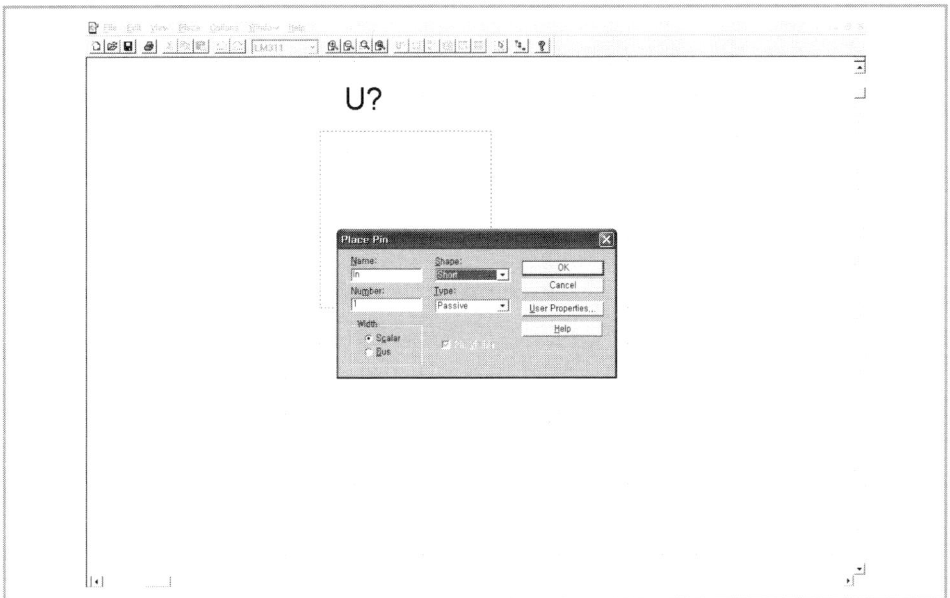

'OK' 버튼을 눌러 빠져나온다.

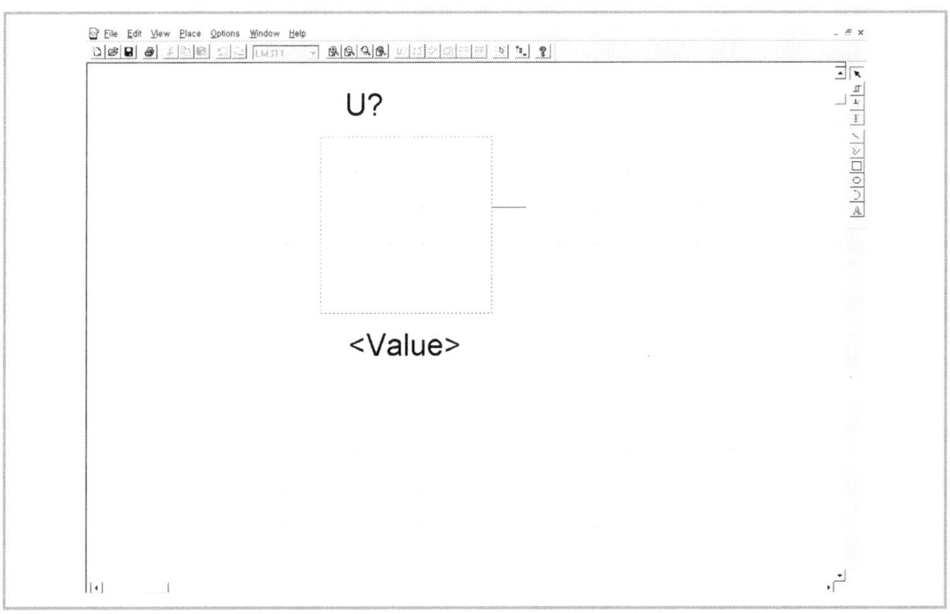

1번 핀을 적당한 곳에 위치시킨다. 일반적으로 부품의 왼쪽에 위치시킨다.

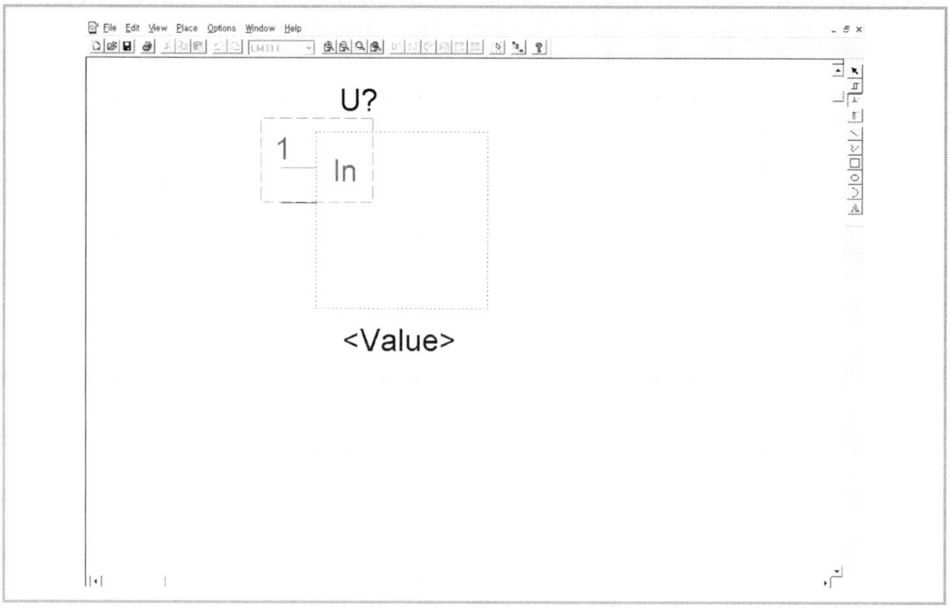

'Place Pin' 메뉴를 선택하여 2번 핀을 생성한다. 핀 번호 칸에 '2'를, 핀 이름 칸에 'GND'를 각각 입력한다.

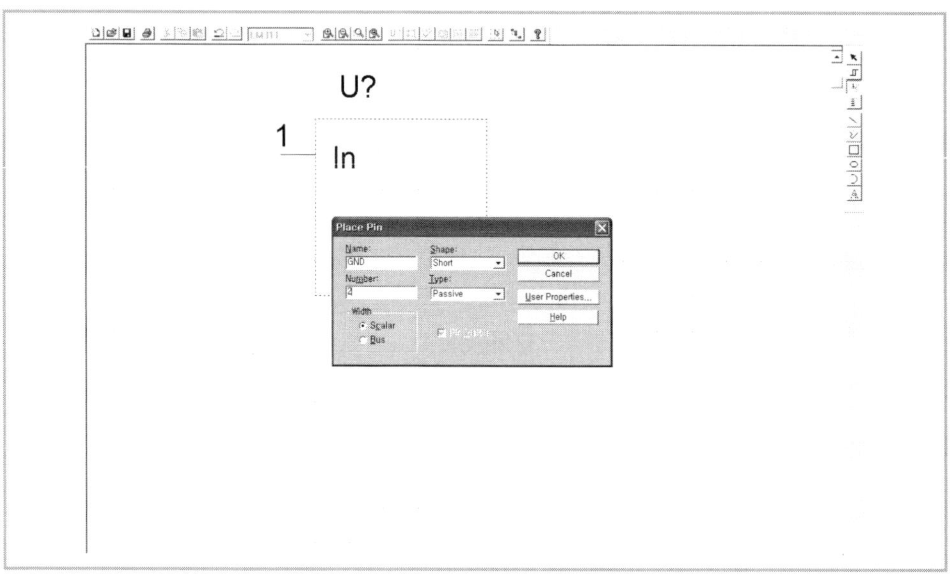

2번 핀을 부품의 아래쪽에 위치시킨다.

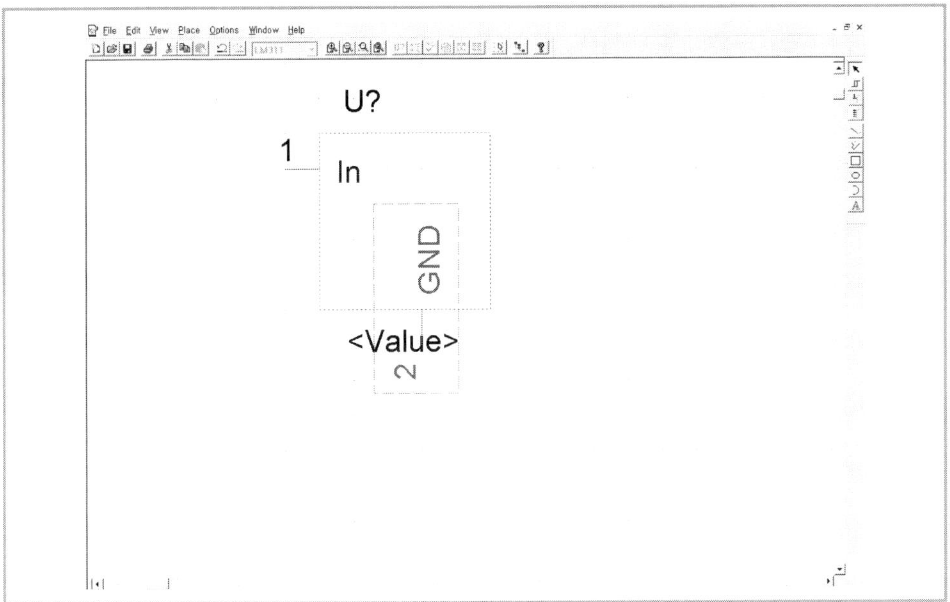

'Place Pin' 메뉴를 선택하여 3번 핀을 생성한다. 핀 번호 칸에 '3'을, 핀 이름 칸에 'Out'을 각각 입력한다.

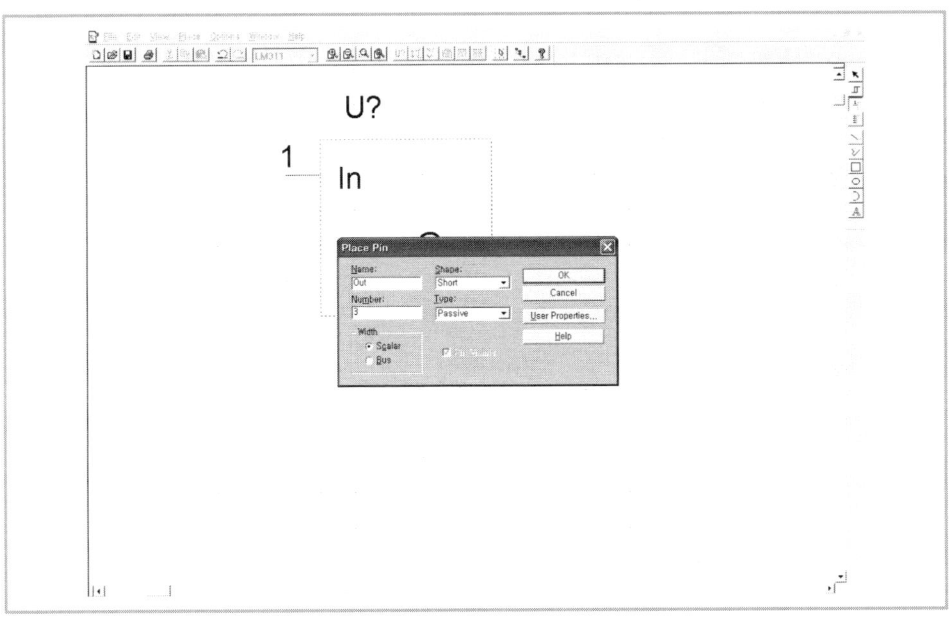

3번 핀을 부품의 오른쪽에 위치시킨다.

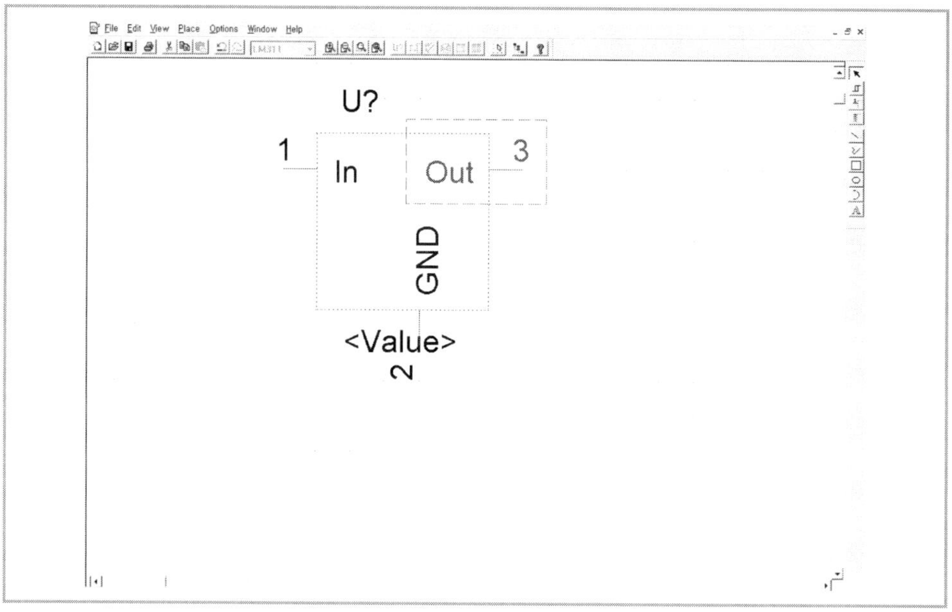

④ 외형 그리기

오른쪽 7번째의 'Place Rectangle'을 선택한다.

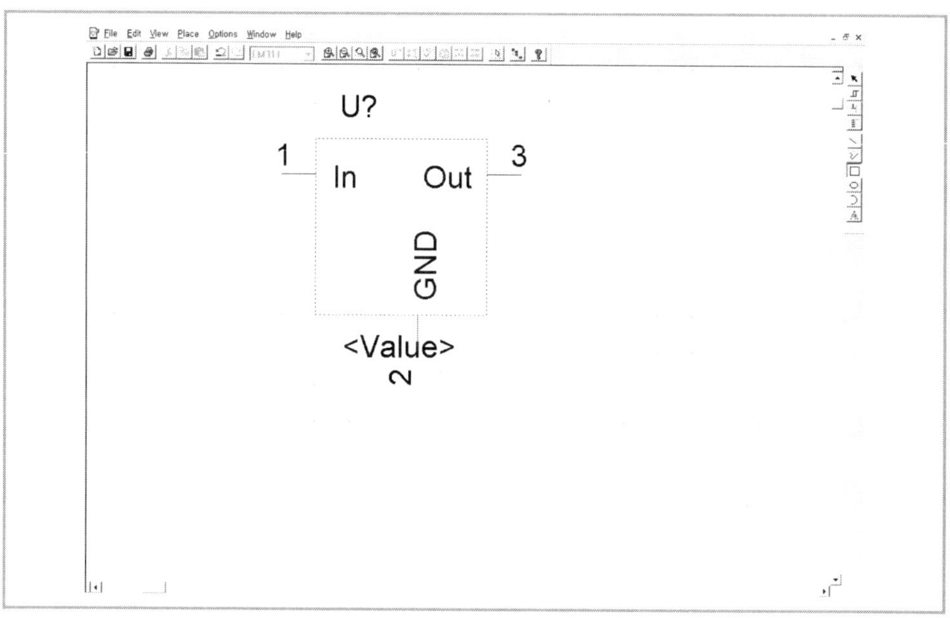

점선을 따라 사각형을 그린다.

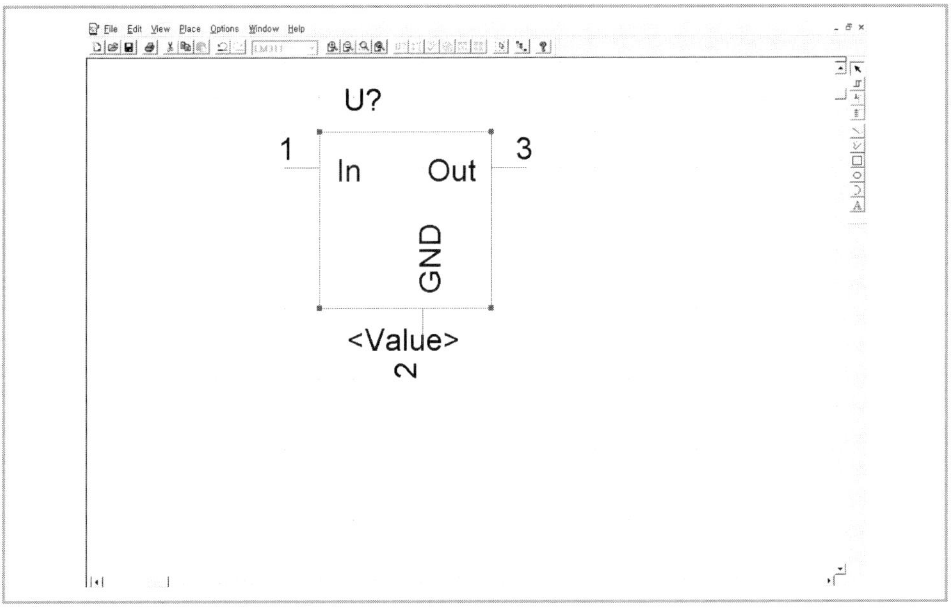

2번 핀이 사각형의 중앙에 위치하도록 하기 위하여 사각형을 선택한 후 오른쪽으로 드래그 하여 늘린다.

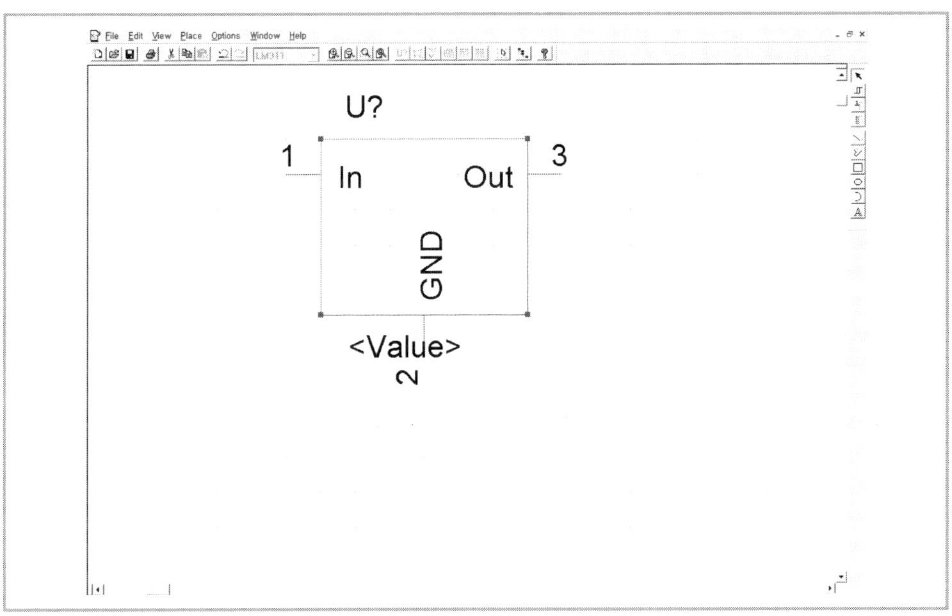

사각형의 높이를 줄이기 위해 사각형을 선택한 후 위쪽으로 드래그 한다.

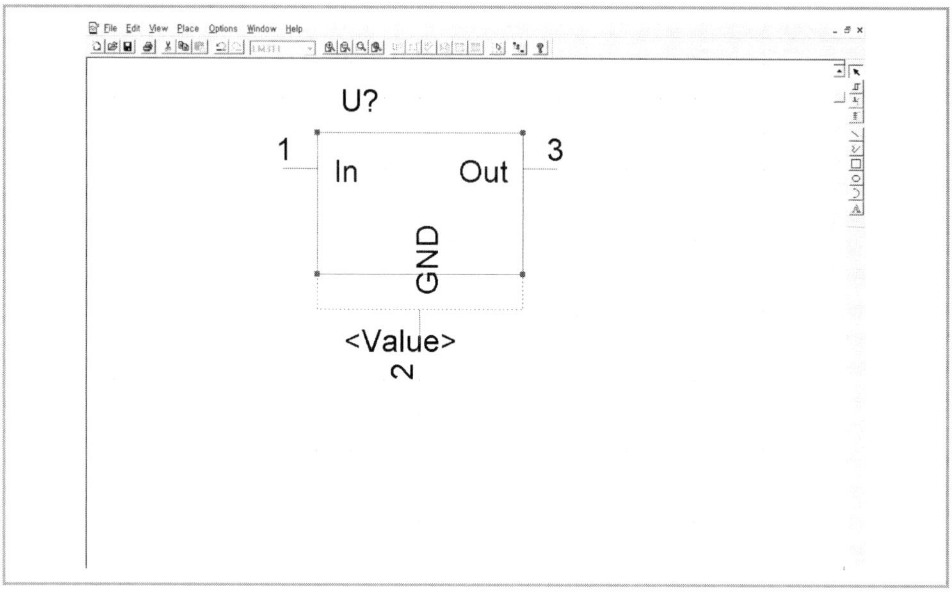

이때 사각형 실선은 위로 올라가지만 점선은 움직이지 않고 그대로 있게 되는데 이것을 회로도 편집창에서 보면 아래 그림과 같이 2번 핀이 외형에 연결되어 있지 않고 떨어져 있으며, 핀 이름 'GND'도 외형과 겹쳐지게 나타나게 된다.

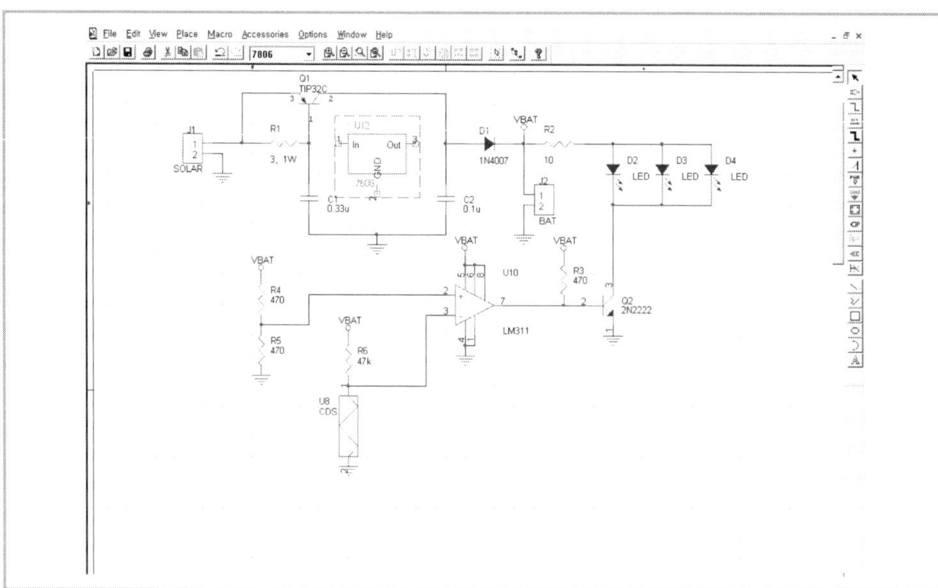

따라서 부품 기호의 외형 크기는 점선으로 결정되기 때문에 올바른 그림을 위해서는 점선도 선택하여 크기를 줄여줘야 한다.

점선을 선택한다.

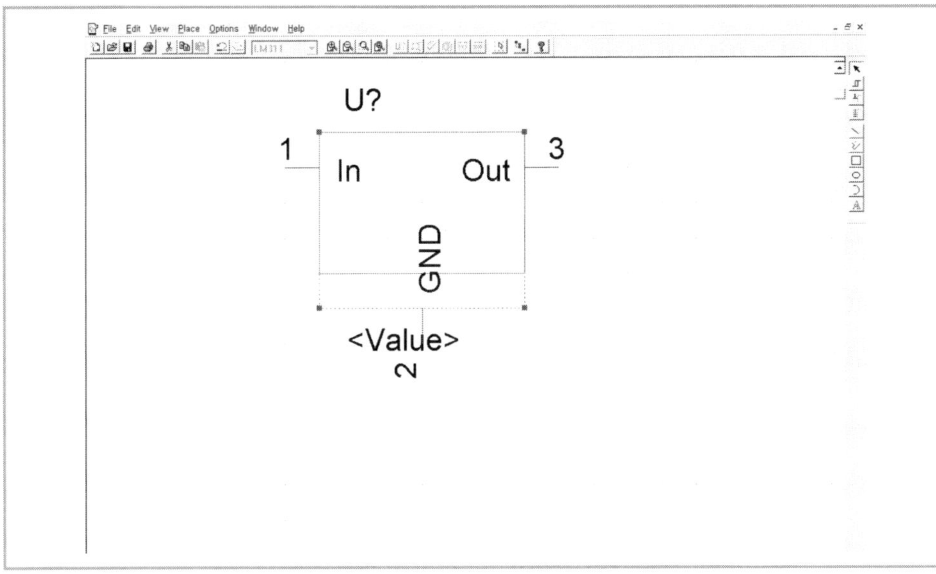

점선을 위로 드래그 하여 크기를 줄인다.

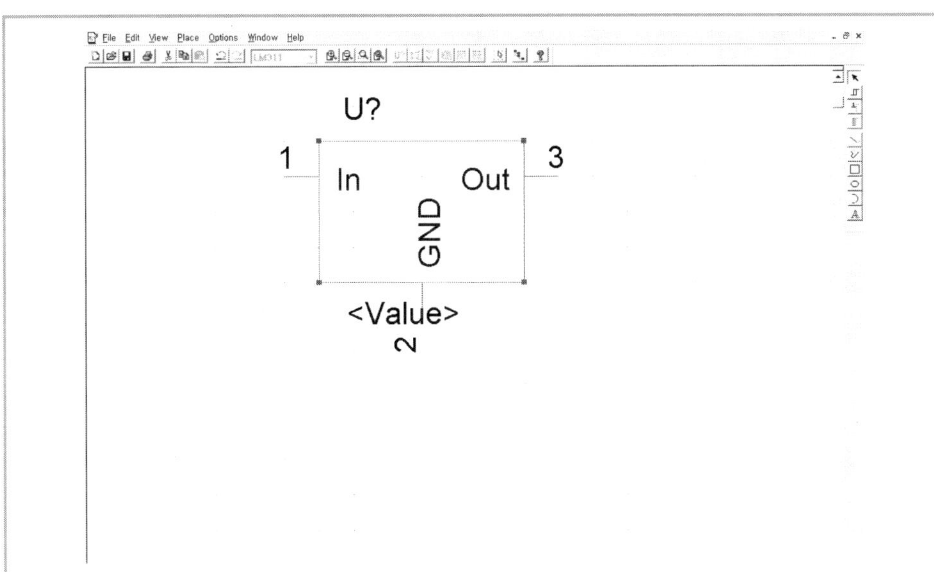

⑤ 저장하기

화면 닫기 버튼을 누른다.

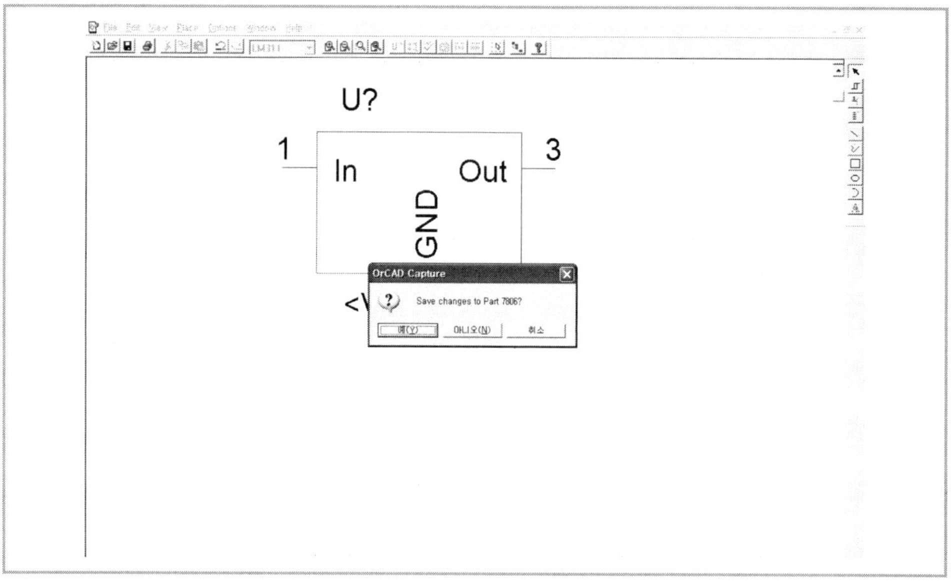

저장하고 빠져나온다. '7806' 부품이 라이브러리 파일에 추가되었음을 확인할 수 있다.

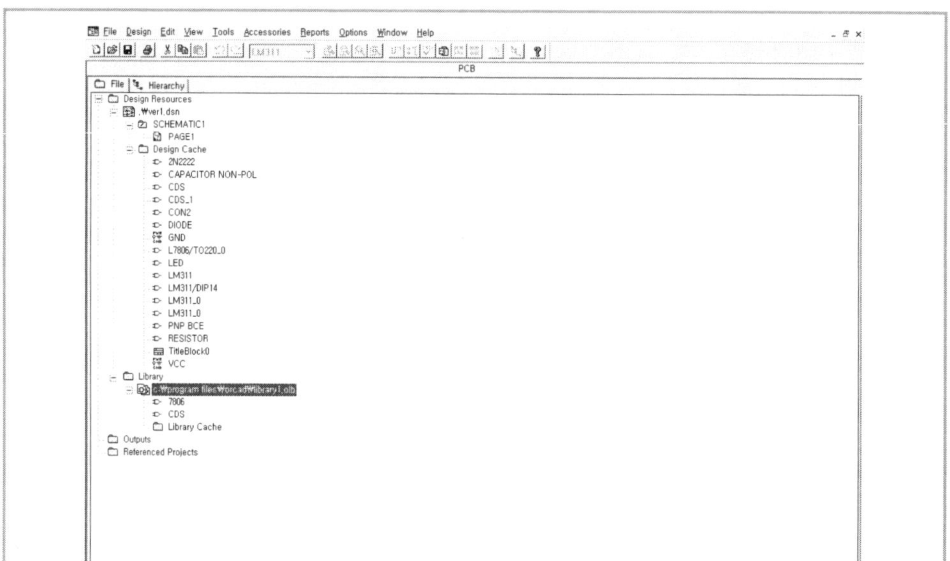

4) 라이브러리 불러오기

① 회로도 편집창 띄우기

'SCHMETIC1' 폴더의 'PAGE1' 도면을 더블클릭하여 활성화한다.

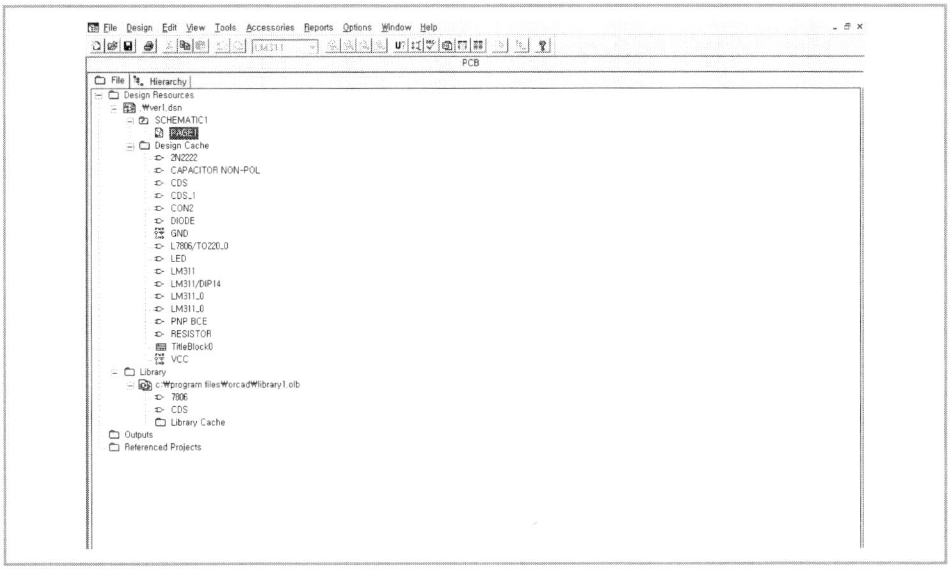

회로도 편집창이 나타난다.

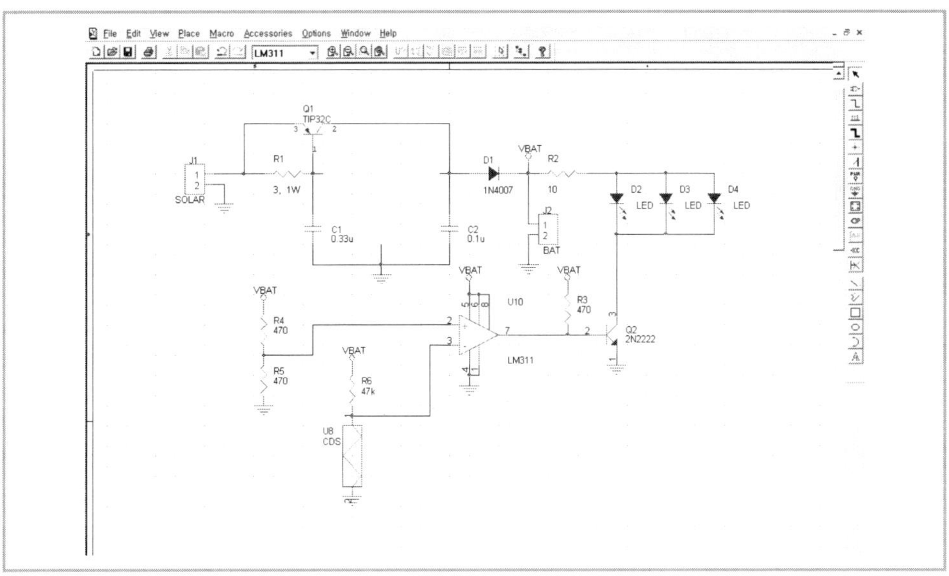

② 부품 불러오기

'Place Part' 버튼을 누른다.

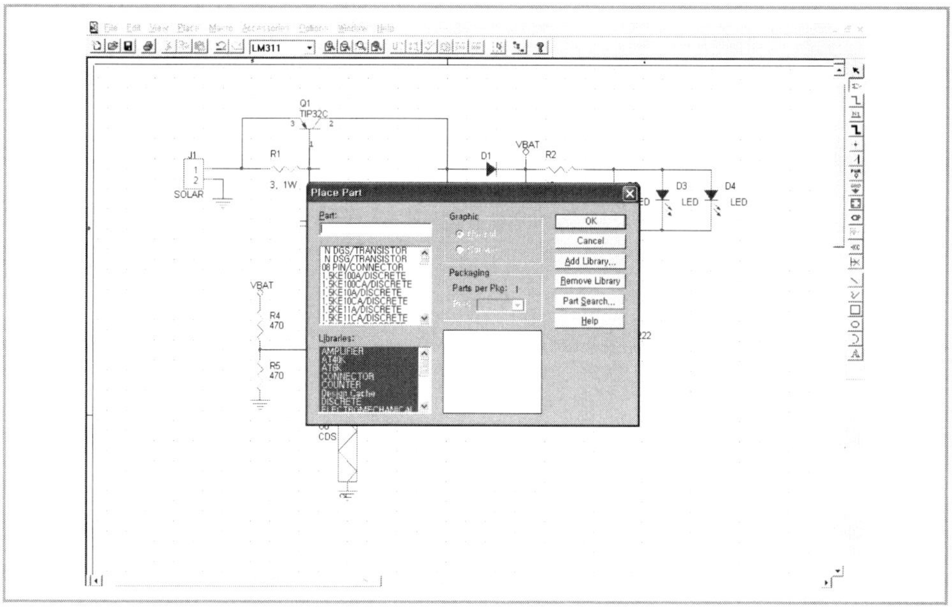

'Part' 칸에 '7806'을 입력한 후 '7806'을 선택한다.

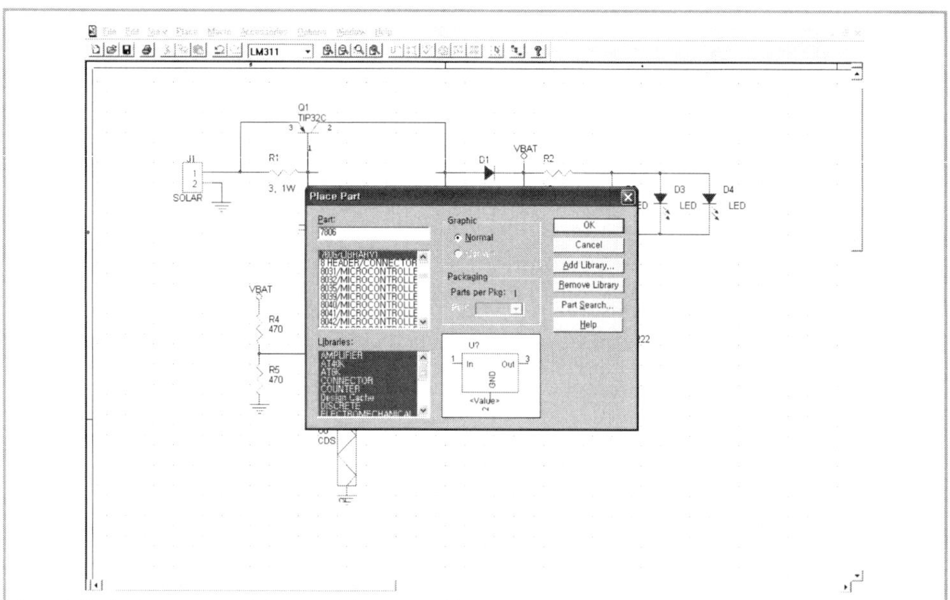

'OK' 버튼을 누르고 빠져나온 후, 부품을 원하는 곳에 위치시킨다.

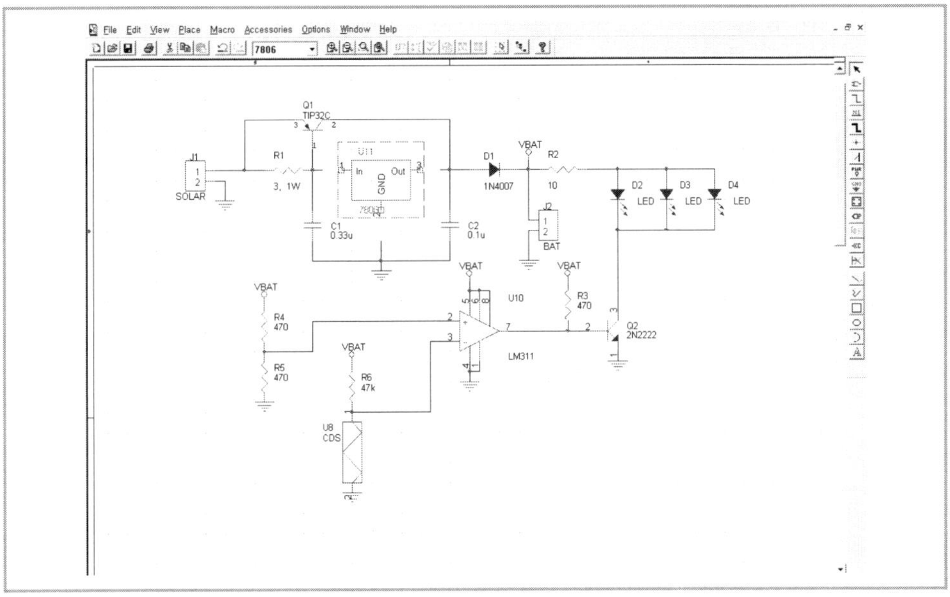

5) 회로도 완성하기

'Place Wire' 기능을 이용하여 결선을 완성한다.

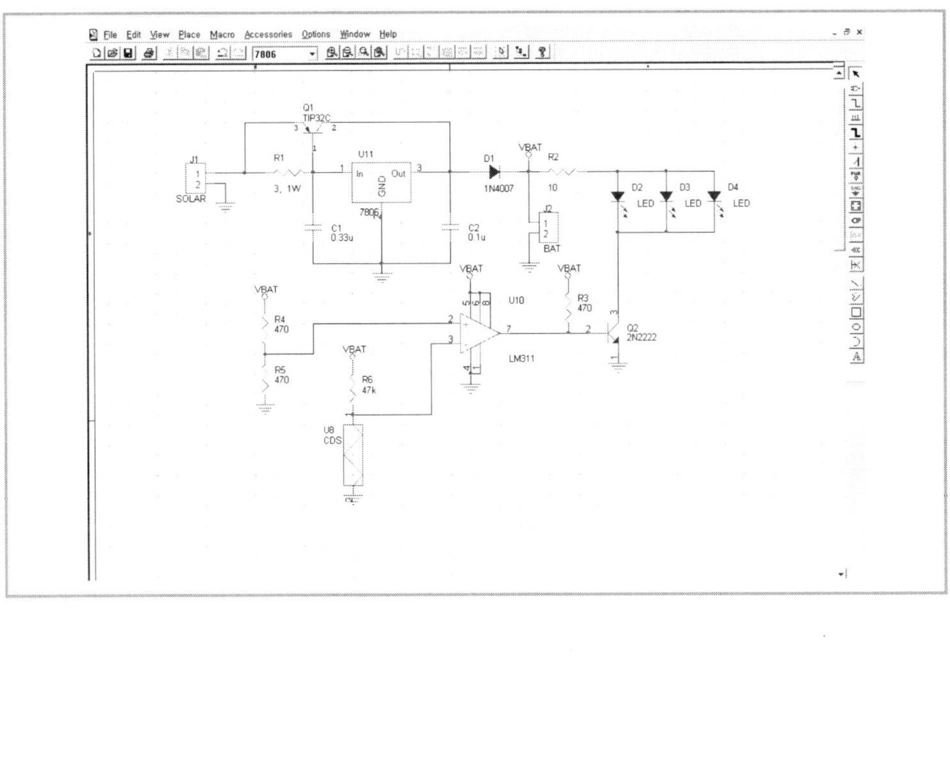

4 기존 부품의 라이브러리 수정방법

1) OrCAD 실행

① OrCAD 메인 화면을 실행하여 미리 그려진 예제 파일을 불러온다.

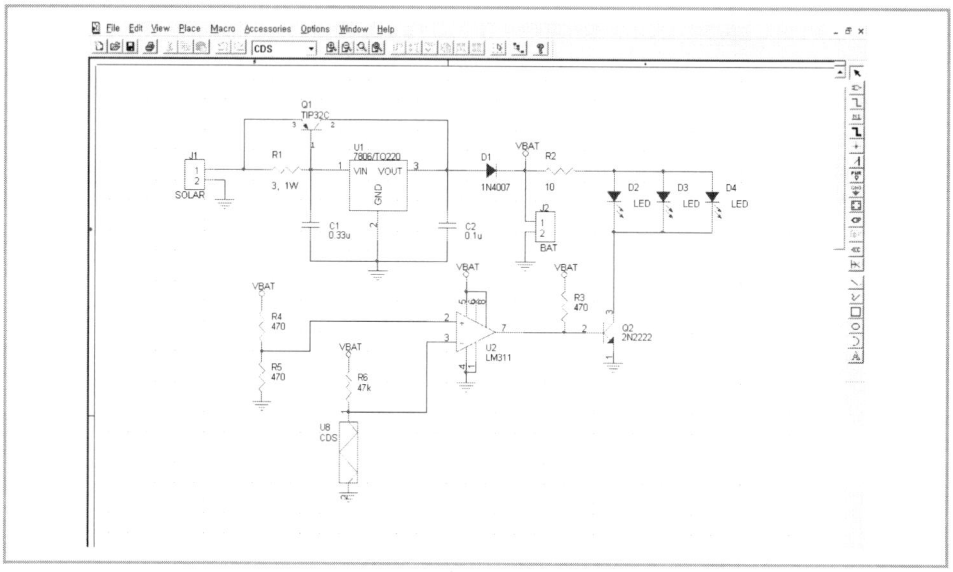

② 라이브러리 수정방법을 설명하기 위하여 LM311를 선택하여 지운다.

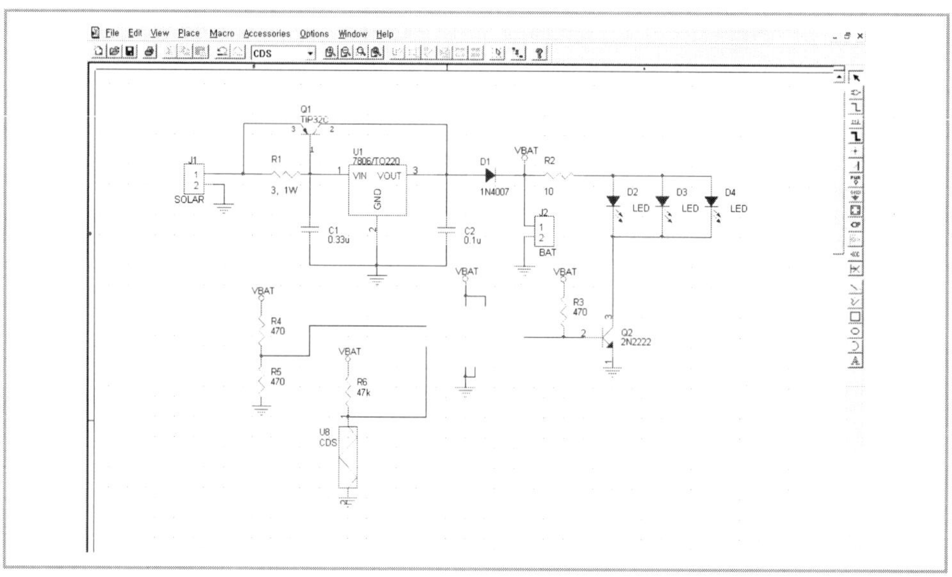

2) 기존 라이브러리 불러오기

① 'Place Part' 메뉴를 선택하여 LM311을 불러온다.

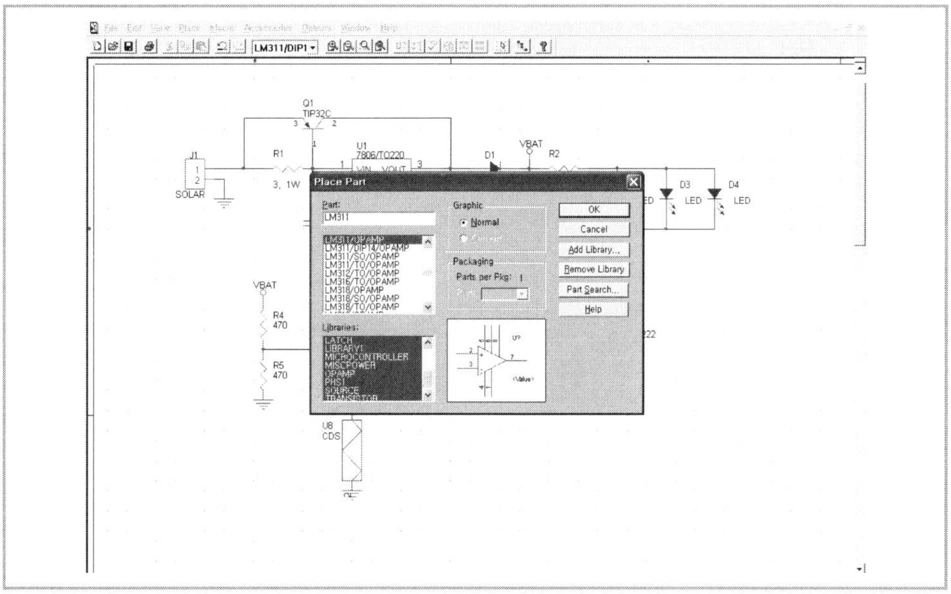

② 임의의 위치에 LM311을 위치시킨다.

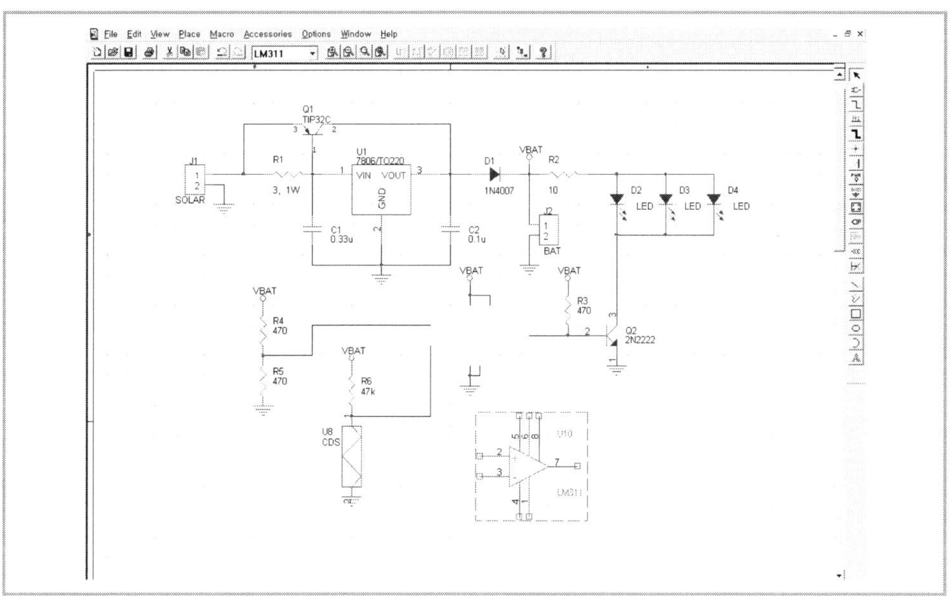

③ 마우스 왼쪽 버튼으로 LM311을 선택하여 활성화 시킨 후, 오른쪽 버튼을 눌러 팝업 메뉴창을 띄운다.

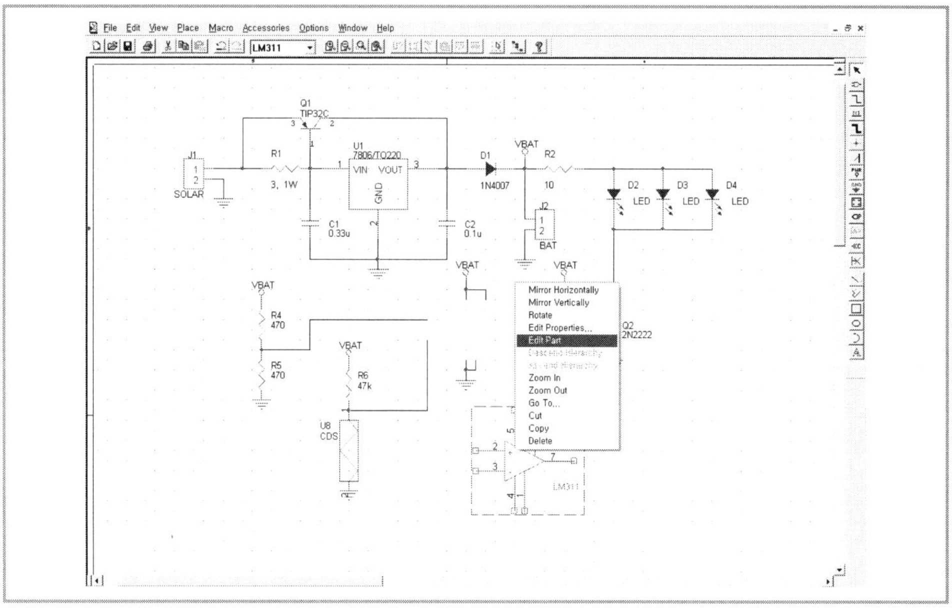

④ 팝업 메뉴 중 'Edit Part'를 선택한다.

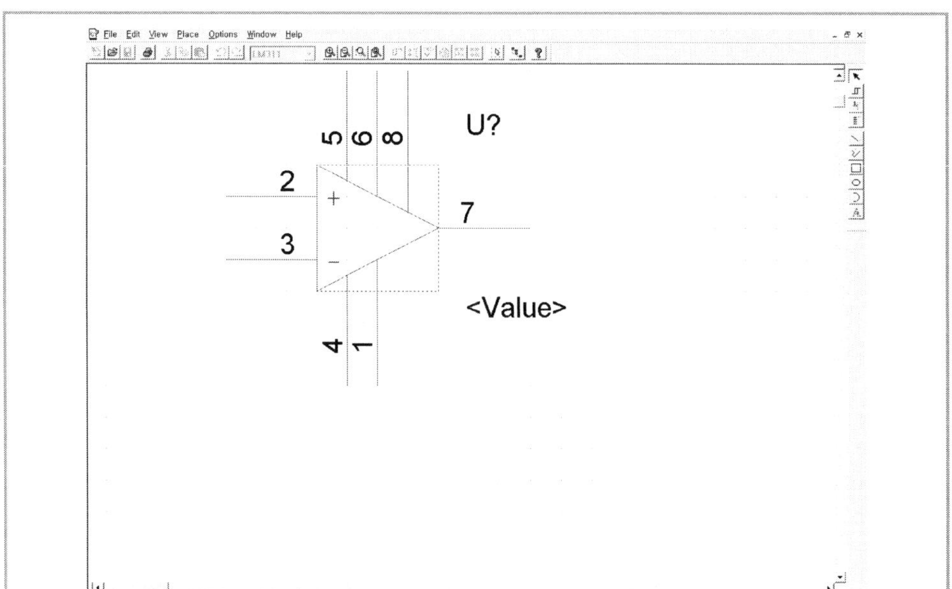

3) 라이브러리 수정

사용자가 원하는 모양으로 부품의 내용을 변경한다. 필요시에는 화면의 그리드를 변경하거나 그리드 스냅 기능을 해제한 상태에서 수정작업을 진행한다(새로운 라이브러리 등록방법 참조). 여기서는 핀 타입 변경 방법에 대해 설명한다.

① 해당 핀을 더블클릭한다.

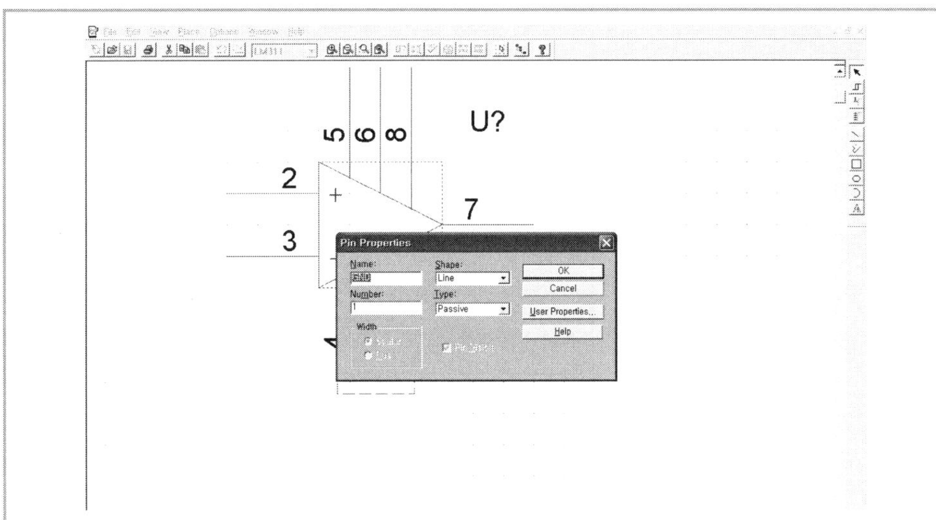

② 'Shape' 창의 'Short'를 선택한다.

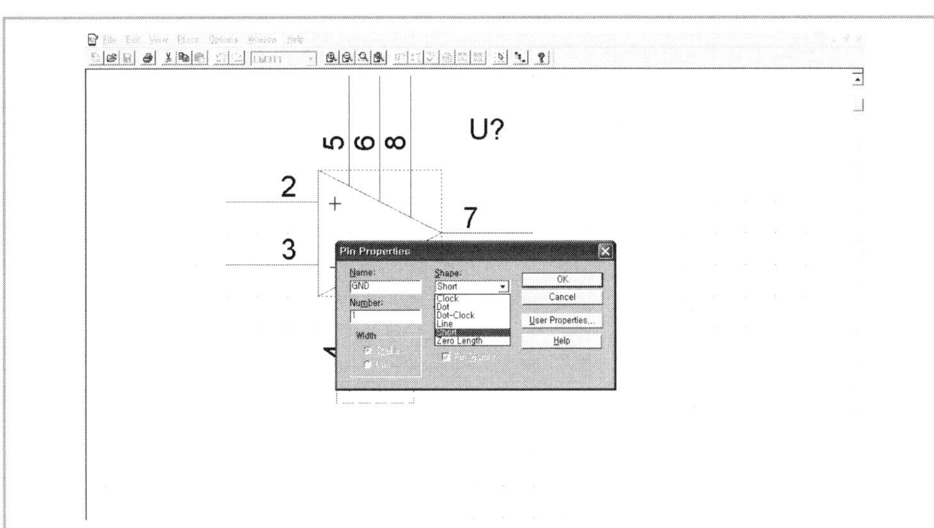

③ 'OK' 버튼을 눌러 빠져나온 후, 해당 핀의 모양이 변했는지 확인한다.

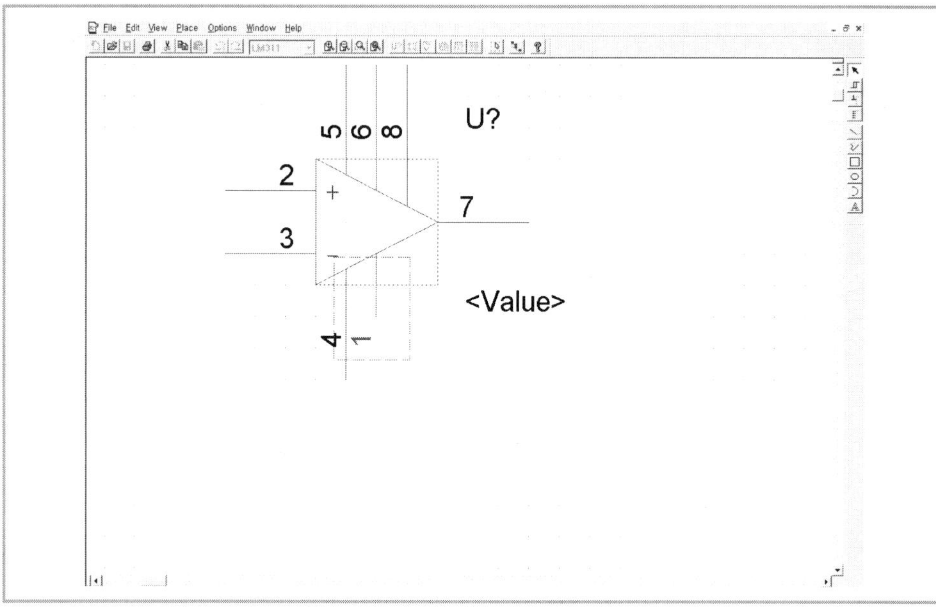

④ 같은 방법으로 나머지 핀들의 'Shape'를 변경한다.

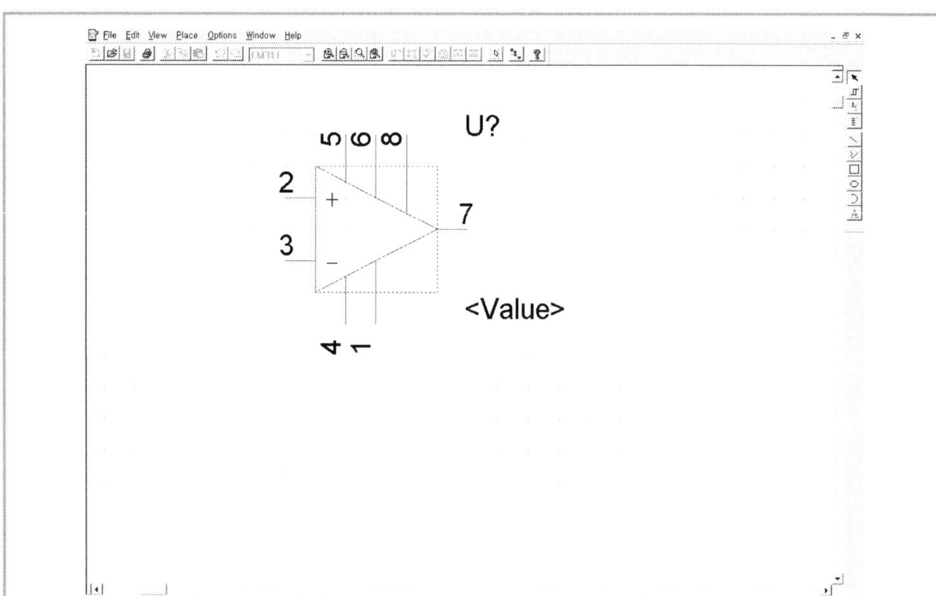

⑤ 'Edit Part' 화면의 닫기 버튼을 누른다.

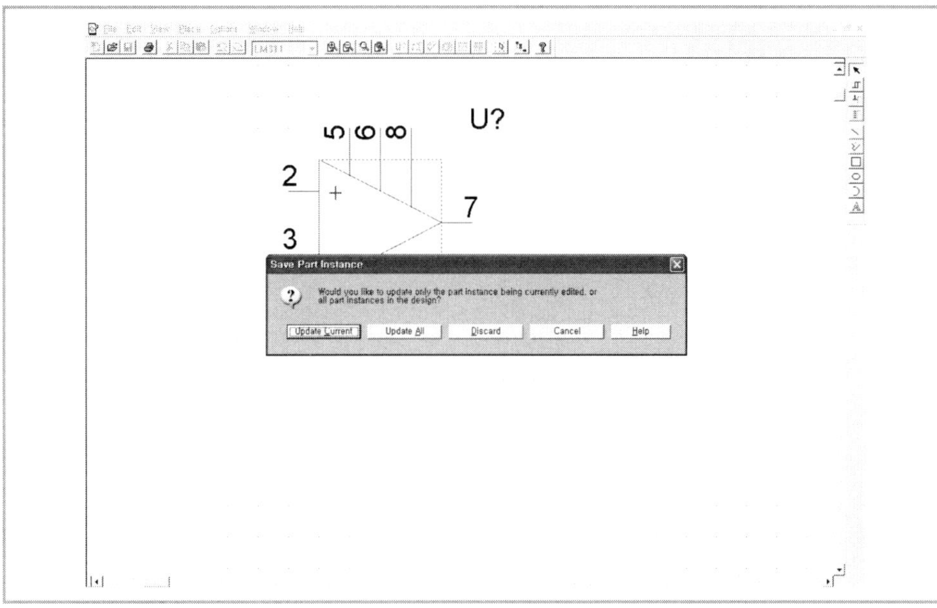

⑥ 'Update Current' 버튼을 눌러 빠져나온다.

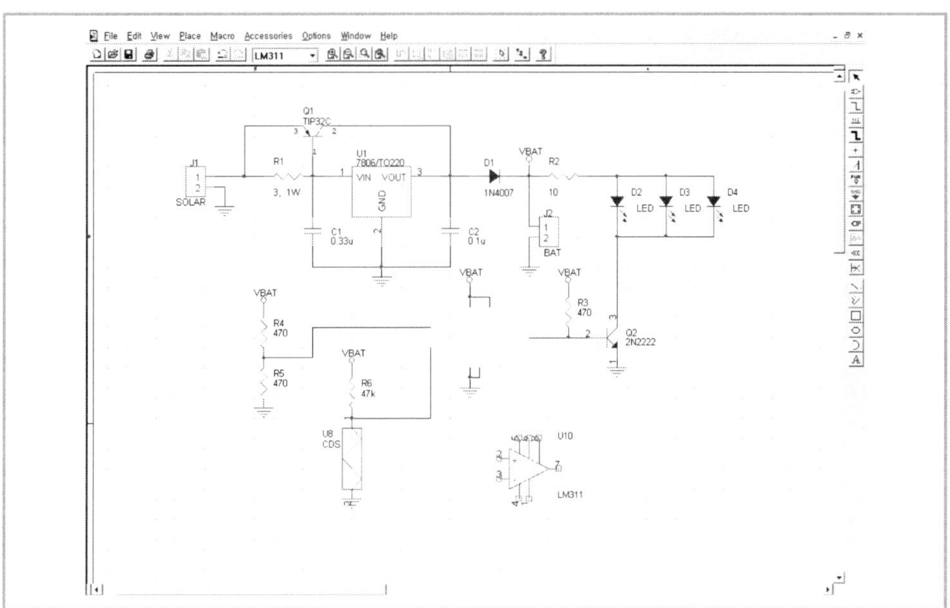

4) 부품 배치

부품을 원하는 위치에 배치시킨다.

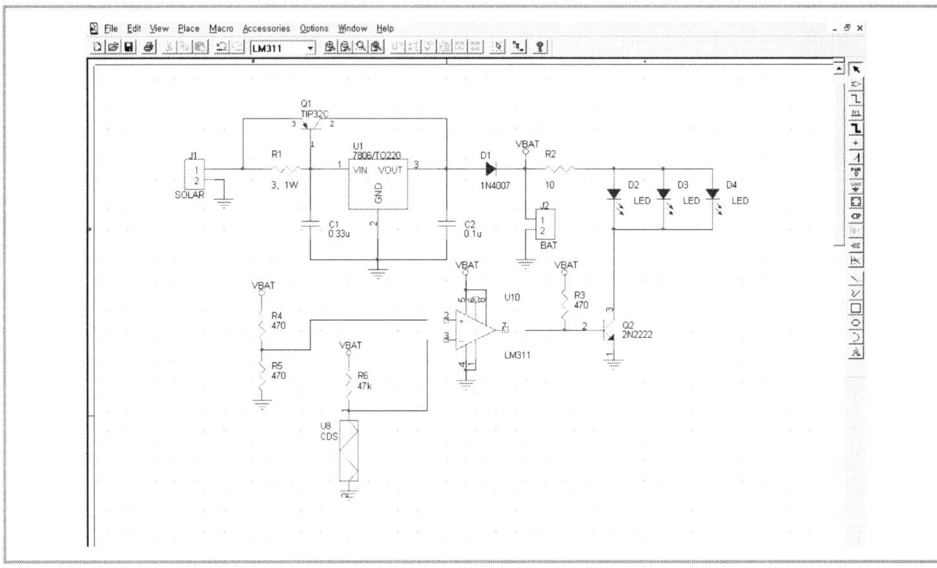

5) 결선 작업

부품의 결선 작업을 마무리 한다.

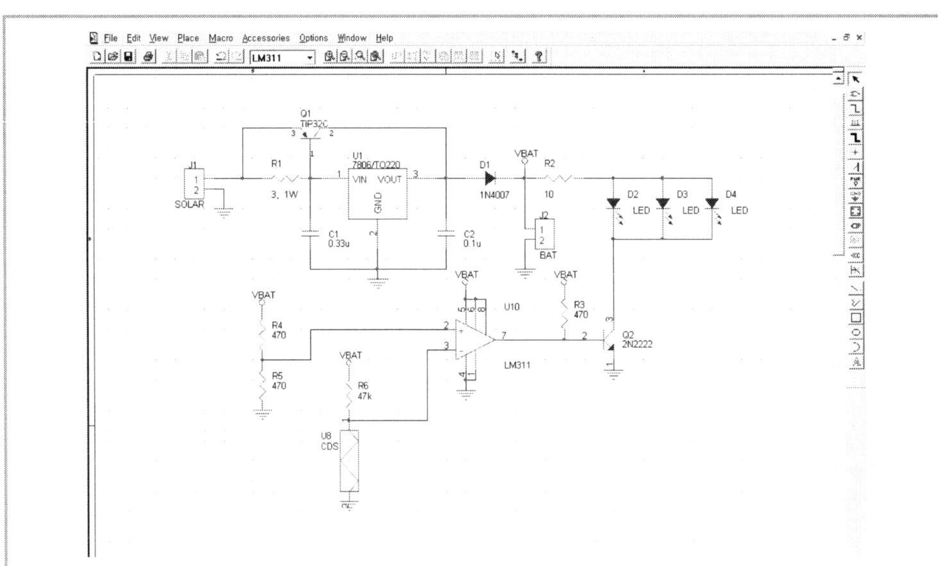

CHAPTER

02

R·L·C 기본회로

Chapter 02

R·L·C 기본회로

2.1 키르히호프 법칙

① 제1법칙(전류법칙) : 회로망 안에서 임의의 접합 점에 유입하는 전류와 유출하는 전류의 대수합은 0이다. 그림 2-1에서 점 0으로 유입하는 전류를 (+), 유출하는 전류를 (-)로 잡으면

$$i_1 + i_3 - i_2 - i_4 - i_5 = 0, \qquad \sum_{k=1}^{n} i_k = 0$$

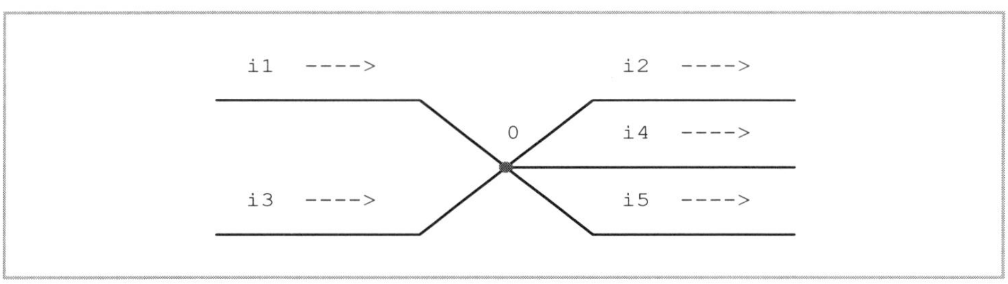

▌그림 2-1▌ 제1법칙(전류법칙)

② 제2법칙(전압법칙) : 회로망 안에서 임의의 폐회로를 일주하면서 계산한 전압 상승의 합은 그 회로에서의 전압강하의 합과 같다.

$$R_1 i_1 + R_2 i_2 + R_3 i_3 = V_1 - V_2, \qquad \sum_{k=1}^{n} R_k i_k = \sum_{k=1}^{n} V_k$$

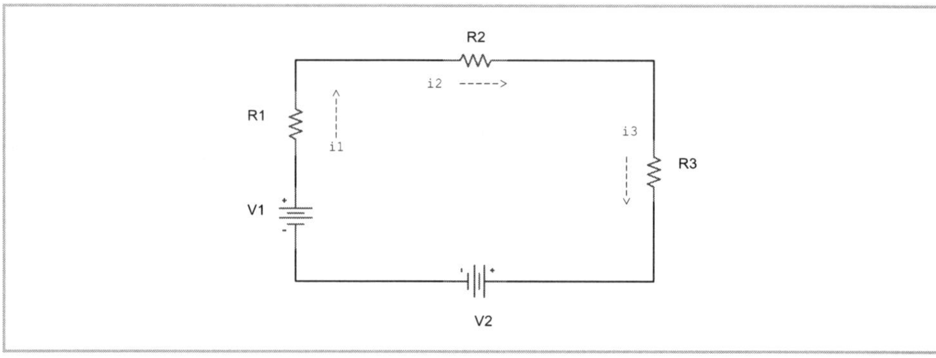

Ⅰ그림 2-2Ⅰ 제2법칙(전압법칙)

2.2 저항의 접속

① 저항의 직렬접속 : $R_T = R_1 + R_2 + R_3 + \cdots + R_n = \sum_{i=1}^{n} R_i$

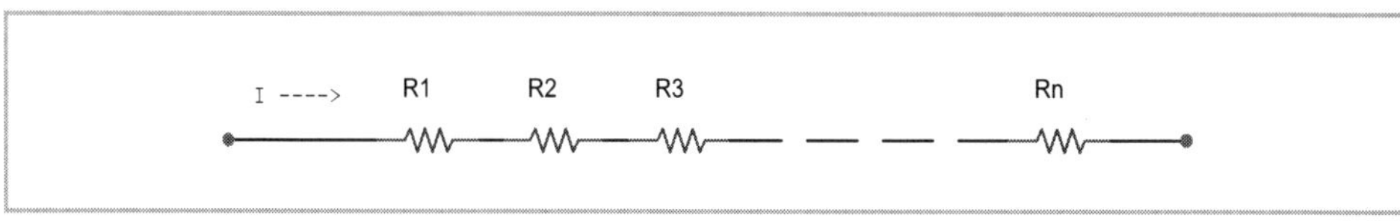

Ⅰ그림 2-3Ⅰ 저항의 직렬접속

② 저항의 병렬접속 : $R_T = \dfrac{1}{\dfrac{1}{R_1} + \dfrac{1}{R_2} + \dfrac{1}{R_3} + \cdots + \dfrac{1}{R_n}} = \dfrac{1}{\sum_{i=1}^{n} \dfrac{1}{R_i}}$

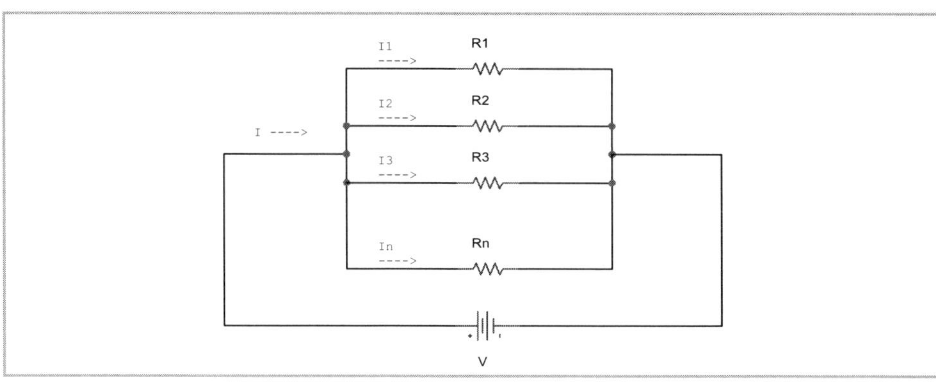

Ⅰ그림 2-4Ⅰ 저항의 병렬접속

③ 분압기(Voltage dividers) : 그림 2-5(a)의 직류전압과 (b)의 교류전압은 두개의 저항에 의하여 나누어진다. 각 저항에 인가되는 전압 V_1, V_2는 다음 수식과 같고, 직류회로와 교류회로에 다 같이 적용된다.

$$V_1 = (\frac{R_1}{R_1 + R_2})V_s, \qquad V_2 = (\frac{R_2}{R_1 + R_2})V_s$$

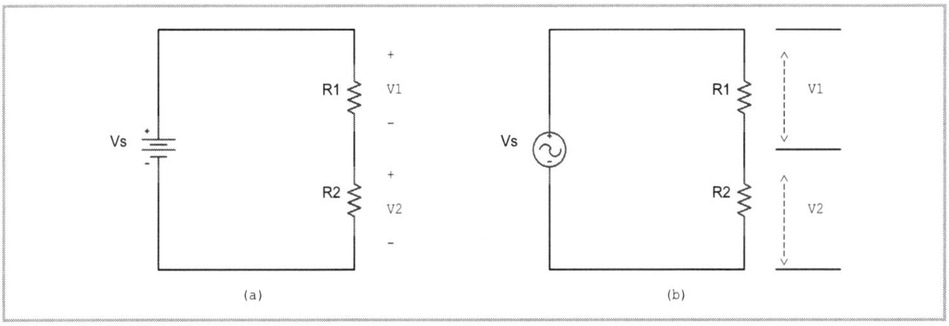

▍그림 2-5▍ 분압기(Voltage dividers)

④ 분류기(Current dividers) : 그림 2-6에서 두 개의 지로를 가진 병렬회로에서 양단에 가해진 전압이 주어져 있지 않을 경우 각 지로의 저항값과 전전류 I_T에 의하여 각 지로의 전류를 전류분배공식으로 구할 수 있다. 합성저항 R_T 및 각 지로에 흐르는 전류 I_1, I_2는 다음과 같고, 직류회로와 교류 회로에 다 같이 적용된다.

$$R_T = \frac{1}{\frac{1}{R_1} + \frac{1}{R_2}} = \frac{R_1 R_2}{R_1 + R_2}, \ I_1 = (\frac{R_2}{R_1 + R_2})I_T, \ I_2 = (\frac{R_1}{R_1 + R_2})I_T$$

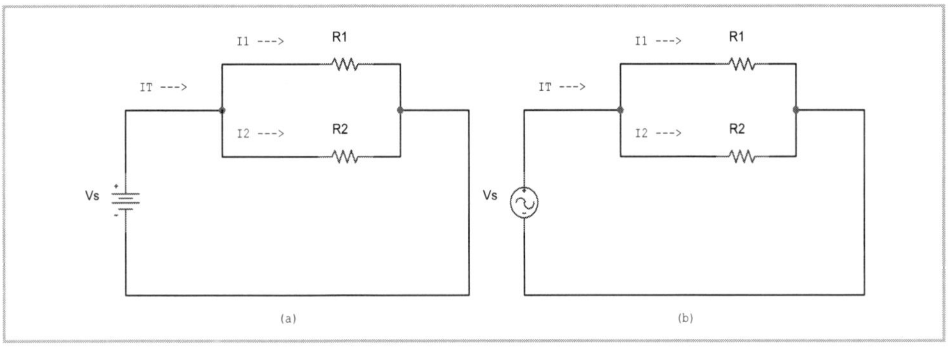

▍그림 2-6▍ 분류기(Current dividers)

2.3 키르히호프 법칙 적용 회로

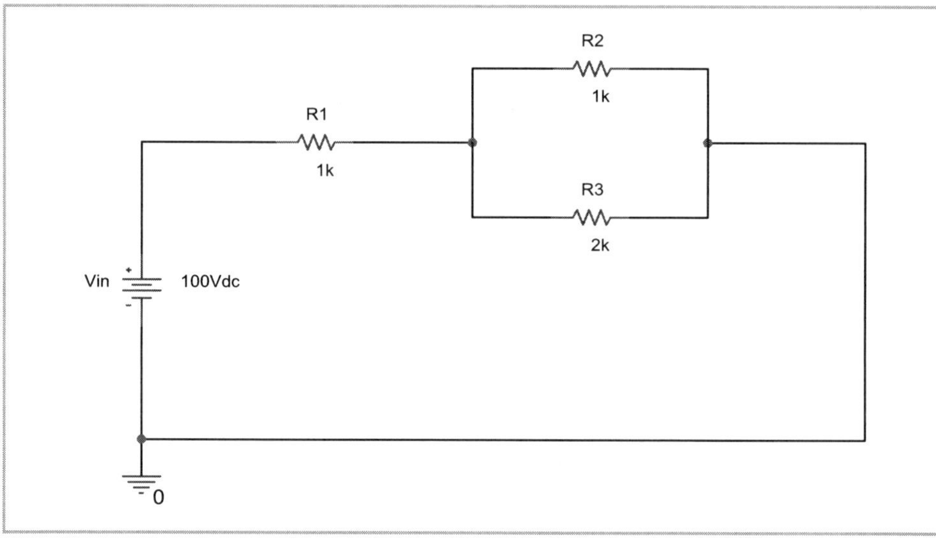

❙그림 2-7❙ 키르히호프 법칙 시뮬레이션 회로

1 회로 시뮬레이션 조건

① 직류 전압원(라이브러리 명 : SOURCE → VDC)

- 부품 이름/크기 : V_{in} = 100V

② 저항(라이브러리 명 : ANALOG → R)

- 부품 이름 / 크기 : R_1 / R_2 = 1(kΩ), R_3 = 2(kΩ)

③ 접지(라이브러리 명 : Tool Palette → GND → Source)

- symbol : 0 선택

④ PSpice → New Simulation → Name(Kirchhoff) → Simulation setting (Kirchhoff) → Run to Time : 1ms

2 시뮬레이션 결과

① 전류법칙(KCL) 회로 : I_{R1} 전류, I_{R2} 전류, I_{R3} 전류 파형 측정

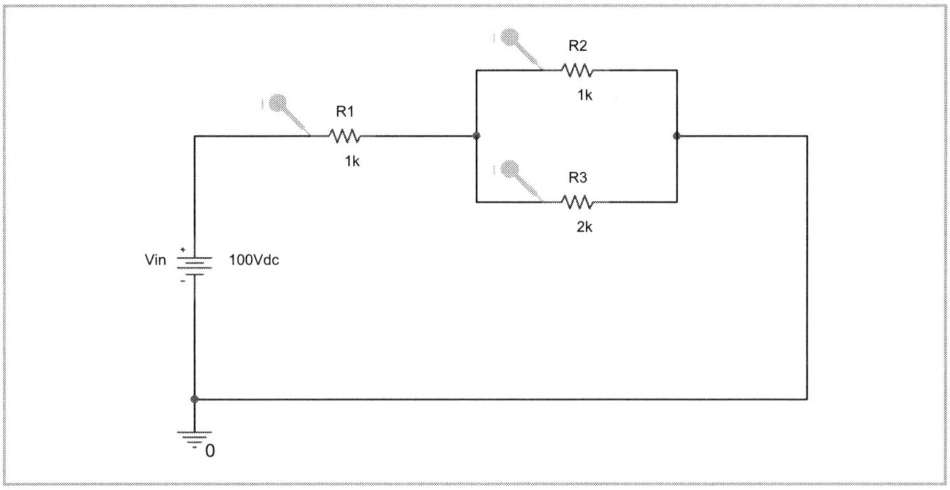

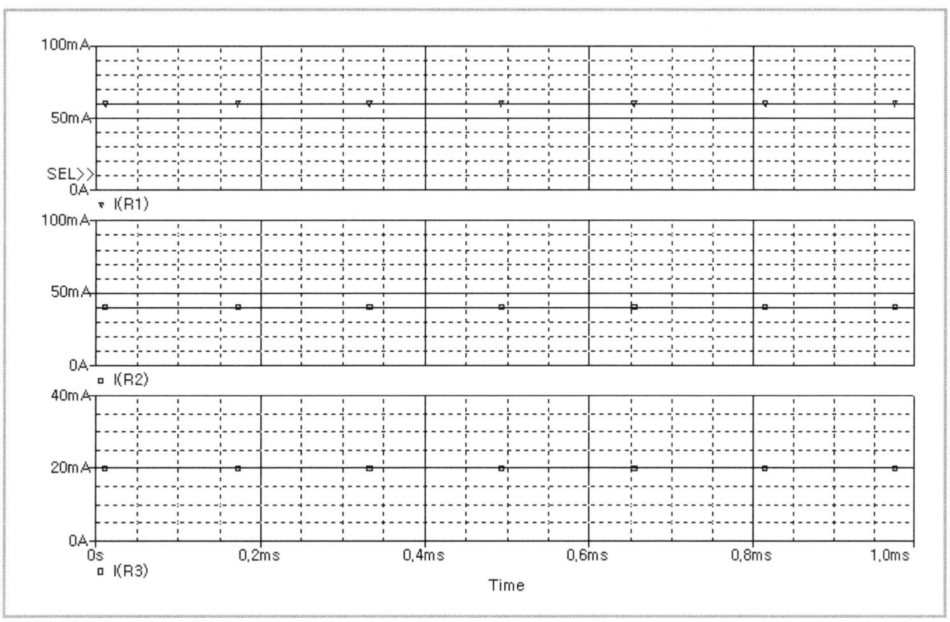

▸ Kirchhoff의 전류법칙을 확인하기 위하여 Enable Bias Current Display 아이콘을 이용하여 확인

● $R_1 = 1(k\Omega),\ R_{23}(= \frac{R_2 R_3}{R_2 + R_3}) = \frac{2}{3}(k\Omega),\ R(= R_1 + R_{23}) = 1 + \frac{2}{3} = \frac{5}{3}(k\Omega)$

- $I_1(R_1$에 흐르는 전류$) = \dfrac{V_{in}}{R} = \dfrac{100}{\frac{5}{3}} = 60(mA)$

- $I_2(R_2$에 흐르는 전류$) = \dfrac{R_3}{(R_2+R_3)} \times I_1 = \dfrac{2}{(1+2)} \times 60 = 40(mA)$

- $I_3(R_3$에 흐르는 전류$) = \dfrac{R_2}{(R_2+R_3)} \times I_1 = \dfrac{1}{(1+2)} \times 60 = 20(mA)$

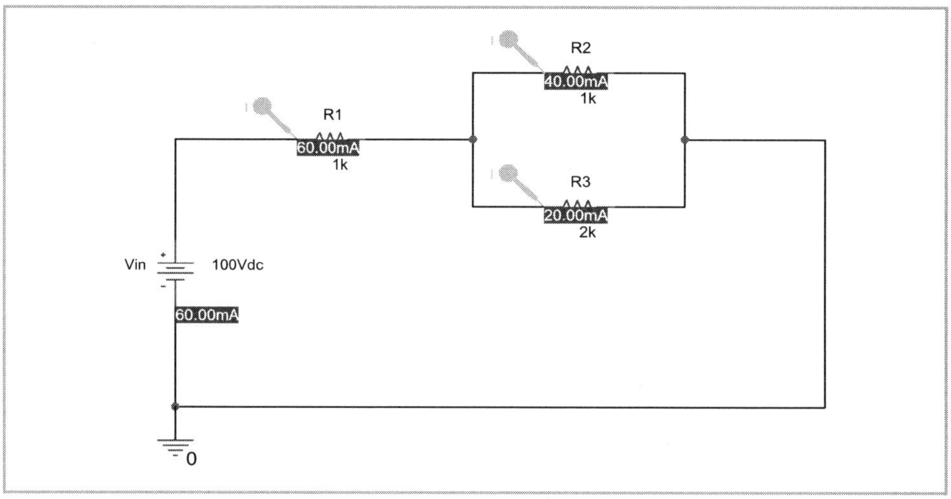

② 전압법칙(KVL) 회로 : V_{in} 전압, V_{R1} 전압, V_{R2} 전압, V_{R3} 전압 파형 측정

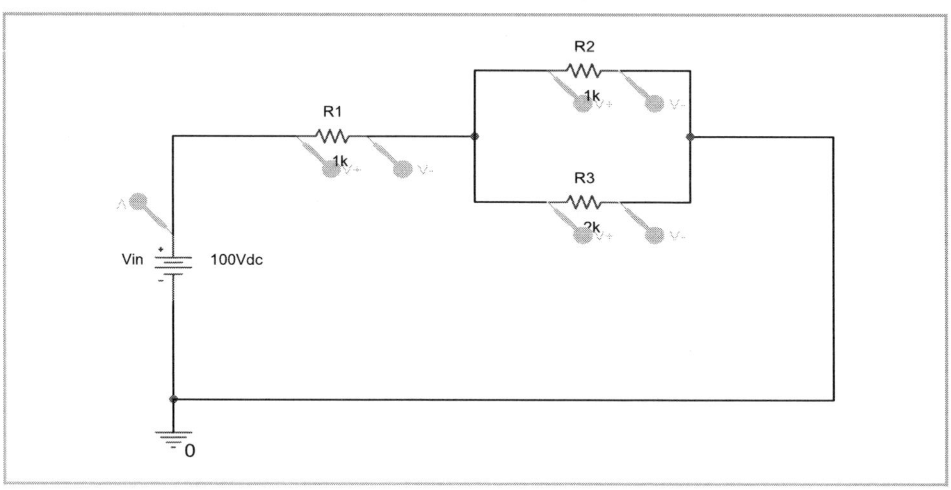

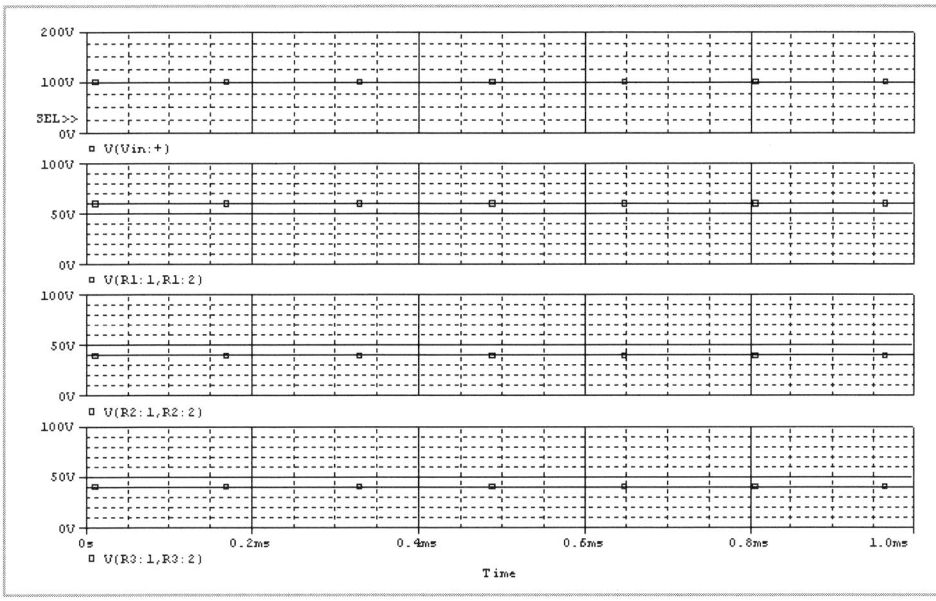

▸ Kirchhoff의 전압법칙을 확인하기 위하여 Enable Bias Current Display 아이콘 V를 이용하여 확인

- $R_1 = 1(k\Omega),\ R_{23}(=R_2+R_3)=\frac{2}{3}(k\Omega),\ R(=R_1+R_{23})=1+\frac{2}{3}=\frac{5}{3}(k\Omega)$
- V_1(R_1에 인가된 전압) = $(\frac{R_1}{R})\times V_{in}=\frac{1}{\frac{5}{3}}\times 100 = 60(V)$
- V_2(R_{23}에 인가된 전압) = $(\frac{R_{23}}{R})\times V_{in}=\frac{\frac{2}{3}}{\frac{5}{3}}\times 100 = 40(V)$

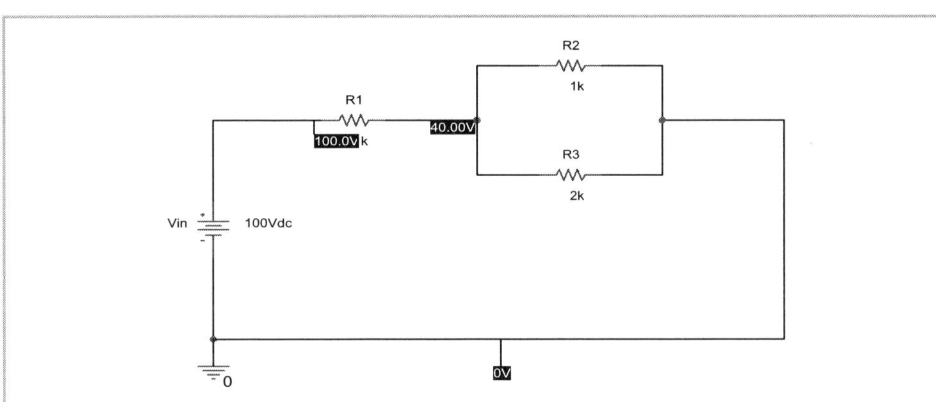

③ 전압, 전류 법칙(KVL & KCL) 회로 : V_{in} 전압, V_{R1} 전압, V_{R2} 전압, I_{R1} 전류 파형 측정

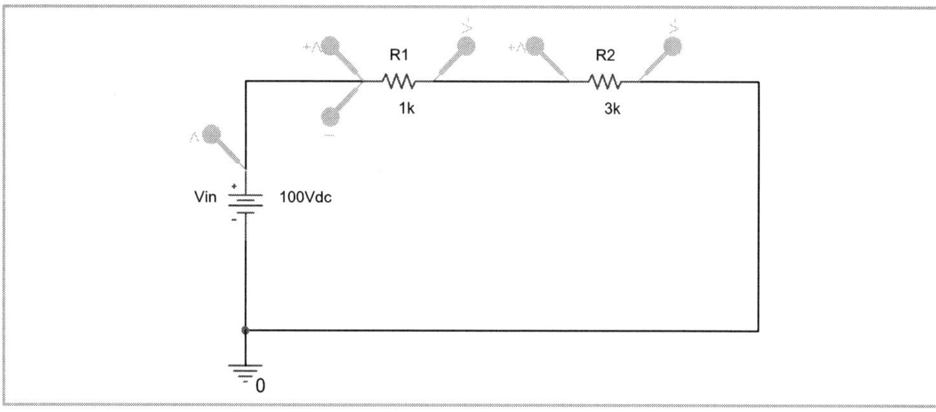

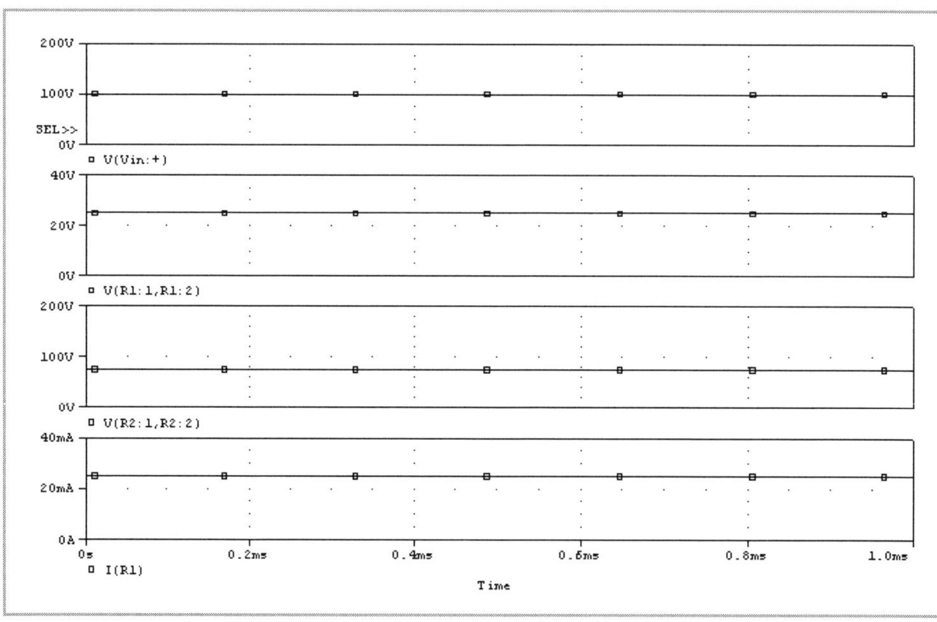

▶ Kirchhoff의 전압, 전류법칙을 확인하기 위하여 Enable Bias Current Display 아이콘 V, I을 이용하여 확인

● $R_1 = 1(k\Omega),\ R_2 = 3(k\Omega),\ R = R_1 + R_2 = 1 + 3 = 4(k\Omega)$

- V_1(R_1에 인가된 전압) = $(\frac{R_1}{R}) \times V_{in} = \frac{1}{1+3} \times 100 = 25(V)$
- V_2(R_2에 인가된 전압) = $(\frac{R_2}{R}) \times V_{in} = \frac{3}{1+3} \times 100 = 75(V)$
- $I = \frac{V_{in}}{R} = \frac{V_{in}}{R_1 + R_2} = \frac{100}{1000+3000} = 0.025(A) = 25(mA)$

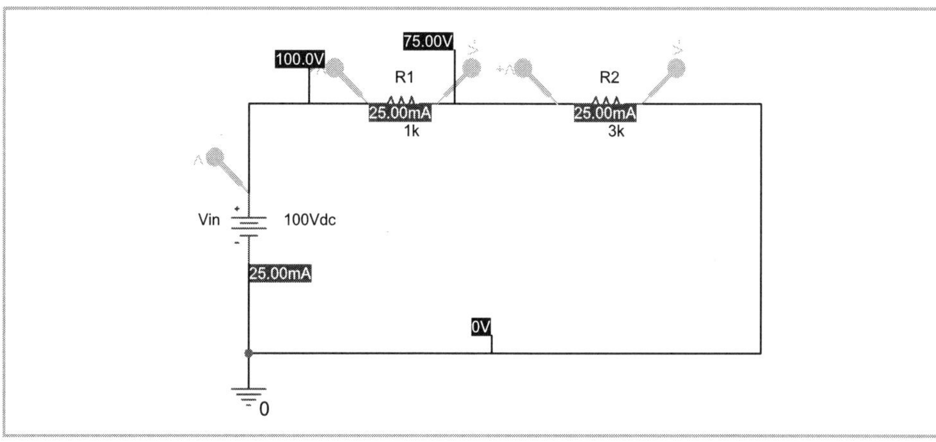

2.4 R, L, C 독립회로

그림 2-8과 같은 정현파 전압은 $v = V_m \sin wt = V_m \sin 2\pi ft[V]$로 표시된다.

① v(순시값, Instantaneous value) : 시간에 따라 변화하는 순간순간에서의 크기

② V_m(최대값, Maximum value) : 파형의 진폭

③ f(주파수, Frequency) : 교류의 1초 동안에 반복되는 주파(cycle)의 수를 주파수라 하며, 단위는 헤르츠[$Hz, Hertz$]를 사용

④ T(주기, Period) : 임의의 교류파형이 완전히 변화하여 처음 상태로 되돌아가는데 걸리는 시간

⑤ w(각속도, 또는 각주파수) : 교류에서는 1 주파(cycle)의 각을 $2\pi[rad]$로 정하여 이것을 **전기각**(Electric angle)이라 한다. 그리고 교류가 1초 동안에 변화하는 전기각을 w로 표시하고, 이것을 **각속도**(angular velocity) 또는 **각주파수**

(angular frequency)라 하고, 단위는 $[rad/s]$이다.

$$w = 2\pi f[rad/s],\ T = \frac{1}{f} = \frac{2\pi}{w}[s]\ ,\ f = \frac{1}{T} = \frac{w}{2\pi}[Hz]$$

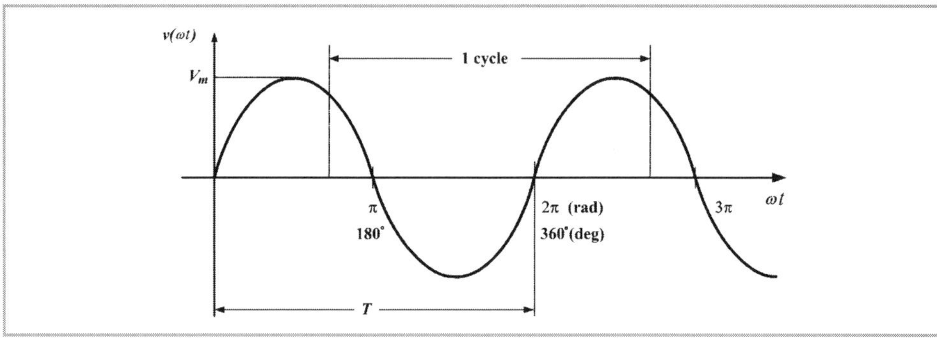

▌그림 2-8▐ 정현파 교류

⑥ 위상(Phase)과 위상차(Phase difference) : 정현파 교류의 일반식에서 θ를 위상(Phase) 또는 위상각(Phase angle)이라 한다. 다음과 같은 3개의 식을 그림 2-9(a)와 같이 파형으로 나타내면, v_1의 위상을 기준으로 할 때 v_2의 위상은 'v_1의 위상보다 $\theta[rad]$ 만큼 앞선다(lead)'고 하며, v_3의 위상은 'v_1의 위상보다 $\delta[rad]$ 만큼 뒤진다(lag)'고 한다.

$$v_1 = V_m \sin wt,\ v_2 = V_m \sin(wt + \theta),\ v_3 = V_m \sin(wt - \delta)$$

그림 2-9(b)에서와 같이 최대값의 크기나 전압, 전류에 관계없이 위상차가 없는 경우는 동상(in phase)이라 한다.

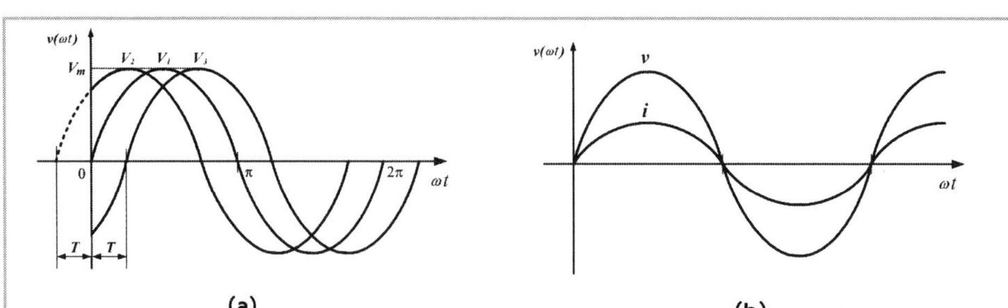

▌그림 2-9▐ 위상과 위상차

2.4.1 저항 R 회로

저항 $R(\Omega)$의 회로에 $v=V_m\sin wt[V]$인 정현파 전압을 인가할 때 흐르는 전류 i는 $i=\frac{v}{R}=\frac{V_m}{R}sinwt=I_m\sin wt[A]$으로 되고, 전압 v의 위상과 전류 i의 위상은 동상(in phase)이 된다.

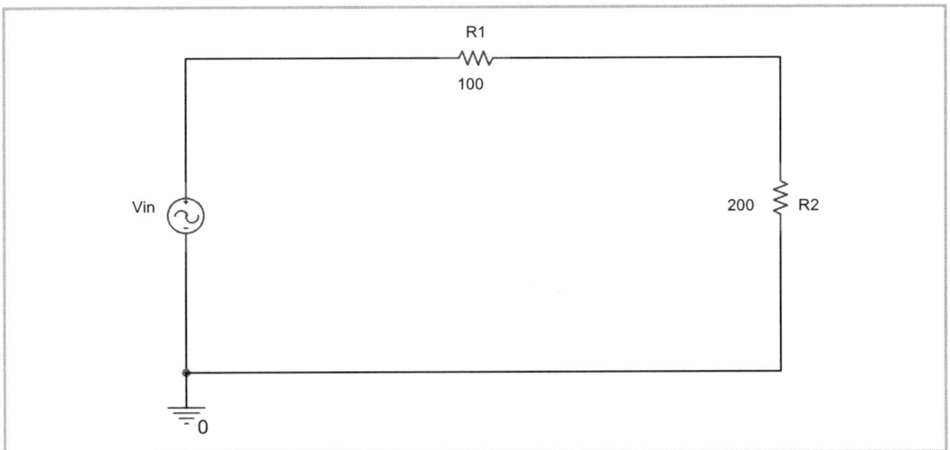

그림 2-10 저항 R의 시뮬레이션 회로

1 회로 시뮬레이션 조건

① 정현파 전압원(라이브러리 명 : SOURCE → VSIN)

- 부품 이름 : V_{in}
- 크기 : VOFF = 0, VAMPL = 100V, FREQ = 60Hz
  TD(Time Delay, 지연시간) = DF(Damping Factor, 댐핑계수)
  = Phase(위상) = 0

② 저항(라이브러리 명 : ANALOG → R)

- 부품 이름/크기 : R_1 = 100(Ω), R_2 = 200(Ω)

③ 접지(라이브러리 명 : Tool Palette → GND → Source)

- symbol : 0 선택

④ PSpice → New Simulation → Name(R) → Simulation setting(R) → Run to Time : 40ms

2 시뮬레이션 결과

① V_{in} 전압, I_{R1} 전류, V_{R1R2} 전압, V_{R1} 전압, V_{R2} 전압 파형 측정

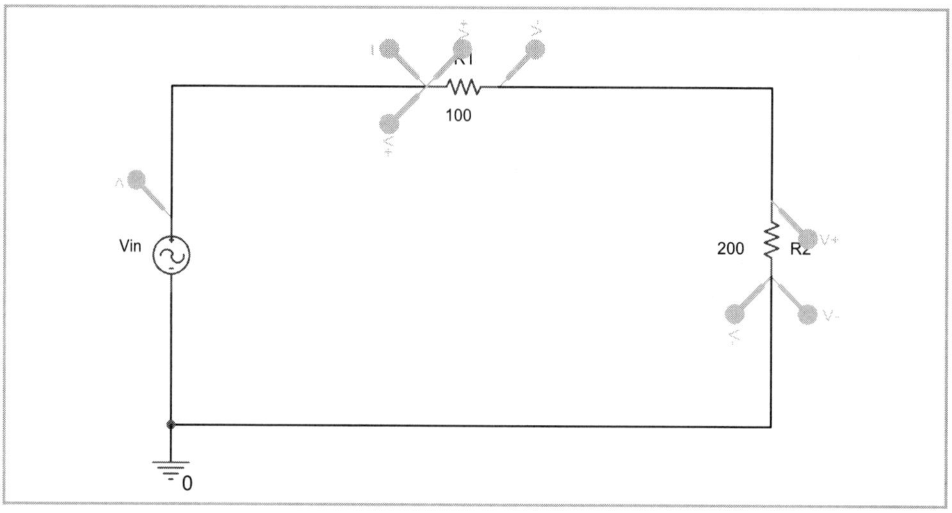

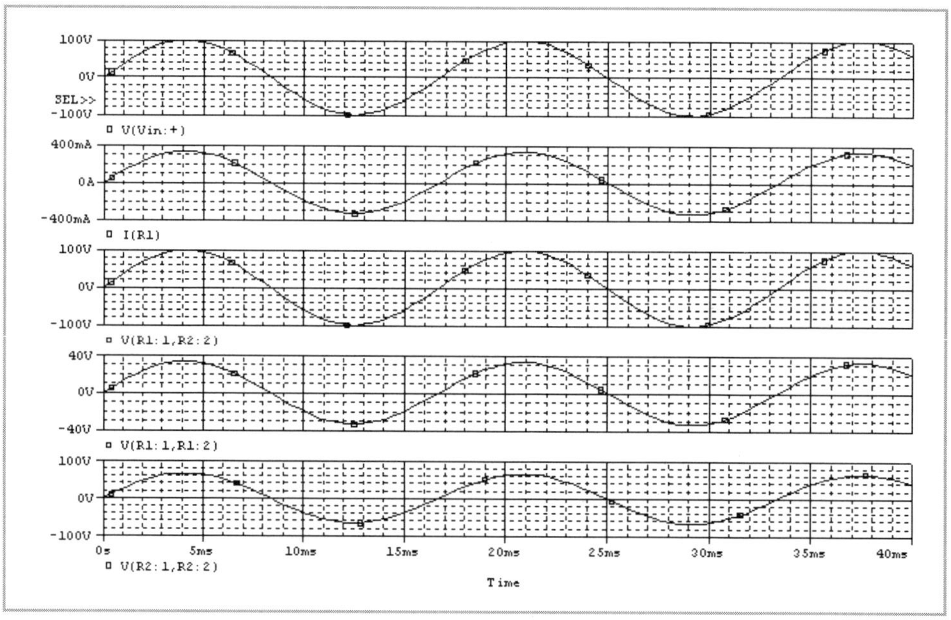

2.4.2 인덕턴스 L 회로

그림 2-11과 같은 자기 인덕턴스 $L[H]$의 회로에 $i = I_m \sin wt[A]$인 정현파 전류를 인가할 때 $L[H]$에는 자기유도현상에 의하여 기전력이 유도된다.

이때 발생되는 기전력을 역기전력(Counter electro motive force) e_L이라 하며, 공급전압 v와 같으므로 전압 v의 위상은 전류 i의 위상보다 $\frac{\pi}{2}[rad]$ 앞선다(lead). 이것은 반대로 전류 i의 위상이 전압 v의 위상보다 $\frac{\pi}{2}[rad]$ 뒤진다(lag).

$$v = e_L = L\frac{di}{dt} = L\frac{dI_m \sin wt}{dt} = LI_m \frac{d\sin wt}{dt} = wLI_m \cos wt$$
$$= wLI_m \sin(wt + \frac{\pi}{2}) = V_m \sin(wt + \frac{\pi}{2})[V]$$

단, $wLI_m = V_m$, v(공급전압), e_L(역기전력)

전압원-인덕턴스, 전류원-커패시턴스만 연결한 경우, 또는 인덕턴스 직렬 배치한 경우는 Error가 발생하므로, PSpice에서의 회로 내의 Open은 1G(Ω)의 저항으로 대치되며, Short는 0.01(Ω)으로 대치시켜 계산에 적용 가능하다.

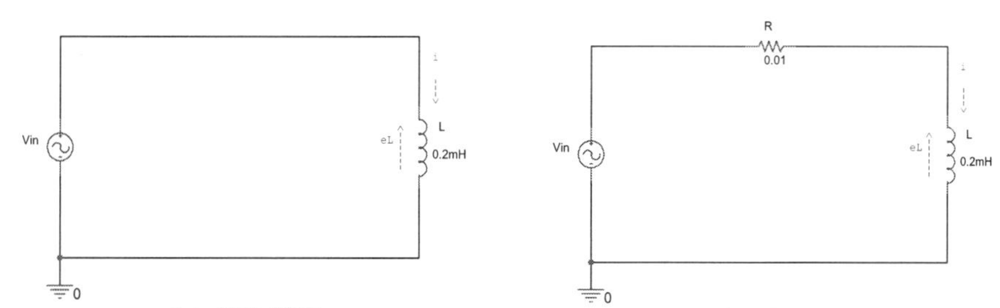

(a) 실제 회로 (b) 시뮬레이션 회로

그림 2-11 인덕턴스 L 회로

1 회로 시뮬레이션 조건

① 정현파 전압원(라이브러리 명 : SOURCE → VSIN)

- 부품 이름 : V_{in}
- 크기 : VOFF = 0, VAMPL = 100V, FREQ = 1000Hz
  TD(Time Delay, 지연시간) = DF(Damping Factor, 댐핑계수)
  = Phase(위상) = 0

② 저항(라이브러리 명 : ANALOG → R)

- 부품 이름/크기 : R = 0.01(Ω)

③ 인덕터(라이브러리 명 : ANALOG → L)

- 부품 이름 : L = 0.2(mH)

④ 접지(라이브러리 명 : Tool Palette → GND → Source)

- symbol : 0 선택

⑤ PSpice → New Simulation → Name(L) → Simulation setting(L) → Run to Time : 2ms

2 시뮬레이션 결과

① V_{in} 전압, V_L 전압, I_L 전류 파형 측정

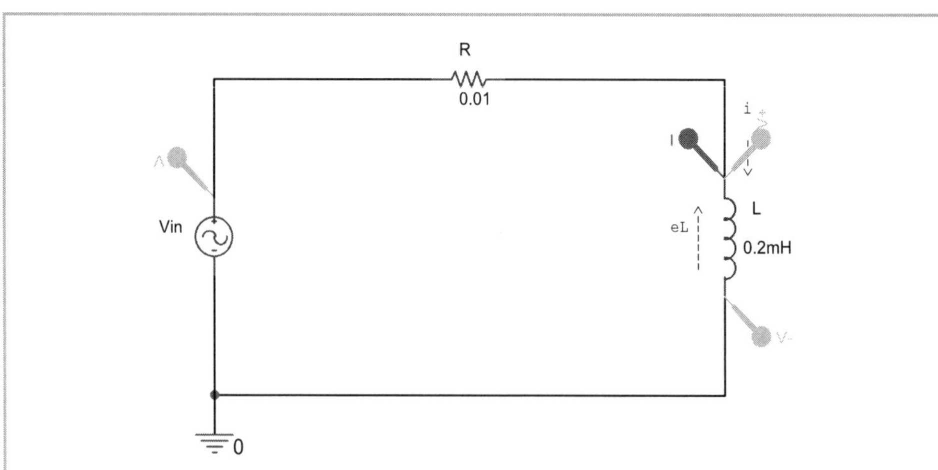

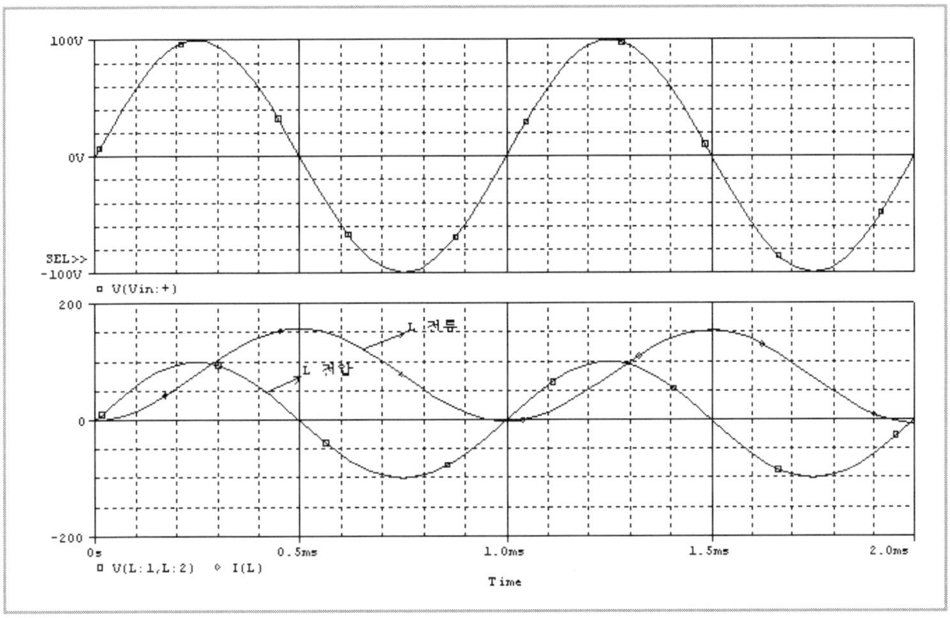

2.4.3 커패시턴스 C 회로

그림 2-12와 같은 커패시턴스 $C[F]$의 회로에 $v = V_m \sin wt[V]$의 정현파 전압을 인가할 때 흐르는 전류 i를 구하면, $C[F]$에 축적된 전하 q는 $q = Cv = CV_m \sin wt$로 되며, $i = dq/dt$이므로

$$
\begin{aligned}
i &= \frac{dq}{dt} = \frac{dCV_m \sin wt}{dt} \\
&= CV_m \frac{d\sin wt}{dt} = wCV_m \cos wt \\
&= wCV_m \sin(\sin wt + \frac{\pi}{2}) \\
&= I_m \sin(wt + \frac{\pi}{2})[A]
\end{aligned}
$$

$$\text{단, } wCV_m = I_m$$

으로 되어 전류 i의 위상은 전압 v의 위상보다 $\frac{\pi}{2}[rad]$ 앞선다(lead).

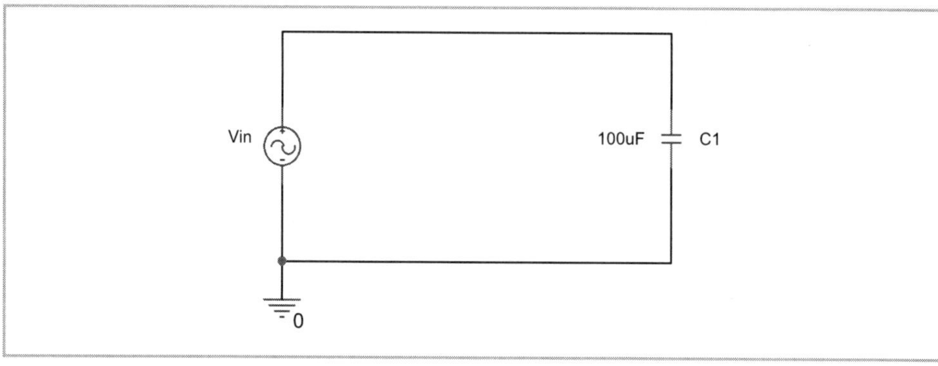

▌그림 2-12▐ C 부하 시뮬레이션 회로

1 회로 시뮬레이션 조건

① 정현파 전압원(라이브러리 명 : SOURCE→VSIN)

- 부품 이름 : V_{in}
- 크기 : VOFF = 0, VAMPL = 100V, FREQ = 1000Hz
  TD(Time Delay, 지연시간) = DF(Damping Factor, 댐핑계수)
  = Phase(위상) = 0

② 콘덴서(라이브러리 명 : ANALOG→C)

- 부품 이름/크기 : C = 100(μF)

③ 접지(라이브러리 명 : Tool Palette→GND→Source)

- symbol : 0 선택

④ PSpice→New Simulation→Name(C)→Simulation setting(C)→Run to Time : 2ms

2 시뮬레이션 결과

① V_{in} 전압, V_{C1} 전압, I_{C1} 전류 파형 측정

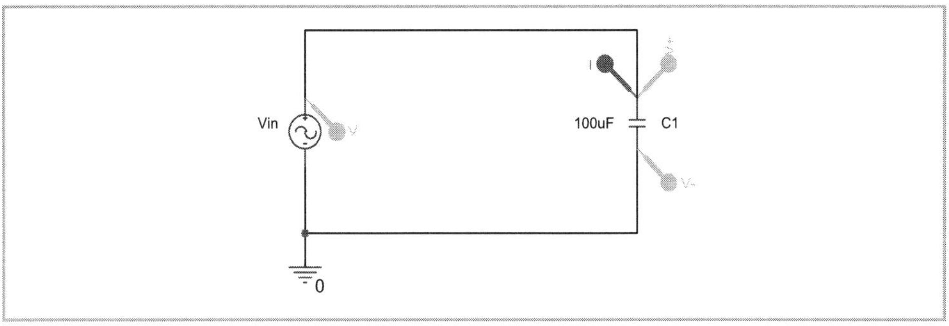

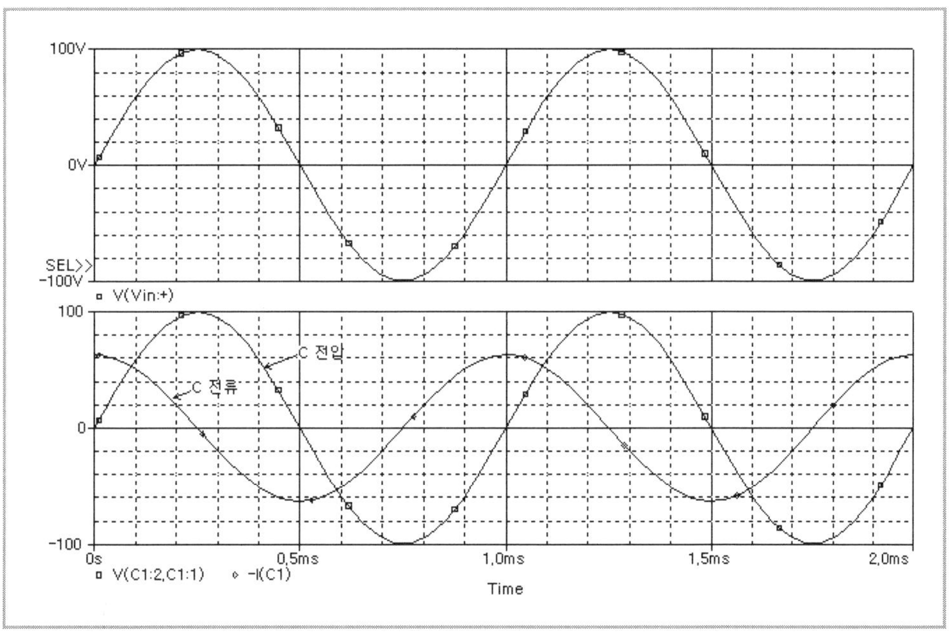

2.5 R-L 직렬회로

그림 2-13과 같이 저항 R과 인덕턴스 L이 직렬로 접속된 회로에 $i = I_m \sin wt[A]$인 교류전류가 흐르고 있을 때, 전류 i에 의하여 저항 R과 인덕턴스 L에서 발생하는 전압강하를 각각 V_R, V_L이라고 하면

$$v_R = Ri = RI_m \sin wt[V],\ v_L = L\frac{di}{dt} = wLI_m \cos wt = X_L I_m \cos wt$$

$$v = v_R + v_L = I_m(R\sin\omega t + X_L \cos\omega t) = I_m\sqrt{R^2 + X_L^2}\sin(\omega t + \theta)$$

이다.

① 위상각 $\theta = \tan^{-1}\frac{X_L}{R}$[rad]

② 유도성 리액턴스(Inductive reactance) $X_L = wL[\Omega]$

③ 임피던스(Impedance) $Z = \sqrt{R^2 + \omega^2 L^2} = \sqrt{R^2 + X_L^2}[\Omega]$

④ R-L 직렬회로에서 전류는 전압보다 $\theta = \tan^{-1}\frac{X_L}{R}$만큼 늦으며, 그 상차는 0°~90° 사이이다.

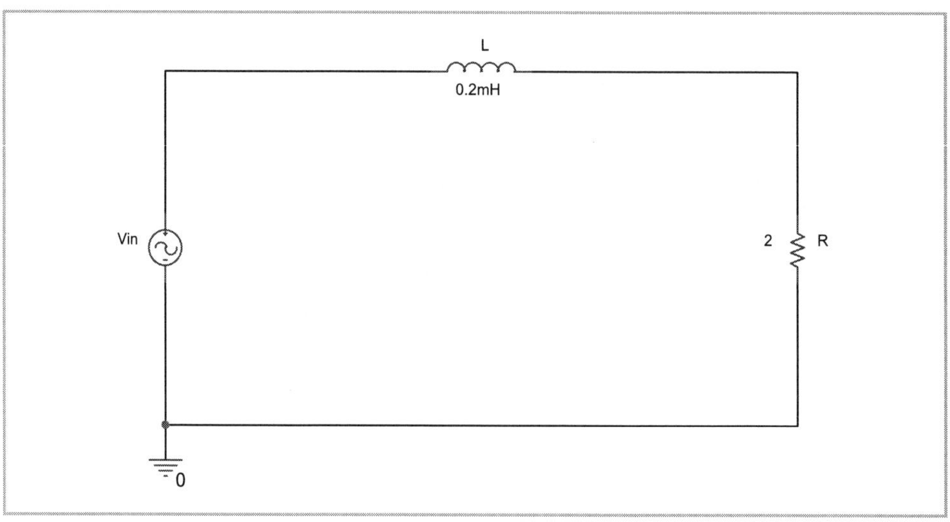

그림 2-13 R-L 부하 시뮬레이션 회로

1 회로 시뮬레이션 조건

① 정현파 전압원(라이브러리 명 : SOURCE → VSIN)

- 부품 이름 : V_{in}
- 크기 : VOFF = 0, VAMPL = 100V, FREQ = 1000Hz
  TD(Time Delay, 지연시간) = DF(Damping Factor, 댐핑계수)
  = Phase(위상) = 0

② 저항(라이브러리 명 : ANALOG → R)

- 부품 이름/크기 : R = 2(Ω)

③ 인덕터(라이브러리 명 : ANALOG → L)

- 부품 이름 : L = 0.2(mH)

④ 접지(라이브러리 명 : Tool Palette → GND → Source)

- symbol : 0 선택

⑤ PSpice → New Simulation → Name(RL) → Simulation setting(RL) → Run to Time : 2ms

2 시뮬레이션 결과

① V_{L1R2} 전압, I_L 전류 파형 측정

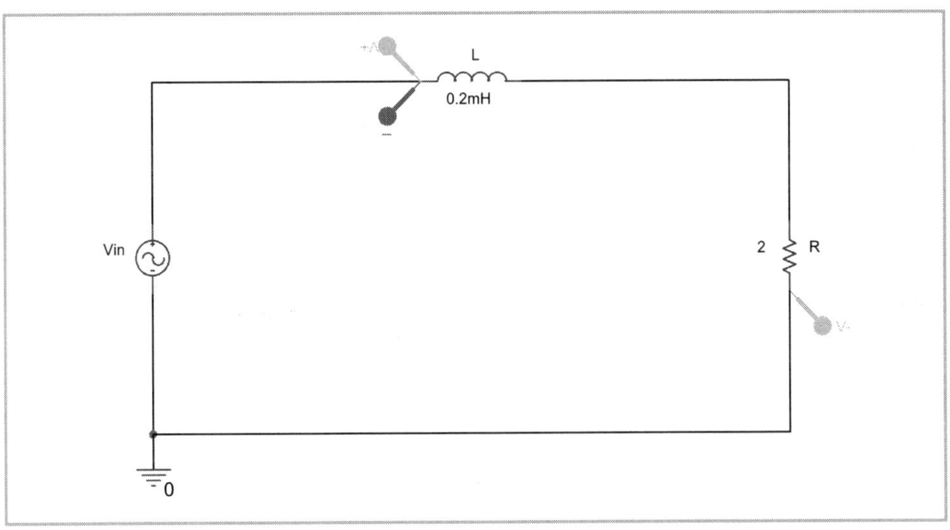

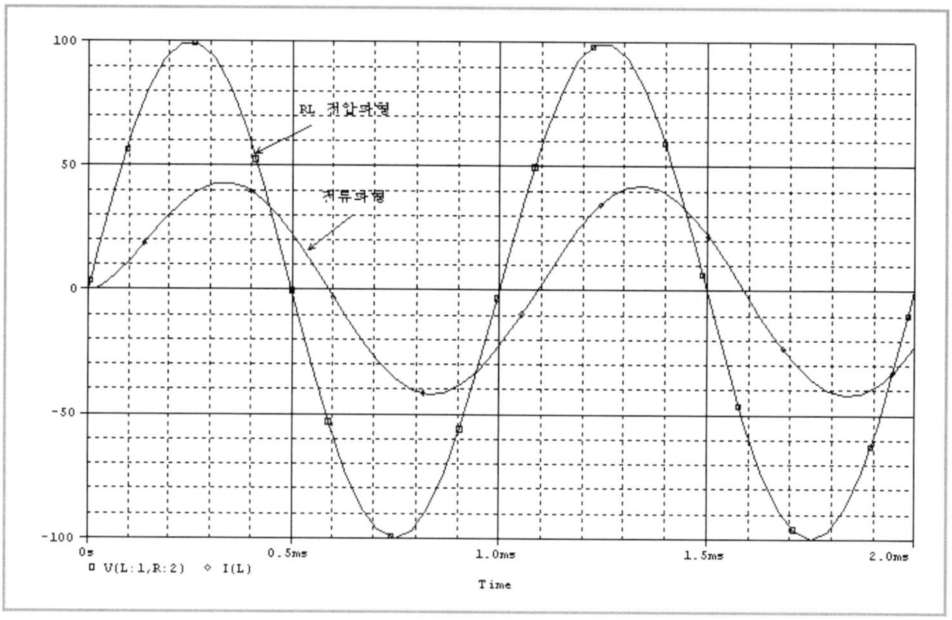

2.6 R-C 직렬회로

그림 2-14와 같이 저항 R과 커패시턴스 C가 직렬로 접속된 회로에 $i = I_m \sin wt$ $[A]$인 교류전류가 흐르고 있을 때, 전류 i에 의하여 저항 R과 커패시턴스 C에서 발생하는 전압강하를 각각 V_R, V_C이라고 하면

$$v_R = Ri = RI_m \sin wt[V],\ v_C = \frac{1}{C}\int idt = -\frac{1}{\omega C} I_m \cos wt$$

$$v = v_R + v_C = RI_m \sin \omega t - \frac{1}{\omega C} I_m \cos \omega t = I_m \sqrt{R^2 + X_C^2}\, sin(\omega t - \theta)$$

이다.

① 위상각(임피이던스 각) $\theta = -\tan^{-1}\frac{X_C}{R}$[rad]

② 용량성 리액턴스(Capacitive reactance) $X_C = \frac{1}{\omega C}[\Omega]$

③ 임피던스(Impedance) $Z = \sqrt{R^2 + \frac{1}{\omega^2 C^2}} = \sqrt{R^2 + X_C^2}\,[\Omega]$

④ R-C 직렬회로에서 전압은 전류보다 $\theta = \tan^{-1}\frac{X_C}{R}$ 만큼 늦으며, 그 상차는 0°~90° 사이이다.

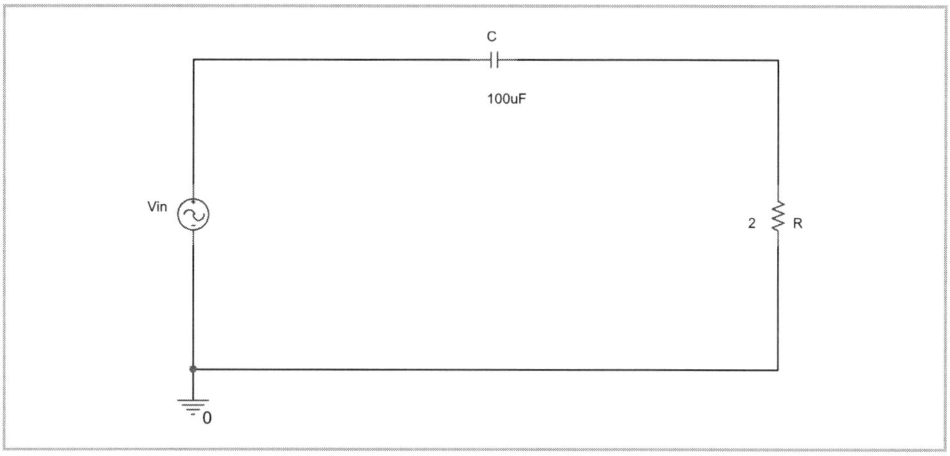

▌그림 2-14▐ R-C 부하 시뮬레이션 회로

1 회로 시뮬레이션 조건

① 정현파 전압원(라이브러리 명 : SOURCE → VSIN)

- 부품 이름 : Vin
- 크기 : VOFF = 0, VAMPL = 100V, FREQ = 1000㎐
  TD(Time Delay, 지연시간) = DF(Damping Factor, 댐핑계수)
  = Phase(위상) = 0

② 저항(라이브러리 명 : ANALOG → R)

- 부품 이름/크기 : R = 2(Ω)

③ 콘덴서(라이브러리 명 : ANALOG → C)

- 부품 이름/크기 : C = 100(㎌)

④ 접지(라이브러리 명 : Tool Palette → GND → Source)

- symbol : 0 선택

⑤ PSpice → New Simulation → Name(RC) → Simulation setting(RC) → Run to Time : 2㎳

2 시뮬레이션 결과

① V_{C1R2} 전압, I_C 전류 파형 측정

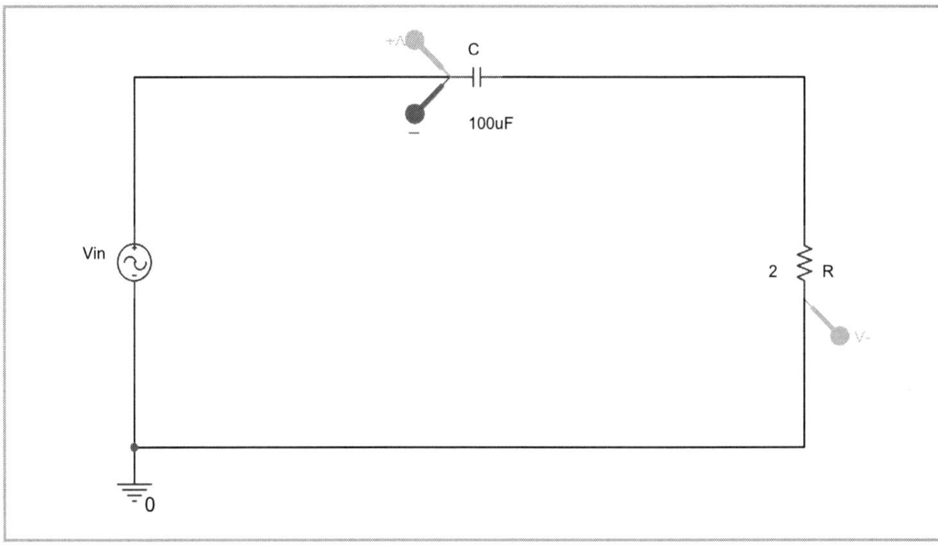

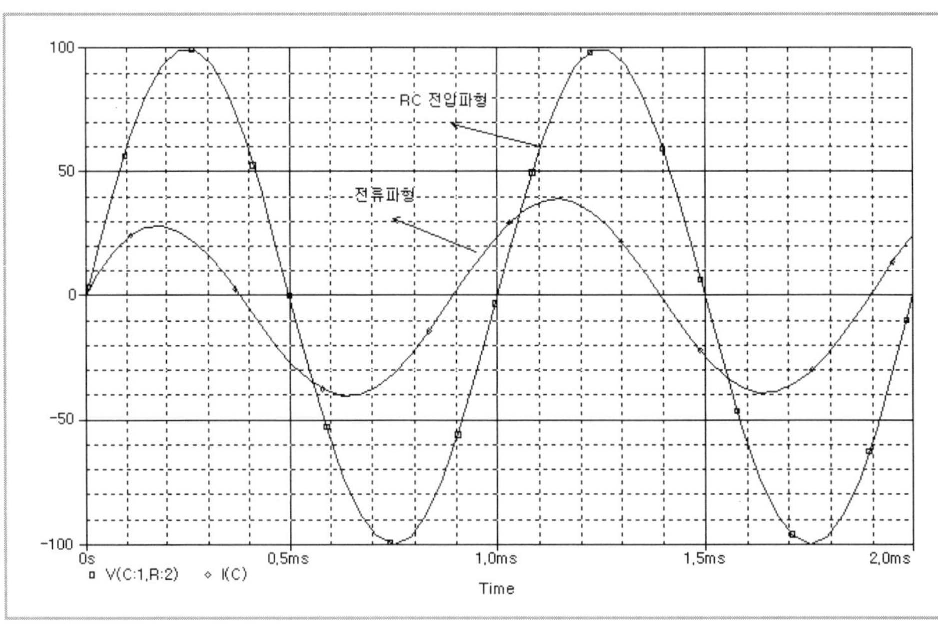

2.7 R-L-C 직렬회로

그림 2-15와 같이 저항 $R-L-C$ 직렬회로에 $i=I_m\sin wt[A]$인 교류전류가 흐르고 있을 때, 전류 i에 의하여 저항 R, 인덕턴스 L과 커패시턴스 C에서 발생하는 전압강하를 각각 V_R, V_L, V_C이라고 하면

$$v_R = Ri = RI_m\sin wt[V],\ v_L = wLI_m\cos wt,\ v_C = -\frac{1}{\omega C}I_m\cos wt$$

$$v = v_R + v_L + v_C = I_m[R\sin\omega t + (\omega L - \frac{1}{\omega C})\cos\omega t] = I_m\sqrt{R^2+X^2}\sin(\omega t+\theta)$$

이다.

① 위상각(임피이던스 각) $\theta = \tan^{-1}\frac{X}{R} = \tan^{-1}\frac{(\omega L - \frac{1}{\omega C})}{R}$[rad]

② 합성 리액턴스(Resultant reactance) $X = X_L - X_C = \omega L - \frac{1}{\omega C}[\Omega]$

③ 임피던스(Impedance) $Z = \frac{V_m}{I_m} = \sqrt{R^2+X^2} = \sqrt{R^2+(X_L-X_c)^2}\,[\Omega]$

④ 여기서 합성 리액턴스 $X = \omega L - \frac{1}{\omega C}$의 값에 따라 전류의 크기와 위상각이 변화되며, 다음과 같은 3가지의 경우를 생각할 수 있다.

- $\omega L > \frac{1}{\omega C}$인 경우 : $X > 0,\ \theta > 0$이고, 유도성 회로가 되며, 전압은 전류보다 θ 만큼 앞선다.
- $\omega L < \frac{1}{\omega C}$인 경우 : $X < 0,\ \theta < 0$이고, 용량성 회로가 되며, 전압은 전류보다 θ 만큼 뒤진다.
- $\omega L = \frac{1}{\omega C}$인 경우 : $X = 0,\ \theta = 0$이고, 전압과 전류는 동상이다.

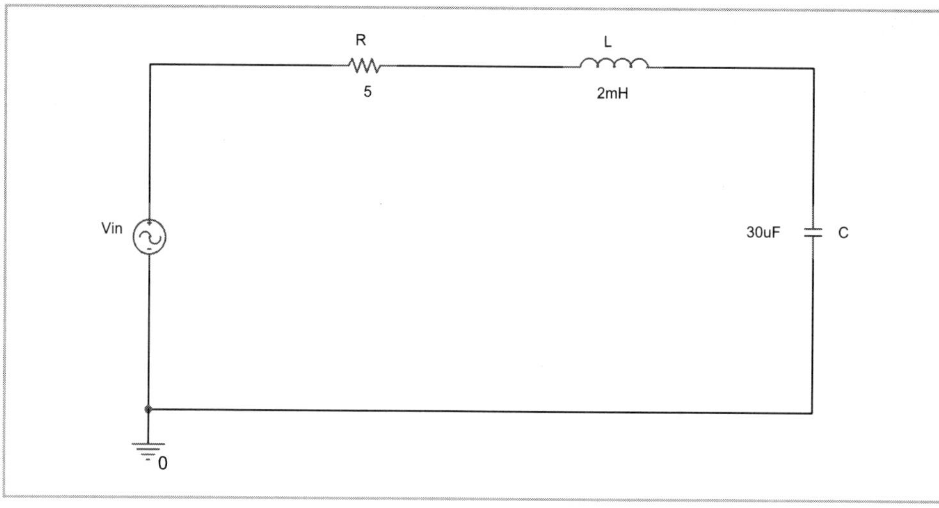

▌그림 2-15▐ R-L-C 부하 시뮬레이션 회로

1 회로 시뮬레이션 조건

① 정현파 전압원(라이브러리 명 : SOURCE→VSIN)

- 부품 이름 : V_{in}
- 크기 : VOFF = 0, VAMPL = 100V, FREQ = 1000Hz

TD(Time Delay, 지연시간) = DF(Damping Factor, 댐핑계수) = Phase(위상) = 0

② 저항(라이브러리 명 : ANALOG→R)

- 부품 이름/크기 : R = 5(Ω)

③ 인덕터(라이브러리 명 : ANALOG→L)

- 부품 이름/크기 : L = 2(mH)

④ 콘덴서(라이브러리 명 : ANALOG→C)

- 부품 이름/크기 : C = 30(μF)

⑤ 접지(라이브러리 명 : Tool Palette→GND→Source)

- symbol : 0 선택

⑥ PSpice→New Simulation→Name(RLC)→Simulation setting(RLC)→Run to Time : 3ms

2 시뮬레이션 결과

① V_C 전압, V_L 전압, V_R 전압, I_R 전류, V_{in} 전압 파형 측정

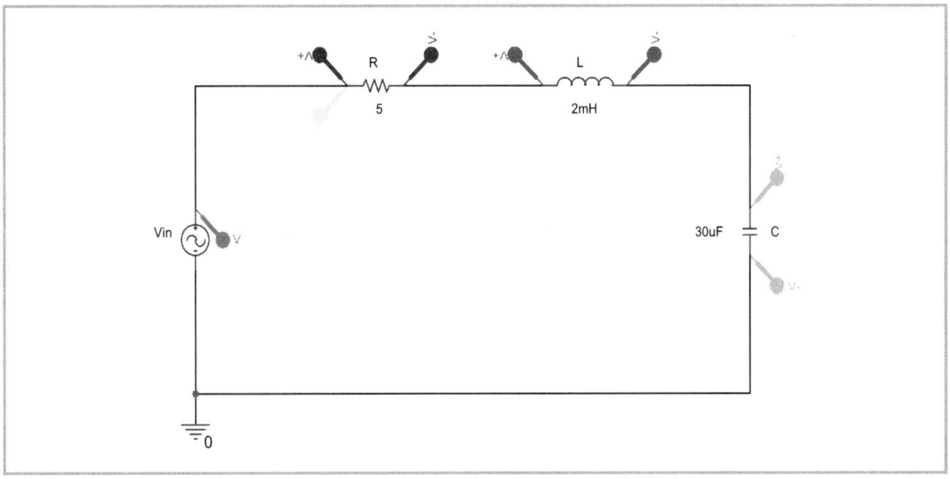

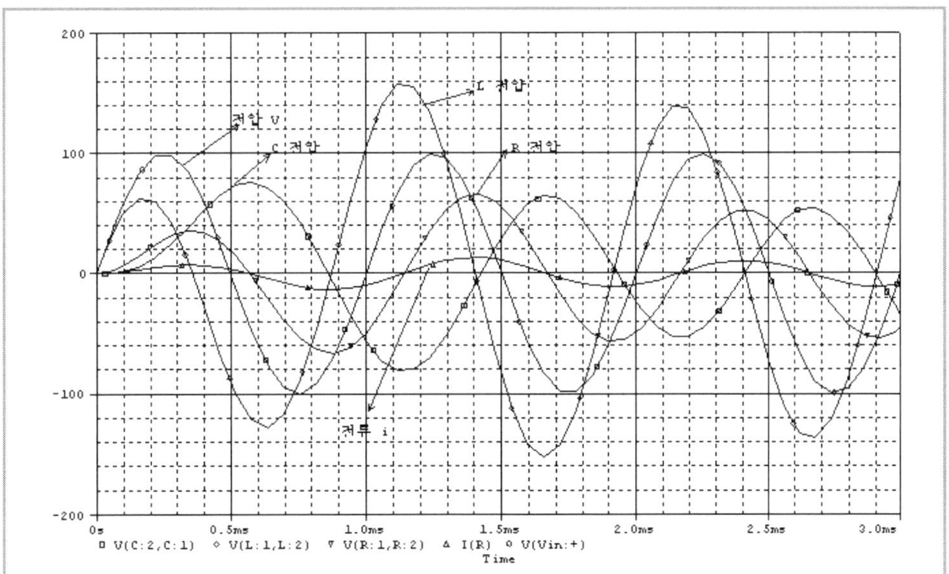

CHAPTER

03

다이오드 정류회로

Chapter 03

다이오드 정류회로

① 정류기(Rectifier) : 교류(AC)를 직류(DC)로 변환하는 장치

② 다이오드 정류기 : 직류 출력전압 제어 불가능, 출력전압과 전류파형은 부하의 종류, 성질에 따라 달라짐.

3.1 다이오드(Diode)

① Diode : Di(2) + Ode(전극)으로 즉, Anode(+)와 Cathode(-)의 두 전극으로 구성되어 있어 다이오드라 한다.

② PN 접합(junction) : Diode는 P형 반도체와 N형 반도체의 결합

③ 동작원리 및 기호

- 순방향 전압 인가 시 : Anode(+)에서 Cathode(-)로 전류가 흐름
- 역방향 전압 인가 시 : 전류 차단

	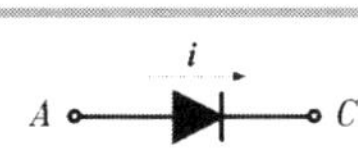	• ON 조건 : 정바이어스 • OFF 조건 : 역바이어스

④ V-I 특성 곡선

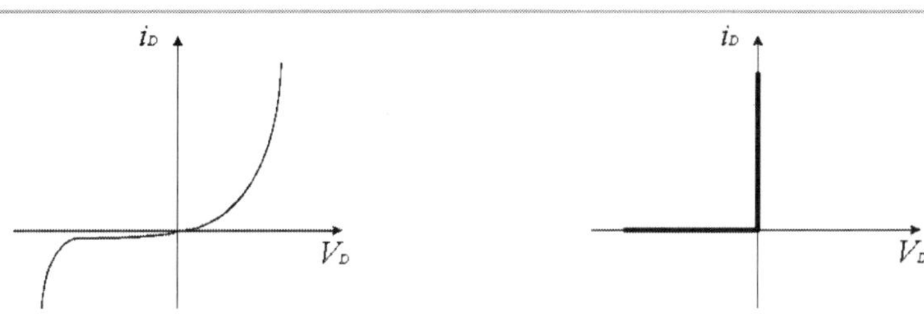

(a) V-I 특성곡선(real)　　(b) V-I 특성곡선(ideal)

▌그림 3-1▐ 다이오드 ON, OFF 특성

3.2 변압기 회로

① 변압기(Transformer)

전자(電磁) 유도 작용에 의해 1차측의 전력에너지를 2차측으로 전달하는 전기기기로서, 전달되는 전력에너지는 전압 및 전류의 형태가 된다.

② 변압기의 권수비(α)

$$a = \frac{N_1}{N_2} = \frac{V_1}{V_2} \approx \frac{I_2}{I_1}$$

[$N_{1(2)}$: 1(2)차측 권수비, $V_{1(2)}$: 1(2)차측 전압, $I_{1(2)}$: 1(2)차측 전류]

3.2.1 강압변압기

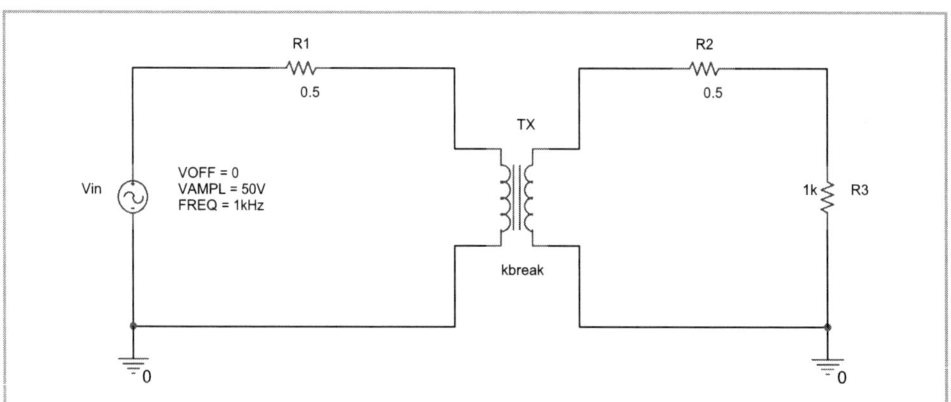

❙그림 3-2❙ 강압변압기 회로

1 회로 시뮬레이션 조건

① 정현파 전압원(라이브러리 명 : SOURCE → VSIN)

- 부품 이름 : V_{in}
- 크기 : VOFF = 0, VAMPL = 50V, FREQ = 1kHz
  TD(Time Delay, 지연시간) = DF(Damping Factor, 댐핑계수)
  = Phase(위상) = 0

② 저항(라이브러리 명 : ANALOG → R)

- 부품 이름/크기 : R_1 / R_2 = 0.5(Ω), R_3 = 1(kΩ)

③ 변압기(라이브러리 명 : BREAKOUT → XFRM_NONLINEAR)

- 부품 이름 : TX
- 크기 : L_1 = 2000(T), L_2 = 1000(T), COUPLING = 0.99

④ 접지(라이브러리 명 : Tool Palette → GND → Source)

- symbol : 0 선택

⑤ PSpice → New Simulation → Name(TR-NONLINEAR) → Simulation setting (TR-NONLINEAR) → Run to Time : 3ms

2 시뮬레이션 결과

① 입력전압(V_{in}), 출력 전압(V_{R3}) 파형 측정, $\alpha = \dfrac{N_1(=2000\,T)}{N_2(=1000\,T)} = \dfrac{V_1(=50\,V)}{V_2(=25\,V)}$

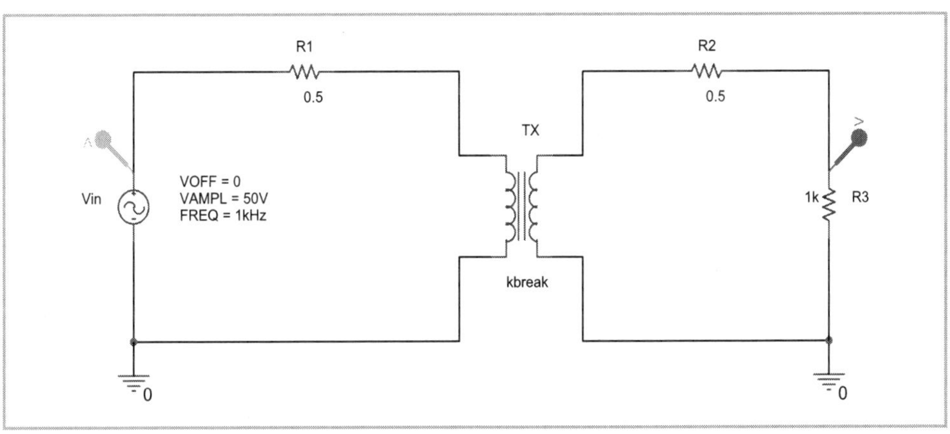

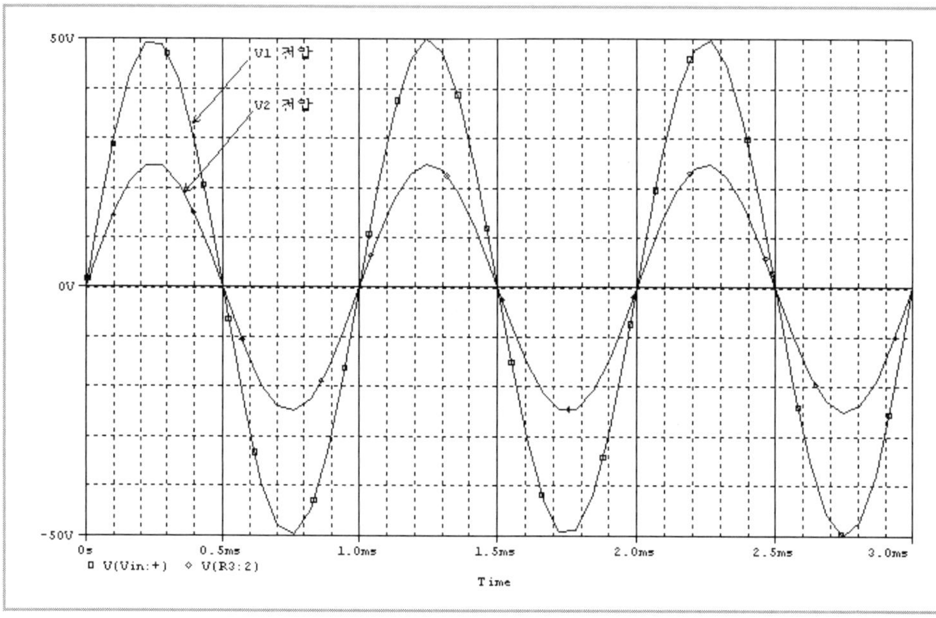

3.2.2 승압변압기

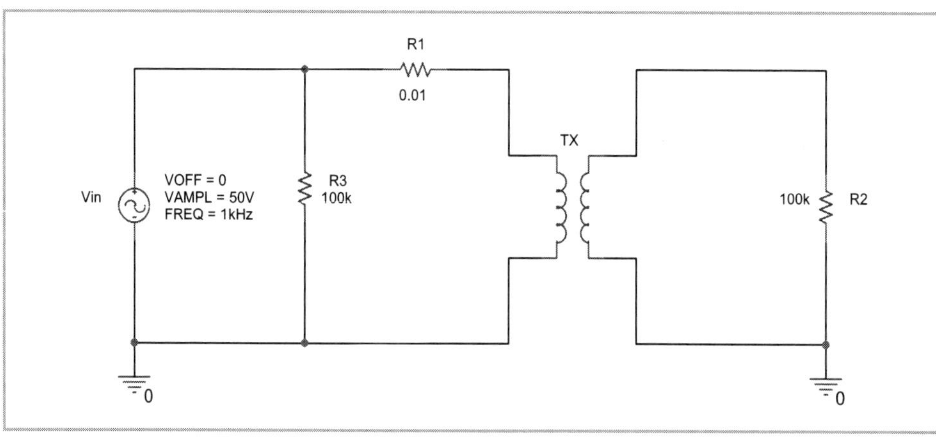

▌그림 3-3▌ 승압변압기 회로

1 회로 시뮬레이션 조건

① 정현파 전압원(라이브러리 명 : SOURCE → VSIN)

- 부품 이름 : V_{in}
- 크기 : VOFF = 0, VAMPL = 50V, FREQ = 1kHz

TD(Time Delay, 지연시간) = DF(Damping Factor, 댐핑계수) = Phase(위상) = 0

② 저항(라이브러리 명 : ANALOG → R)

- 부품 이름/크기 : R_1 = 0.01(Ω), R_2 / R_3 = 100(kΩ)

③ 변압기(라이브러리 명 : ANALOG → XFRM_LINEAR)

- 부품 이름 : TX
- 크기 : L_1 = 10(mH), L_2 = 20(mH), COUPLING = 0.99

⑤ 접지(라이브러리 명 : Tool Palette → GND → Source)

- symbol : 0 선택

⑥ PSpice → New Simulation → Name(TR-LINEAR) → Simulation setting(TR-LINEAR) → Run to Time : 3ms

2 시뮬레이션 결과

① 입력전압(V_{in}), 출력전압(V_{R2}) 파형 측정, $\alpha = \dfrac{N_1(=10mH)}{N_2(=20mH)} = \dfrac{V_1(=50\,V)}{V_2(\fallingdotseq 65\,V)}$

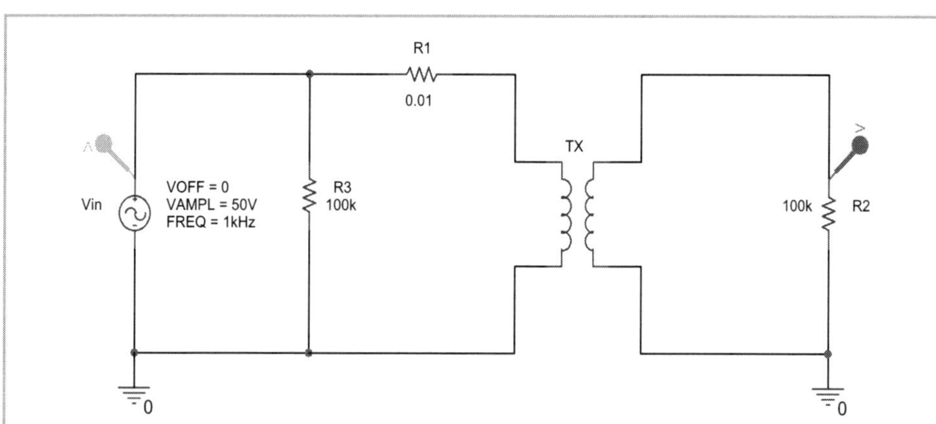

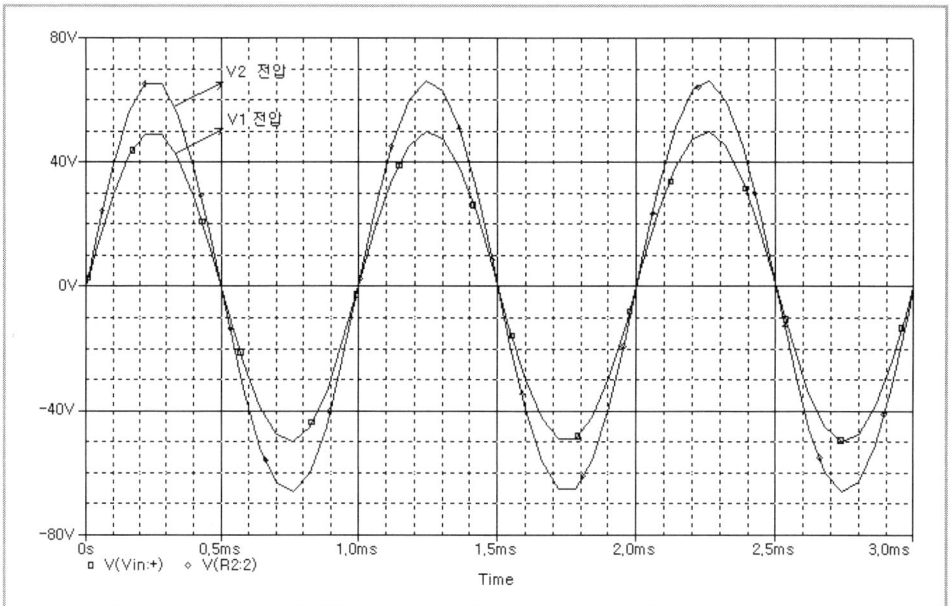

3.3 단상 반파 다이오드 정류회로(1ϕ Half-wave Diode Rectifier)

3.3.1 R 부하

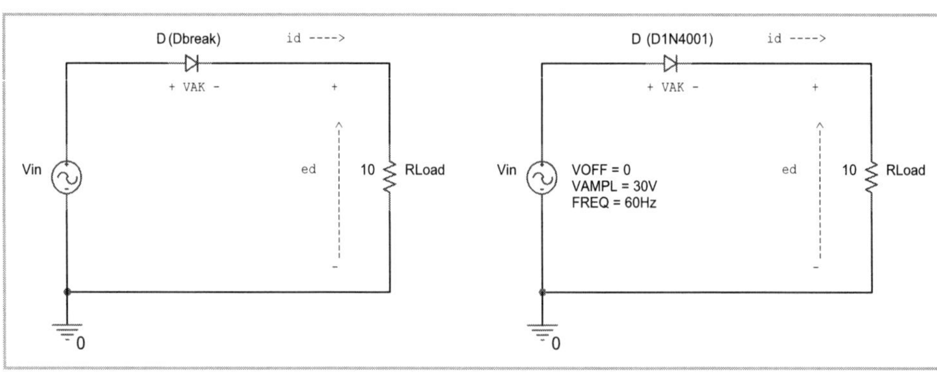

Ⅰ그림 3-4Ⅰ 단상 반파 다이오드 정류회로(저항 부하)

1 회로 시뮬레이션 조건

① 정현파 전압원(라이브러리 명 : SOURCE → VSIN)

- 부품 이름 : V_{in}
- 크기 : VOFF = 0, VAMPL = 220V, FREQ = 60Hz

② 다이오드(라이브러리 명 : BREAKOUT → D_{break}, 또는 DIODE → D1N4001)

- 부품 이름 : D

③ 저항(라이브러리 명 : ANALOG → R)

- 부품 이름/크기 : R_{Load} = 10(Ω)

④ 접지(라이브러리 명 : Tool Palette → GND → Source)

- symbol : 0 선택

⑤ PSpice → New Simulation → Name(R1) → Simulation setting(R1) → Run to Time : 40ms

2 시뮬레이션 결과

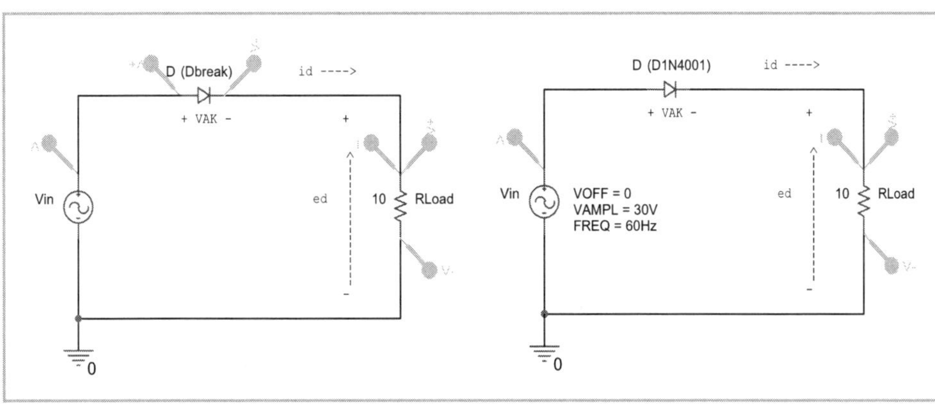

① D_{break}(이상적 DIODE) 적용 시 : 입력전압(V_{in}), 출력전압(V_{RLoad}), Diode 전압(V_D), 부하전류(i_d) 파형 측정

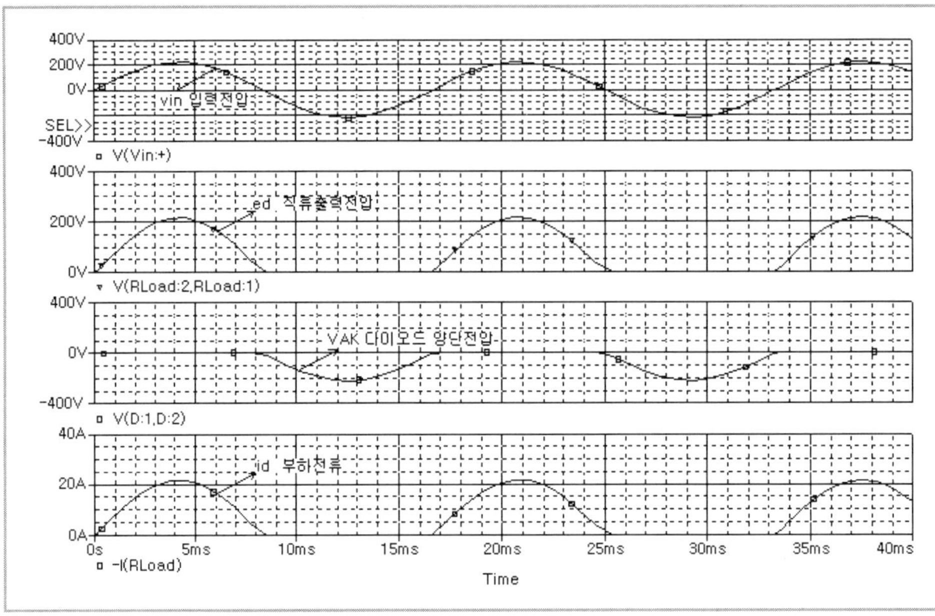

② DIODE → D1N4001 : 실제 DIODE 소자 라이브러리로 최대 사용전압을 확인한 후 입력 전압을 결정하여 시뮬레이션을 수행(D1N4007 최대사용전압 → 1000V, D1N4001 최대사용전압 → 50V)

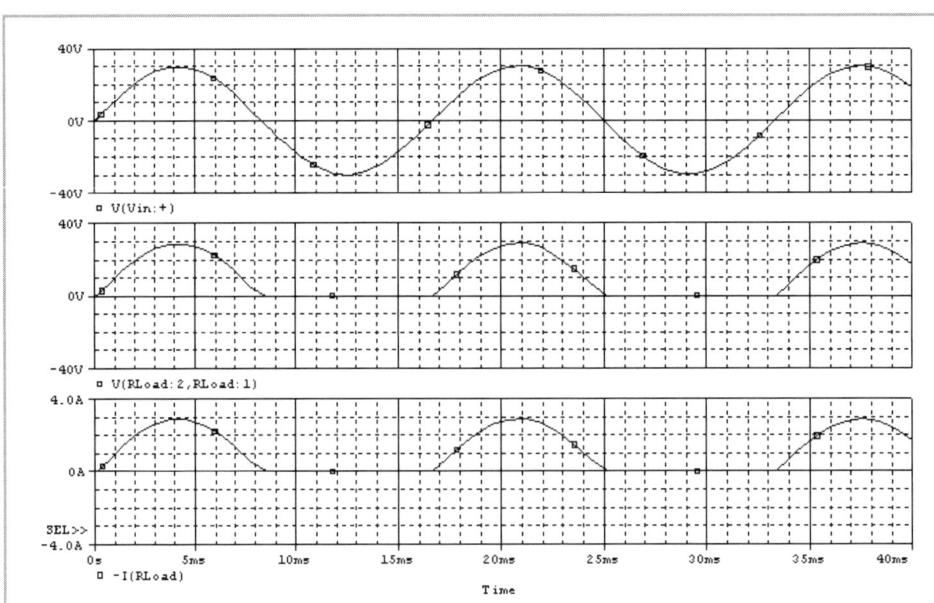

3.3.2 R-L 부하

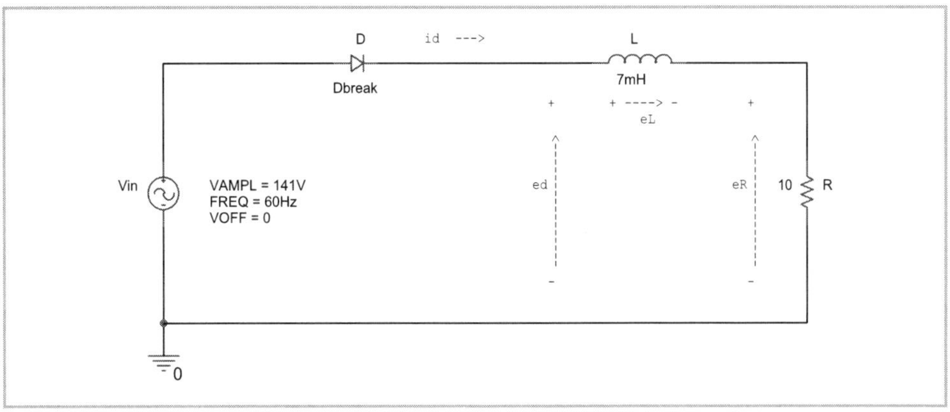

▌그림 3-5▐ 단상 반파 다이오드 정류회로(유도성 부하)

1 회로 시뮬레이션 조건

① 정현파 전압원(라이브러리 명 : SOURCE → VSIN)

- 부품 이름 : V_{in}
- 크기 : VOFF = 0, VAMPL = 141V, FREQ = 60Hz

② 다이오드(라이브러리 명 : BREAKOUT → Dbreak)

- 부품 이름 : D

③ 저항(라이브러리 명 : ANALOG → R)

- 부품 이름/크기 : R = 10(Ω)

④ 인덕터(라이브러리 명 : ANALOG → L)

- 부품 이름/크기 : L = 7(mH)

⑤ 접지(라이브러리 명 : Tool Palette → GND → Source)

- symbol : 0 선택

⑥ PSpice → New Simulation → Name(RL) → Simulation setting(RL) → Run to Time : 40ms

2 시뮬레이션 결과

① 입력전압(V_{in}), 부하전류(I_L), 인덕턴스 양단간 전압(V_L), 저항 양단간 전압(V_R), 부하전압((V_{LR}) 파형 측정

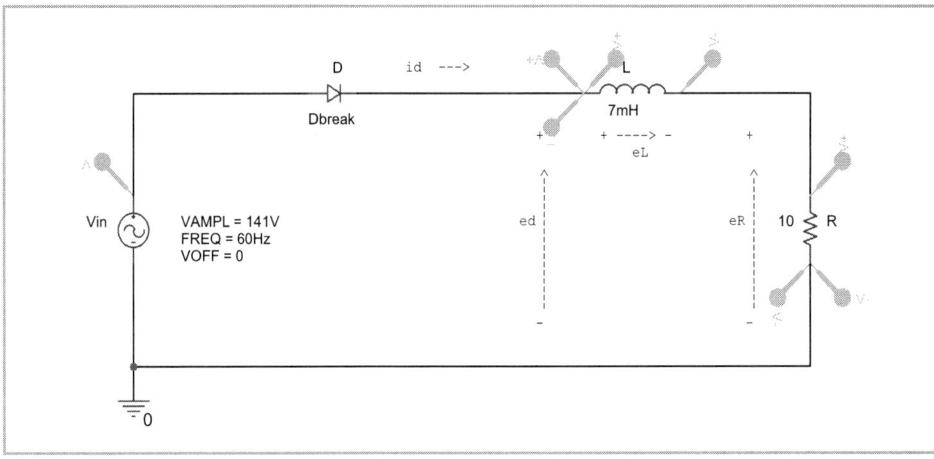

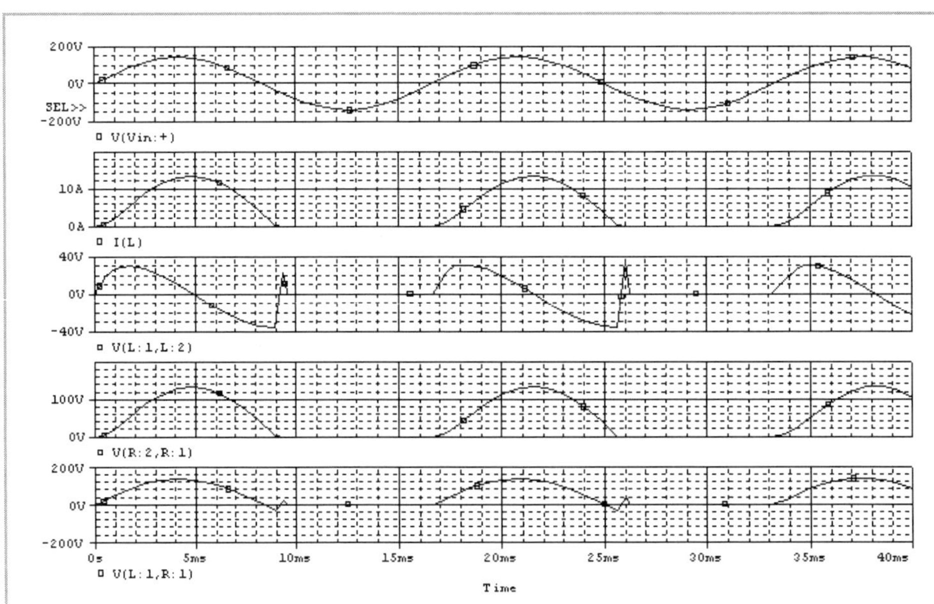

② 출력전압(e_d)는 인덕턴스 양단전압(e_L)에 저항 양단간 전압(e_R)을 합친 모양 : $e_d = e_L + e_R$

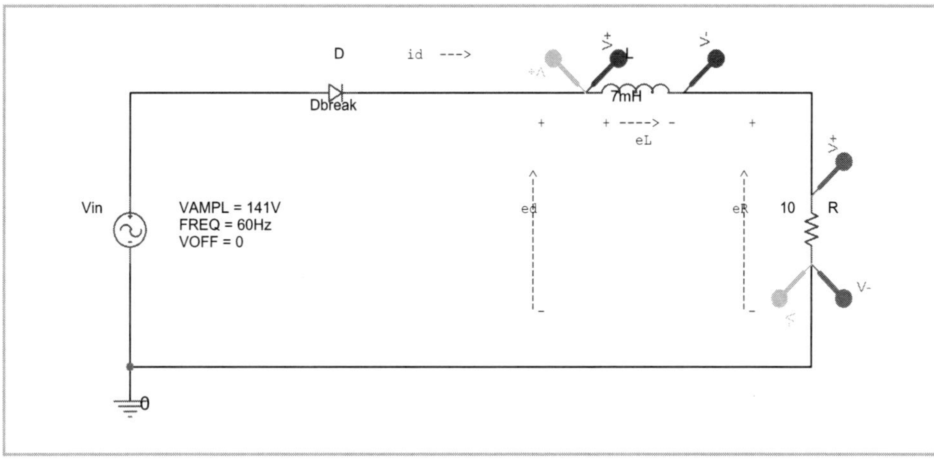

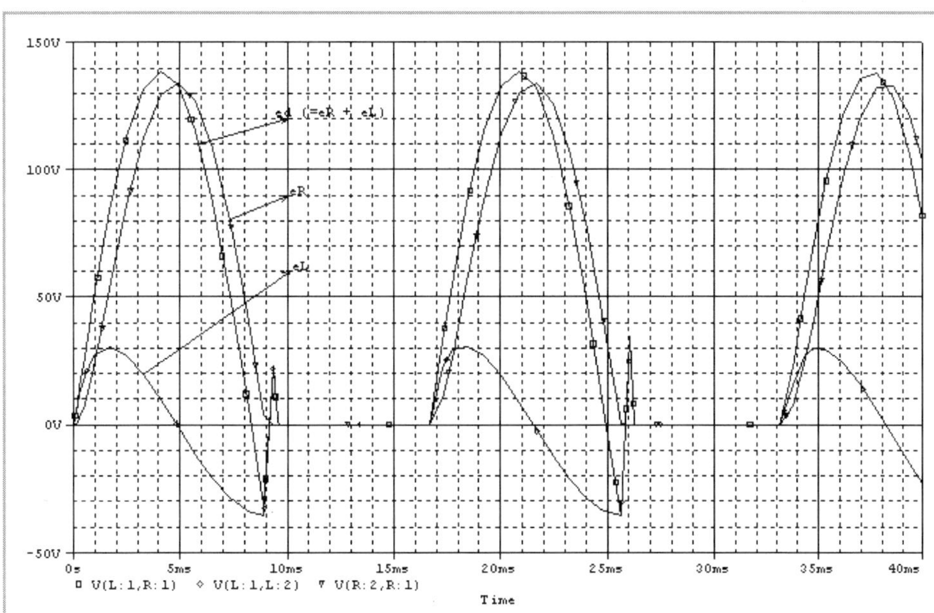

3.3.3 환류(Free wheeling) 다이오드

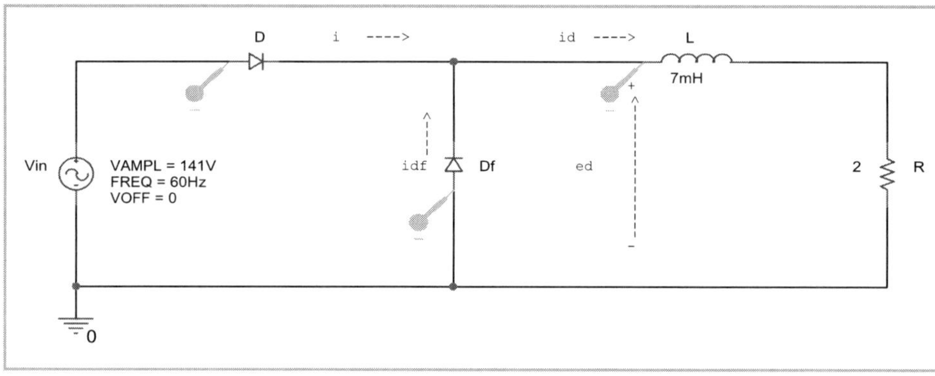

▌그림 3-6▐ 단상 반파 다이오드 정류회로(환류다이오드)

1 회로 시뮬레이션 조건

① 정현파 전압원(라이브러리 명 : SOURCE → VSIN)

- 부품 이름VV$_{in}$
- 크기 : VOFF = 0, VAMPL = 141V, FREQ = 60Hz

② 다이오드(라이브러리 명 : BREAKOUT → Dbreak)

- 부품 이름 : D / D$_f$

③ 저항(라이브러리 명 : ANALOG → R)

- 부품 이름/크기 : R = 2(Ω)

④ 인덕터(라이브러리 명 : ANALOG → L)

- 부품 이름/크기 : L = 7(mH)

⑤ 접지(라이브러리 명 : Tool Palette → GND → Source)

- symbol : 0 선택

⑥ PSpice → New Simulation → Name(FD) → Simulation setting(FD) → Run to Time : 40ms

2 시뮬레이션 결과

① 입력전압(V_{in}), 부하전류(I_L), 부하전압((V_{LR}) 파형 측정

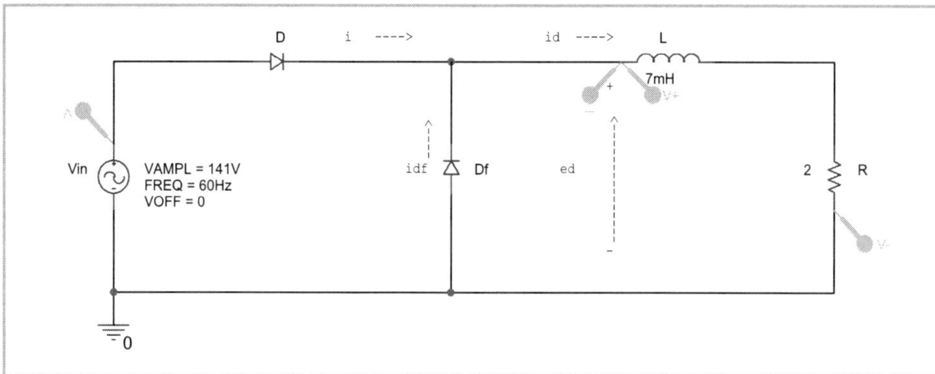

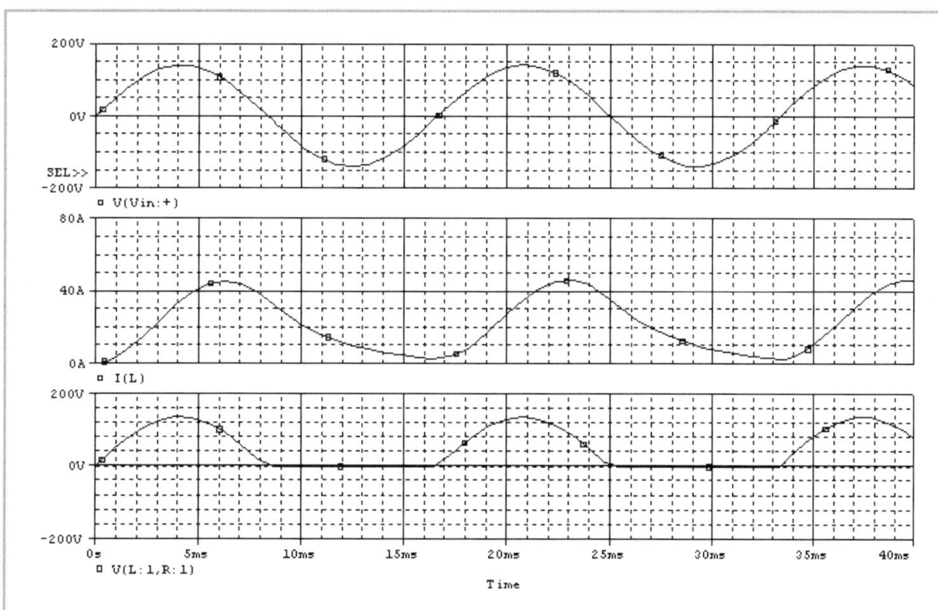

② 출력전류(i_d)는 입력전류(i)에 환류다이오드 전류(i_{df})를 합친 모양 : $i_d = i + l_{df}$

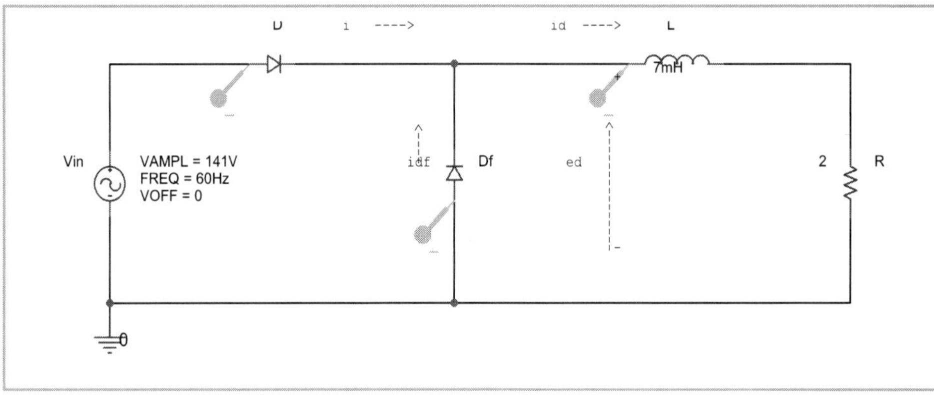

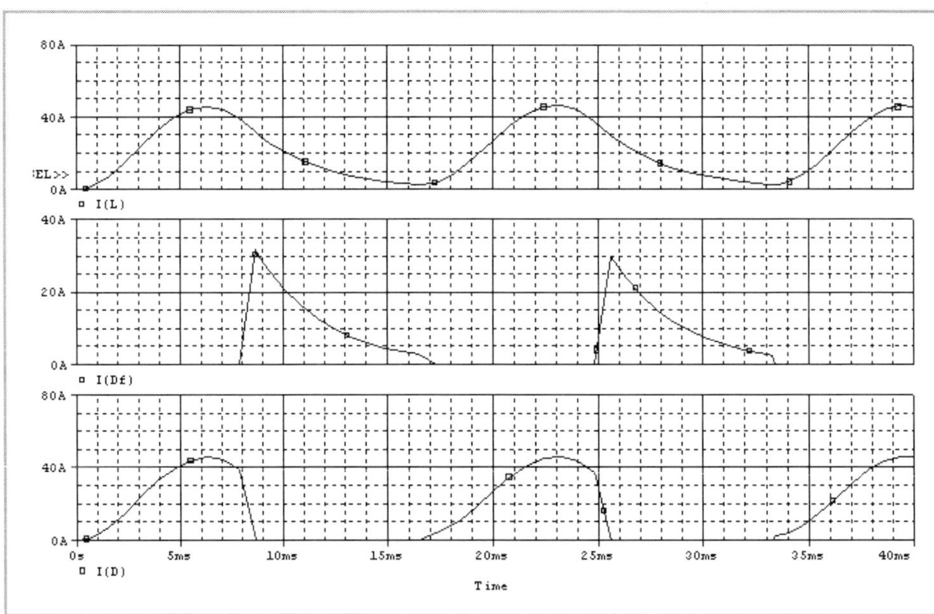

3.3.4 변압기 방식 R 부하

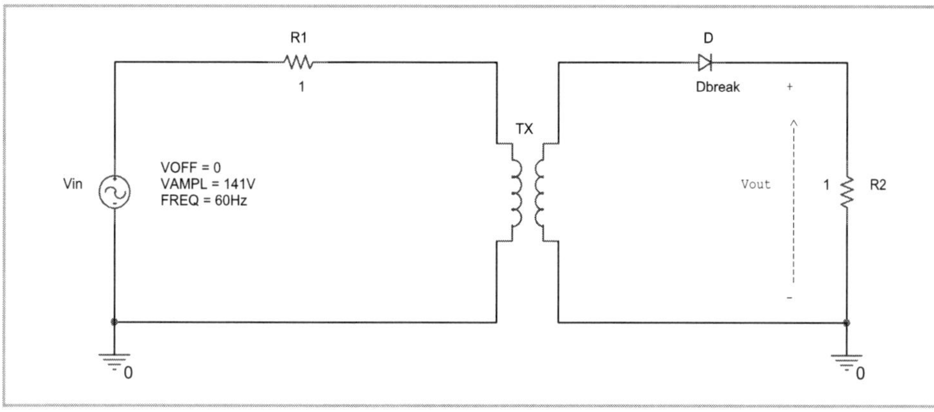

❙그림 3-7❙ 단상 반파 다이오드 정류회로(변압기 방식 R 부하)

1 회로 시뮬레이션 조건

① 정현파 전압원(라이브러리 명 : SOURCE → VSIN)

- 부품 이름 : V_{in}
- 크기 : VOFF = 0, VAMPL = 141V, FREQ = 60Hz

② 다이오드(라이브러리 명 : BREAKOUT → Dbreak)

- 부품 이름 : D

③ 저항(라이브러리 명 : ANALOG → R)

- 부품 이름/크기 : R_1 / R_2 = 1(Ω)

④ 변압기(라이브러리 명 : ANALOG → XFRM_LINEAR)

- 부품 이름 : TX
- 크기 : L_1 = 40(mH), L_2 = 20(mH), COUPLING = 0.99

⑤ 접지(라이브러리 명 : Tool Palette → GND → Source)

- symbol : 0 선택

⑥ PSpice → New Simulation → Name(TR) → Simulation setting(TR) → Run to Time : 40ms

2 시뮬레이션 결과

① 입력전압(V_{in}), 출력전압(V_{R2}), 변압기 2차측 전압((V_{TX}), Diode 양단전압(V_D) 파형 측정

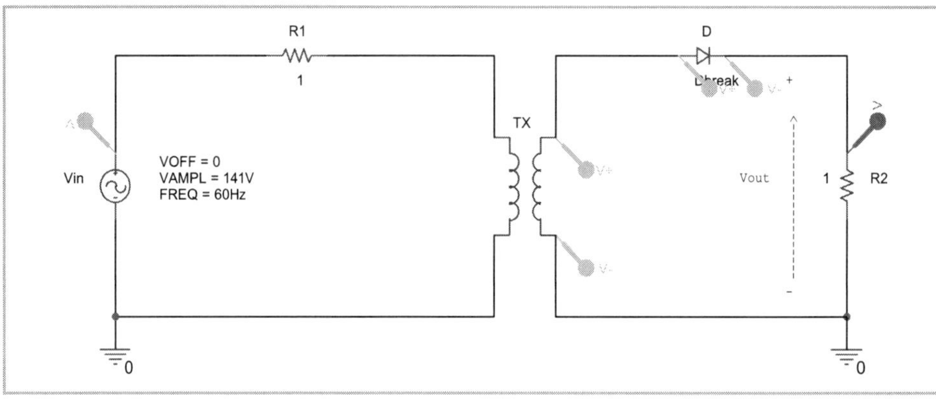

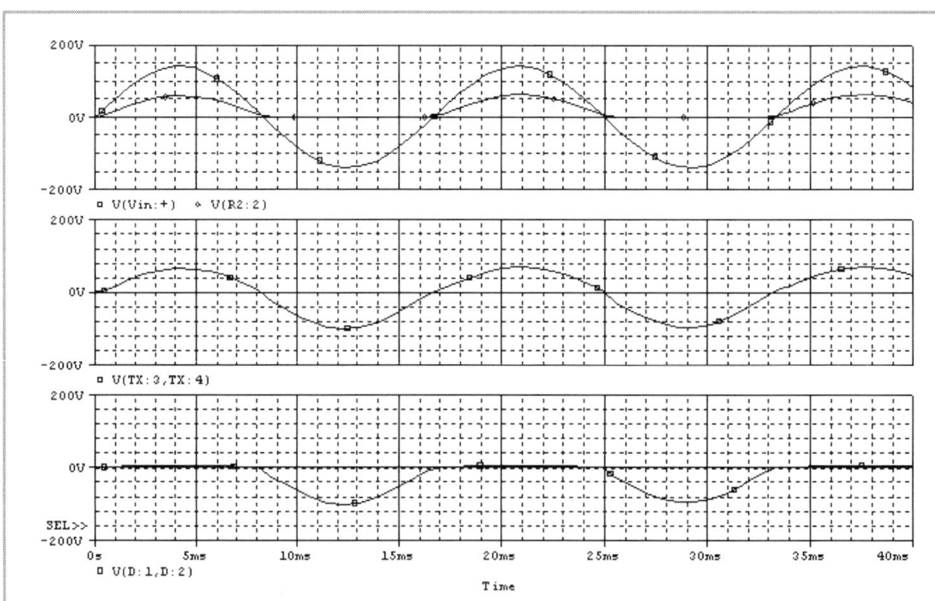

3.4 단상 전파 다이오드 정류회로(1ϕ Full-wave Diode Rectifier)

3.4.1 R 부하

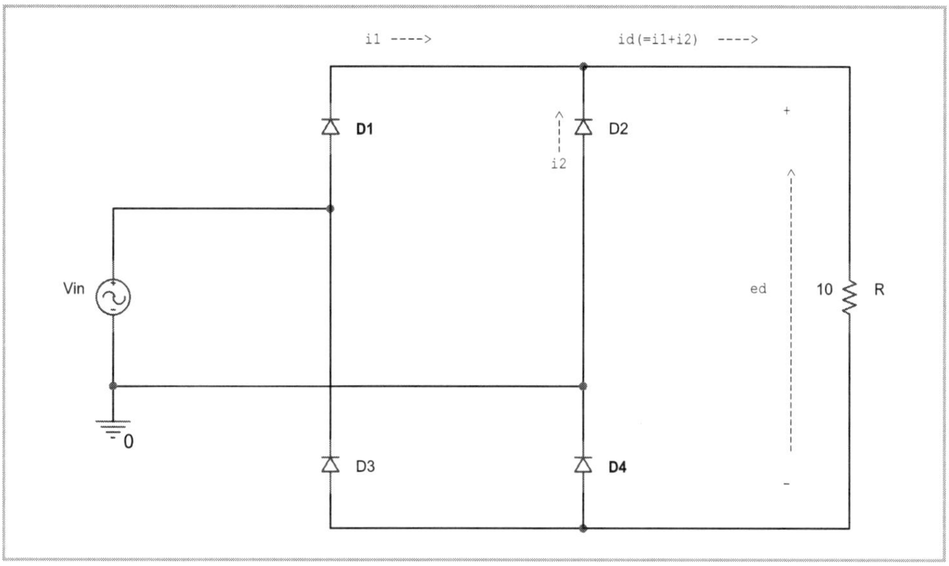

❙그림 3-8❙ 단상 전파 다이오드 정류회로(저항 부하)

1 회로 시뮬레이션 조건

① 정현파 전압원(라이브러리 명 : SOURCE → VSIN)

- 부품 이름 : V_{in}
- 크기 : VOFF = 0, VAMPL = 220V, FREQ = 60Hz

② 다이오드(라이브러리 명 : BREAKOUT → Dbreak)

- 부품 이름 : D_1 / D_2 / D_3 / D_4

③ 저항(라이브러리 명 : ANALOG → R)

- 부품 이름/크기 : R = 10(Ω)

④ 접지(라이브러리 명 : Tool Palette → GND → Source)

- symbol : 0 선택

⑤ PSpice → New Simulation → Name(R) → Simulation setting(R) → Run to Time : 40ms

2 시뮬레이션 결과

① 입력전압(V_{in}), Diode 양단전압(V_D), 출력전압(V_R) 파형 측정

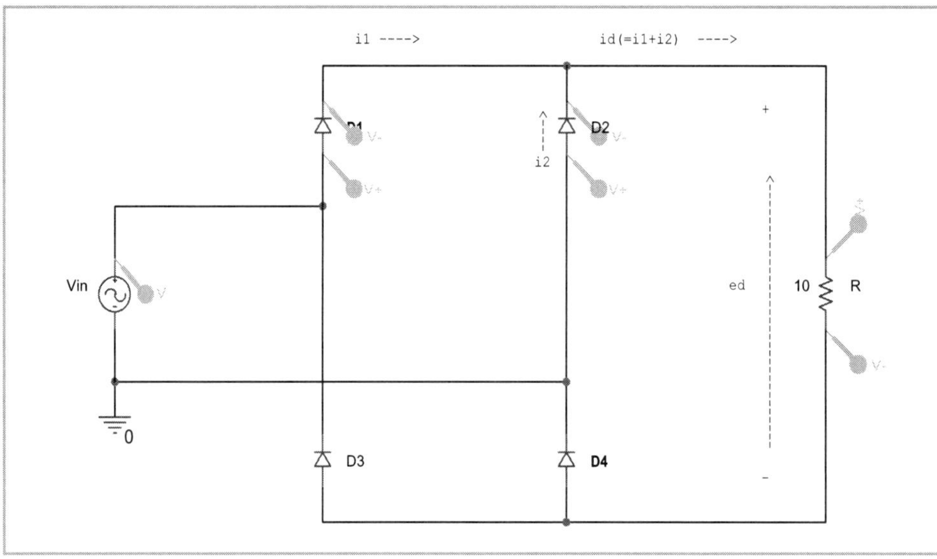

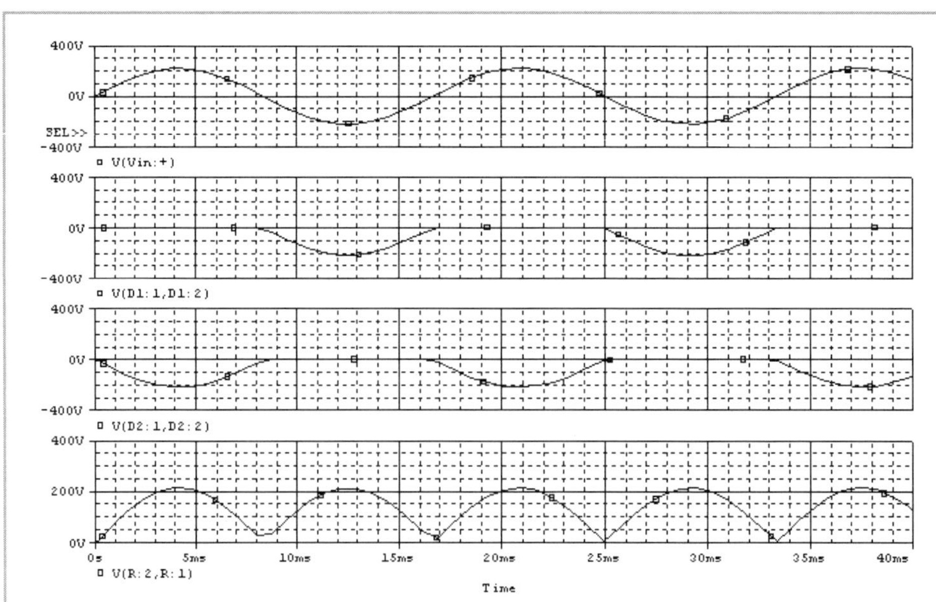

② Diode D_1, D_2에 흐르는 전류(I_D), 부하전류(I_R) 파형 측정

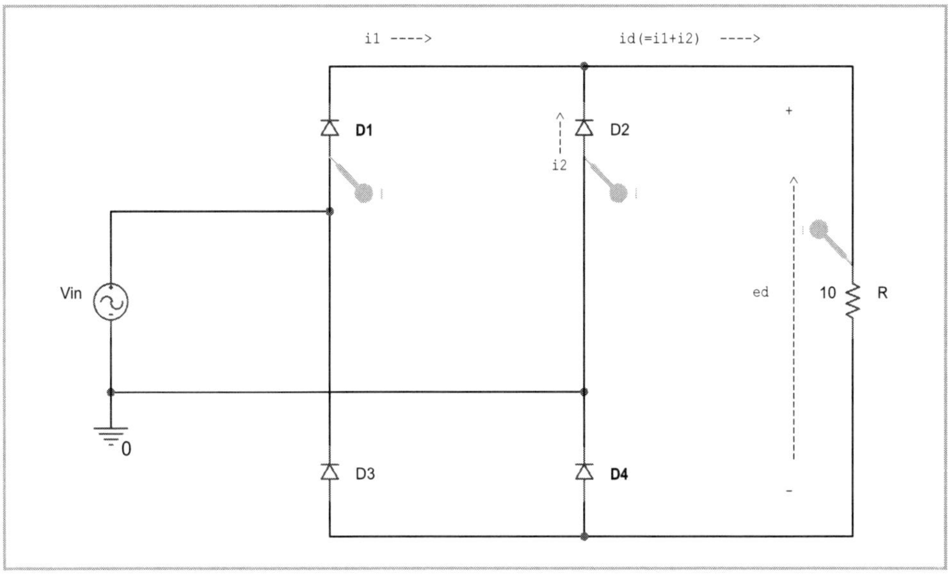

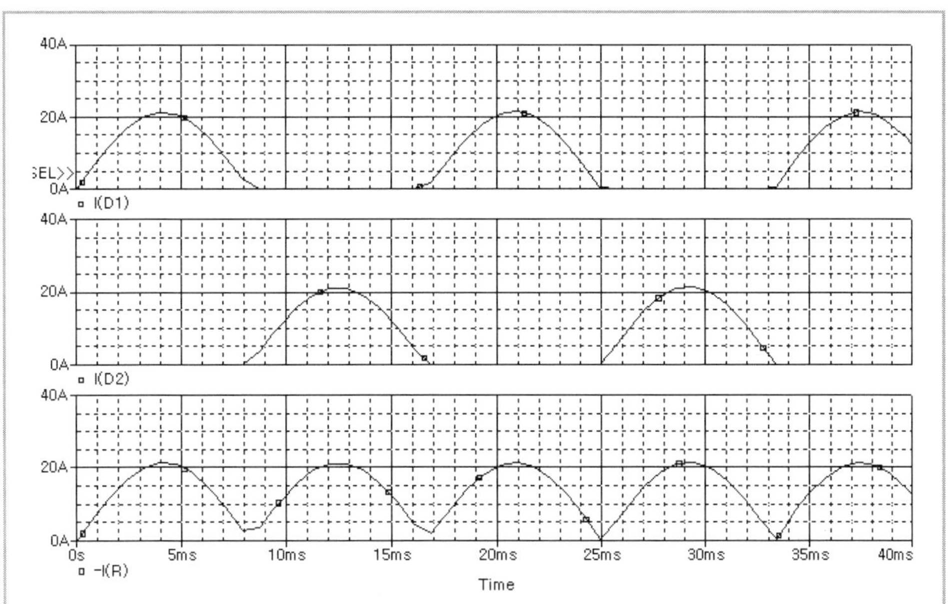

3.4.2 R-L 부하

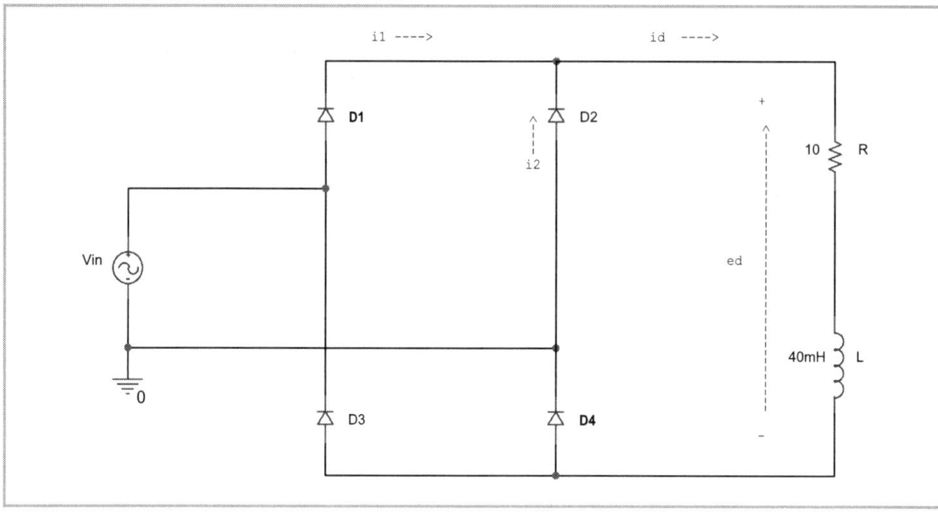

▌그림 3-9▐ 단상 전파 다이오드 정류회로(R-L 부하)

1 회로 시뮬레이션 조건

① 정현파 전압원(라이브러리 명 : SOURCE → VSIN)

- 부품 이름 : V_{in}
- 크기 : VOFF = 0, VAMPL = 220V, FREQ = 60Hz

② 다이오드(라이브러리 명 : BREAKOUT → Dbreak)

- 부품 이름 : D_1 / D_2 / D_3 / D_4

③ 저항(라이브러리 명 : ANALOG → R)

- 부품 이름/크기 : R = 10(Ω)

④ 인덕터(라이브러리 명 : ANALOG → L)

- 부품 이름/크기 : L = 40(mH)

⑤ 접지(라이브러리 명 : Tool Palette → GND → Source)

- symbol : 0 선택

⑥ PSpice → New Simulation → Name(RL) → Simulation setting(RL) → Run to Time : 40ms

2 시뮬레이션 결과

① 입력전압(V_{in}), 부하전류(I_L), 부하전압((V_{RL}) 파형 측정

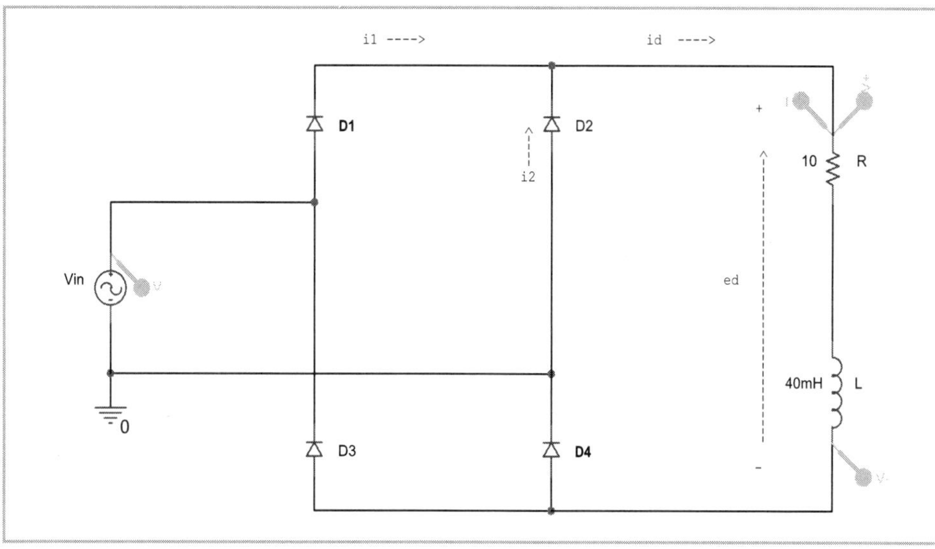

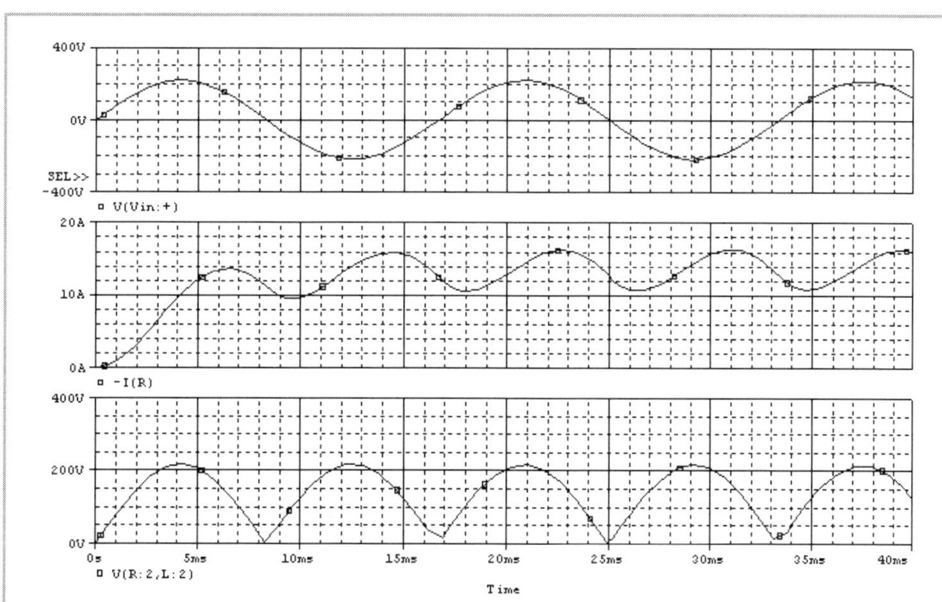

② Diode D_1, D_2에 흐르는 전류(I_D), 부하전류(I_R) 파형 측정

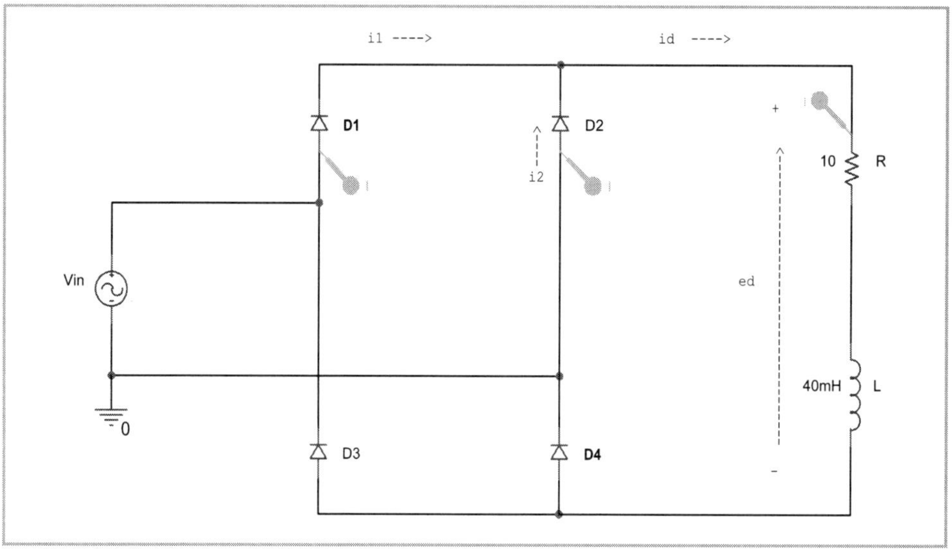

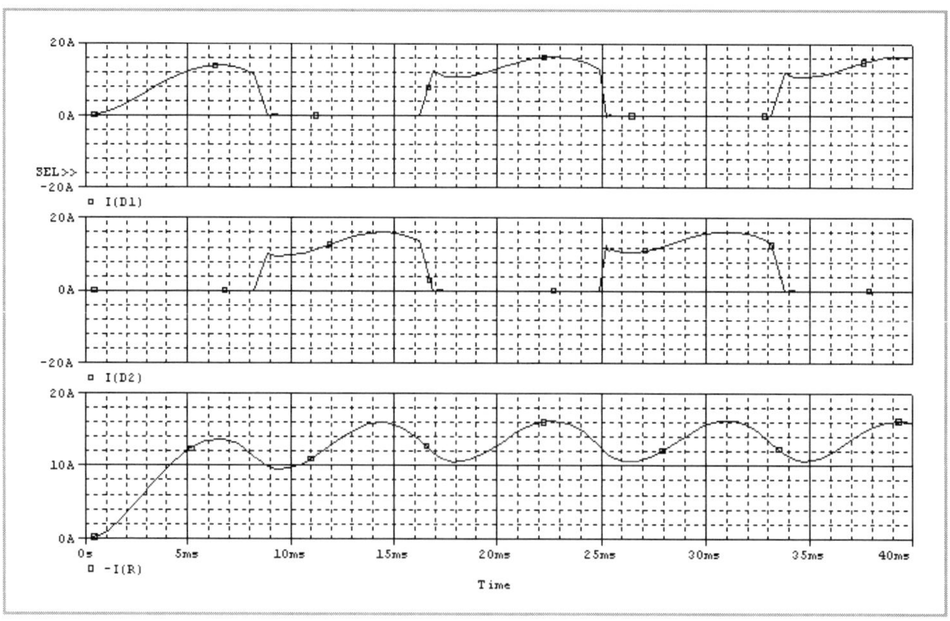

3.4.3 변압기 중간 탭 방식 전파 정류회로(R 부하)

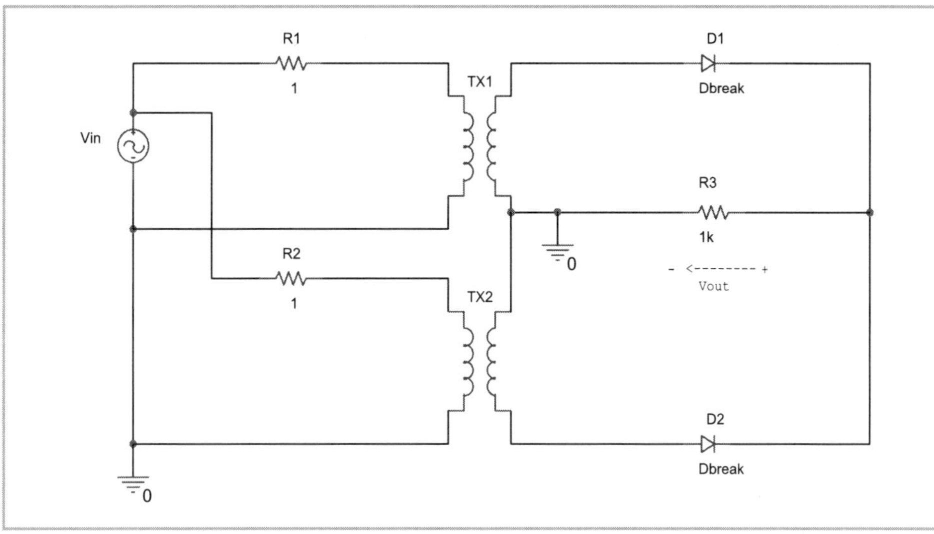

▌그림 3-10▐ 변압기 중간 탭 방식 전파 정류회로(R 부하)

1 회로 시뮬레이션 조건

① 정현파 전압원(라이브러리 명 : SOURCE → VSIN)

- 부품 이름 : V_{in}
- 크기 : VOFF = 0, VAMPL = 141V, FREQ = 60Hz

② 다이오드(라이브러리 명 : BREAKOUT → Dbreak)

- 부품 이름 : D_1 / D_2

③ 저항(라이브러리 명 : ANALOG → R)

- 부품 이름/크기 : R_1 / R_2 = 1(Ω), R_3 = 1(kΩ)

④ 변압기(라이브러리 명 : ANALOG → XFRM_LINEAR)

- 부품 이름 : TX_1 / TX_2
- 크기 : L_1 = 10(mH), L_2 = 2(mH), COUPLING = 0.99

⑤ 접지(라이브러리 명 : Tool Palette → GND → Source)

- symbol : 0 선택

⑥ PSpice → New Simulation → Name(TR) → Simulation setting(TR) → Run to Time : 40㎳

2 시뮬레이션 결과

① 입력전압(V_{in}), 출력전압(V_{R3}) 파형 측정

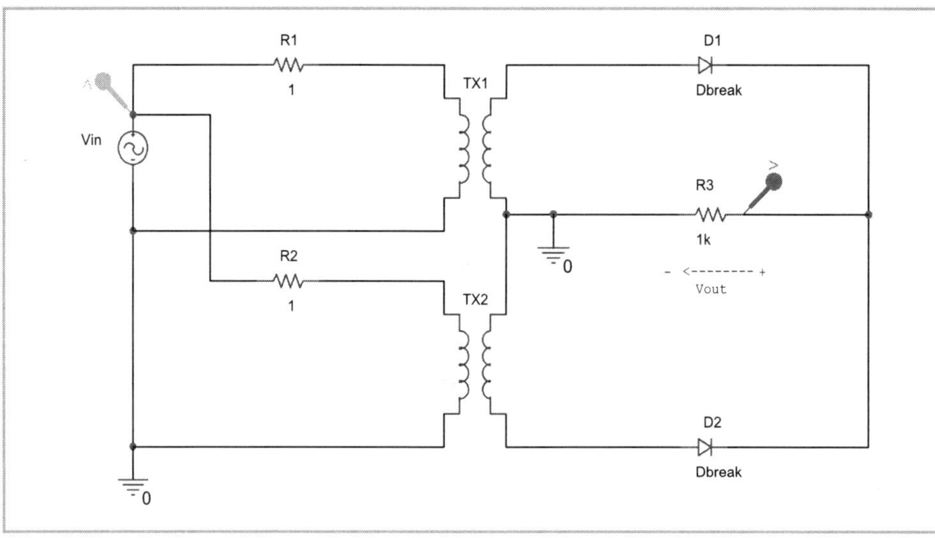

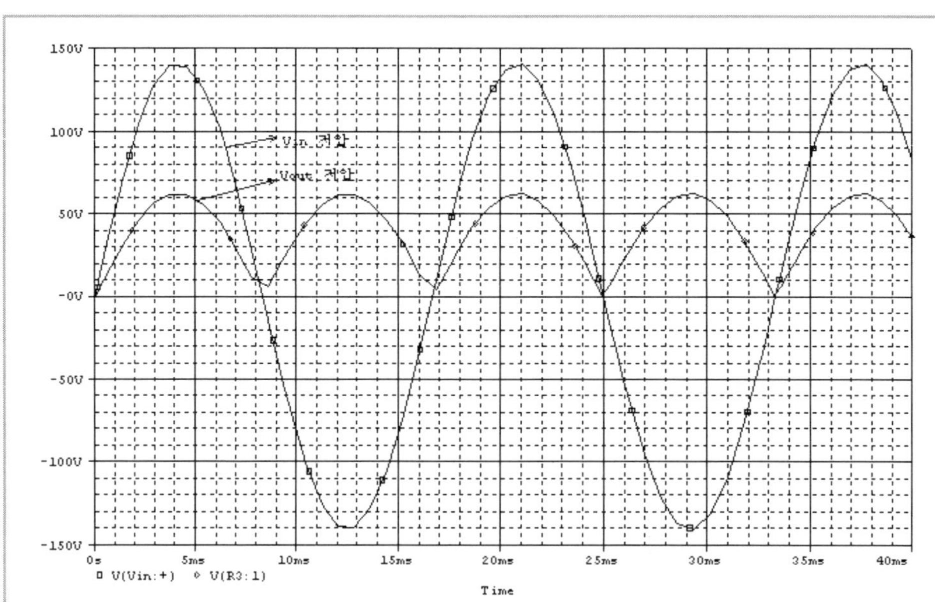

3.4.4 변압기 중간 탭 방식 브리지 정류회로(R 부하)

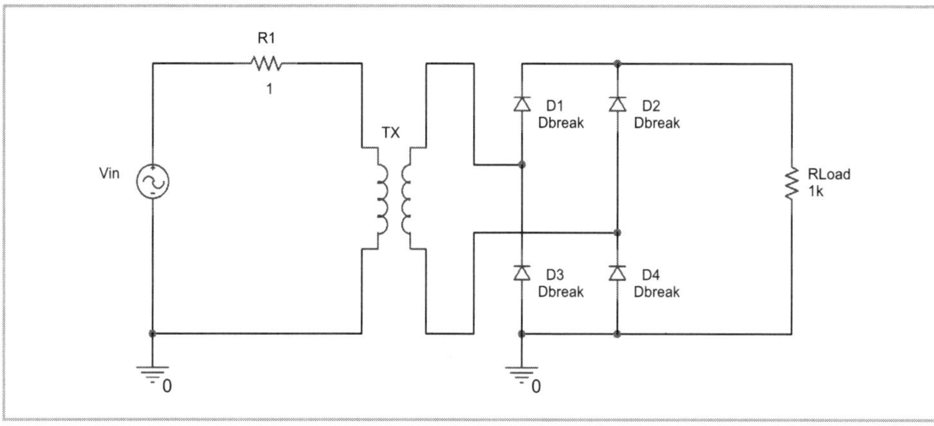

❙그림 3-11❙ 변압기 중간 탭 방식 브리지 정류회로(R 부하)

1 회로 시뮬레이션 조건

① 정현파 전압원(라이브러리 명 : SOURCE → VSIN)

- 부품 이름 : V_{in}
- 크기 : VOFF = 0, VAMPL = 141V, FREQ = 60Hz

② 다이오드(라이브러리 명 : BREAKOUT → Dbreak)

- 부품 이름 : D_1 / D_2 / D_3 / D_4

③ 저항(라이브러리 명 : ANALOG → R)

- 부품 이름/크기 : R_1 = 1(Ω), R_{Load} = 1(kΩ)

④ 변압기(라이브러리 명 : ANALOG → XFRM_LINEAR)

- 부품 이름 : TX
- 크기 : L_1 = 10(mH), L_2 = 3(mH), COUPLING = 0.99

⑤ 접지(라이브러리 명 : Tool Palette → GND → Source)

- symbol : 0 선택

⑥ PSpice → New Simulation → Name(TR-Bridge) → Simulation setting(TR) → Run to Time : 40ms

2 시뮬레이션 결과

① 입력전압(V_{in}), 출력전압(V_{RLoad}) 파형 측정

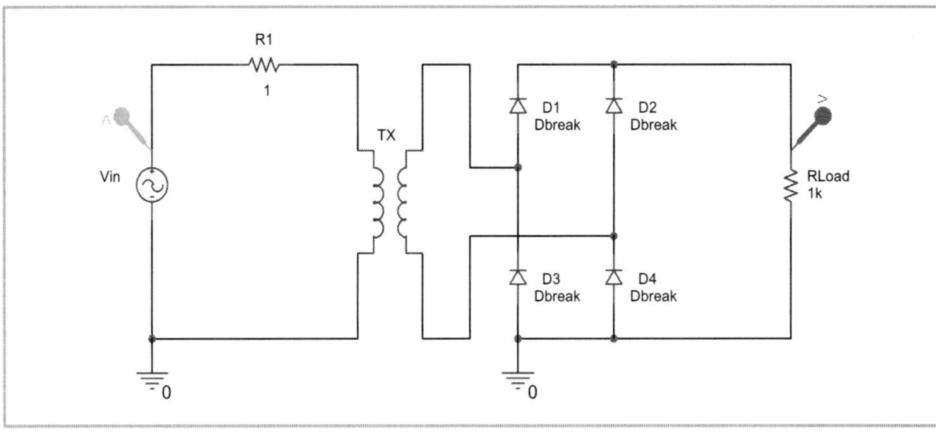

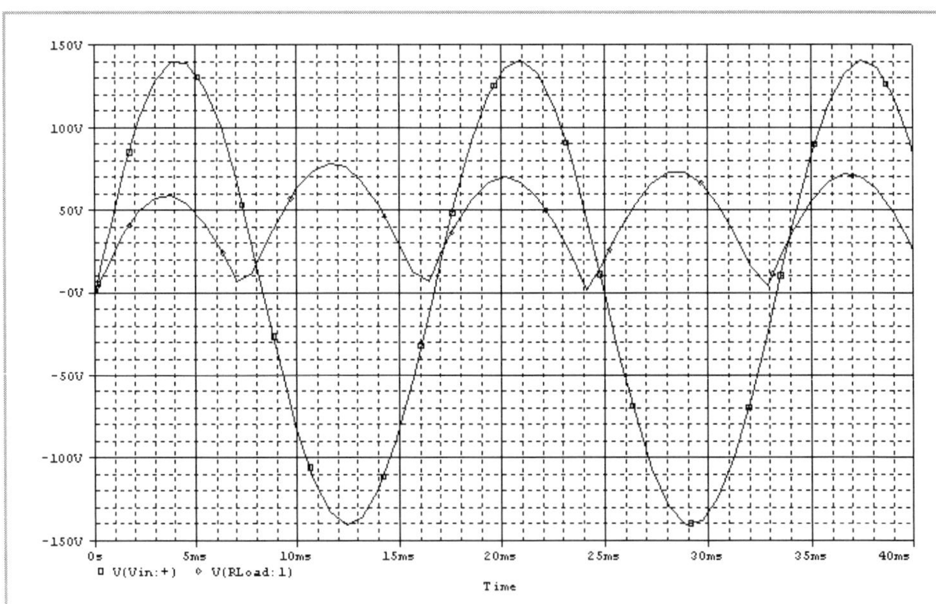

3.5 3상 반파 다이오드 정류회로(3ϕ Half-wave Diode Rectifier)

3.5.1 3상 전원

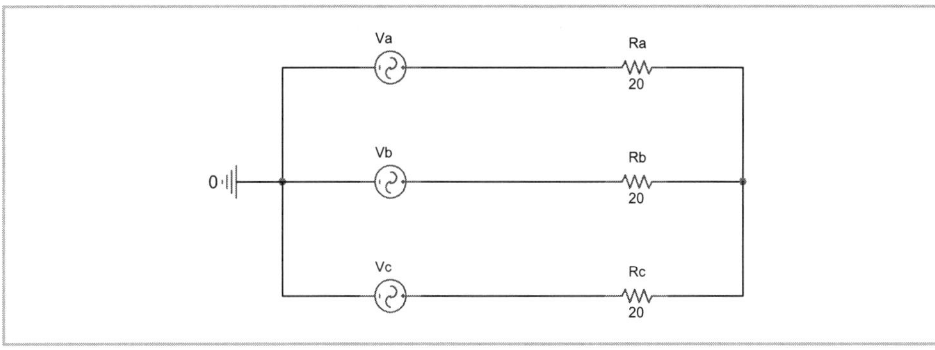

❙그림 3-12❙ 3상 전원

3상 전원은 아래 식과 같이 전압의 크기는 동일하며 위상은 120°의 위상차를 가진다.

$$v_a = \sqrt{2}\,Vsin\omega t,\ v_b = \sqrt{2}\,Vsin(\omega t - 2\pi/3),\ v_c = \sqrt{2}\,Vsin(\omega t - 4\pi/3)$$

1 회로 시뮬레이션 조건

① 정현파 전압원(라이브러리 명 : SOURCE → VSIN)

- 부품 이름/크기

  V_a : VOFF = 0, VAMPL = 220V, FREQ = 60Hz, PHASE = 0

  V_b : VOFF = 0, VAMPL = 220V, FREQ = 60Hz, PHASE = -120

  V_c : VOFF = 0, VAMPL = 220V, FREQ = 60Hz, PHASE = -240

② 저항(라이브러리 명 : ANALOG → R)

- 부품 이름/크기 : R_a / R_b / R_c = 20(Ω)

③ 접지(라이브러리 명 : Tool Palette → GND → Source)

- symbol : 0 선택

④ PSpice → New Simulation → Name(3P-Source) → Simulation setting (3P-Source) → Run to Time : 20ms

2 시뮬레이션 결과

① 상전압(V_a, V_b, V_c)파형 측정

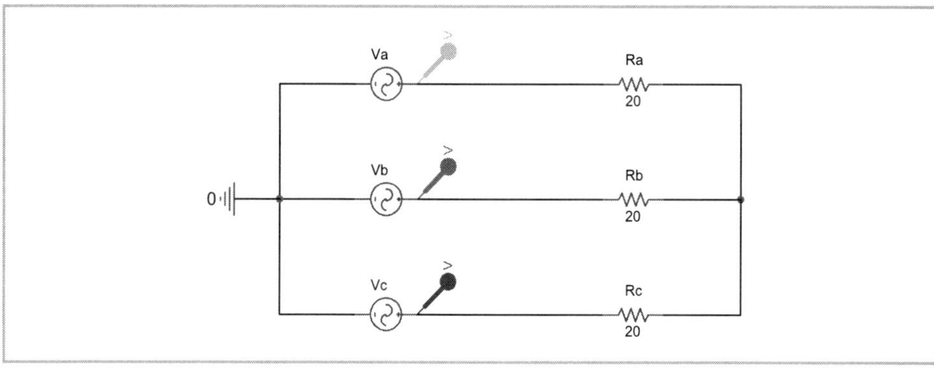

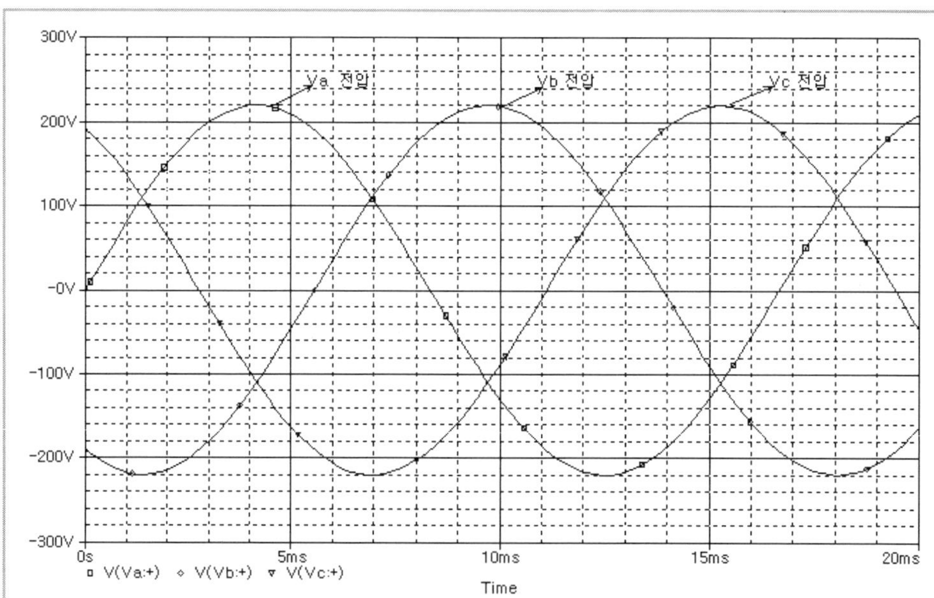

3.5.2 3상 반파 다이오드 정류회로(3ϕ Half-wave Diode Rectifier)

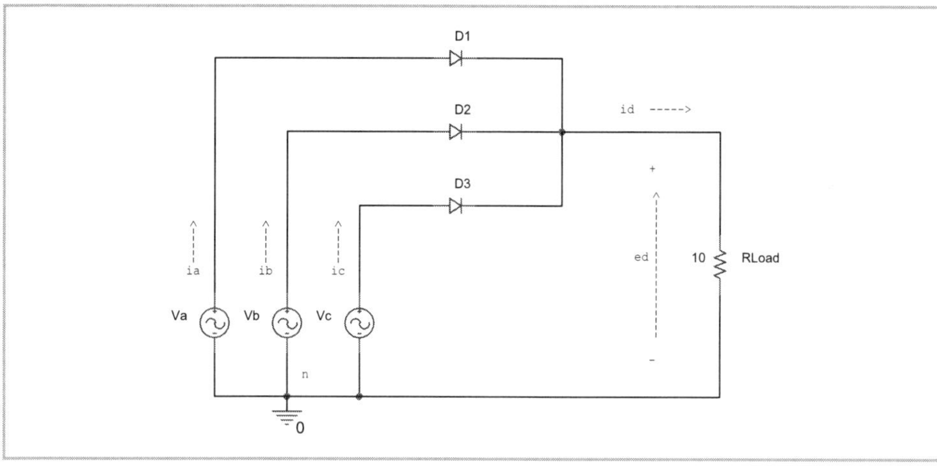

┃그림 3-13┃ 3상 반파 다이오드 정류회로(R부하)

그림 3-13의 교류입력전원은 평형 3상 전원으로서 각 상의 전원 전압의 크기는 동일하고 위상은 각각 120° 차이가 난다. 3상 Y 결선으로 된 회로에 3개의 다이오드를 사용하여 캐소오드(-) 축을 공통으로 하여 부하(R_{Load})를 통하여 변압기 중성점에 연결한 회로를 3상 반파 다이오드 정류회로라 한다. a상, b상, c상에는 각각 단상 반파 다이오드 정류회로가 연결되어 3상 반파 정류회로가 구성되어 있으므로, 평형 3상 전압 V_a, V_b, V_c 중에서 전압이 제일 큰 값의 다이오드가 도통한다.

1 회로 시뮬레이션 조건

① 정현파 전압원(라이브러리 명 : SOURCE → VSIN)

- 부품 이름/크기

  V_a : VOFF = 0, VAMPL = 220V, FREQ = 60Hz, PHASE = 0
  V_b : VOFF = 0, VAMPL = 220V, FREQ = 60Hz, PHASE = -120
  V_c : VOFF = 0, VAMPL = 220V, FREQ = 60Hz, PHASE = -240

② 다이오드(라이브러리 명 : BREAKOUT → Dbreak)

- 부품 이름 : D_1 / D_2 / D_3

③ 저항(라이브러리 명 : ANALOG → R)

- 부품 이름/크기 : R_{Load} = 10(Ω)

④ 접지(라이브러리 명 : Tool Palette → GND → Source)

- symbol : 0 선택

⑤ PSpice → New Simulation → Name(3P-HW-Diode-Rectifier) → Simulation setting(3P-HW-Diode-Rectifier) → Run to Time : 40ms

2 시뮬레이션 결과

① 상전압(V_a, V_b, V_c), 출력전압(V_{RLOAD}), Diode 양단 전압(V_D) 파형 측정

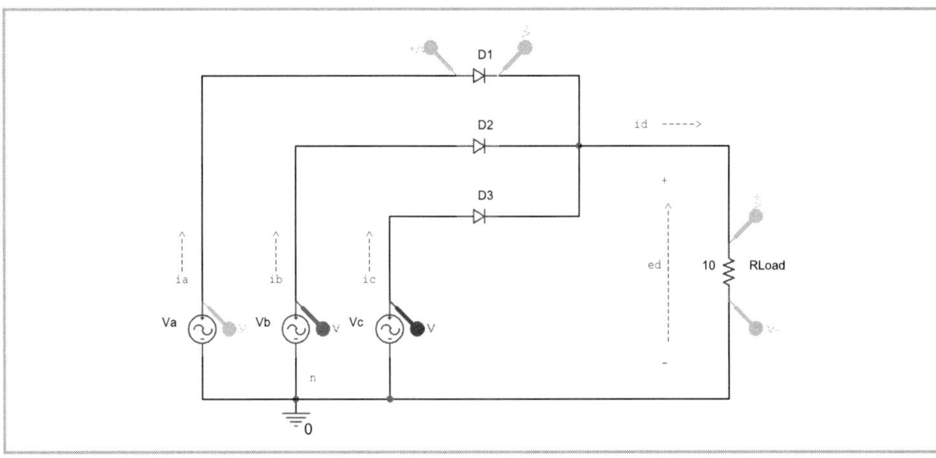

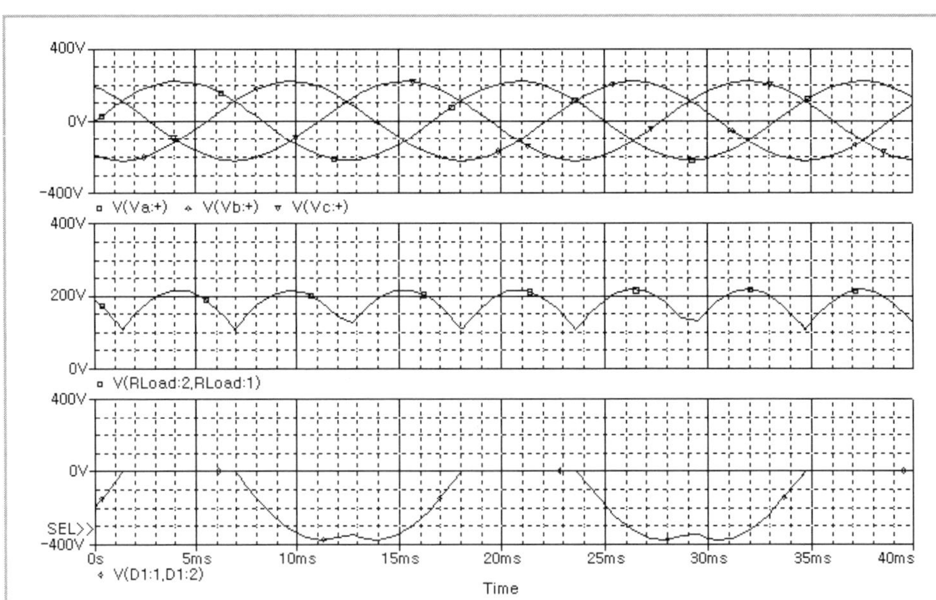

② Diode에 흐르는 전류(I_D), 부하전류(I_{RLOAD}) 파형 측정

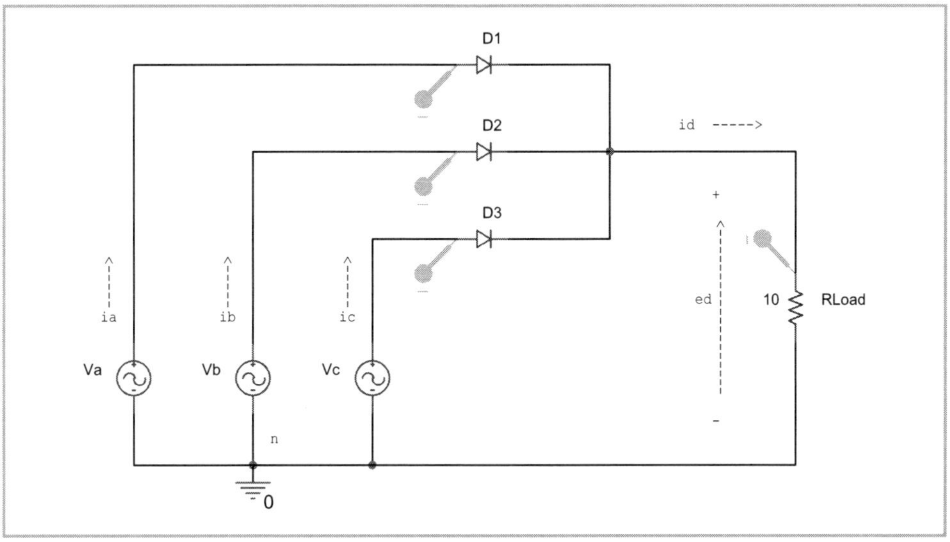

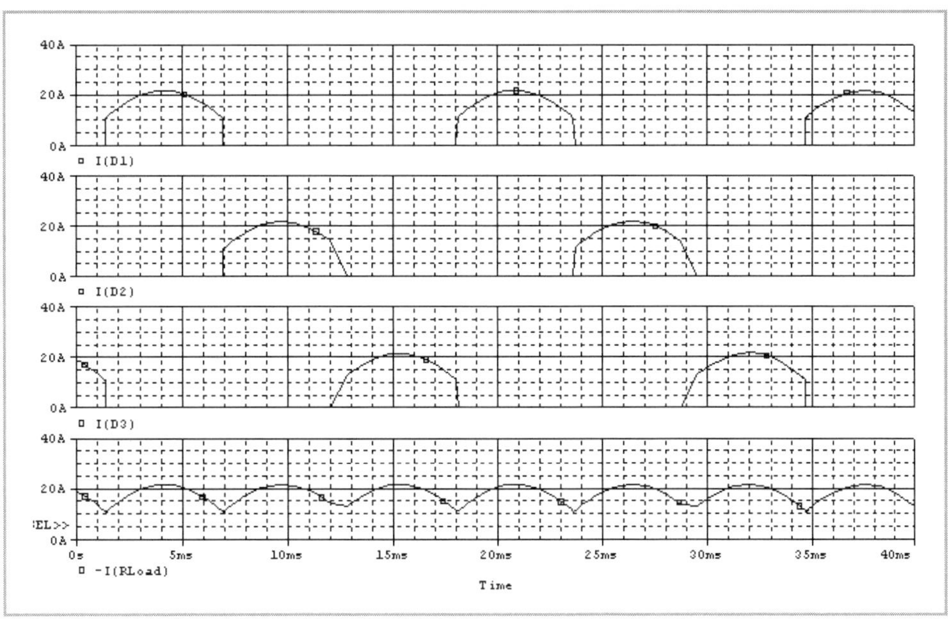

3.6 3상 전파 다이오드 정류회로(3ϕ Full-wave Diode Rectifier)

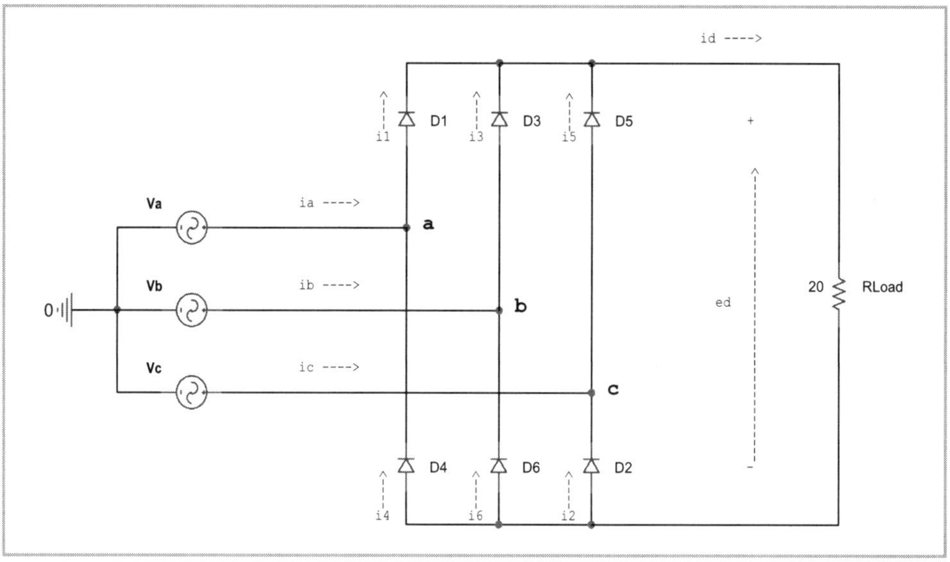

▌그림 3-14▌ 3상 전파 다이오드 정류회로(R부하)

3상 전파 정류회로는 그림 3-14와 같이 6개의 다이오드로 구성되며, 출력 전류는 상단부에 있는 다이오드 D_1, D_3, D_5 중 하나와 하단부에 있는 다이오드 D_2, D_4, D_6 중 하나가 온이 되어 흐르게 된다.

상단부에서는 임의의 시간에 3상 전원 중 전압의 크기가 양의 방향으로 가장 큰 상의 다이오드가 온 되고 나머지 2개의 다이오드는 역방향 바이어스 되어 오프 상태를 유지한다.

하단부에서는 3상 전원 중 전압의 크기가 음의 방향으로 가장 큰 상의 다이오드가 도통되게 되는데 도통되는 원리는 3상 반파 정류회로에서와 동일하다. 여기서 3상 상전압의 식은 다음과 같다.

$$v_{an} = \sqrt{2}\,Vsin(\omega t + \frac{\pi}{6})$$

$$v_{bn} = \sqrt{2}\,Vsin(\omega t - \frac{2\pi}{3} + \frac{\pi}{6})$$

$$v_{cn} = \sqrt{2}\,Vsin(\omega t - \frac{4\pi}{3} + \frac{\pi}{6})$$

또한 a 상과 b 상간의 선간전압 v_{ab}는 다음과 같다.

$$\begin{aligned} v_{ab} &= v_{an} - v_{bn} \\ &= \sqrt{2}\,V[\sin(\omega t + \frac{\pi}{6}) - \sin(\omega t - \frac{2\pi}{3} + \frac{\pi}{6})] \\ &= \sqrt{6}\,V sin(\omega t + \frac{\pi}{3}) \end{aligned}$$

이 선간 전압은 $0 \leq wt < \frac{\pi}{3}$ 구간에서 출력전압으로 나타난다. 그리고 이어서 한 주기 내에 펄스폭이 $\frac{\pi}{3}$인 6개의 펄스 형태의 선간 전압이 나타나는데 v_{ab}, v_{ac}, v_{bc}, v_{ba}, v_{ca}, v_{cb} 순으로 나타나게 된다.

각 다이오드는 120°씩 도통되고 상하의 다이오드는 서로 180°의 위상차를 가지고 도통된다.

1 회로 시뮬레이션 조건

① 정현파 전압원(라이브러리 명 : SOURCE → VSIN)

- 부품 이름/크기

  V_a : VOFF = 0, VAMPL = 220V, FREQ = 60㎐, PHASE = 30

  V_b : VOFF = 0, VAMPL = 220V, FREQ = 60㎐, PHASE = -90

  V_c : VOFF = 0, VAMPL = 220V, FREQ = 60㎐, PHASE = -210

② 다이오드(라이브러리 명 : BREAKOUT → Dbreak)

- 부품 이름 : D_1 / D_2 / D_3 / D_4 / D_5 / D_6

③ 저항(라이브러리 명 : ANALOG → R)

- 부품 이름/크기 : R_{Load} = 20(Ω)

④ 접지(라이브러리 명 : Tool Palette → GND → Source)

- symbol : 0 선택

⑤ PSpice → New Simulation → Name(3P-FW-Diode-Rectifier) → Simulation setting(3P-FW-Diode-Rectifier) → Run to Time : 30㎳

2 시뮬레이션 결과

① 3상 상전압(V_a, V_b, V_c)은 선간전압(V_{ab}, V_{bc}, V_{ca})에 비해 30°의 위상이 뒤진다.

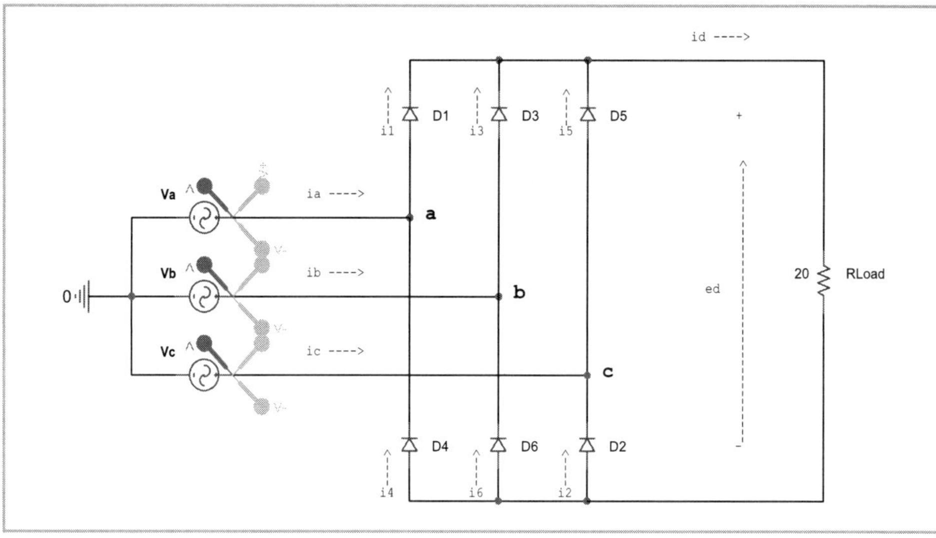

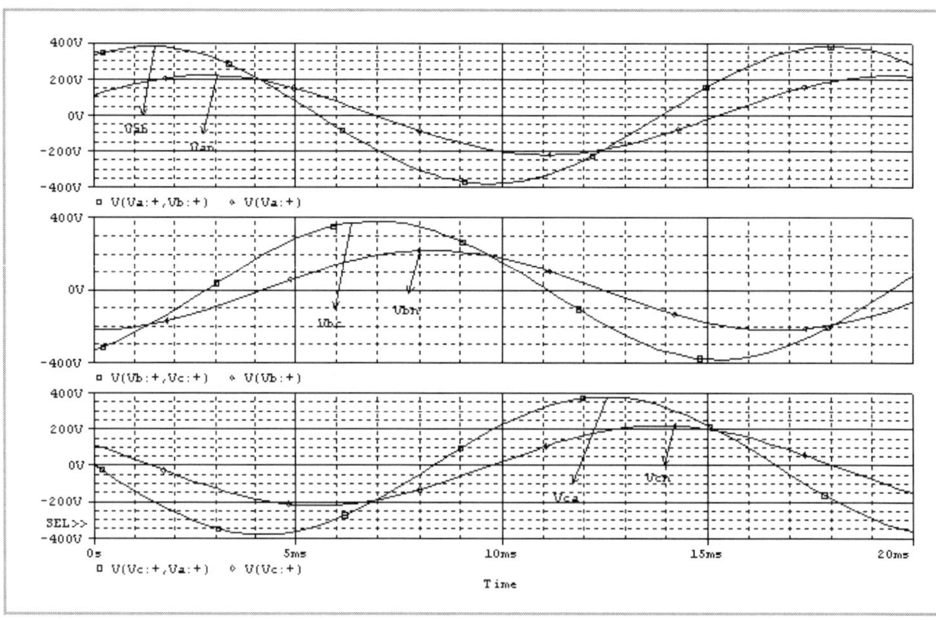

② 선간전압의 시뮬레이션 파형 : V_{ab}, V_{bc}, V_{ca}, V_{ba}, V_{cb}, V_{ac}와 같이 6개의 선간 전압파형을 전압 probe를 사용하여 직접 표현하거나, Scope **상에서** Trace **클릭** 후 두개의 상전압의 차로 선간전압파형을 표현할 수 있다.
($V_{ab} = V_a - V_b$, $V_{bc} = V_b - V_c$, $V_{ca} = V_c - V_a$, ...)

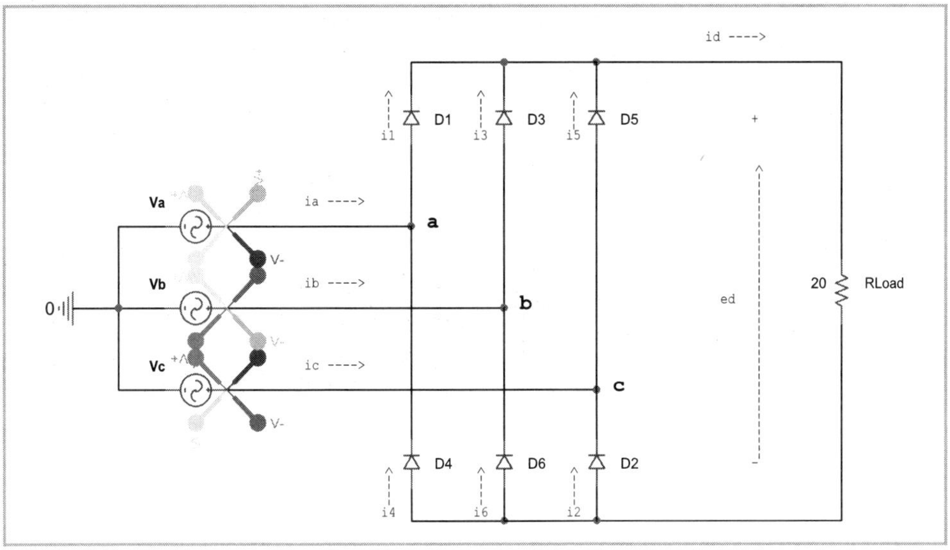

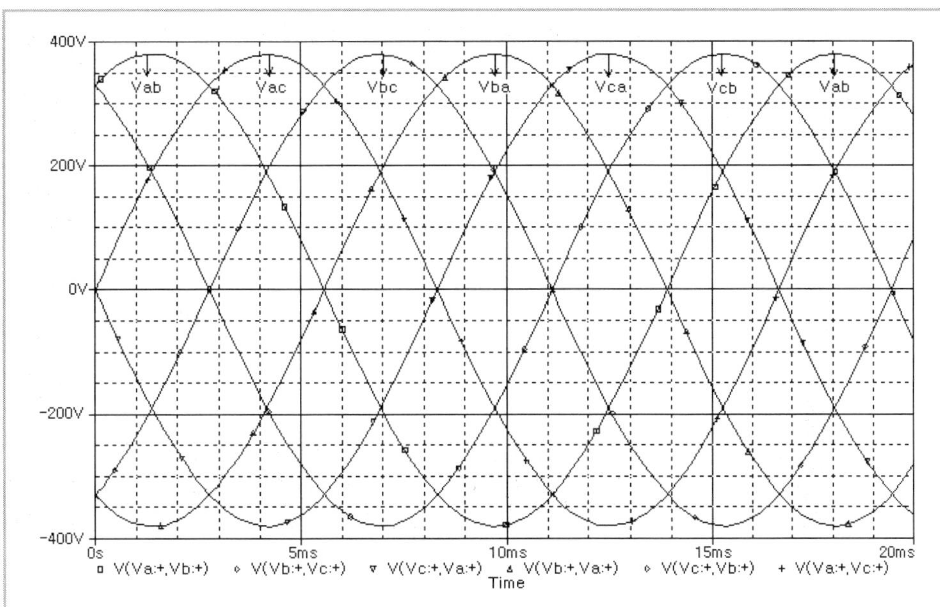

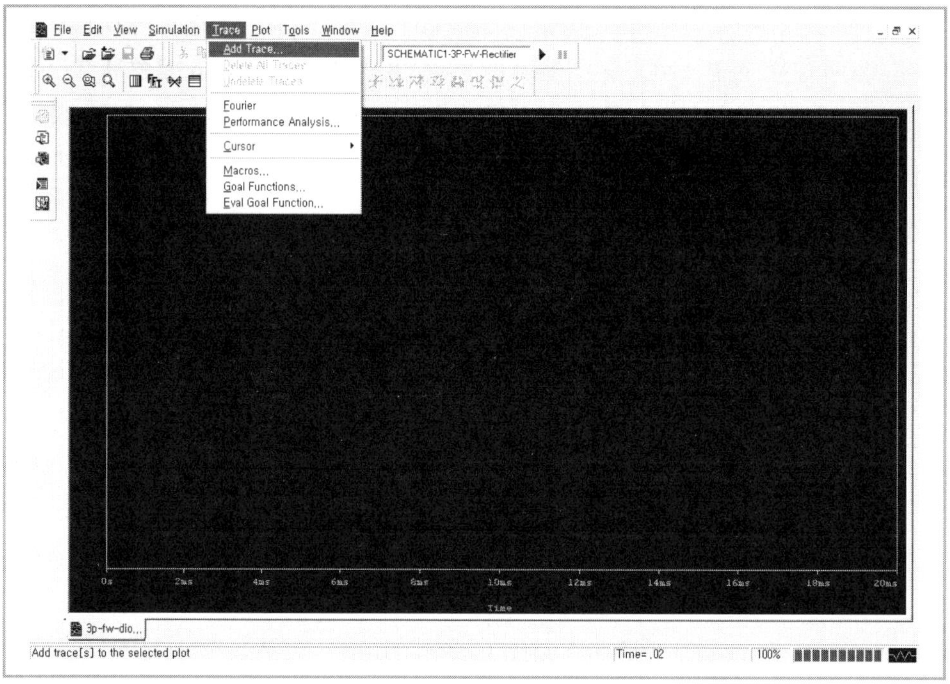
File Edit View Simulation Trace Plot Tools Window Help
Add Trace...
Delete All Traces
Undelete Traces
Fourier
Performance Analysis...
Cursor
Macros...
Goal Functions...
Eval Goal Function...
SCHEMATIC1-3P-FW-Rectifier
0s 2ms 4ms 6ms 8ms 10ms 12ms 14ms 16ms 18ms 20ms
Time
3p-fw-dio...
Add trace[s] to the selected plot
Time= .02
100%

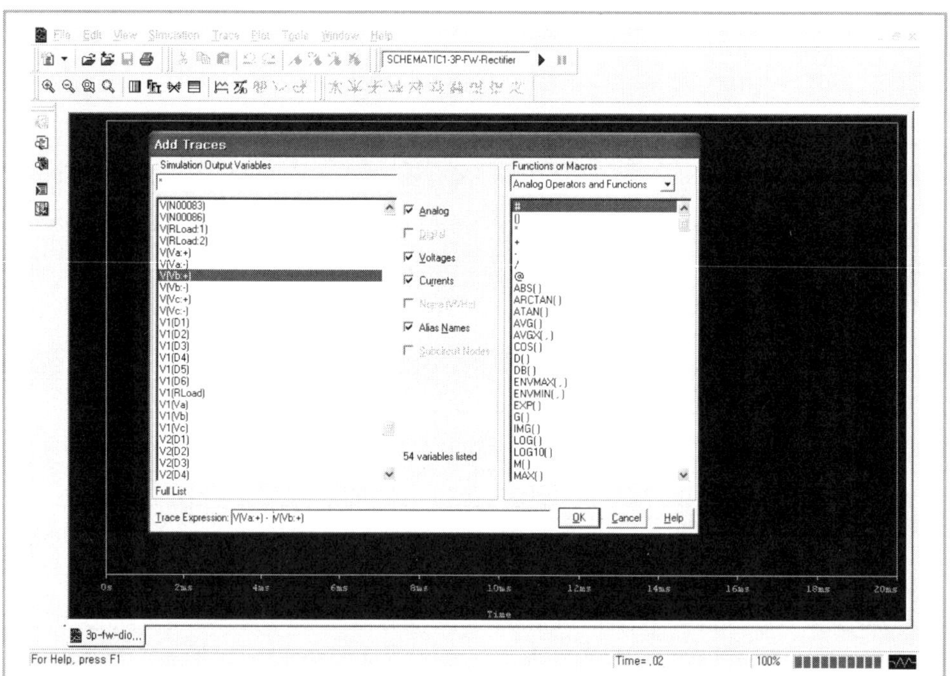
Add Traces
Simulation Output Variables
V(N00083)
V(N00086)
V(RLoad:1)
V(RLoad:2)
V(Va:+)
V(Va:-)
V(Vb:+)
V(Vb:-)
V(Vc:+)
V(Vc:-)
V1(D1)
V1(D2)
V1(D3)
V1(D4)
V1(D5)
V1(D6)
V1(RLoad)
V1(Va)
V1(Vb)
V1(Vc)
V2(D1)
V2(D2)
V2(D3)
V2(D4)
Full List
Analog
Digital
Voltages
Currents
Noise (V²/Hz)
Alias Names
Subcircuit Nodes
54 variables listed
Functions or Macros
Analog Operators and Functions
ABS()
ARCTAN()
ATAN()
AVG()
AVGX(,)
COS()
D()
DB()
ENVMAX(,)
ENVMIN(,)
EXP()
G()
IMG()
LOG()
LOG10()
M()
MAX()
Trace Expression: V(Va:+) - V(Vb:+)
OK
Cancel
Help
SCHEMATIC1-3P-FW-Rectifier
Time
3p-fw-dio...
For Help, press F1
Time= .02
100%

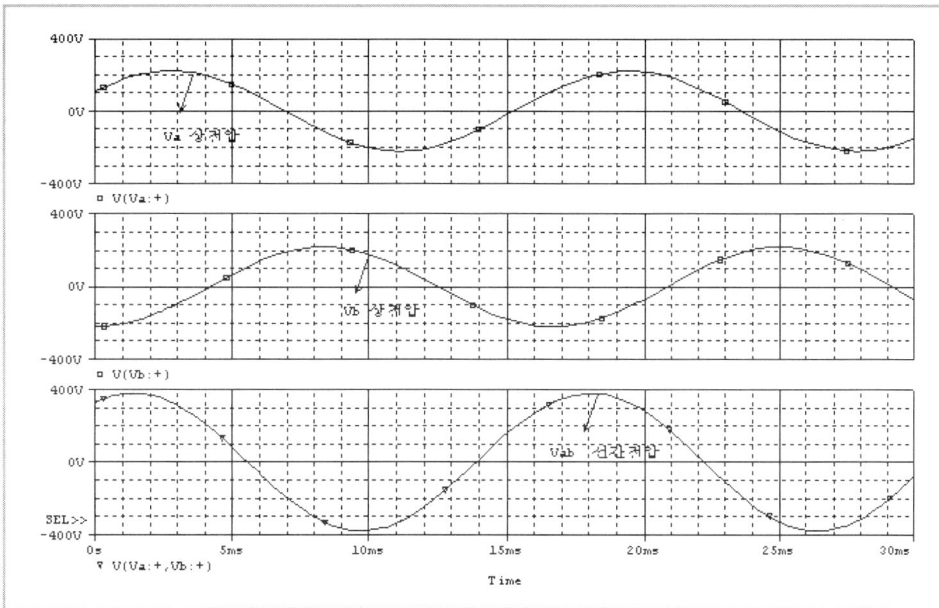

③ DC 출력전압(ed)과 각 다이오드(D_1~D_6)에 흐르는 전류파형 측정

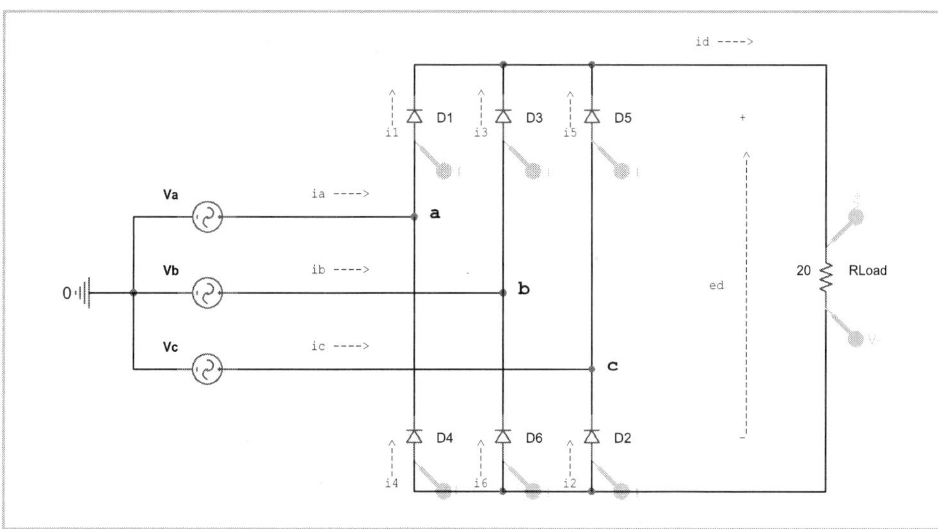

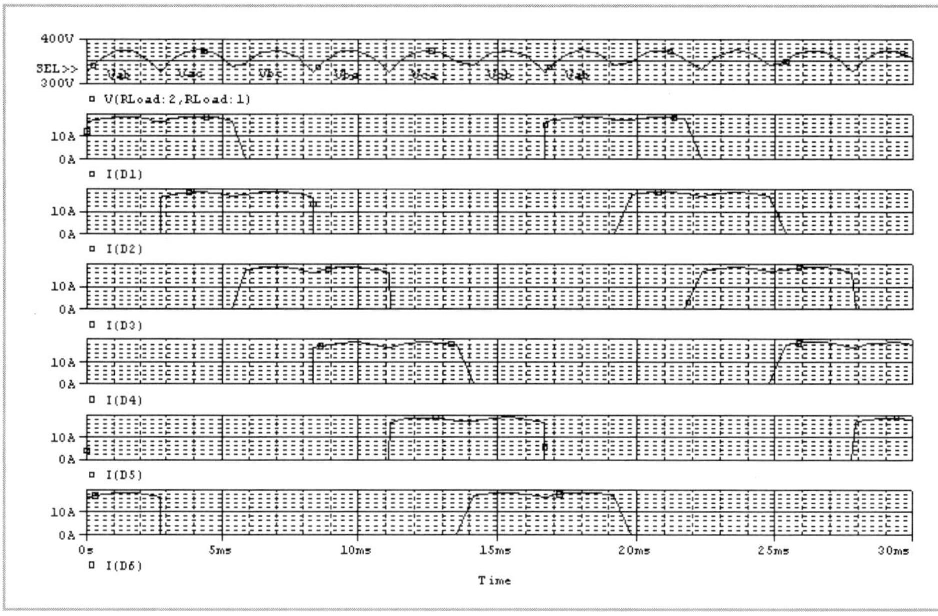

④ a상, b상, c상의 입력 전류파형 측정

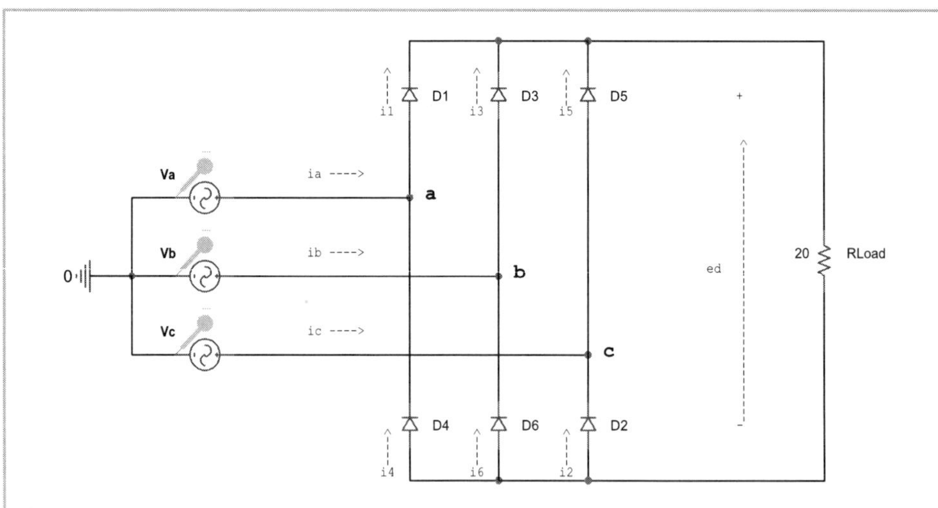

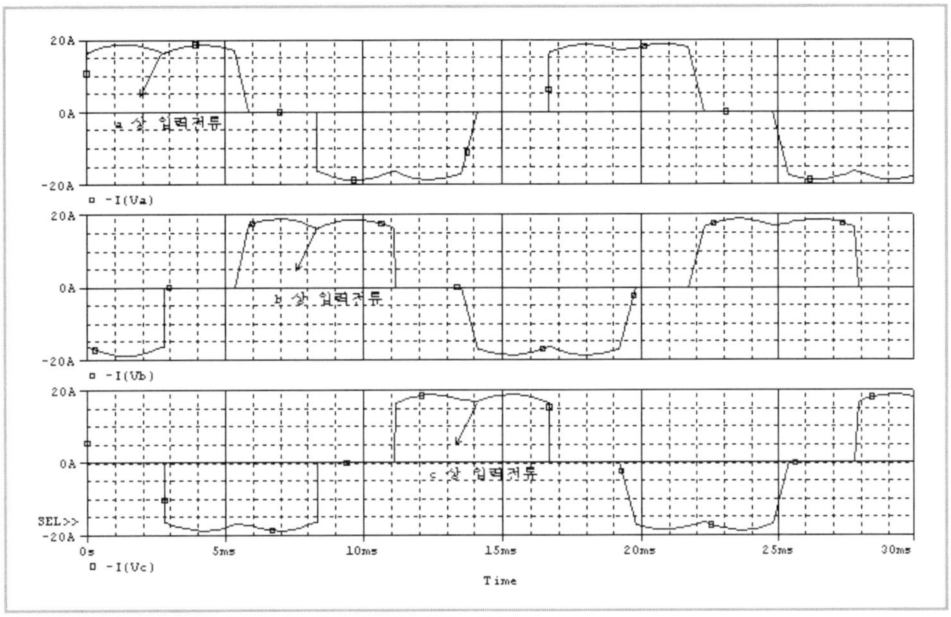
20A
0A
-20A
a 상 입력전류
-I(Va)
b 상 입력전류
-I(Vb)
c 상 입력전류
SEL>>
-I(Vc)
0s
5ms
10ms
15ms
20ms
25ms
30ms
Time

CHAPTER 04

위상 제어 정류회로

Chapter 04

위상 제어 정류회로

① 위상 제어 정류기(Phase Controlled Rectifier)는 컨버터(Converter)라고 지칭하며 교류(AC)를 직류(DC)로 변환시키는 장치

② 컨버터의 위상각(α)을 제어함으로써 직류출력전압을 가변할 수 있어(제3장의 다이오드 정류회로를 통해서는 교류전원으로부터 DC 부하에 전력을 전달할 수 있으나 직류출력전압을 가변 시킬 수 없다.) 직류전동기 제어장치, 정류용 직류전원장치, 인버터용 직류전원장치 등에 사용

4.1 SCR

① SCR은 Silicon Controlled Rectifier의 약자로 1958년 최초로 개발된 전력용 반도체 스위치 소자

② 가장 높은 전력(고압송전과 같은 대용량설비에 사용)에 사용되는 PNPN 구조의 4층 반도체 소자로 A, G, K 3단자로 구성(Anode, Gate, Cathode)

③ SCR 구조 및 등가회로

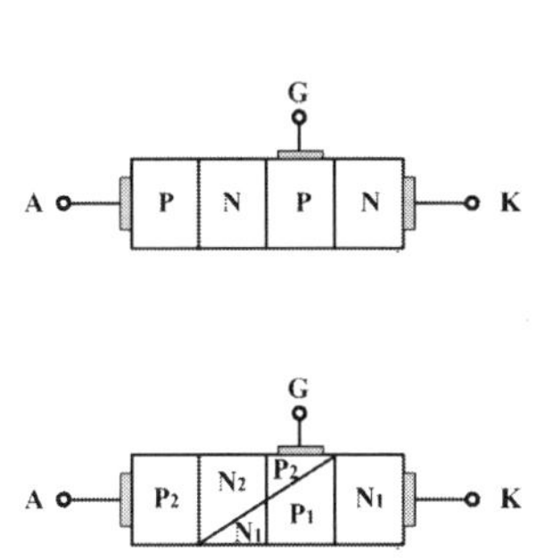

SCR 구조

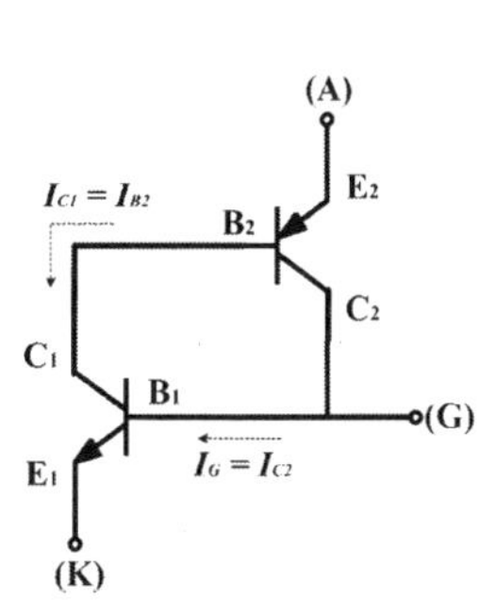

Transistor 등가회로

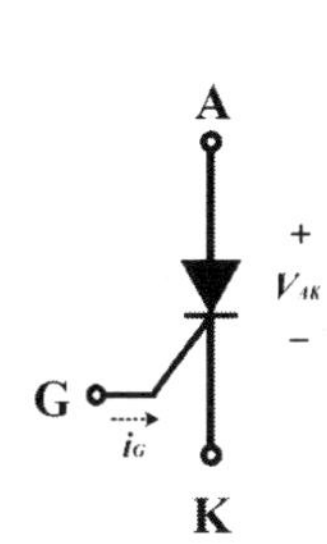

SCR 기호

④ 전류 제어 소자

- 턴 온(turn on) : $V_{AK} > 0$일 때 게이트(Gate)에 (+) 전류 Pulse 인가 시 turn on, 전류가 유지전류(Holding current) 이상이면 계속 on, 순전압강하(On Drop)는 약 1~3[V]
- 턴 오프(turn off) : 게이트(Gate) 전류에 의해서는 off가 불가능하고, $i_A < 0$이어야 turn off → 전류회로(commutation circuit) 필요

4.2 단상 반파 위상 제어 정류회로(1ϕ Half Wave Phase Controlled Rectifier)

4.2.1 R 부하

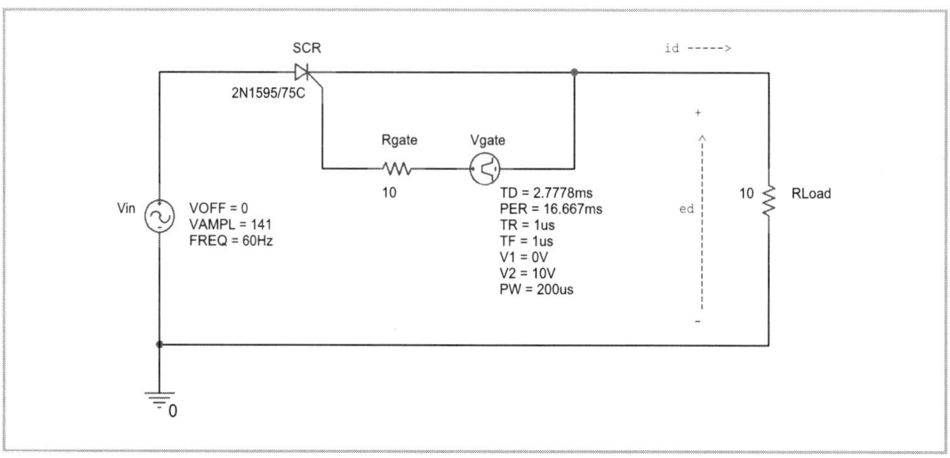

▌그림 4-1▐ 단상 반파 위상 제어 정류회로(저항 부하)

1 회로 시뮬레이션 조건

① 정현파 전압원(라이브러리 명 : SOURCE → VSIN)

- 부품 이름 : V_{in}
- 크기 : VOFF = 0, VAMPL = 141V, FREQ = 60Hz

② 구형파 전압원(라이브러리 명 : SOURCE → VPULSE)

- 부품 이름 : V_{gate}

- 구형파 전압원 조건

Parameter	V_{gate}(점호각 α = 60°)
TD(Time Delay, 지연시간)	TD = 2777.8μs
PER(Period, 주기)	PER = 16.667ms
TR(Time Rising, 상승시간)	TR = 1μs
TF(Time Falling, 하강시간)	TF = 1μs
V_1(초기전압) / V_2(펄스전압)	V_1 = 0V / V_2 = 10V
PW(Pulse Width, 펄스폭)	PW = 200μs

▶ 점호각 α= 60°이면 TD 값은 다음과 같다(T = 주기, f = 주파수).

$$T = \frac{1}{f} = \frac{1}{60} = 0.016667\text{s} = 16.667\text{ms} = 16666.7\mu\text{s}$$

[회로적 표현 : T(주기) = 16.667ms = 360°(1cycle) = 60Hz]

→ 360° : 16.667ms = 60°(점호각) : x, x = 16.667ms×60°/360° = 2.7778ms

→ 360° : 1666.7μs = 60°(점호각) : x, x = 1666.7μs×60°/360° = 2777.8μs

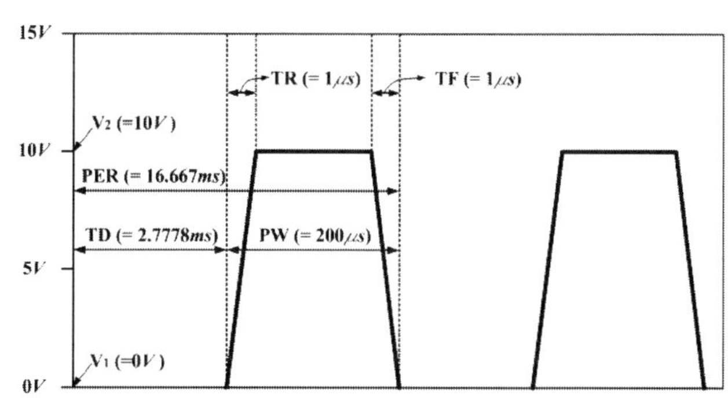

▌그림 4-2▐ 구형파 전압원 파형

③ 저항(라이브러리 명 : ANALOG → R)

- 부품 이름/크기 : R_{Load} = 10(Ω), R_{gate} = 10(Ω)

④ SCR(라이브러리 명 : THYRISTR → 2N1595/75C)

- 부품 이름 : SCR

⑤ 접지(라이브러리 명 : Tool Palette → GND → Source)

- symbol : 0 선택

⑥ PSpice → New Simulation → Name(R) → Simulation setting(R) → Run to Time : 40ms

2 시뮬레이션 결과

① 입력전압(V_{in}), 게이트 전압(V_{gate}), 출력전압(V_{RLOAD}), 출력전류(I_{RLoad}), SCR 양단간 전압(V_{SCR}) 파형 측정

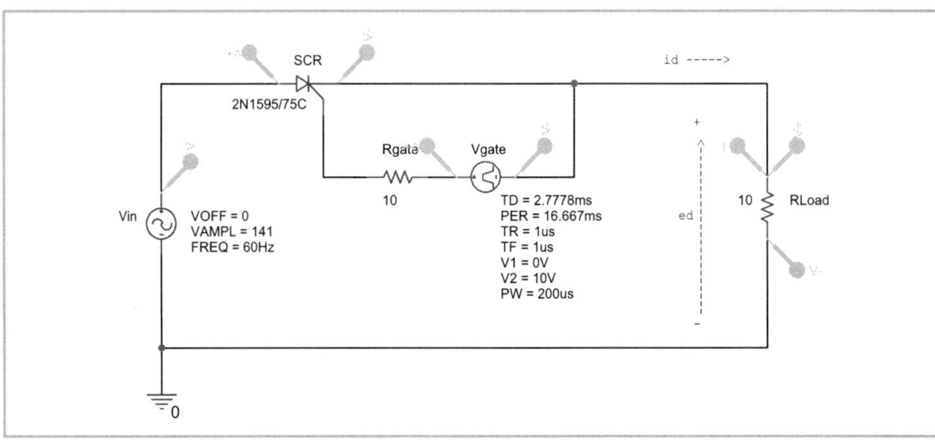

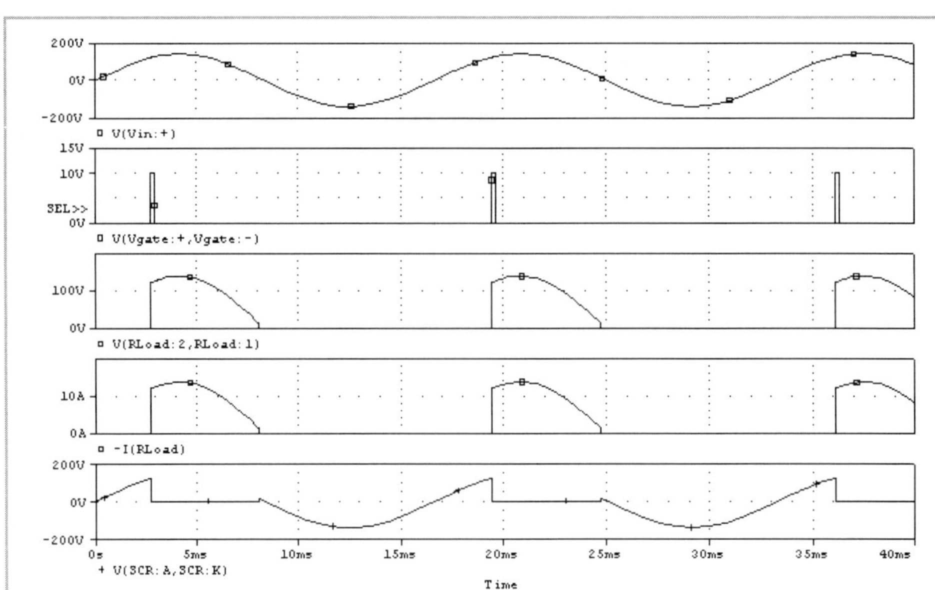

4.2.2 R-L 부하

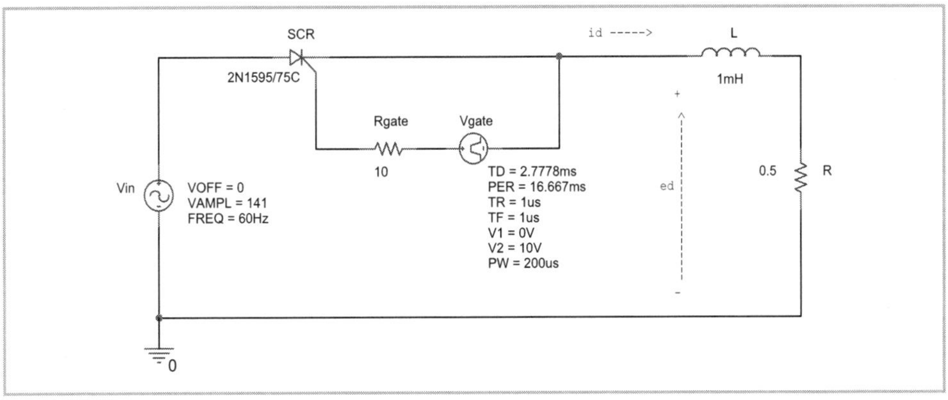

❙ 그림 4-3 ❙ 단상 반파 위상 제어 정류회로(유도성부하)

1 회로 시뮬레이션 조건

① 정현파 전압원(라이브러리 명 : SOURCE → VSIN)

- 부품 이름 : V_{in}
- 크기 : VOFF = 0, VAMPL = 141V, FREQ = 60Hz

② 구형파 전압원(라이브러리 명 : SOURCE → VPULSE)

- 부품 이름 : V_{gate}
- 구형파 전압원 조건

Parameter	V_{gate}(점호각 α = 60°)
TD(Time Delay, 지연시간)	TD = 2777.8㎲
PER(Period, 주기)	PER = 16.667㎳
TR(Time Rising, 상승시간)	TR = 1㎲
TF(Time Falling, 하강시간)	TF = 1㎲
V_1(초기전압) / V_2(펄스전압)	V_1 = 0V / V_2 = 10V
PW(Pulse Width, 펄스폭)	PW = 200㎲

③ 저항(라이브러리 명 : ANALOG → R)

- 부품 이름/크기 : R = 0.5(Ω), R_{gate} = 10(Ω)

④ 인덕터(라이브러리 명 : ANALOG → L)

- 부품 이름/크기 : L = 1(mH)

⑤ SCR(라이브러리 명 : THYRISTR→2N1595/75C)

- 부품 이름 : SCR

⑥ 접지(라이브러리 명 : Tool Palette→GND→Source)

- symbol : 0 선택

⑦ PSpice→New Simulation→Name(RL)→Simulation setting(RL)→Run to Time : 40ms

2 시뮬레이션 결과

① 입력전압(V_{in}), 게이트 전압(V_{gate}), 출력전압(V_{LR}), 출력전류(I_L), SCR 양단간 전압(V_{SCR}) 파형 측정

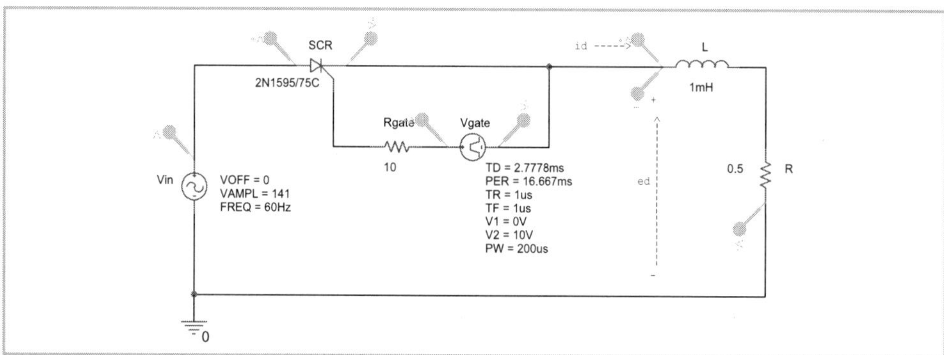

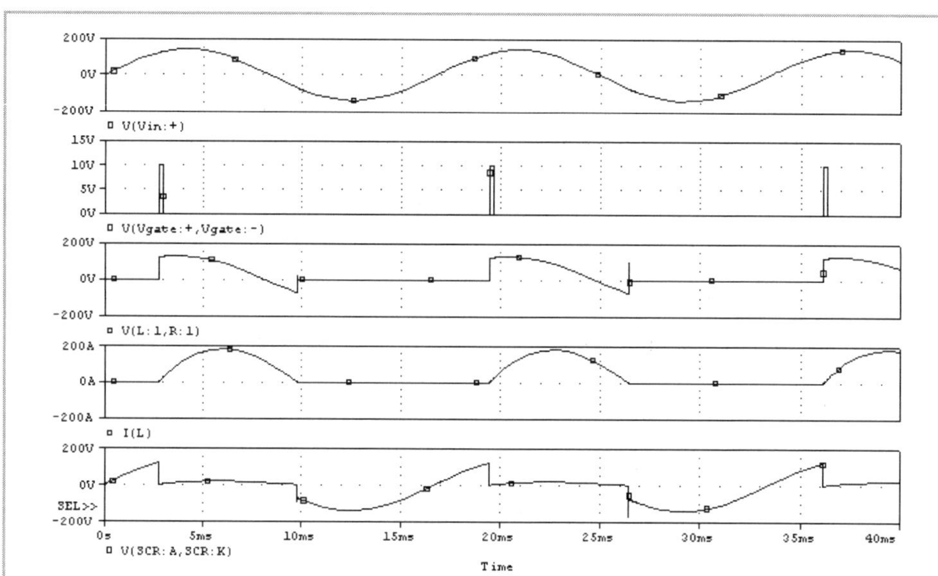

② e_d 전압[출력전압(V_{LR})]
= e_L 전압[인덕터 양단간 전압(V_L)] + e_R 전압[저항 양단간 전압(V_L)]

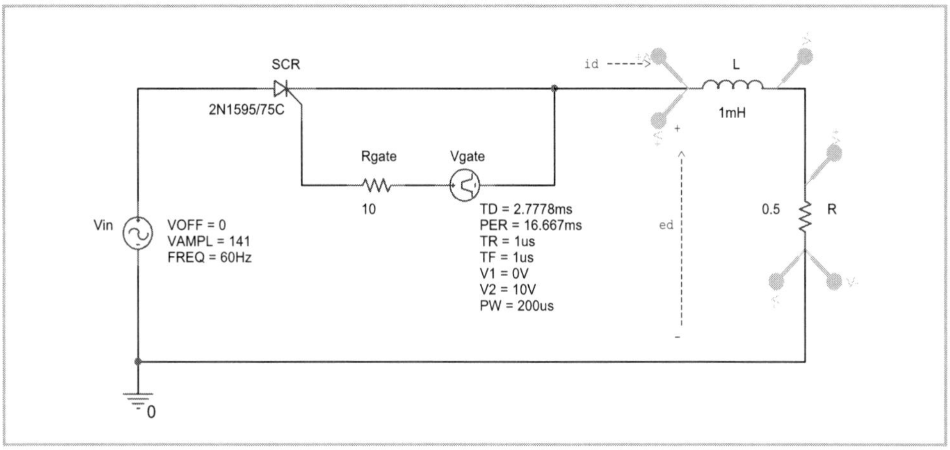

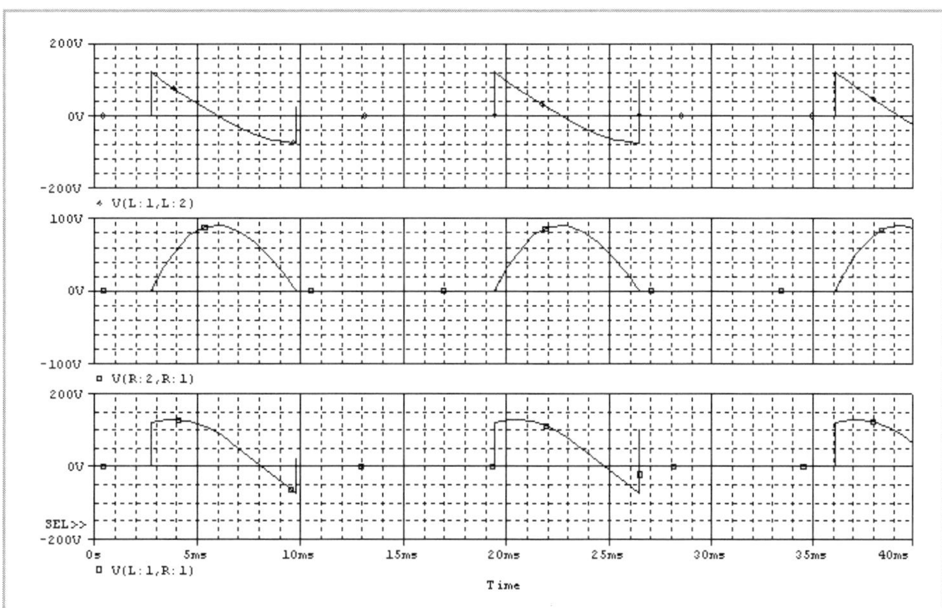

4.2.3 환류(Free wheeling) 다이오드

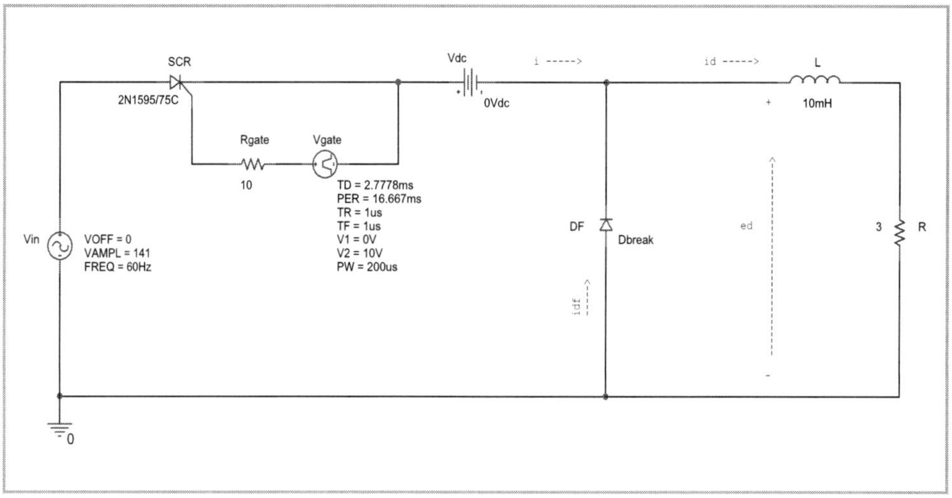

❙그림 4-4❙ 단상 반파 위상 제어 정류회로(Free wheeling Diode)

1 회로 시뮬레이션 조건

① 정현파 전압원(라이브러리 명 : SOURCE → VSIN)

- 부품 이름 : V_{in}
- 크기 : VOFF = 0, VAMPL = 141V, FREQ = 60Hz

② 구형파 전압원(라이브러리 명 : SOURCE → VPULSE)

- 부품 이름 : V_{gate}
- 구형파 전압원 조건

Parameter	V_{gate}(점호각 $\alpha = 60°$)
TD(Time Delay, 지연시간)	TD = 2777.8㎲
PER(Period, 주기)	PER = 16.667㎳
TR(Time Rising, 상승시간)	TR = 1㎲
TF(Time Falling, 하강시간)	TF = 1㎲
V_1(초기전압) / V_2(펄스전압)	V_1 = 0V / V_2 = 10V
PW(Pulse Width, 펄스폭)	PW = 200㎲

③ 저항(라이브러리 명 : ANALOG→R)

- 부품 이름/크기 : R = 3(Ω), R_{gate} = 10(Ω)

④ 인덕터(라이브러리 명 : ANALOG→L)

- 부품 이름/크기 : L = 10(mH)

⑤ SCR(라이브러리 명 : THYRISTR→2N1595/75C)

- 부품 이름 : SCR

⑥ 다이오드(라이브러리명 : BREAKOUT → Dbreak)

- 부품 이름 : DF

⑦ 직류 전압원(라이브러리 명 : SOURCE→VDC) : 입력전류측정을 위해서 삽입 후 전류측정

- 부품 이름/크기 : V_{dc} = 0V(전류측정용)

⑧ 접지(라이브러리 명 : Tool Palette→GND→Source)

- symbol : 0 선택

⑨ PSpice→New Simulation→Name(FD)→Simulation setting(FD)→Run to Time : 40ms

2 시뮬레이션 결과

① 입력전압(V_{in}), 게이트 전압(V_{gate}), 출력전압(V_{LR}), 출력 전류(I_L), SCR 전류(I_{VDC}), 환류 Diode 전류(I_{DF}) 파형 측정 : $i_d = i + i_{df}$

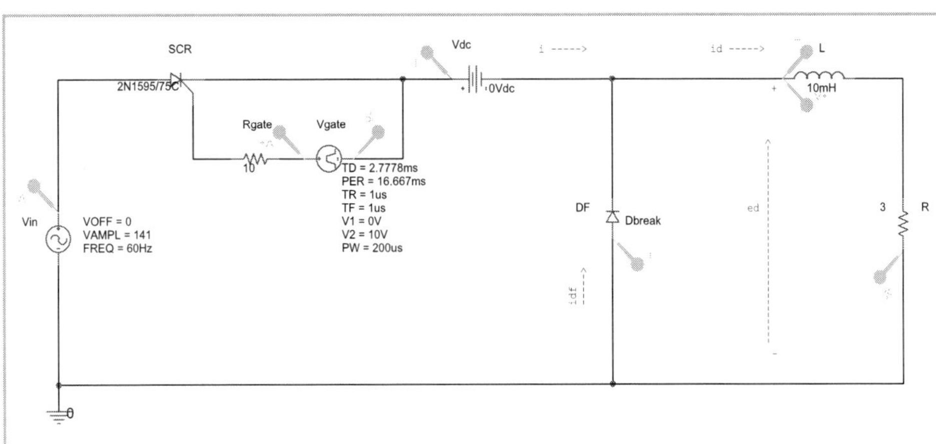

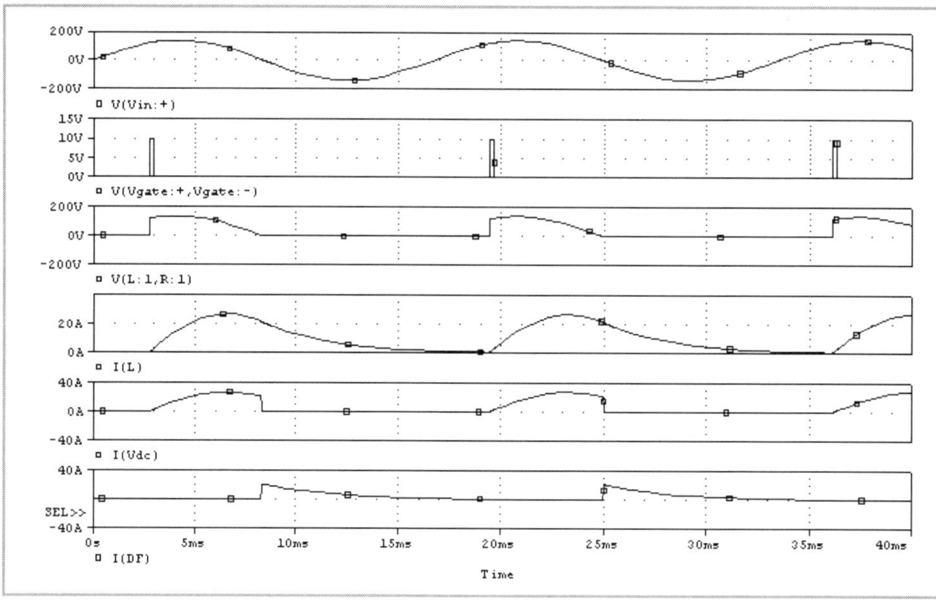

4.3 단상 전파 위상 제어 정류회로(1ϕ Full Wave Phase Controlled Rectifier)

4.3.1 R 부하

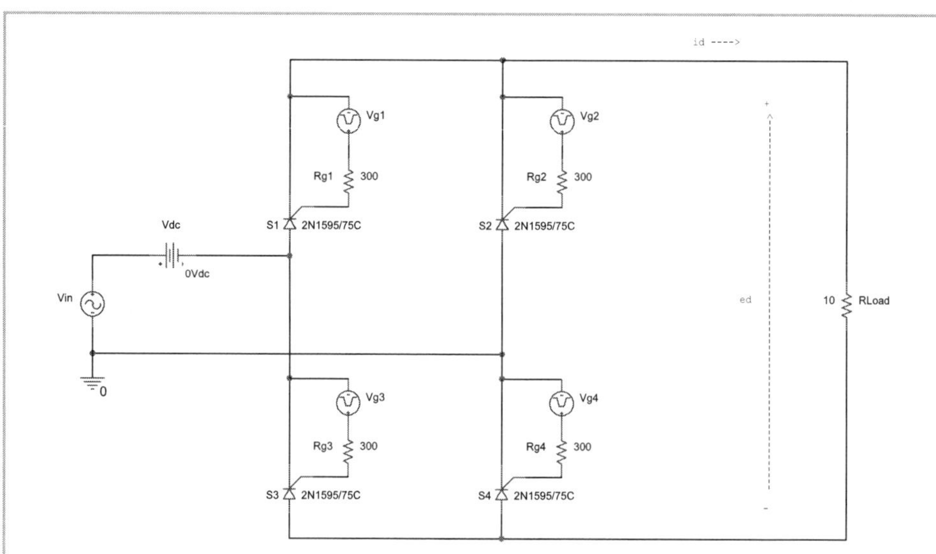

▍그림 4-5▍ 단상 전파 위상 제어 정류회로(저항 부하)

1 회로 시뮬레이션 조건

① 정현파 전압원(라이브러리 명 : SOURCE → VSIN)

- 부품 이름 : V_{in}
- 크기 : VOFF = 0, VAMPL = 220V, FREQ = 60Hz

② 구형파 전압원(라이브러리 명 : SOURCE → VPULSE)

- 부품 이름 : V_{g1} = V_{g4}(신호가 같음), V_{g2} = V_{g3}(신호가 같음)
- 구형파 전압원 조건

Parameter	V_{g1} = V_{g4}(점호각 α = 60°)	V_{g2} = V_{g3}(점호각 α = 60°)
TD(Time Delay)	TD = 2777.8μs = 0°(처음 시작점)+60°(점호각)	TD = 11111.15μs = 180°(반주기의 위상차)+60°(점호각) = 8333.35μs + 2777.8μs = 11111.15μs
PER(Period)	PER = 16.667ms	
TR(Time Rising)	TR = 1μs	
TF(Time Falling)	TF = 1μs	
V_1 / V_2	V_1 = 0V / V_2 = 20V	
PW(Pulse Width)	PW = 200μs	

③ 저항(라이브러리 명 : ANALOGS → R)

- 부품 이름/크기 : R_{Load} = 10(Ω)
- 부품 이름/크기 : R_{g1} / R_{g2} / R_{g3} / R_{g4} = 300(Ω)

④ SCR(라이브러리 명 : THYRISTR → 2N1595/75C)

- 부품 이름 : S_1 / S_2 / S_3 / S_4

⑤ 직류 전압원(라이브러리 명 : SOURCE → VDC) : 입력전류측정을 위해서 삽입 후 전류측정

- 부품 이름/크기 : V_{dc} = 0V(전류측정용)

⑥ 접지(라이브러리 명 : Tool Palette → GND → Source)

- symbol : 0 선택

⑦ PSpice → New Simulation → Name(R) → Simulation setting(R) → Run to Time : 40ms

② 시뮬레이션 결과

① 입력전압(V_{in}), 입력전류(I_{Vdc}), 게이트 전압(V_g), 출력전압(V_{ROLAD}), 출력 전류(I_{RLOAD}) 파형 측정

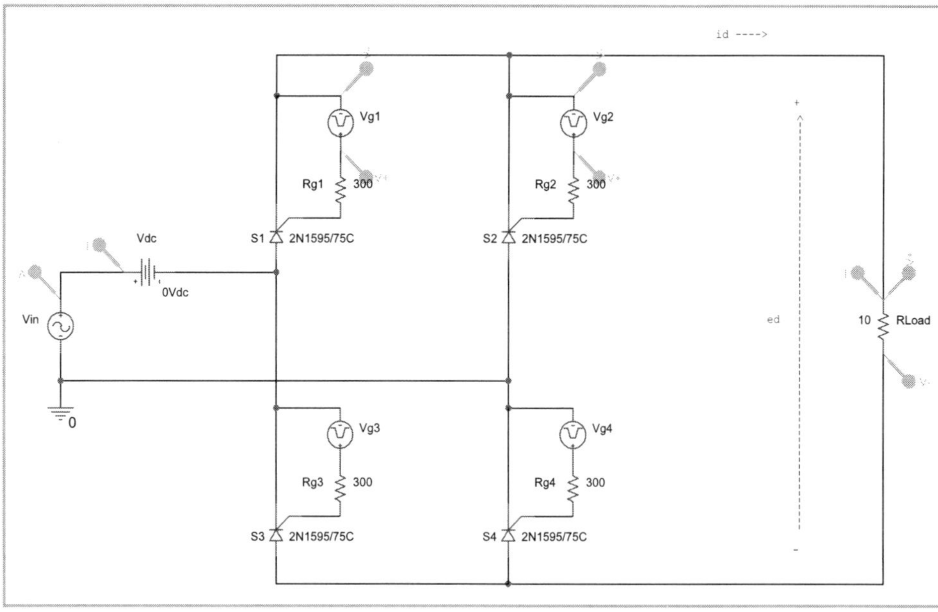

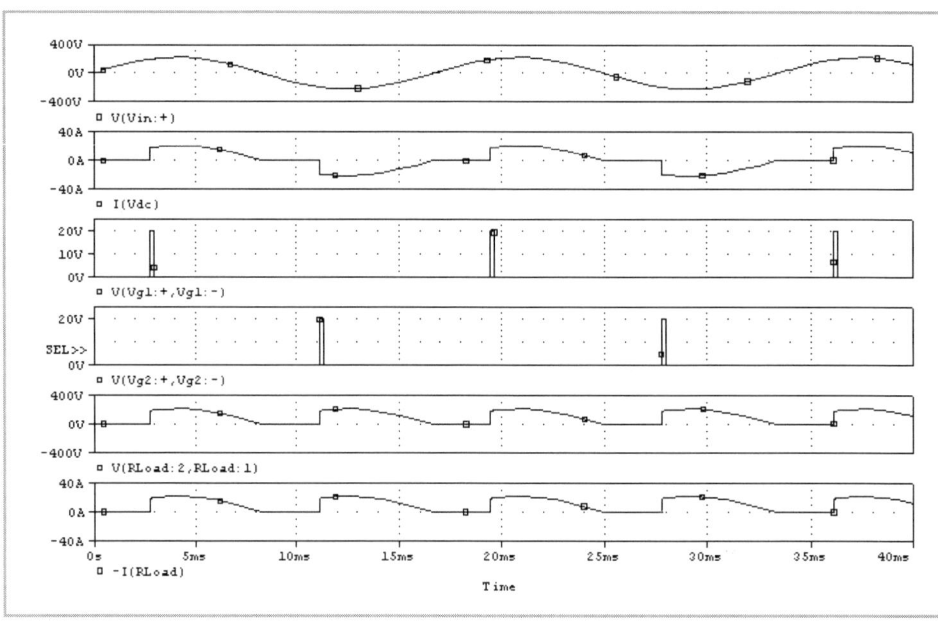

4.3.2 R-L 부하

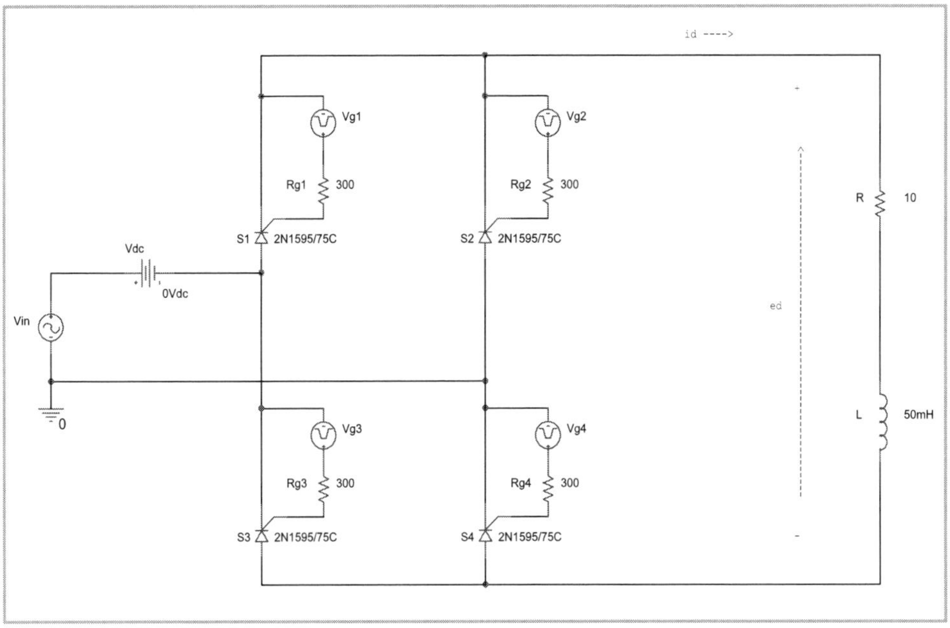

▌그림 4-6▌ 단상 전파 위상 제어 정류회로(저항-인덕턴스부하)

1 회로 시뮬레이션 조건

① 정현파 전압원(라이브러리 명 : SOURCE → VSIN)

- 부품 이름 : V_{in}
- 크기 : VOFF = 0, VAMPL = 220V, FREQ = 60Hz

② 구형파 전압원(라이브러리 명 : SOURCE → VPULSE)

- 부품 이름 : $V_{g1} = V_{g4}$(신호가 같음), $V_{g2} = V_{g3}$(신호가 같음)

- 구형파 전압원 조건

Parameter	$V_{g1} = V_{g4}$(점호각 $\alpha = 60°$)	$V_{g2} = V_{g3}$(점호각 $\alpha = 60°$)
TD(Time Delay)	TD = 2777.8㎲ = 0°(처음 시작점)+60°(점호각)	TD = 11111.15㎲ = 180°(반주기의 위상차)+60°(점호각) = 8333.35㎲+2777.8㎲ = 11111.15㎲
PER(Period)	PER = 16.667㎳	
TR(Time Rising)	TR = 1㎲	
TF(Time Falling)	TF = 1㎲	
V_1/V_2	V_1 = 0V / V_2 = 20V	
PW(Pulse Width)	PW = 200㎲	

③ 저항(라이브러리 명 : ANALOG → R)

- 부품 이름/크기 : R = 10(Ω), R_{g1} / R_{g2} / R_{g3} / R_{g4} = 300(Ω)

④ 인덕터(라이브러리 명 : ANALOG → L)

- 부품 이름/크기 : L = 50(mH)

⑤ SCR(라이브러리 명 : THYRISTR → 2N1595/75C)

- 부품 이름 : S_1 / S_2 / S_3 / S_4

⑥ 직류 전압원(라이브러리 명 : SOURCE → VDC) : 입력전류측정을 위해서 삽입 후 전류측정

- 부품 이름/크기 : V_{dc} = 0V(전류측정용)

⑦ 접지(라이브러리 명 : Tool Palette → GND → Source)

- symbol : 0 선택

⑧ PSpice → New Simulation → Name(RL) → Simulation setting(RL) → Run to Time : 40㎳

2 시뮬레이션 결과

① 입력전압(V_{in}), 입력전류(I_{Vdc}), 게이트 전압(V_g), 출력전압(V_{RL}), 출력전류(I_R) 파형 측정

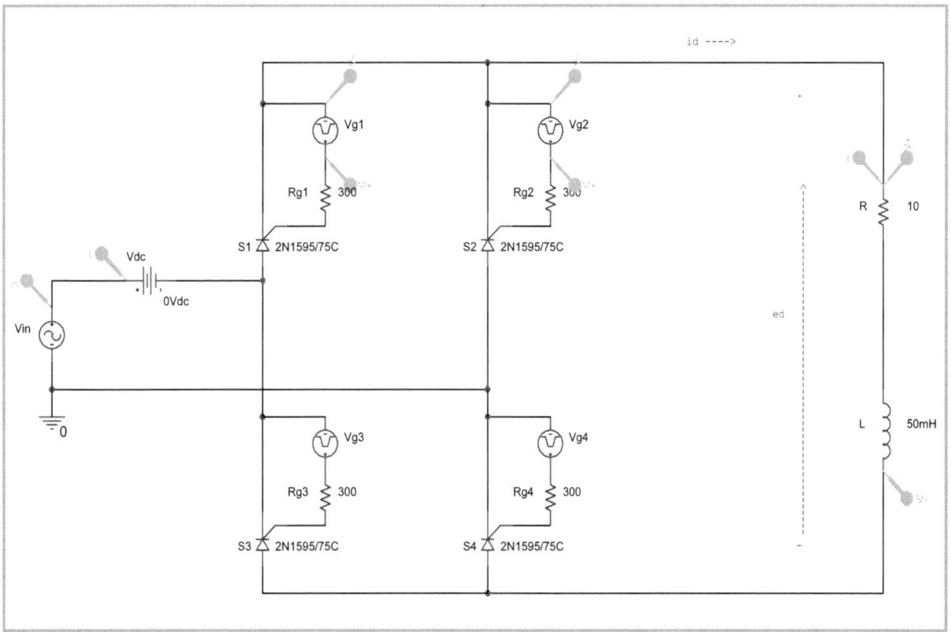

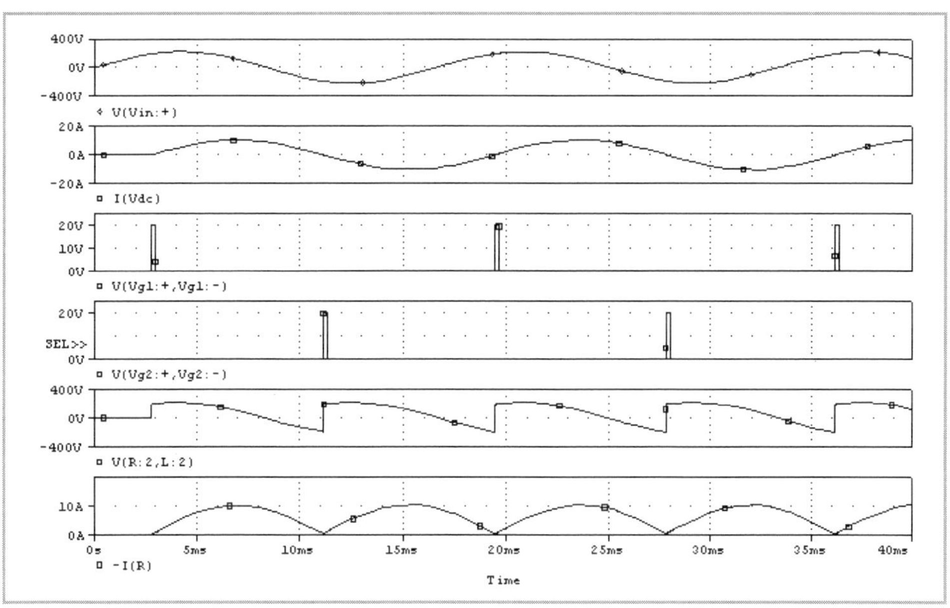

4.3.3 환류(Free wheeling) 다이오드

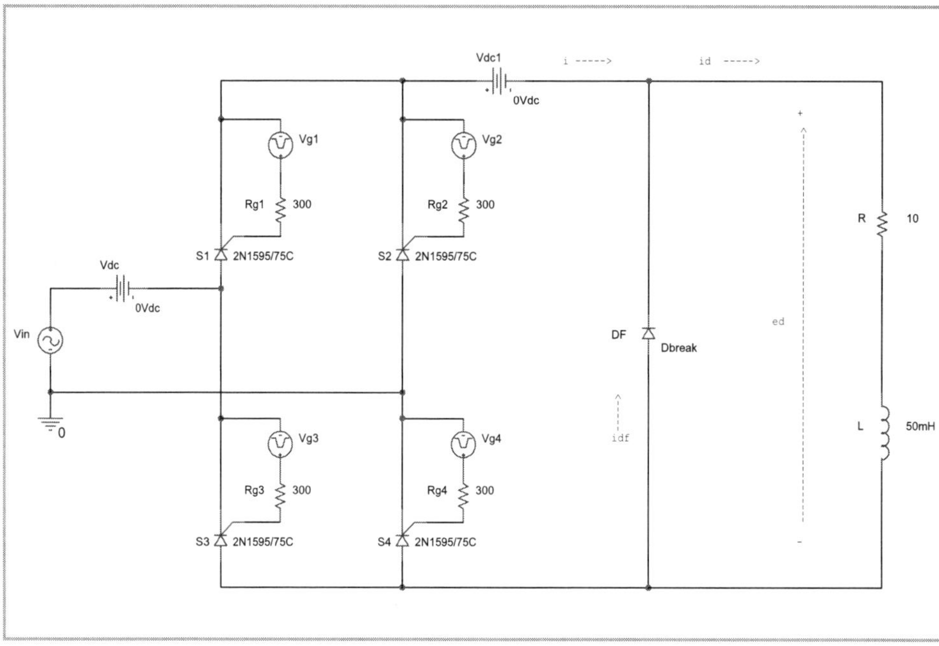

Ⅰ그림 4-7Ⅰ 단상 전파 위상 제어 정류회로(환류 다이오드)

1 회로 시뮬레이션 조건

① 정현파 전압원(라이브러리 명 : SOURCE → VSIN)

- 부품 이름 : V_{in}
- 크기 : VOFF = 0, VAMPL = 220V, FREQ = 60Hz

② 구형파 전압원(라이브러리 명 : SOURCE → VPULSE)

- 부품 이름 : $V_{g1} = V_{g4}$(신호가 같음), $V_{g2} = V_{g3}$(신호가 같음)
- 구형파 전압원 조건

Parameter	$V_{g1} = V_{g4}$(점호각 $\alpha = 60°$)	$V_{g2} = V_{g3}$(점호각 $\alpha = 60°$)
TD(Time Delay)	TD = 2777.8μs = 0°(처음 시작점)+60°(점호각)	TD = 11111.15μs = 180°(반주기의 위상차)+60°(점호각) = 8333.35μs+2777.8μs = 11111.15μs

PER(Period)	PER = 16.667㎳
TR(Time Rising)	TR = 1㎲
TF(Time Falling)	TF = 1㎲
V_1 / V_2	V_1=0V / V_2 = 20V
PW(Pulse Width)	PW = 200㎲

③ 저항(라이브러리 명 : ANALOG → R)

- 부품 이름/크기 : R = 10(Ω), R_{g1} / R_{g2} / R_{g3} / R_{g4} = 300(Ω)

④ 인덕터(라이브러리 명 : ANALOG → L)

- 부품 이름/크기 : L = 50(mH)

⑤ SCR(라이브러리 명 : THYRISTR → 2N1595/75C)

- 부품 이름 : S_1 / S_2 / S_3 /S_4

⑥ Diode(라이브러리 명 : BREAKOUT → Dbreak)

- 부품 이름 : D_F

⑦ 직류 전압원(라이브러리 명 : SOURCE → VDC) : 입력전류측정을 위해서 삽입 후 전류측정

- 부품 이름/크기 : V_{dc} / V_{dc1} = 0V(전류측정용)

⑧ 접지(라이브러리 명 : Tool Palette → GND → Source)

- symbol : 0 선택

⑨ PSpice → New Simulation → Name(DF) → Simulation setting(DF) → Run to Time : 40㎳

2 시뮬레이션 결과

① 입력전압(V_{in}), 입력전류(I_{Vdc}), 게이트 전압(V_g), 출력전압(V_{RL}), 출력전류(I_R) 파형 측정

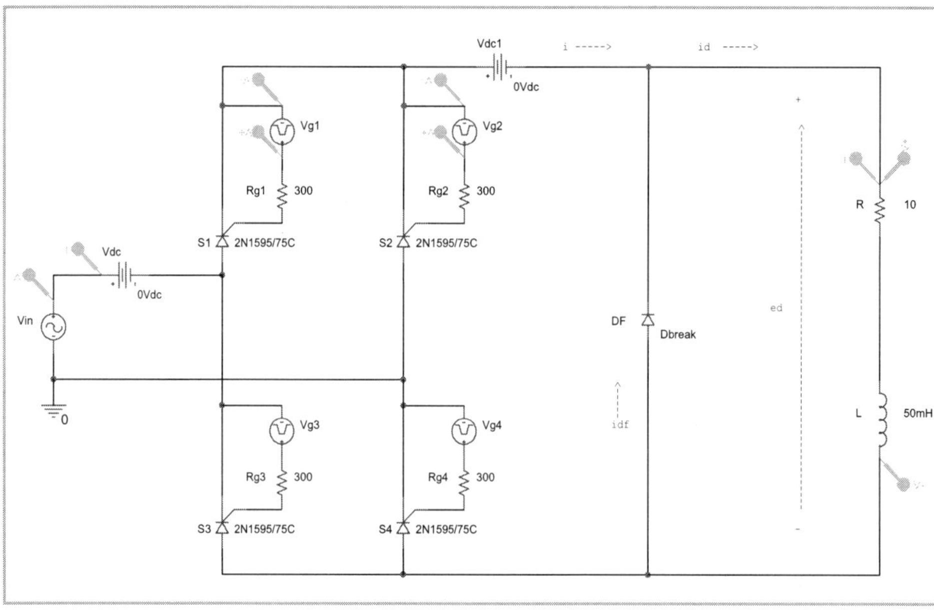

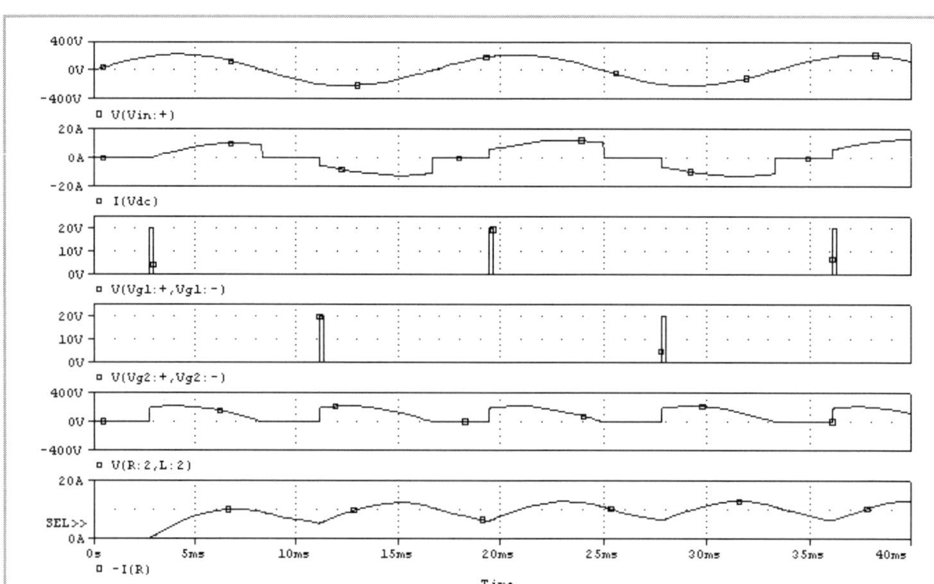

② I(V_{dc1}) 전류, 환류 Diode 전류(I_{DF}), 출력 전류(I_R) 파형 측정 : $i_d = i + i_{df}$

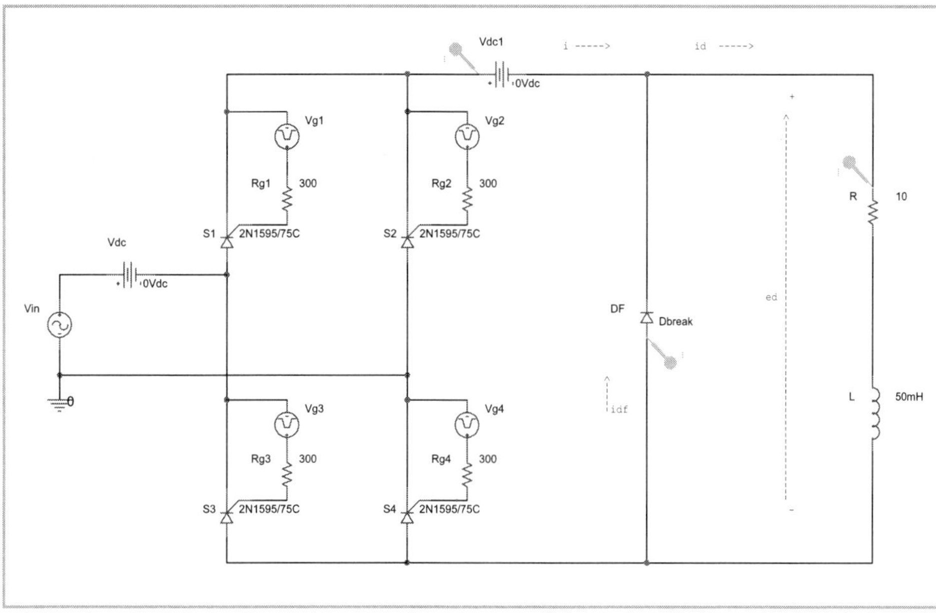

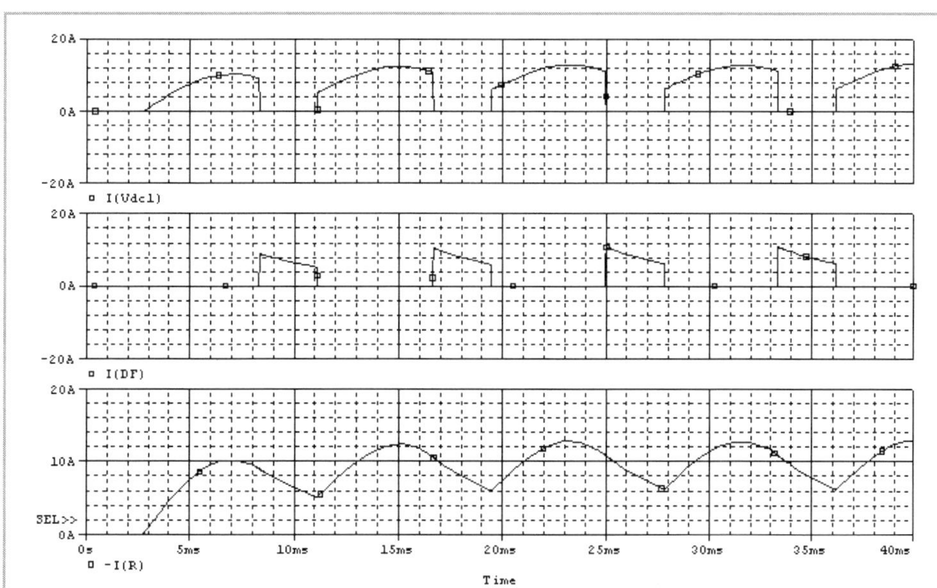

4.4 3상 반파 위상 제어 정류기(3ϕ Half Wave Phase Controlled Rectifier)

4.4.1 R 부하

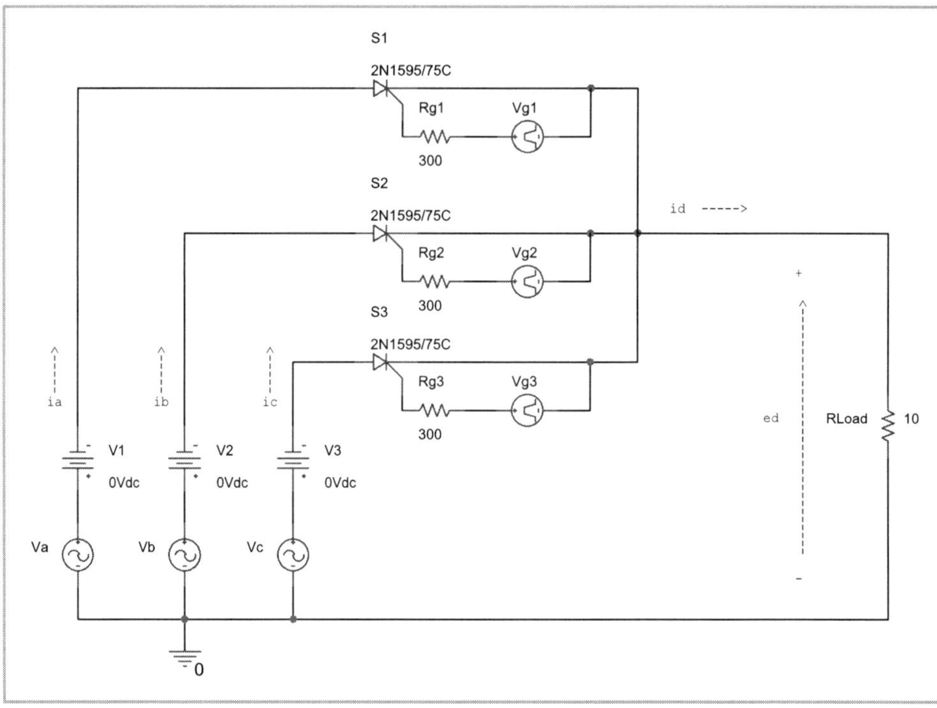

▌그림 4-8▌ 3상 반파 위상 제어 정류회로(저항 부하)

1 회로 시뮬레이션 조건

① 정현파 전압원(라이브러리 명 : SOURCE → VSIN)

- 부품 이름/크기

V_a : VOFF = 0, VAMPL = 220V, FREQ = 60Hz, PHASE = 0
V_b : VOFF = 0, VAMPL = 220V, FREQ = 60Hz, PHASE = -120
V_c : VOFF = 0, VAMPL = 220V, FREQ = 60Hz, PHASE = -240

② 구형파 전압원(라이브러리 명 : SOURCE → VPULSE)

- 부품 이름 : V_{g1} / V_{g2} / V_{g3}

▸ Gate Signal α = 60°일 때

- V_{g1}의 TD 값 : 기준점이 30°(V_{an} 파형과 V_{cn} 파형의 중첩점) + α(60°)
- V_{g2}의 TD 값 : 기준점이 30°(V_{an} 파형과 V_{cn} 파형의 중첩점) + V_{g1}과 120° 차이 + α(60°)
- V_{g3}의 TD 값 : 기준점이 30°(V_{an} 파형과 V_{cn} 파형의 중첩점) + V_{g1}과 120° 차이 + V_{g2}와 120° 차이 + α(60°)

Parameter	V_{g1}(점호각 α = 60°)	V_{g2}(점호각 α = 60°)	V_{g3}(점호각 α = 60°)
TD(Time Delay)	TD = 4166.7㎲(90°) (= 30°+60° = 1388.9㎲+2777.8㎲ = 4166.7㎲)	TD = 9722.3㎲(210°) (= 30°+120°+60° = 1388.9㎲+5555.6㎲ +2777.8㎲ = 9722.3㎲)	TD = 15277.8㎲(330°) (= 30°+120°+120°+60° = 1388.9㎲+5555.6㎲ +5555.6㎲+2777.8㎲ = 15277.8㎲)
PER(Period)	PER = 16.667㎳		
TR(Time Rising)	TR = 1㎲		
TF(Time Falling)	TF = 1㎲		
V_1 / V_2	V_1 = 0V / V_2 = 20V		
PW(Pulse Width)	PW = 200㎲		

③ 저항(라이브러리 명 : ANALOG → R)

- 부품 이름/크기 : R = 10(Ω), R_{g1} / R_{g2} / R_{g3} /R_{g4} = 300(Ω)

④ SCR(라이브러리 명 : THYRISTR → 2N1595/75C)

- 부품 이름 : S_1 / S_2 / S_3

⑤ 직류 전압원(라이브러리 명 : SOURCE → VDC) : 입력전류측정을 위해서 삽입 후 전류측정

- 부품 이름/크기 : V_1 / V_2 / V_3 = 0V(전류측정용)

⑥ 접지(라이브러리 명 : Tool Palette → GND → Source)

- symbol : 0 선택

⑦ PSpice → New Simulation → Name(3P-HW-Rectifier) → Simulation setting (3P-HW-Rectifier) → Run to Time : 40㎳

2 시뮬레이션 결과

① 3상 상전압(V_a, V_b, V_c), 게이트 전압(V_g), 출력전압(V_{RLOAD}), 출력전류(I_{RLOAD}) 파형 측정

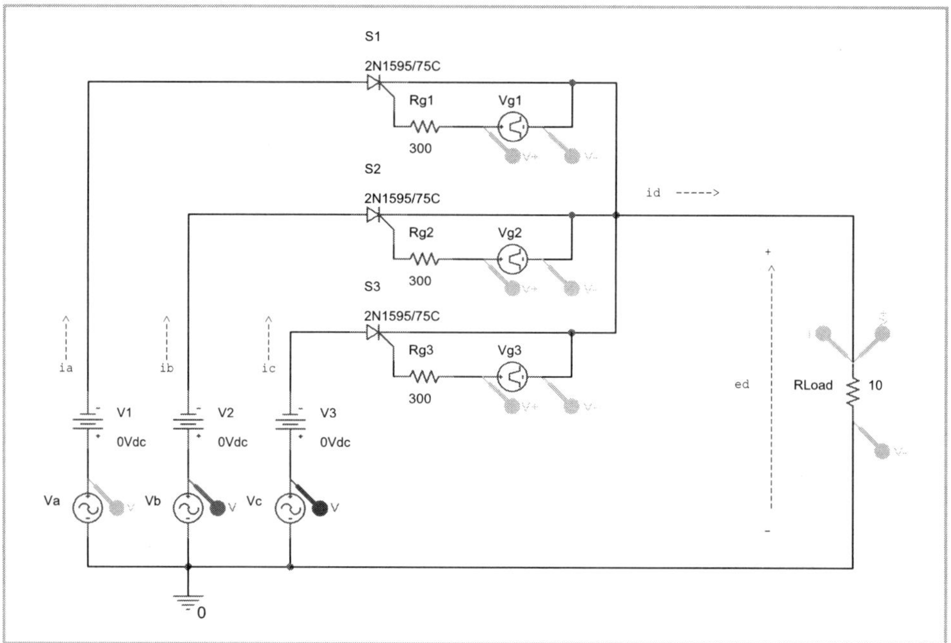

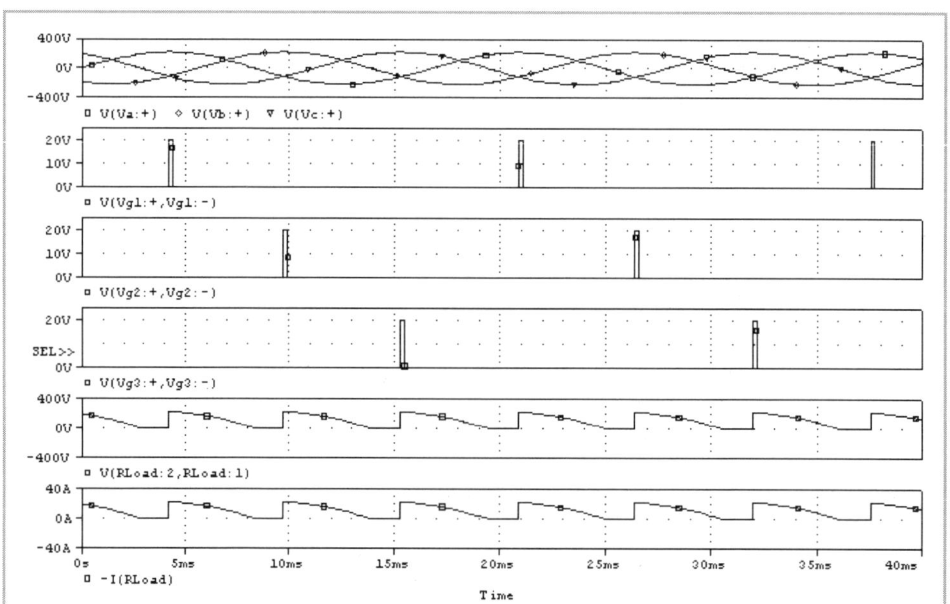

② 3상 입력전류(I_{v1}, I_{v2}, I_{v3}), SCR 양단간 전압(V_s) 파형 측정

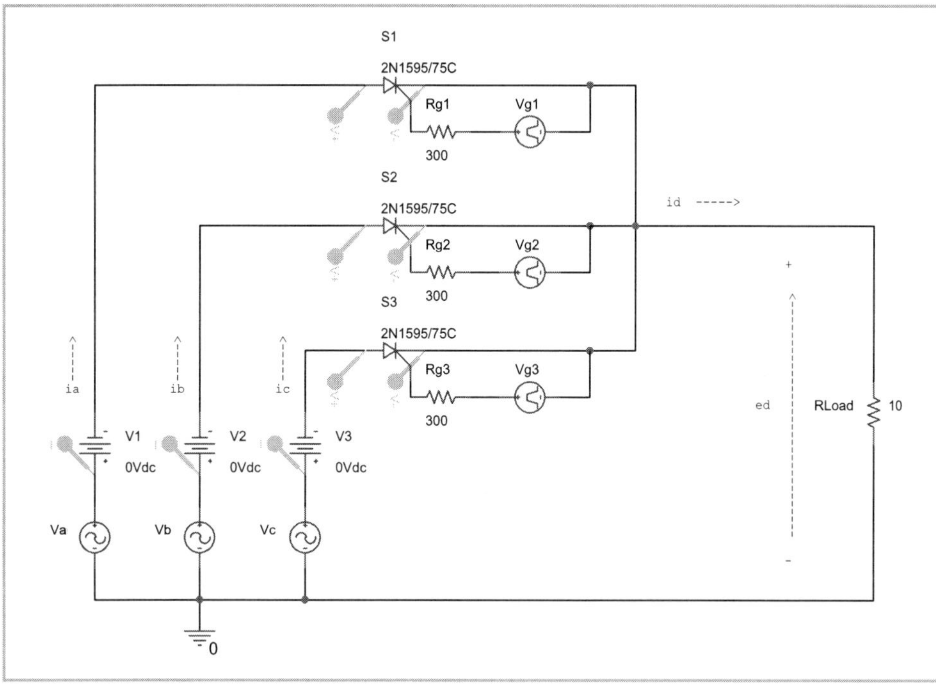

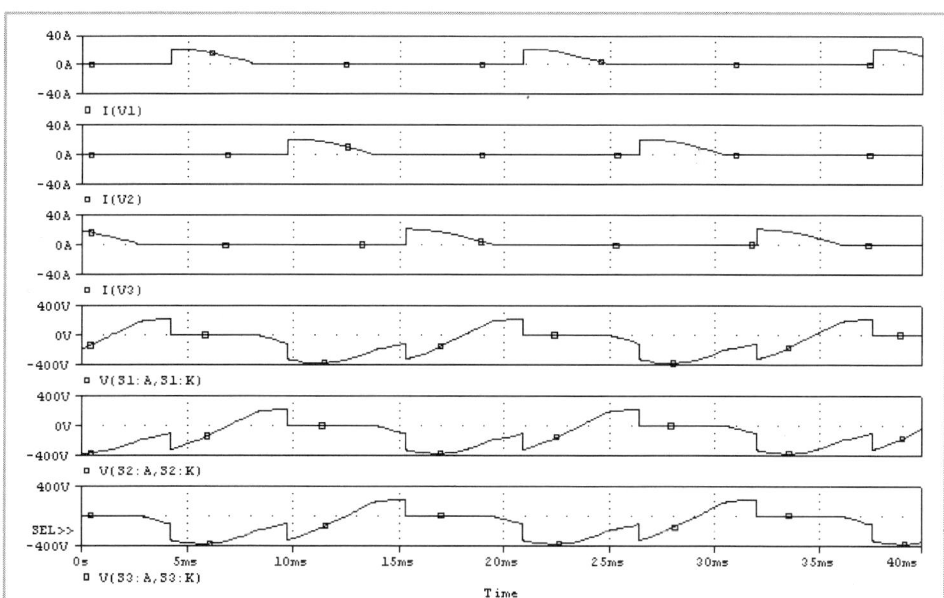

4.5 3상 전파 위상 제어 정류기(3ϕ Full Wave Phase Controlled Rectifier)

4.5.1 R 부하

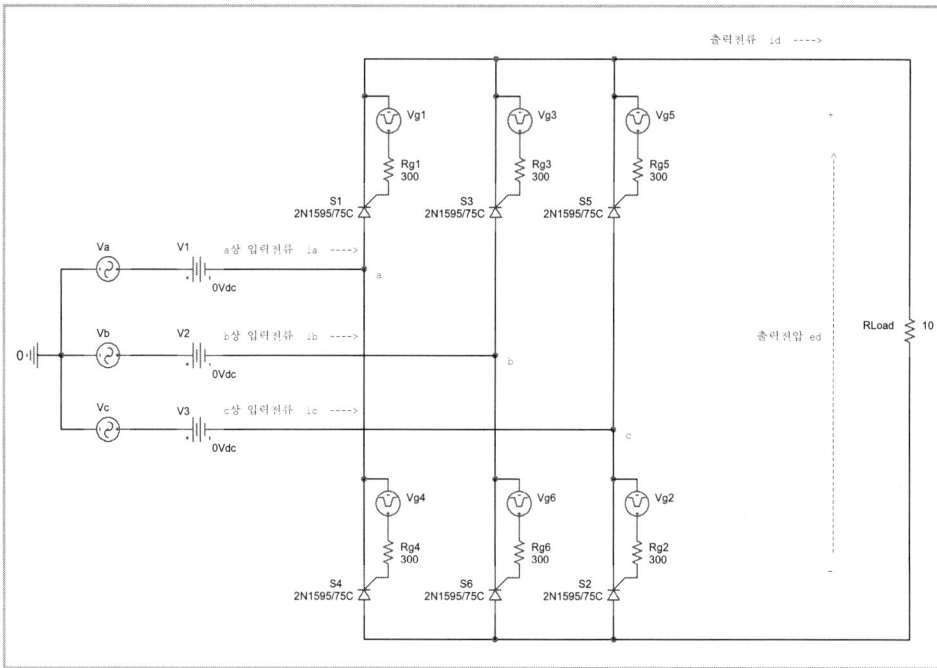

▌그림 4-9▐ 3상 전파 위상 제어 정류회로(저항 부하)

1 회로 시뮬레이션 조건

① 정현파 전압원(라이브러리 명 : SOURCE → VSIN)

- 부품 이름/크기

V_a : VOFF = 0, VAMPL = 220V, FREQ = 60Hz, PHASE = 0

V_b : VOFF = 0, VAMPL = 220V, FREQ = 60Hz, PHASE = -120

V_c : VOFF = 0, VAMPL = 220V, FREQ = 60Hz, PHASE = -240

② 구형파 전압원(라이브러리 명 : SOURCE → VPULSE)

- 부품 이름 : V_{g1} / V_{g2} / V_{g3} / V_{g4} / V_{g5} / V_{g6}

▶ Gate Signal α=30°일 때

기준점 : 60°(출력전압 파형이 60°씩 파형이 반복, 선간전압의 중첩점)

- V_{g1}의 TD 값 : 90°[= 60°(기준) + 30°(α)]
- V_{g2}의 TD 값 : 150°[= 60°(기준) + 60°(V_{g1}과 차이) + 30°(α)]
- V_{g3}의 TD 값 : 210°[= 60°(기준) + 60°(V_{g1}과 차이) + 60°(V_{g2}와 차이) + 30°(α)]
- V_{g4}의 TD 값 : 270°[= 60°(기준) + 60°(V_{g1}과 차이) + 60°(V_{g2}와 차이)
  + 60°(V_{g3}와 차이) + 30°(α)]
- V_{g5}의 TD 값 : 330°[= 60°(기준) + 60°(V_{g1}과 차이) + 60°(V_{g2}와 차이)
  + 60°(V_{g3}와 차이) + 60°(V_{g4}와 차이) + 30°(α)]
- V_{g6}의 TD 값 : 30° = 390° = 360° + 30° = [= 60°(기준) + 60°(V_{g1}과 차이)
  + 60°(V_{g2}와 차이) + 60°(V_{g3}와 차이) + 60°(V_{g4}와 차이)
  + 60°(V_{g5}와 차이) + 30°(α)]

Parameter	V_{g1} (α = 30°)	V_{g2} (α = 30°)	V_{g3} (α = 30°)	V_{g4} (α = 30°)	V_{g5} (α = 30°)	V_{g6} (α = 30°)
TD (Time Delay)	TD = 4166.7μs (90°)	TD = 6944.4μs (150°)	TD = 9722.2μs (210°)	TD = 12500μs (270°)	TD = 15277μs (330°)	TD = 1388.9μs (390° = 30° +360° = 30°)
PER(Period)	PER = 16.667ms					
TR (Time Rising)	TR = 1μs					
TF (Time Falling)	TF = 1μs					
V_1 / V_2	V_1 = 0V / V_2 = 20V					
PW (Pulse Width)	PW = 200μs					

③ 저항(라이브러리 명 : ANALOG→R)

- 부품 이름/크기 : R_{Load} = 10(Ω), R_{g1} / R_{g2} / R_{g3} / R_{g4} / R_{g5} / R_{g6} = 300(Ω)

④ SCR(라이브러리 명 : THYRISTR → 2N1595/75C)

- 부품 이름 : S_1 / S_2 / S_3 / S_4 / S_5 / S_6

⑤ 직류 전압원(라이브러리 명 : SOURCE → VDC) : 입력전류측정을 위해서

- 부품 이름/크기 : V_1 / V_2 / V_3 = 0V(전류측정용) 삽입 후 전류측정

⑥ 접지(라이브러리 명 : Tool Palette → GND → Source)

- symbol : 0 선택

⑦ PSpice → New Simulation → Name(3P-FW-Rectifier) → Simulation setting (3P-FW-Rectifier) → Run to Time : 40ms

⑧ Option 변경 : Schematic 회로 화면상에서 Edit simulation profile 클릭 → Simulation settings 상의 Options 클릭 → ITL4(Transient time point iteration limit) = 40으로 변경

2 시뮬레이션 결과

① 3상 선간전압(V_{ab}, V_{bc}, V_{ca}, V_{ba}, V_{cb}, V_{ac}), 상전압(V_a, V_b, V_c) 파형 측정

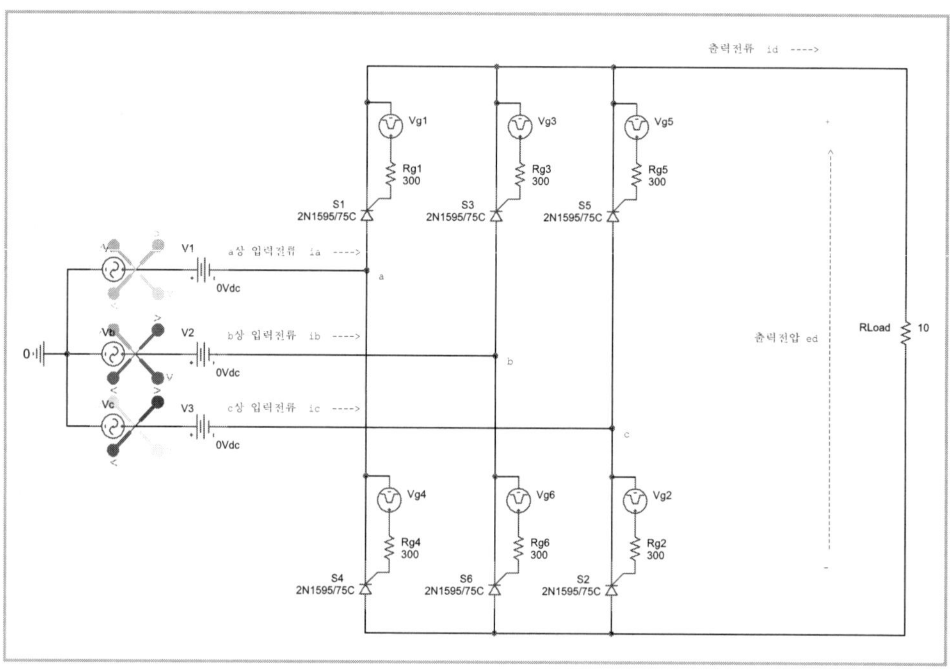

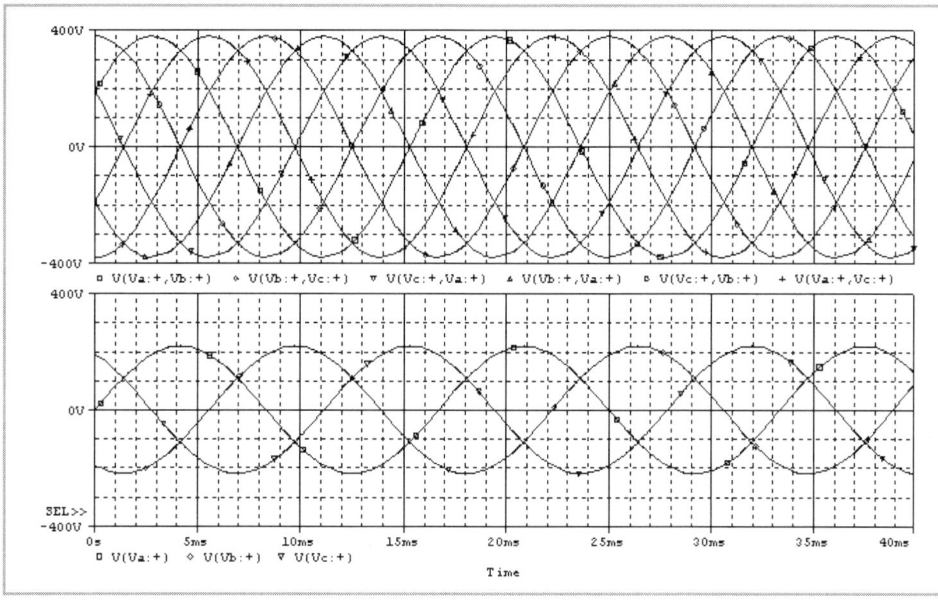

② 게이트 전압($V_{g1} \sim V_{g6}$) 파형 측정

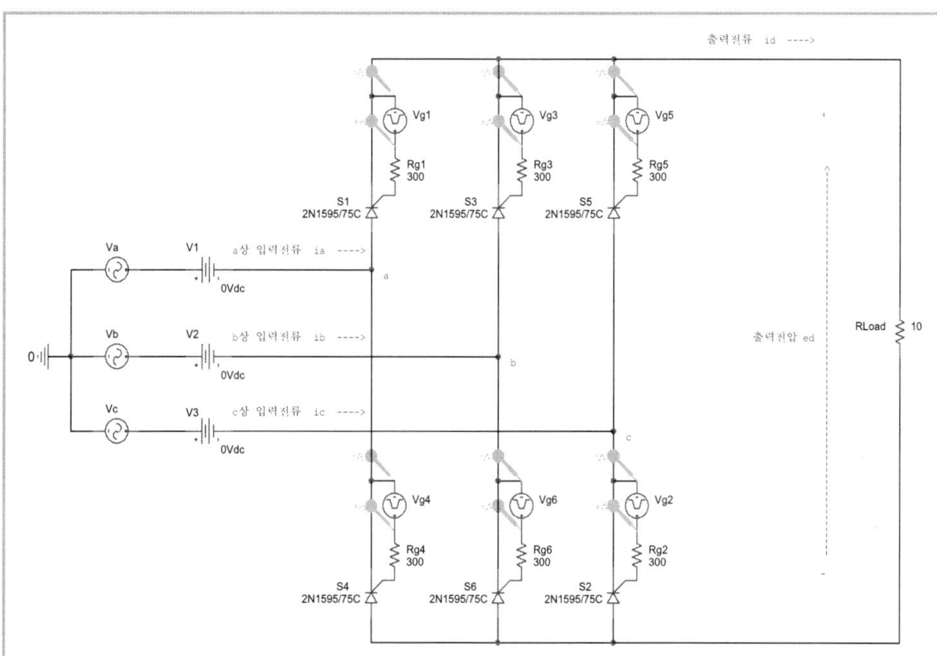

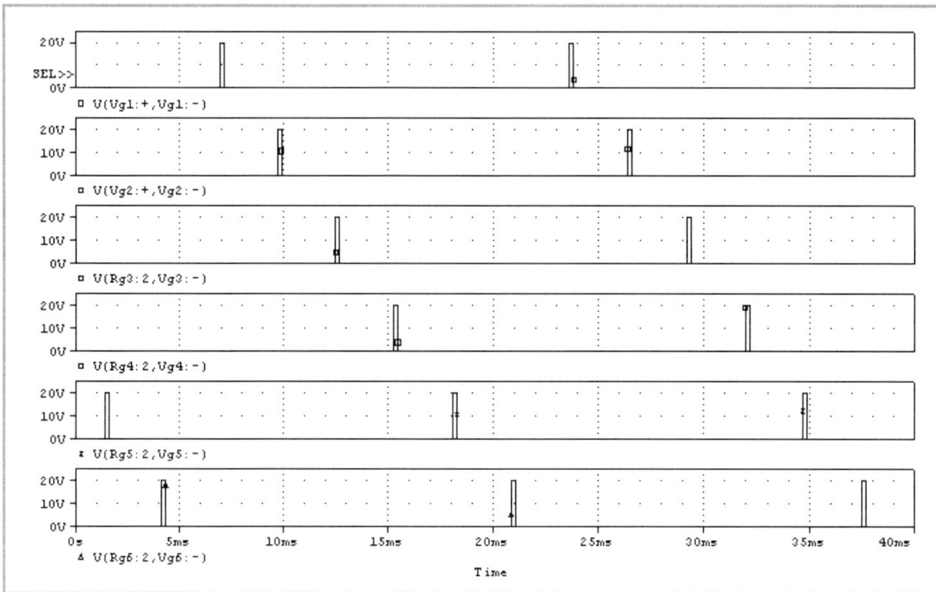

③ 부하 출력전압(V_{RLOAD}), 부하 출력전류(I_{RLOAD}), 3상 입력전류(I_{v1}, I_{v2}, I_{v3}) 파형 측정

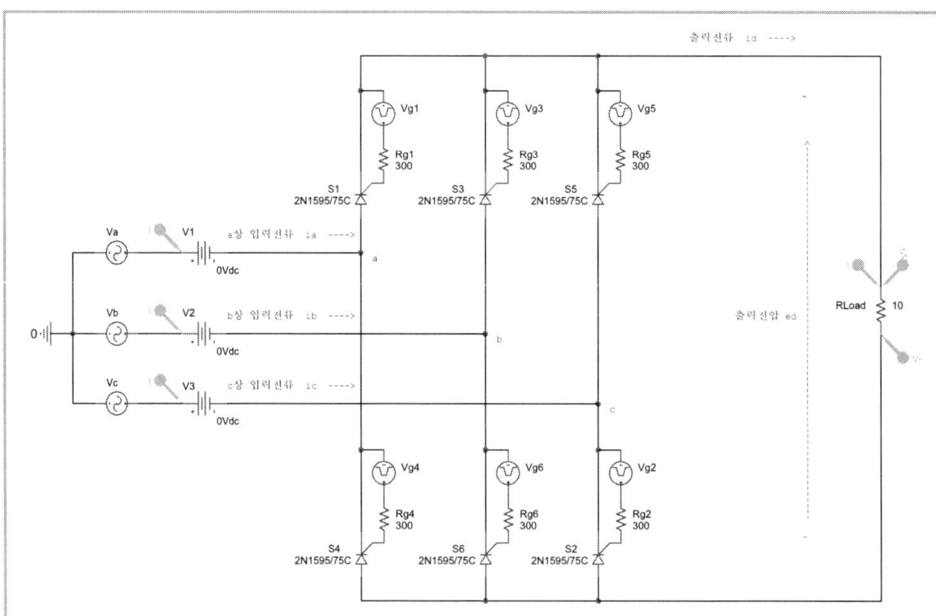

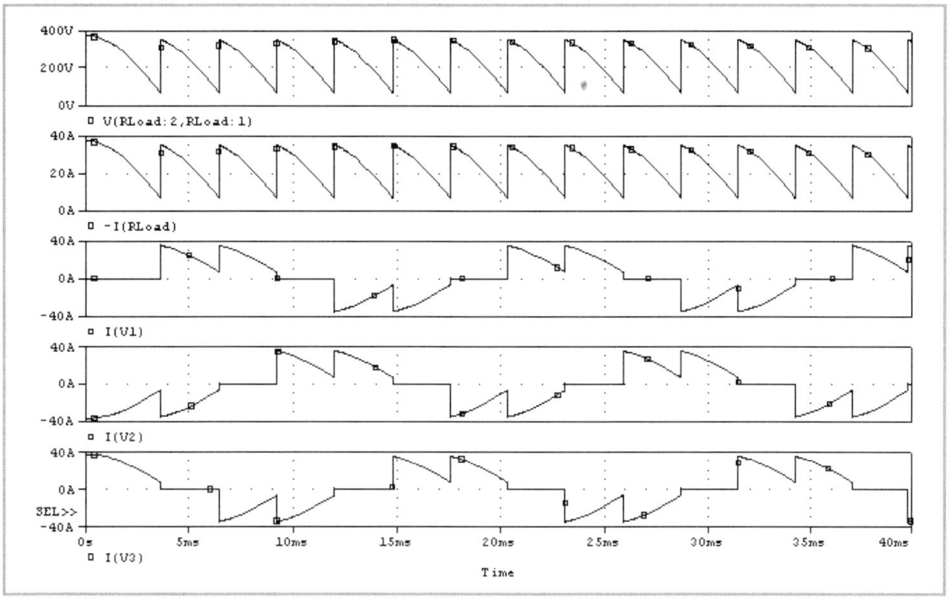
400V
200V
0V
V(RLoad:2,RLoad:1)
40A
20A
0A
-I(RLoad)
40A
0A
-40A
I(V1)
40A
0A
-40A
I(V2)
40A
0A
SEL>>
-40A
0s
5ms
10ms
15ms
20ms
25ms
30ms
35ms
40ms
I(V3)
Time

CHAPTER

05

DC-DC 컨버터

Chapter 05

DC-DC 컨버터

① DC-DC 컨버터는 모든 전기 · 전자기기의 직류전원 공급 장치로 SMPS(Switch Mode Power Supply)라고도 한다. 이러한 DC-DC 컨버터는 직류전원을 입력으로 하여 반도체 스위치(MOSFET, 전력용 트랜지스터)를 고주파로 on/off시켜서 직류입력전압(V_{in})을 펄스 형태의 전압으로 변환한 후 필터를 통과시켜 입력과 다른 값의 직류 출력전압(V_{out})을 얻는 장치이다.

② DC-DC 컨버터는 제어방식이나 회로구조에 따라 여러 가지로 분류되며, 가격, 크기, 동작성능 등을 비롯한 부하의 특성에 따라 적정한 회로 구조를 선택하여 적용하여야 한다. 일반적인 산업용 전원공급장치로써 폭 넓게 적용되고 있는 것은 PWM DC-DC 컨버터 및 절연형 DC-DC 컨버터 등이 있다.

③ DC-DC 컨버터에 사용되는 R, L, C 소자의 동작특성

표 5-1 R, L, C 소자의 동작특성

	R (저항)	L (인덕턴스)	C (커패시턴스)
단위	Ω (Ohm)	H (Henry)	F (Farad)
기호	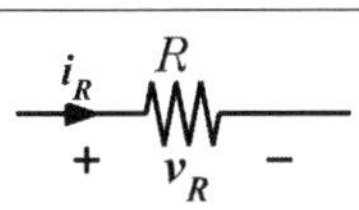 에너지 소비	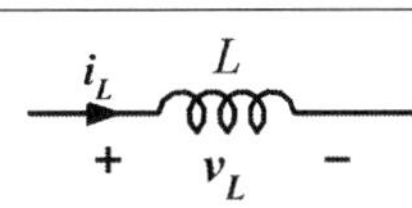 에너지 저장시 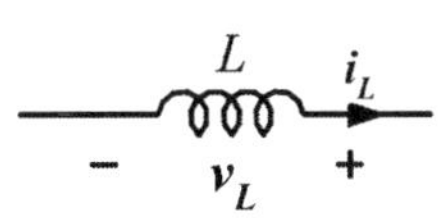 에너지 방출시	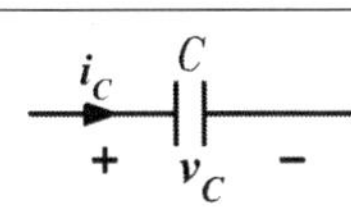 에너지 저장시 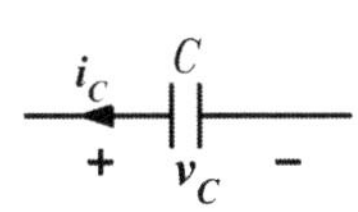 에너지 방출시
주요특징	에너지 소비 소자 (I^2R의 Joule열 발생)	에너지 저장 소자 (자계에너지 발생)	에너지 저장 소자 (전계에너지 발생)
	전류의 흐름을 방해	전류흐름 → 자계발생	전압인가 → 전계발생
	전류의 급변 가능 전압의 급변 가능	전류의 급변 불가능 전압의 급변 가능	전류의 급변 가능 전압의 급변 불가능

주요 관련식	$R=\rho\frac{l}{s}$ $V=IR$	$\lambda=N\phi=\frac{N^2}{\mathbb{R}}i=Li$	$C=\epsilon\frac{S}{d}$ $Q=CV$
	ρ : 고유저항률 l : 저항체의 길이 s : 저항체의 단면적	λ : 전체 자속 ϕ : 자속 N : 권선수 $\mathbb{R}$: 자기 저항	ϵ : 유전율 S : 전극판의 면적 d : 전극판간의 거리 Q : 전하량
전압식	$v_R(t)=Ri_R(t)$	$v_L(t)=L\frac{di_L(t)}{dt}$	$v_C(t)=\frac{1}{C}\int i_C(t)dt$
라플라스 변환식	$V_R(s)=RI_R(s)$	$V_L(s)=LsI_L(s)-I_0$ I_0 : 전류의 초기값	$V_C(s)=\frac{1}{C}\frac{I_L(s)}{s}+\frac{Q_0}{s}$ Q_0 : 전하량의 초기값

5.1 MOSFET

① MOSFET(Metal Oxide Semiconductor Field Effect Transistor)는 G, D, S 3 단자로 구성되어 있고, 각각 게이트(Gate), 드레인(Drain), 소스(Source)를 나타낸다. 게이트와 소스 사이의 전압 v_{GS}의 크기로 드레인 전류 i_D의 흐름을 제어한다.

② 전력용 트랜지스터와 MOSFET 특성 비교

표 5-2 전력용 트랜지스터와 MOSFET 특성 비교

	전력용 트랜지스터	전력용 MOSFET
기호	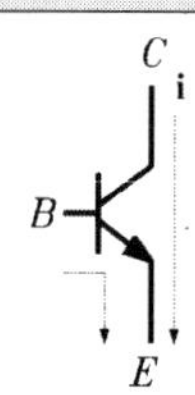	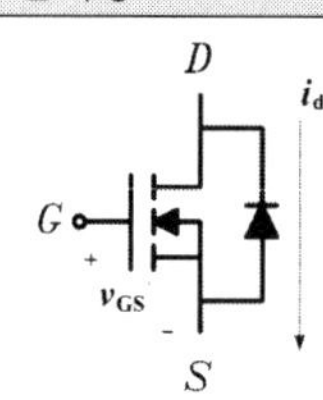
구동방식	전류 구동	전압 구동
구동회로	구동회로 구조 복잡	구동회로 구조 간단
스위칭손실	MOSFET에 비하여 큼	Tr에 비하여 작음
적용	수십 kHz 이하 대용량 컨버터	수십 MHz 이하 저용량 컨버터
특성	베이스 비절연	게이트 절연 내부 역병렬 다이오드 활용
고려해야할 중요정격	V_{CE}, I_C	V_{DS}, I_D, $R_{DS(ON)}$

5.2 MOSFET 동작

5.2.1 직류(DC) 입력전압

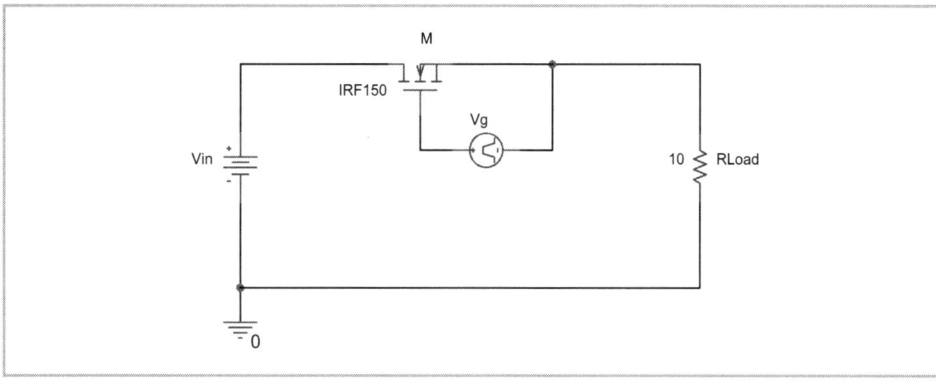

▌그림 5-1▌ MOSFET 동작회로(입력전압 DC)

1 회로 시뮬레이션 조건

① 직류 전압원(라이브러리 명 : SOURCE → VDC)

- 부품 이름/크기 : V_{in} = 100V

② 구형파 전압원(라이브러리 명 : SOURCE → VPULSE)

- 부품 이름 : V_g
- Duty Ratio = 40%일 때 Parameter

Parameter	Duty Ratio = 40%(PW/PER = 80/200 = 0.4)
TD(Time Delay)	TD = 0ms
PER(Period)	PER = 200μs
TR(Time Rising)	TR = 1ns
TF(Time Falling)	TF = 1ns
V_1 / V_2	V_1 = 0V / V_2 = 15V
PW(Pulse Width)	PW = 80μs

③ 저항(라이브러리 명 : ANALOG → R)

- 부품 이름/크기 : R_{Load} = 10(Ω)

④ MOSFET(라이브러리 명 : PWRMOS → IRF150)

- 부품 이름 : M

⑤ 접지(라이브러리 명 : Tool Palette → GND → Source)

- symbol : 0 선택

⑥ PSpice → New Simulation → Name(DC MOSFET) → Simulation setting (DC MOSFET) → Run to Time : 2ms

2 시뮬레이션 결과

① 입력전압(V_{in}), 게이트 전압(V_g), 출력전압(V_{RLoad}), MOSFET 양단간 전압(V_M) 파형 측정

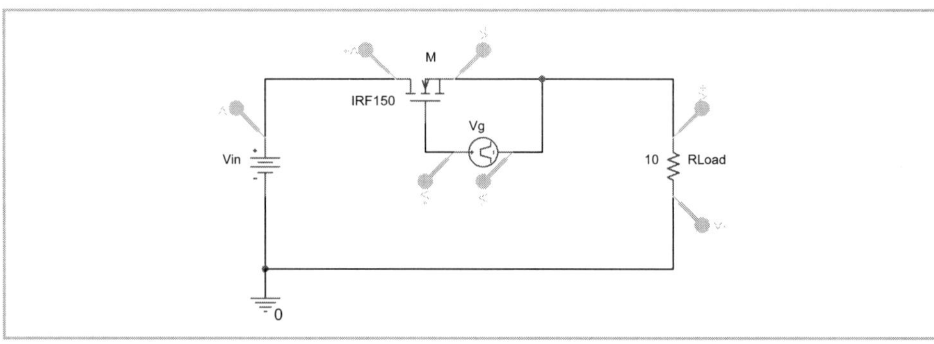

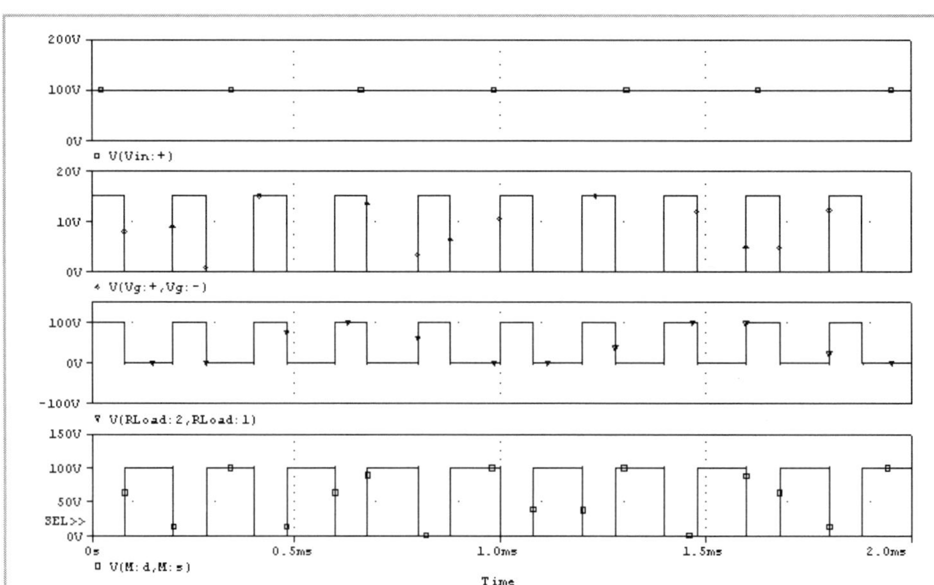

② 확대 파형(①) 보기 : Schematic 파형 화면에서 Plot 클릭→Axis settings 클릭→Data Range 상에서 User Defined 클릭→값 입력(0s, 500μs)→OK

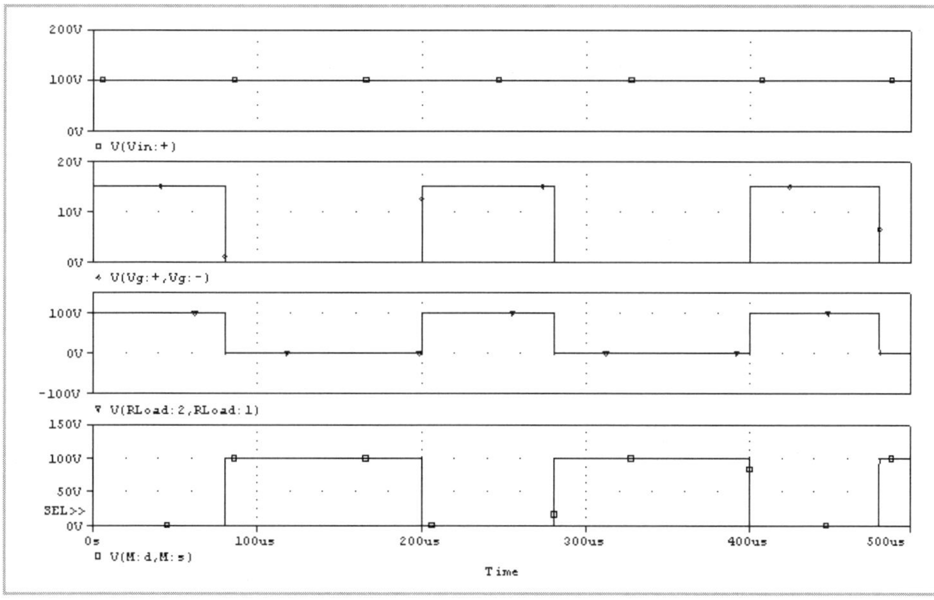

5.2.2 교류(AC) 입력전압

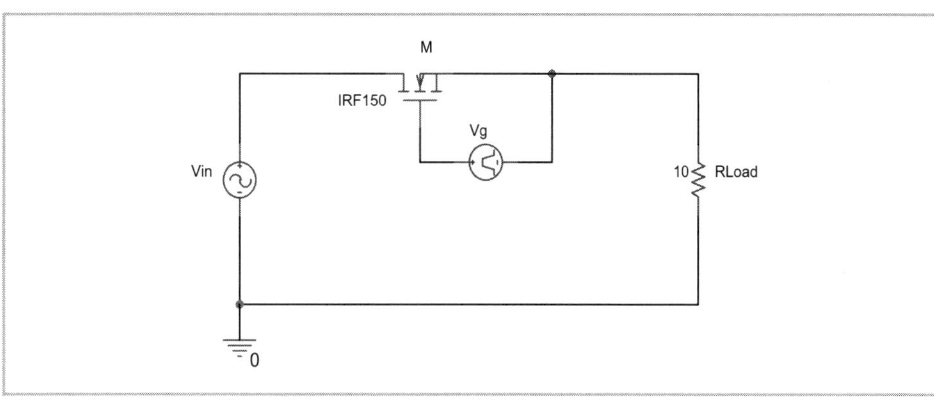

❙ 그림 5-2 ❙ MOSFET 동작회로(입력전압 AC)

1 회로 시뮬레이션 조건

① 정현파 전압원(라이브러리 명 : SOURCE → VSIN)

- 부품 이름 : V_{in}
- 크기 : VOFF = 0, VAMPL = 100V, FREQ = 60Hz

② 구형파 전압원(라이브러리 명 : SOURCE → VPULSE)

- 부품 이름 : V_g
- Duty Ratio = 50%일 때 Parameter

Parameter	Duty Ratio = 50%(PW/PER = 500/1000 = 0.5)
TD(Time Delay)	TD = 0ms
PER(Period)	PER = 1ms
TR(Time Rising)	TR = 1ns
TF(Time Falling)	TF = 1ns
V_1 / V_2	V_1 = 0V / V_2 = 15V
PW(Pulse Width)	PW = 500μs

③ 저항(라이브러리 명 : ANALOG → R)

- 부품 이름/크기 : R_{Load} = 10(Ω)

④ MOSFET(라이브러리 명 : PWRMOS → IRF150)

- 부품 이름 : M

⑤ 접지(라이브러리 명 : Tool Palette → GND → Source)

- symbol : 0 선택

⑥ PSpice → New Simulation → Name(AC MOSFET) → Simulation setting(AC MOSFET) → Run to Time : 30ms

2 시뮬레이션 결과

① 입력전압(V_{in}), 게이트 전압(V_g), 출력전압(V_{RLoad} : MOSFET 내부 환류 다이오드에 의하여 - 반주기 전압은 부하에 전달), MOSFET 양단간 전압(V_M) 파형 측정

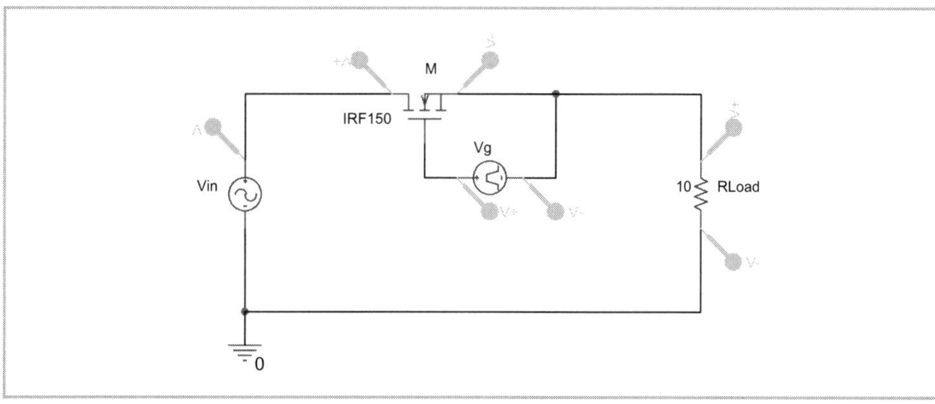

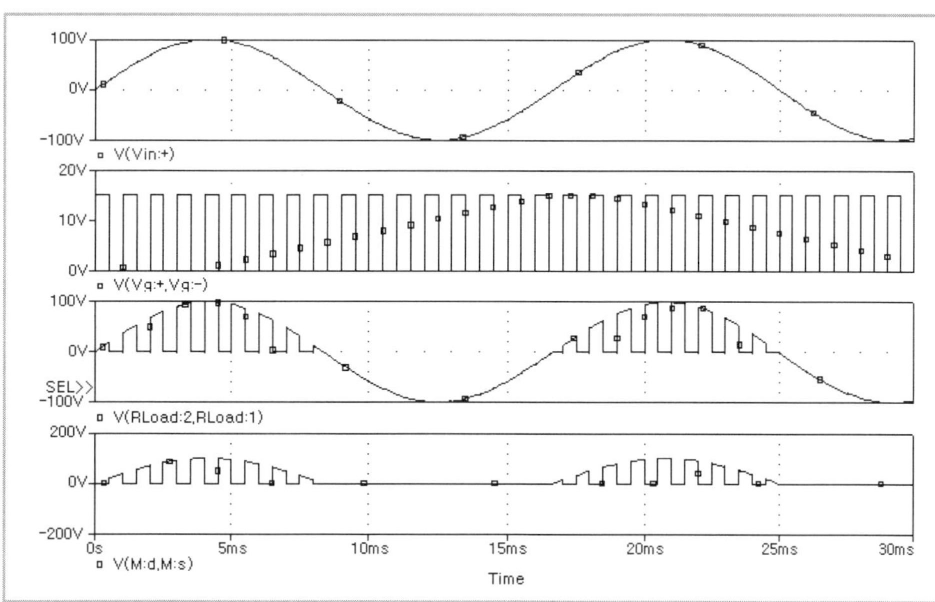

5.3 Transistor 동작

5.3.1 Transistor 회로

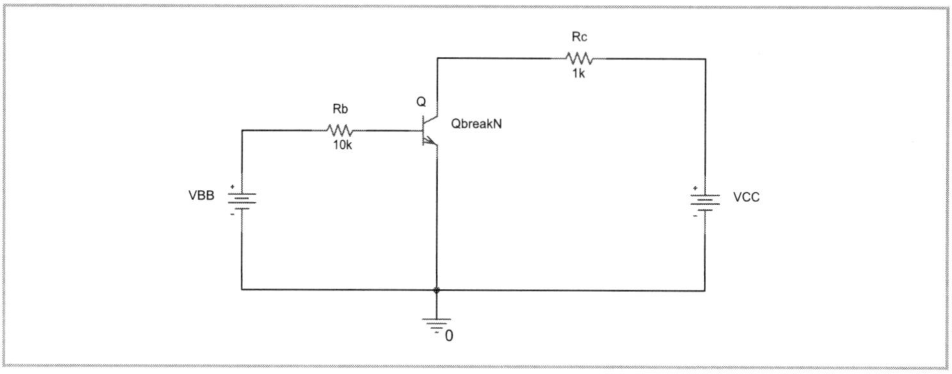

❙ 그림 5-3 ❙ Transistor 동작회로

1 회로 시뮬레이션 조건

① 직류 전압원(라이브러리 명 : SOURCE → VDC)

- 부품 이름/크기 : $V_{BB} = 10V$, $V_{CC} = 50V$

② Transistor(라이브러리 명 : BREAKOUT → QbreakN)

- 부품 이름 : Q

③ 저항(라이브러리 명 : ANALOG → R)

- 부품 이름/크기 : $R_b = 10(k\Omega)$, $R_c = 1(k\Omega)$

⑤ 접지(라이브러리 명 : Tool Palette → GND → Source)

- symbol : 0 선택

⑥ PSpice → New Simulation → Name(Transistor) → Simulation setting (Transistor) → Run to Time : 1ms

2 시뮬레이션 결과

① 부하공급전압(V_{CC}), 베이스 전류(I_b, R_b = 10kΩ), 부하전압(R_C) 파형 측정

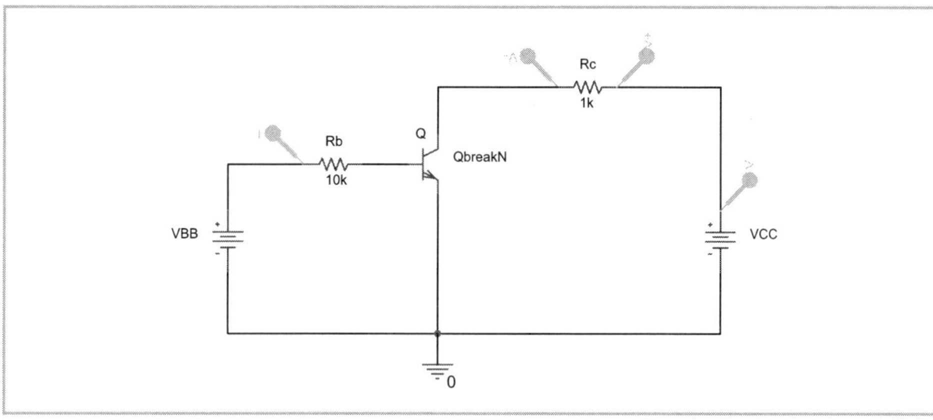

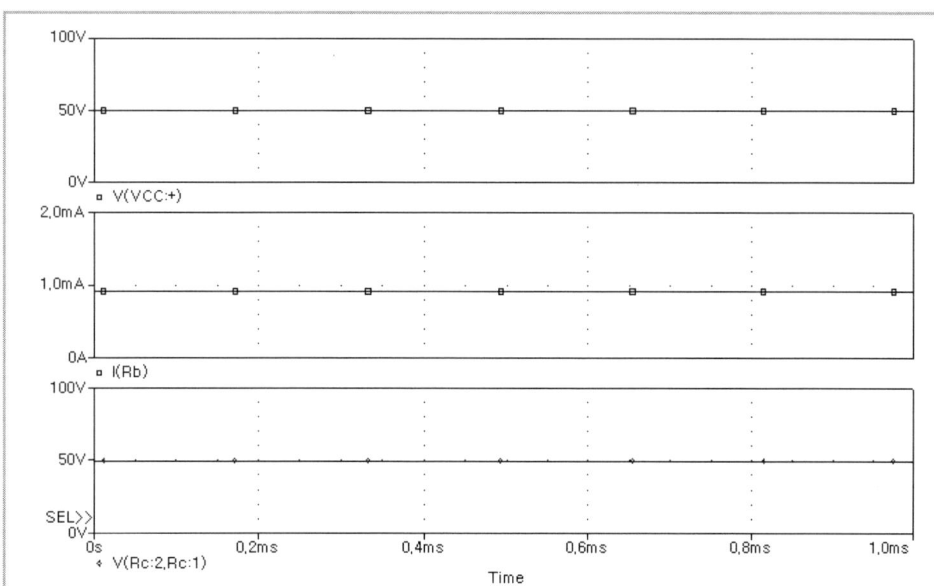

② 베이스 전류(I_b, R_b = 100kΩ), 부하전압(R_C) 파형 측정

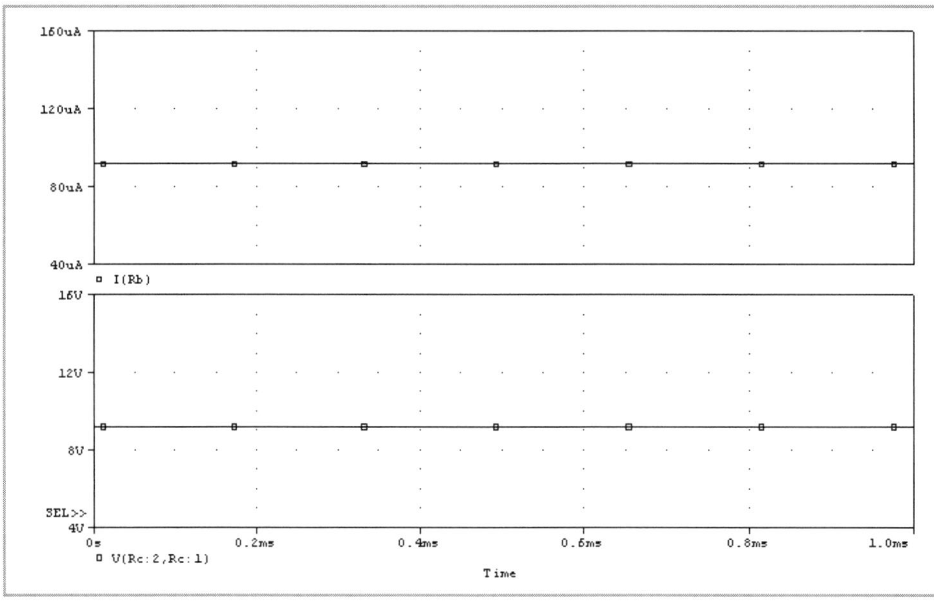

5.4 Buck 컨버터(강압형 컨버터)

5.4.1 시뮬레이션 회로

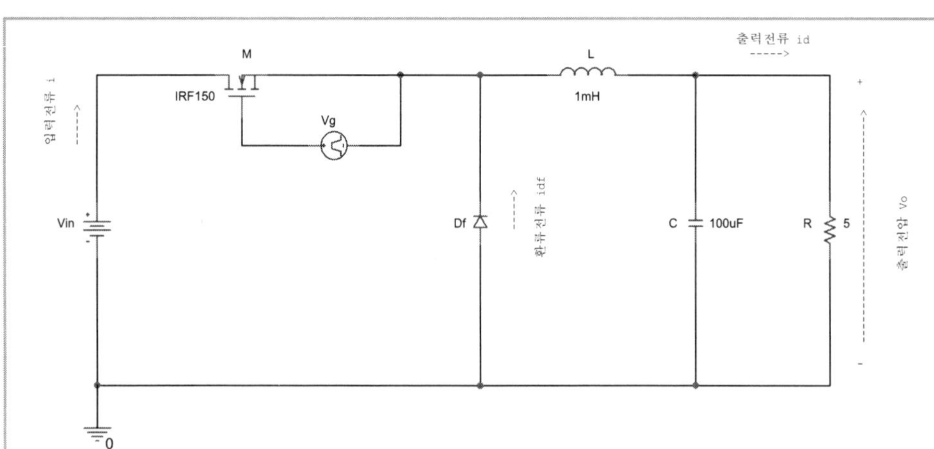

▌그림 5-4▐ Buck 컨버터 회로

1 회로 시뮬레이션 조건

① 직류 전압원(라이브러리 명 : SOURCE → VDC)

- 부품 이름/크기 : V_{in} = 50V

② 구형파 전압원(라이브러리 명 : SOURCE → VPULSE)

- 부품 이름 : V_g
- 출력전압 : $V_0 = \frac{T_{on}}{T_{on} + T_{off}} = \frac{T_{on}}{T} = DV_i$ [V_0 : 출력전압, V_i : 입력전압, T : 주기, T_{on} T_{on} : on 시간, T_{off} : off 시간, D : Duty Ratio]
- Duty Ratio = 40%일 때 Parameter

Parameter	Duty Ratio = 40%(PW/PER = 80/200 = 0.4)
TD(Time Delay)	TD = 0ms
PER(Period)	PER = 200μs
TR(Time Rising)	TR = 1ns
TF(Time Falling)	TF = 1ns
V_1 / V_2	V_1 = 0V / V_2 = 15V
PW(Pulse Width)	PW = 80μs

③ 저항(라이브러리 명 : ANALOG → R)

- 부품 이름/크기 : R = 5(Ω)

④ MOSFET(라이브러리 명 : PWRMOS → IRF150)

- 부품 이름 : M

⑤ 다이오드(라이브러리 명 : BREAKOUT → Dbreak)

- 부품 이름 : D_f

⑥ 인덕터(라이브러리 명 : ANALOG → L)

- 부품 이름/크기 : L = 1(mH)

⑦ 콘덴서(라이브러리 명 : ANALOG → C)

- 부품 이름/크기 : C = 100(μF)

⑧ 접지(라이브러리 명 : Tool Palette → GND → Source)

- symbol : 0 선택

⑨ PSpice → New Simulation → Name(Buck converter) → Simulation setting (Buck converter) → Run to Time : 4ms

2 시뮬레이션 결과

① 입력전압(V_{in}), 게이트 전압(V_g), 출력전압(V_R), 출력전류(I_R) 파형 측정

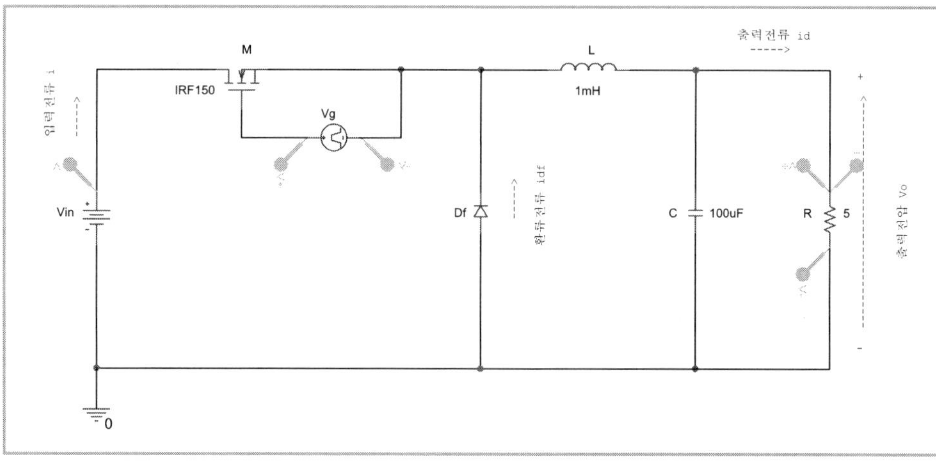

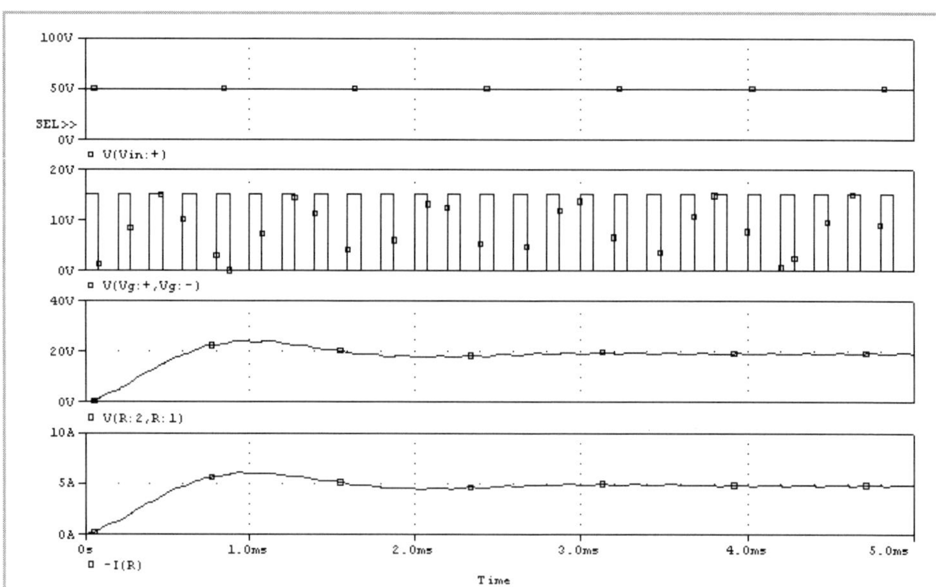

② 확대 파형(①) 보기 : Schematic 파형 화면에서 Plot 클릭 → Axis settings 클릭 → Data Range 상에서 User Defined 클릭 → 값 입력(3.0ms, 4.0ms) → OK

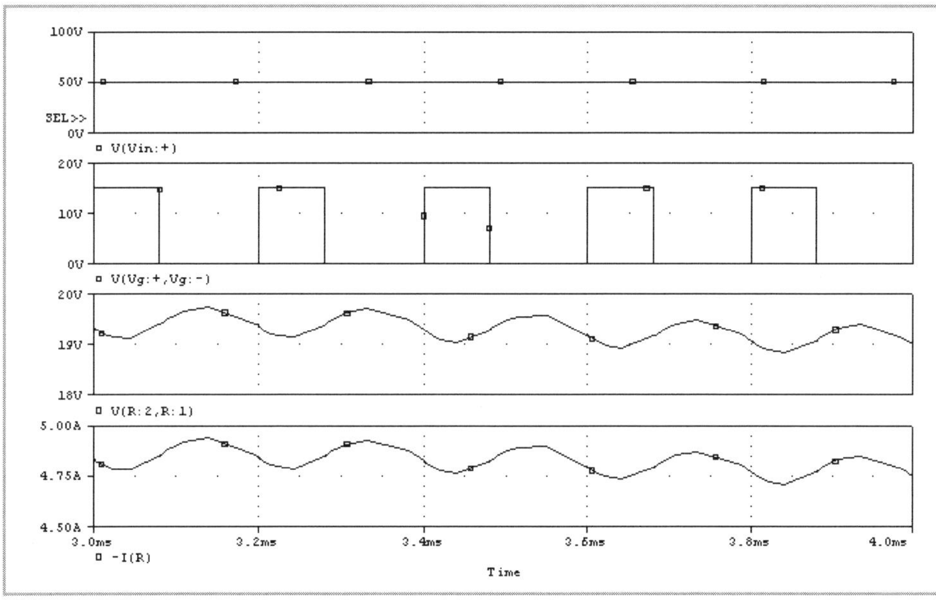

③ 입력전류(I_{in}), 다이오드 전류(I_{Df}), 인덕터 전압(V_L), 인덕터 전류(I_L), 커패시터 전압(V_C), 커패시터 전류(I_C)) 파형 측정

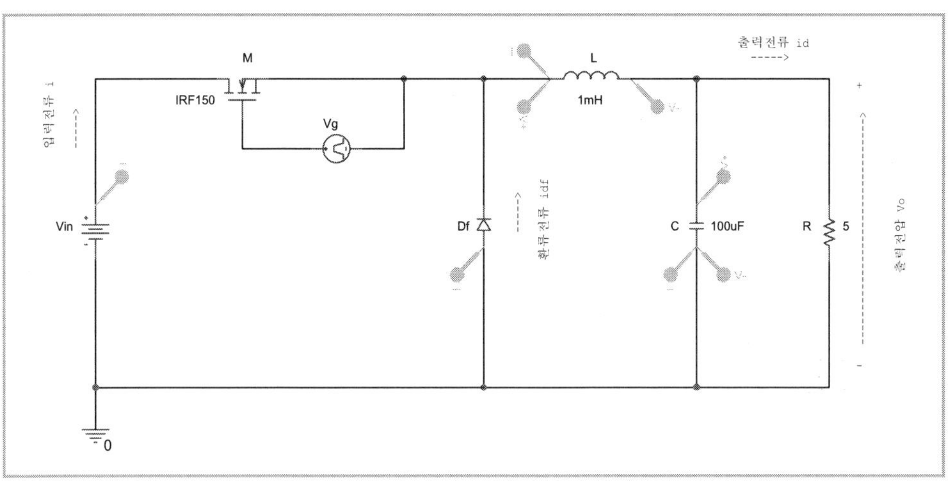

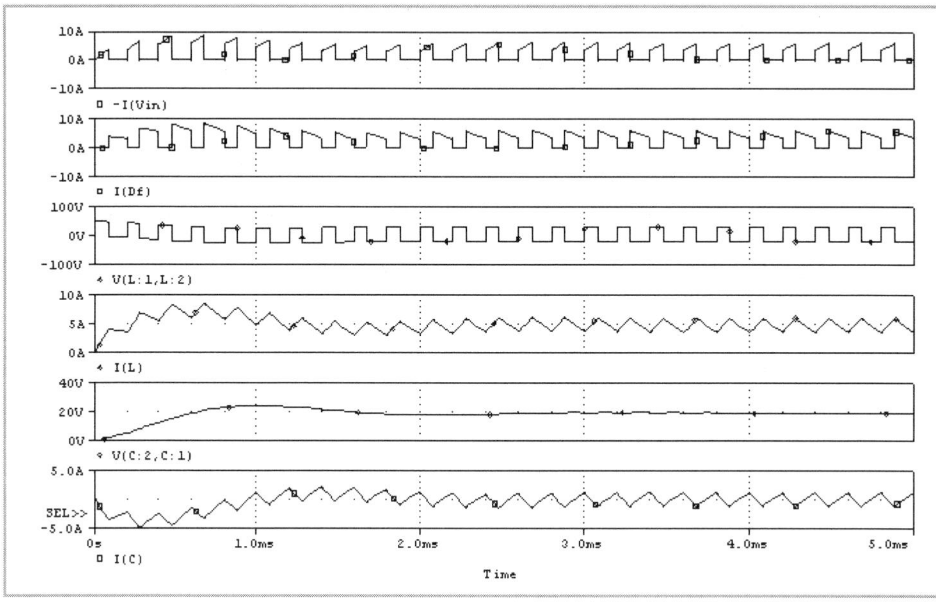

④ 확대 파형(③) 보기 : Schematic 파형 화면에서 Plot 클릭→Axis settings 클릭→Data Range 상에서 User Defined 클릭→값 입력(3.5ms, 4.0ms)→OK

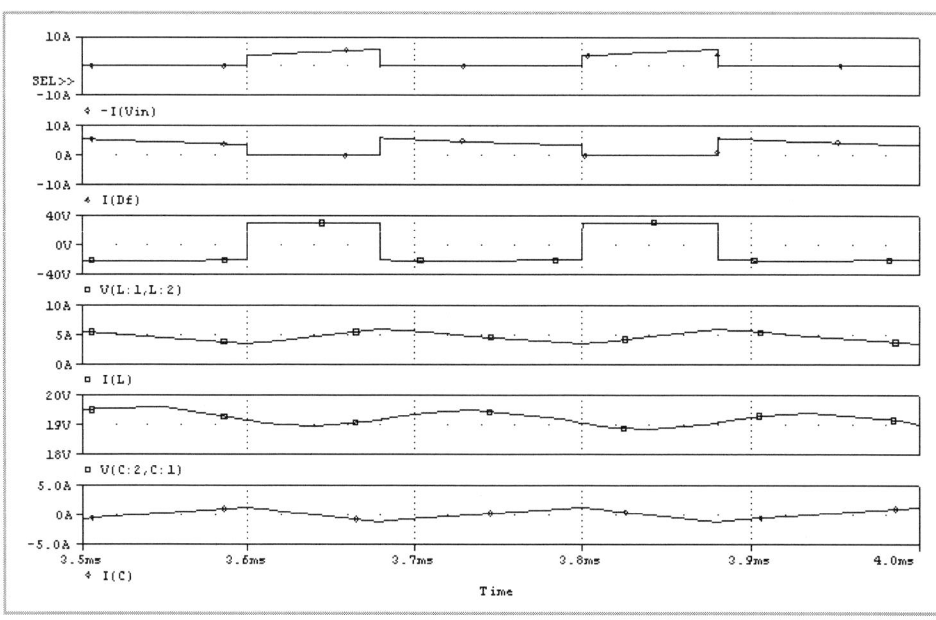

5.5 Boost 컨버터(승압형 컨버터)

5.5.1 시뮬레이션 회로

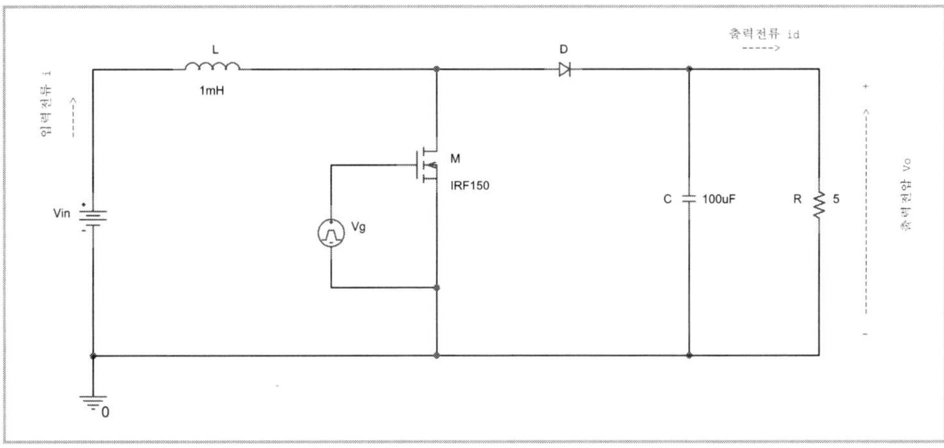

❙그림 5-5❙ Boost 컨버터 회로

1 회로 시뮬레이션 조건

① 직류 전압원(라이브러리 명 : SOURCE → VDC)

- 부품 이름/크기 : $V_{in} = 50V$

② 구형파 전압원(라이브러리 명 : SOURCE → VPULSE)

- 부품 이름 : V_g
- 출력전압 : $V_0 = \dfrac{T_{on} + T_{off}}{T_{off}} = \dfrac{1}{1-D} V_i$ [V_0 : 출력전압, V_i : 입력전압, T : 주기, T_{on} T_{on} : on 시간, T_{off} : off 시간, D : Duty Ratio]
- Duty Ratio = 50%일 때 Parameter

Parameter	Duty Ratio = 50%(PW/PER = 100/200 = 0.5)
TD(Time Delay)	TD = 0ms
PER(Period)	PER = 200μs
TR(Time Rising)	TR = 1ns
TF(Time Falling)	TF = 1ns
V_1 / V_2	V_1 = 0V / V_2 = 15V
PW(Pulse Width)	PW = 100μs

③ 저항(라이브러리 명 : ANALOG → R)

- 부품 이름/크기 : R = 5(Ω)

④ MOSFET(라이브러리 명 : PWRMOS → IRF150)

- 부품 이름 : M

⑤ 다이오드(라이브러리 명 : BREAKOUT → Dbreak)

- 부품 이름 : D

⑥ 인덕터(라이브러리 명 : ANALOG → L)

- 부품 이름/크기 : L = 1(mH)

⑦ 콘덴서(라이브러리 명 : ANALOG → C)

- 부품 이름/크기 : C = 100(μF)

⑧ 접지(라이브러리 명 : Tool Palette → GND → Source)

- symbol : 0 선택

⑨ PSpice → New Simulation → Name(Boost converter) → Simulation setting (Boost converter) → Run to Time : 4ms

2 시뮬레이션 결과

① 입력전압(V_{in}), 게이트 전압(V_g), 출력전압(V_R), 출력전류(I_R) 파형 측정

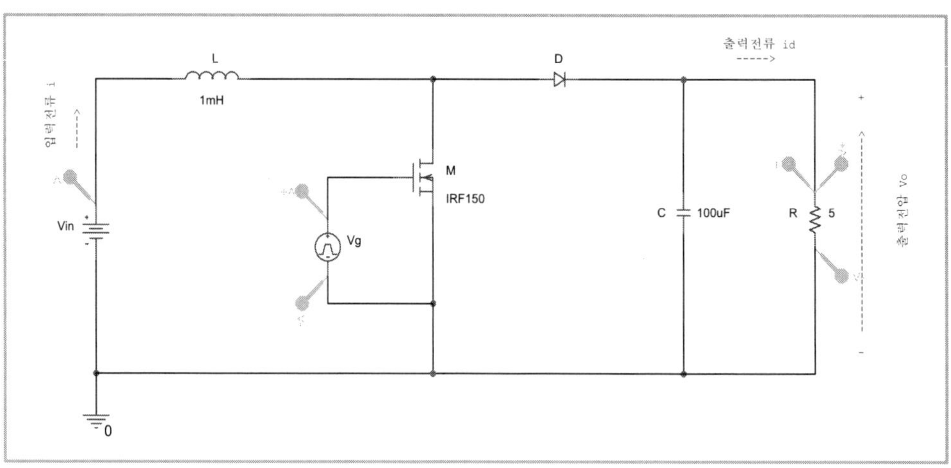

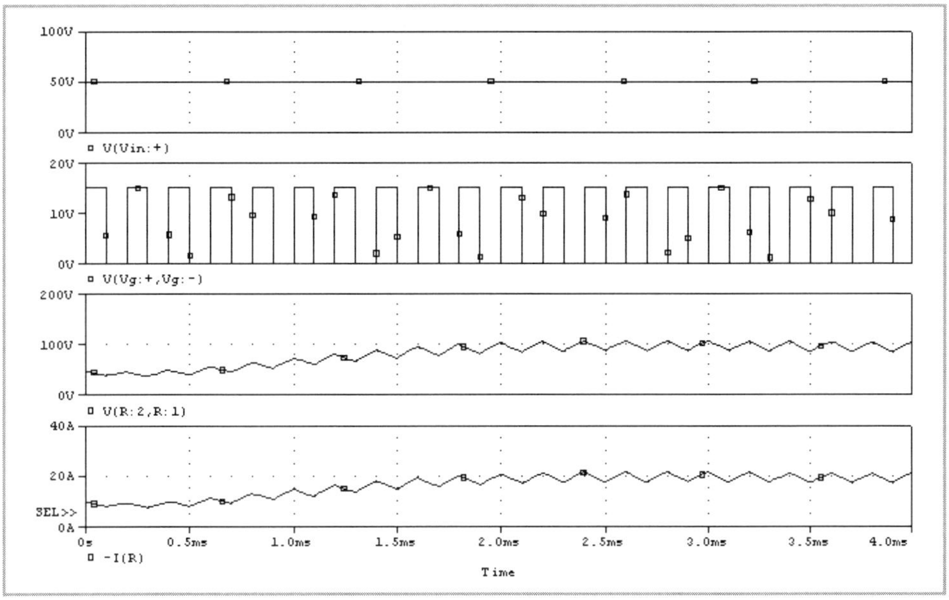

② 확대 파형(①) 보기 : Schematic 파형 화면에서 Plot 클릭→Axis settings 클릭 → Data Range 상에서 User Defined 클릭→값 입력(3.0ms, 4.0ms)→OK

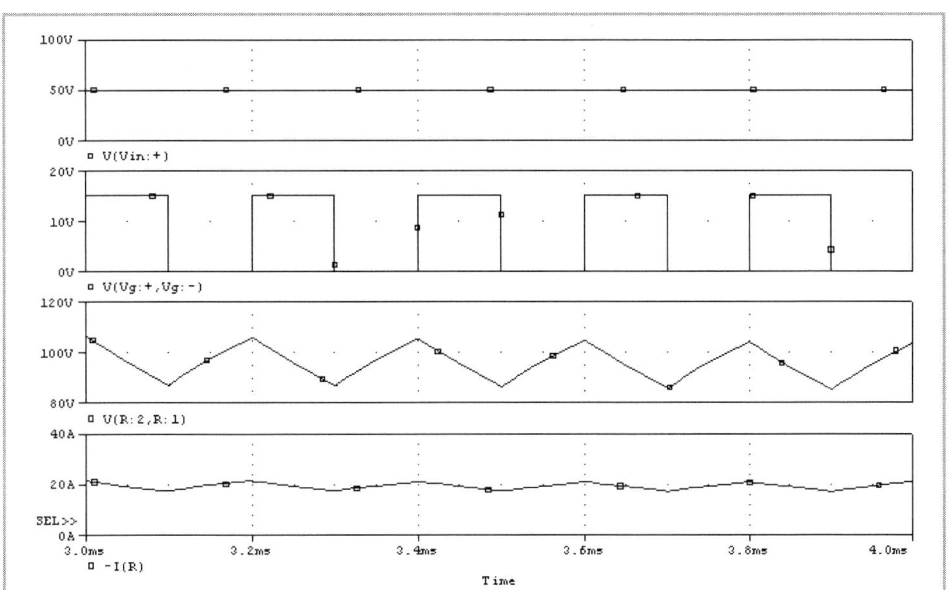

③ 인덕터 전류(I_L), MOSFET 전류(I_{DM}), 다이오드 전류(I_D), 커패시터 전류(I_C) 파형 측정

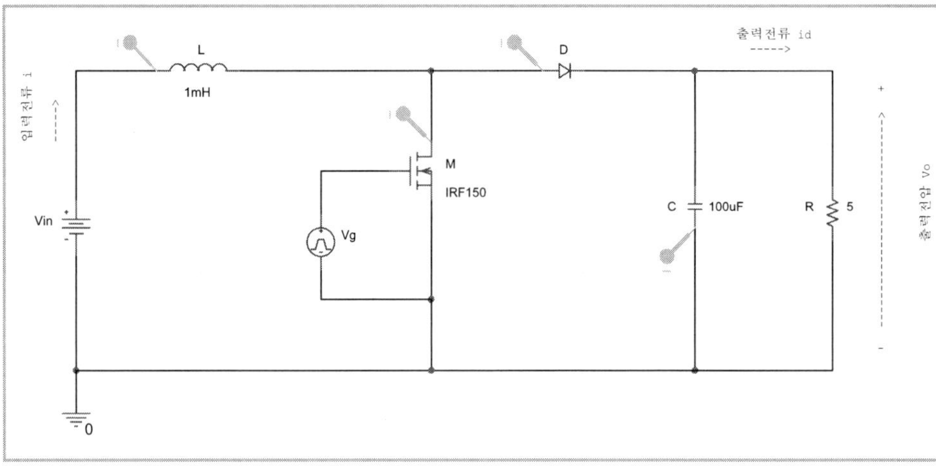

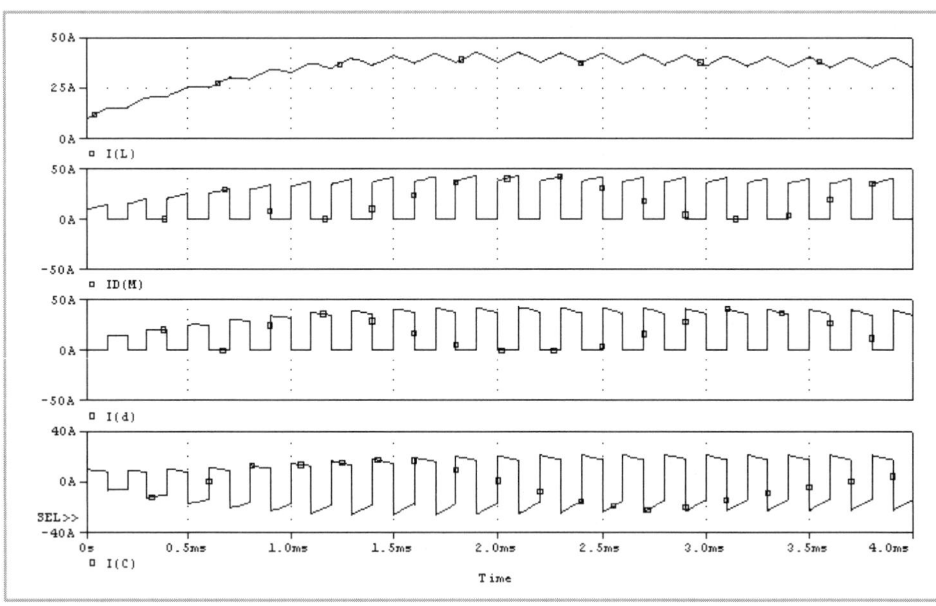

④ 확대 파형(③) 보기 : Schematic 파형 화면에서 Plot 클릭→Axis settings 클릭→Data Range 상에서 User Defined 클릭→값 입력(3.0ms, 4.0ms)→OK

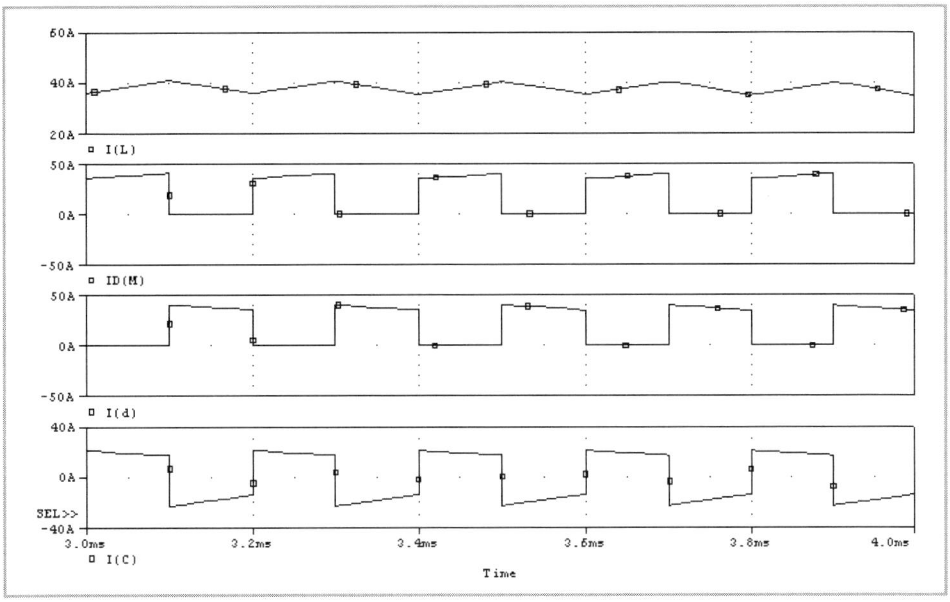

5.6 Buck-Boost 컨버터(승 · 강압형 컨버터)

5.6.1 시뮬레이션 회로

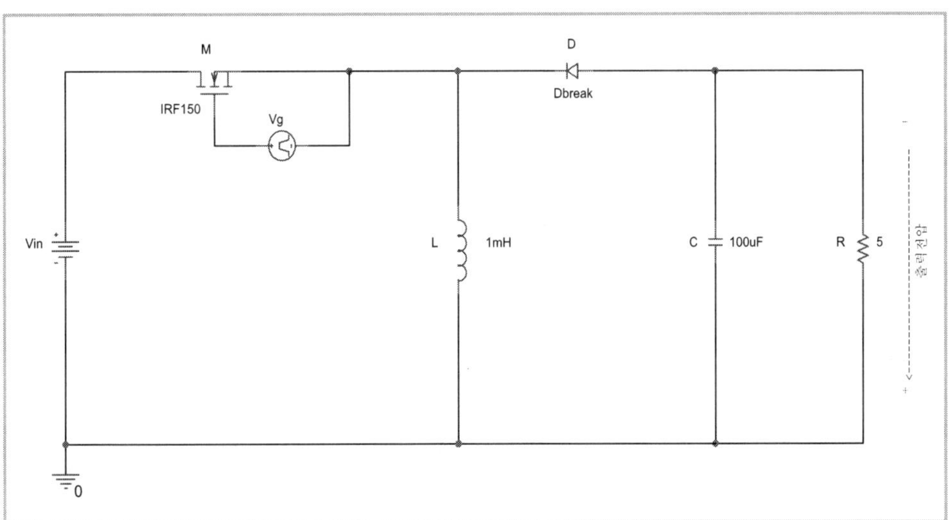

❙ 그림 5-6 ❙ Buck-Boost 컨버터 회로

1 회로 시뮬레이션 조건

① 직류 전압원(라이브러리 명 : SOURCE → VDC)

- 부품 이름/크기 : V_{in} = 50V

② 구형파 전압원(라이브러리 명 : SOURCE → VPULSE)

- 부품 이름 : V_g

- 출력전압 $V_0 = \dfrac{DV_i}{1-D}$ 에서

$D > 0.5$이면 $V_0 > V_i$이고, $D < 0.5$이면 $V_0 < V_i$이다.

▶ 승압컨버터로 동작(Duty Ratio = 60%일 때 Parameter)

Parameter	Duty Ratio = 60%(PW/PER = 120/200 = 0.6) $V_0 = \dfrac{DV_i}{1-D} = \dfrac{0.6 \times 50\,V_{dc}}{1-0.6} = 75\,V_{dc}$
TD(Time Delay)	TD = 0ms
PER(Period)	PER = 200μs
TR(Time Rising)	TR = 1ns
TF(Time Falling)	TF = 1ns
V_1 / V_2	V_1 = 0V / V_2 = 15V
PW(Pulse Width)	PW = 120μs

▶ 강압컨버터로 동작(Duty Ratio = 40%일 때 Parameter)

Parameter	Duty Ratio = 40%(PW/PER = 80/200 = 0.4) $V_0 = \dfrac{DV_i}{1-D} = \dfrac{0.4 \times 50\,V_{dc}}{1-0.4} = 33.33\,V_{dc}$
TD(Time Delay)	TD = 0ms
PER(Period)	PER = 200μs
TR(Time Rising)	TR = 1ns
TF(Time Falling)	TF = 1ns
V_1 / V_2	V_1 = 0V / V_2 = 15V
PW(Pulse Width)	PW = 80μs

③ 저항(라이브러리 명 : ANALOG→R)

- 부품 이름/크기 : R = 5(Ω)

④ MOSFET(라이브러리 명 : PWRMOS→IRF150)

- 부품 이름 : M

⑤ 다이오드(라이브러리 명 : BREAKOUT→Dbreak)

- 부품 이름 : D

⑥ 인덕터(라이브러리 명 : ANALOG→L)

- 부품 이름/크기 : L = 1(mH)

⑦ 콘덴서(라이브러리 명 : ANALOG→C)

- 부품 이름/크기 : C = 100(μF)

⑧ 접지(라이브러리 명 : Tool Palette→GND→Source)

- symbol : 0 선택

⑨ PSpice→New Simulation→Name(Buck-Boost converter)→Simulation setting (Buck-Boost converter)→Run to Time : 6ms

2 시뮬레이션 결과

① **Boost 컨버터로 동작** : 입력전압(V_{in}), 게이트 전압(V_g), 출력전압(V_R), 출력전류(I_R) 파형 측정

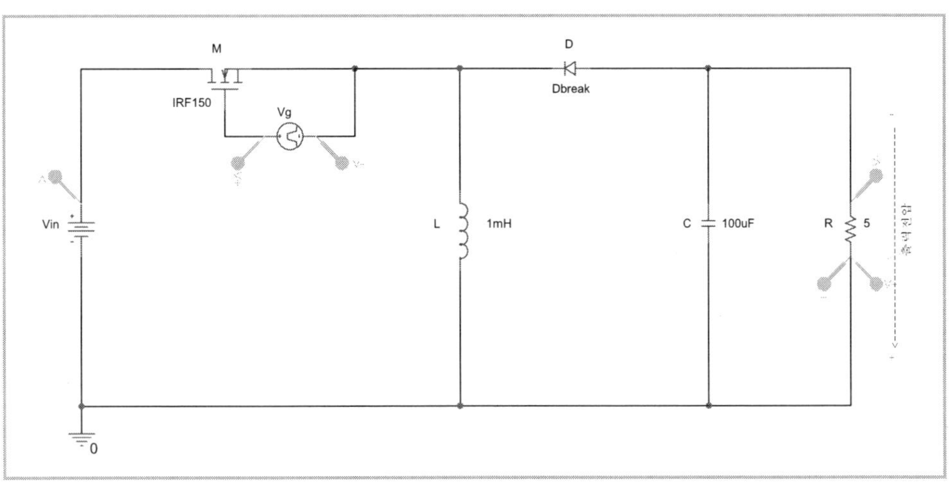

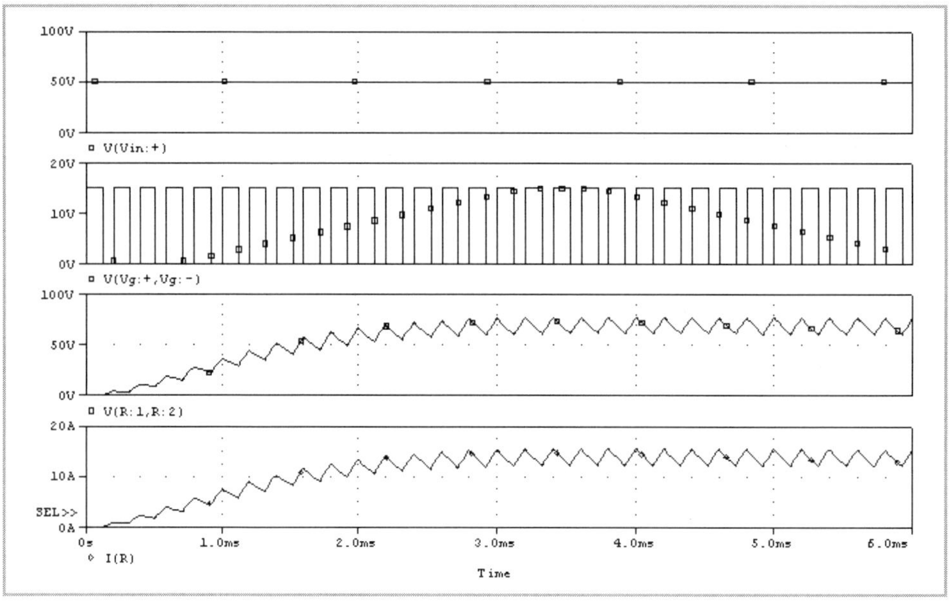

② 확대 파형(①) 보기 : Schematic 파형 화면에서 Plot 클릭→Axis settings 클릭→Data Range 상에서 User Defined 클릭→값 입력(5.0ms, 6.0ms)→OK

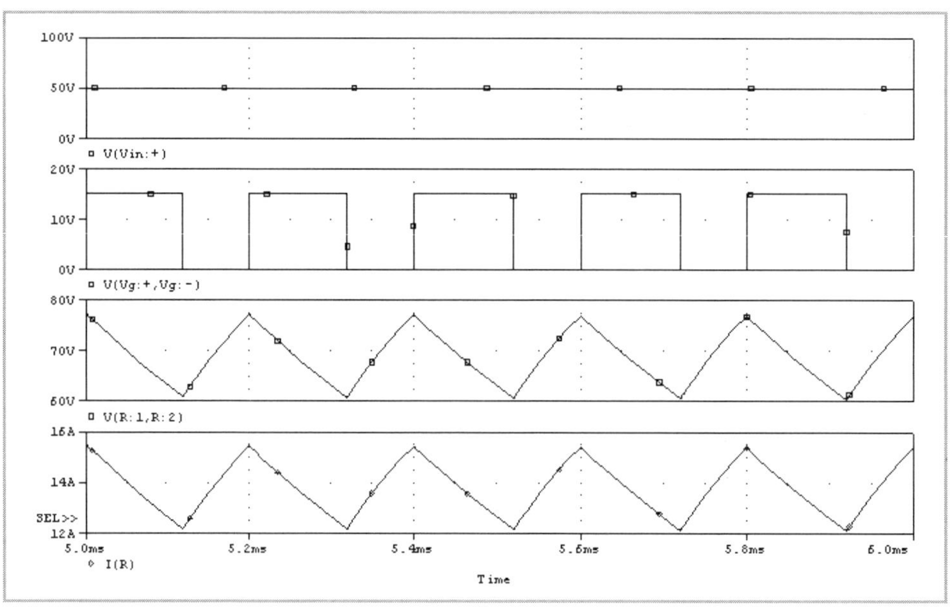

③ **Boost 컨버터로 동작** : 입력전류(I_{in}), 인덕터 전류(I_L), 다이오드 전류(I_D), 커패시터 전류(I_C) 파형 측정

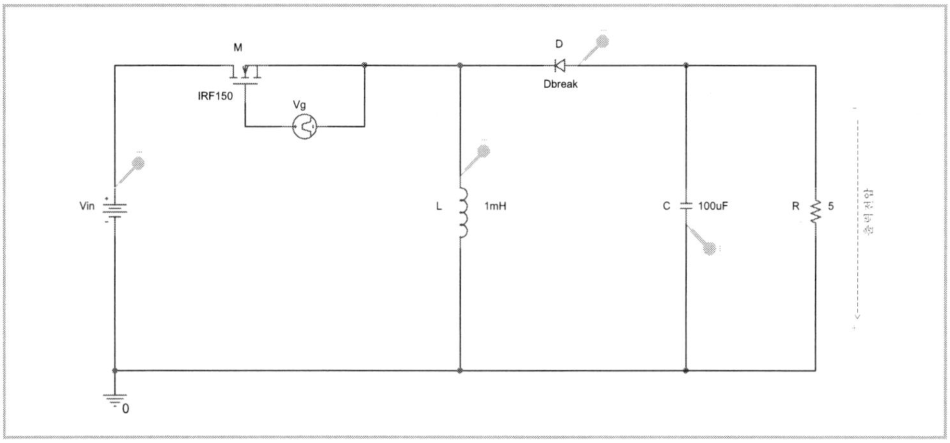

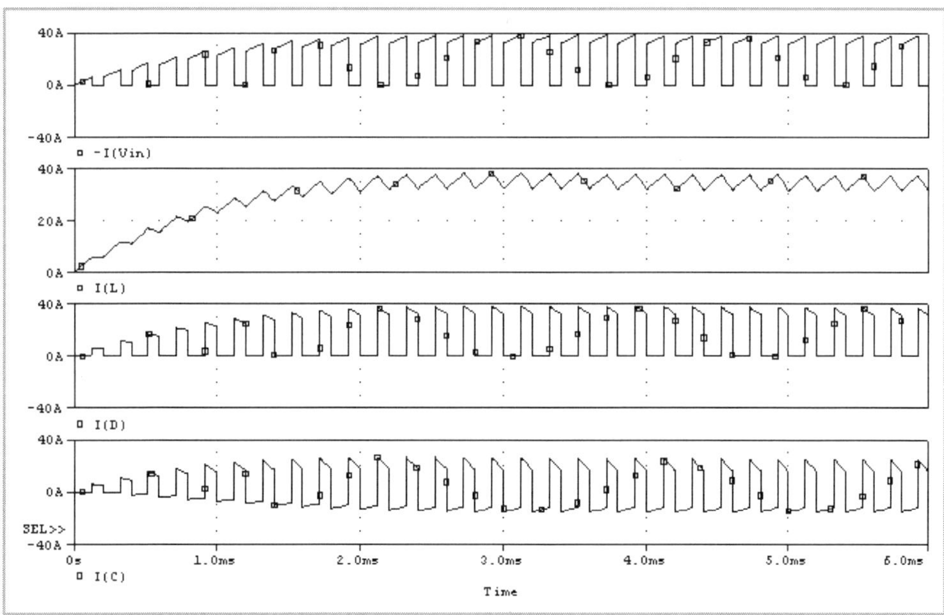

④ 확대 파형(③) 보기 : Schematic 파형 화면에서 Plot 클릭 → Axis settings 클릭 → Data Range 상에서 User Defined 클릭 → 값 입력(5.0㎳, 6.0㎳) → OK

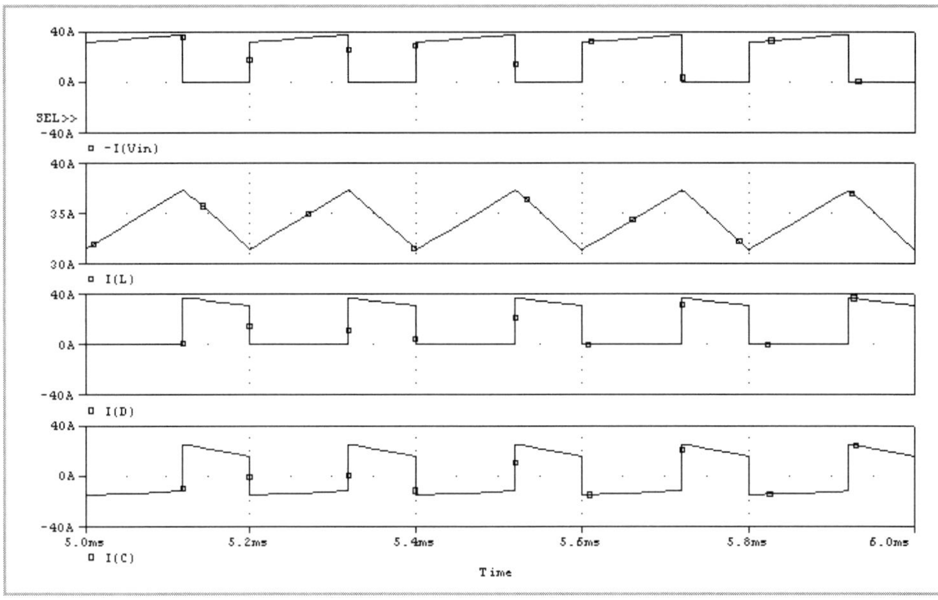

⑤ Buck **컨버터로 동작** : 입력전압(V_{in}), 게이트 전압(V_g), 출력전압(V_R), 출력전류(I_R) 파형 측정

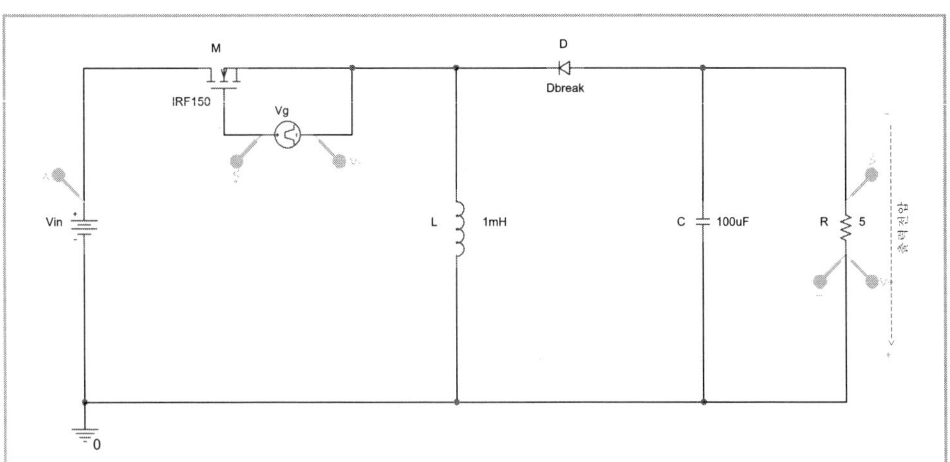

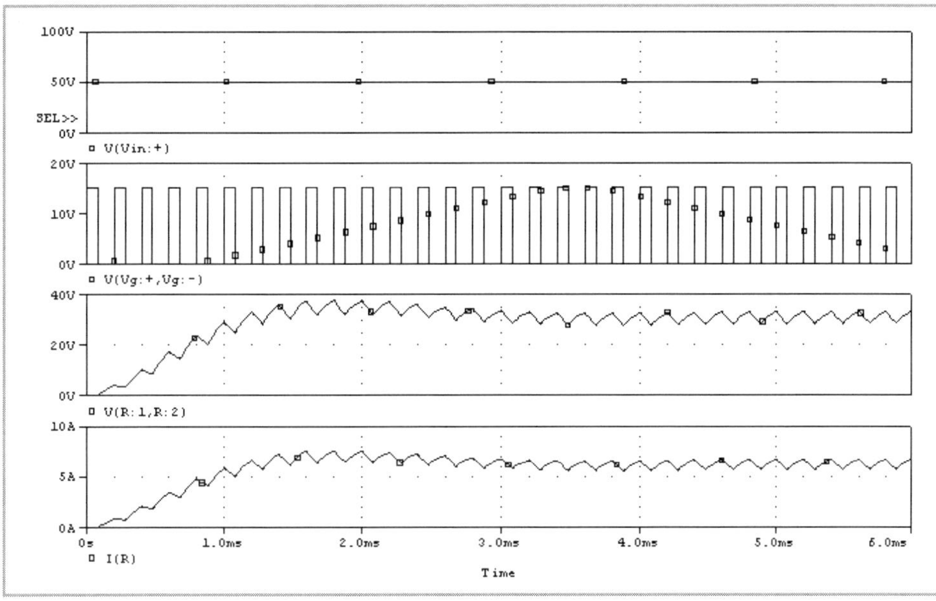

⑥ 확대 파형(⑤) 보기 : Schematic 파형 화면에서 Plot 클릭 → Axis settings 클릭 → Data Range 상에서 User Defined 클릭 → 값 입력(5.0㎳, 6.0㎳) → OK

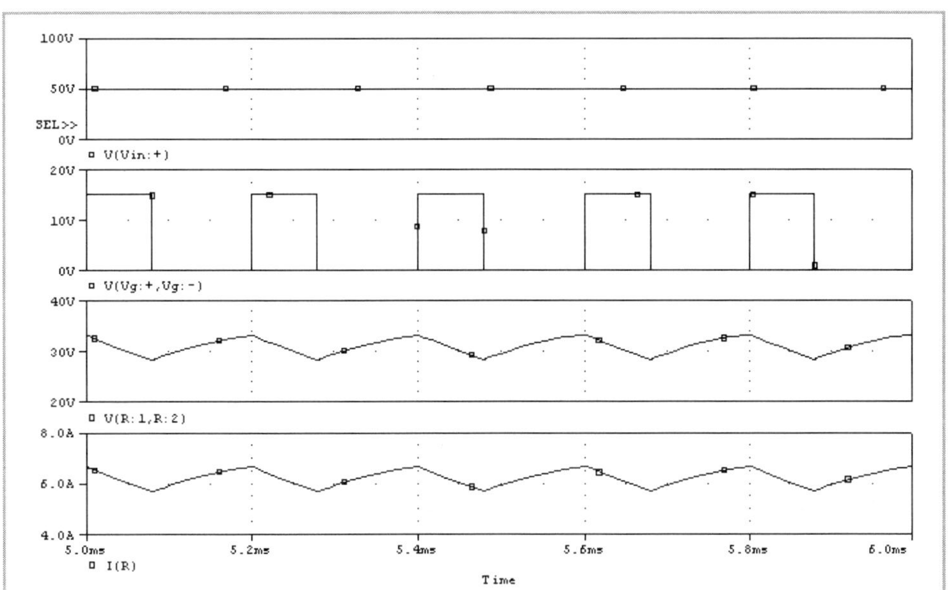

⑦ Buck **컨버터로 동작** : 입력전류(I_{in}), 인덕터 전류(I_L), 다이오드 전류(I_D), 커패시터 전류(I_C) 파형 측정

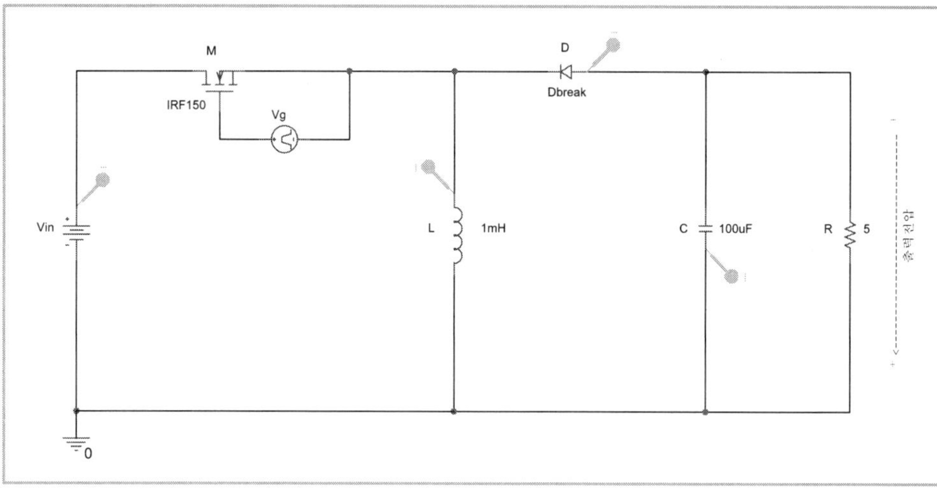

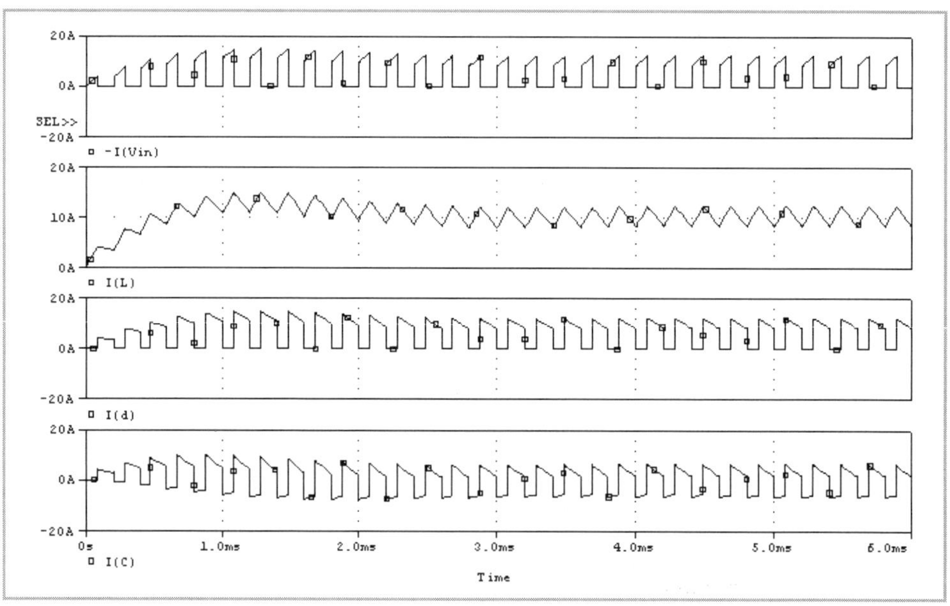

⑧ 확대 파형(⑦) 보기 : Schematic 파형 화면에서 Plot 클릭→Axis settings 클릭→Data Range 상에서 User Defined 클릭→값 입력(5.0ms, 6.0ms)→OK

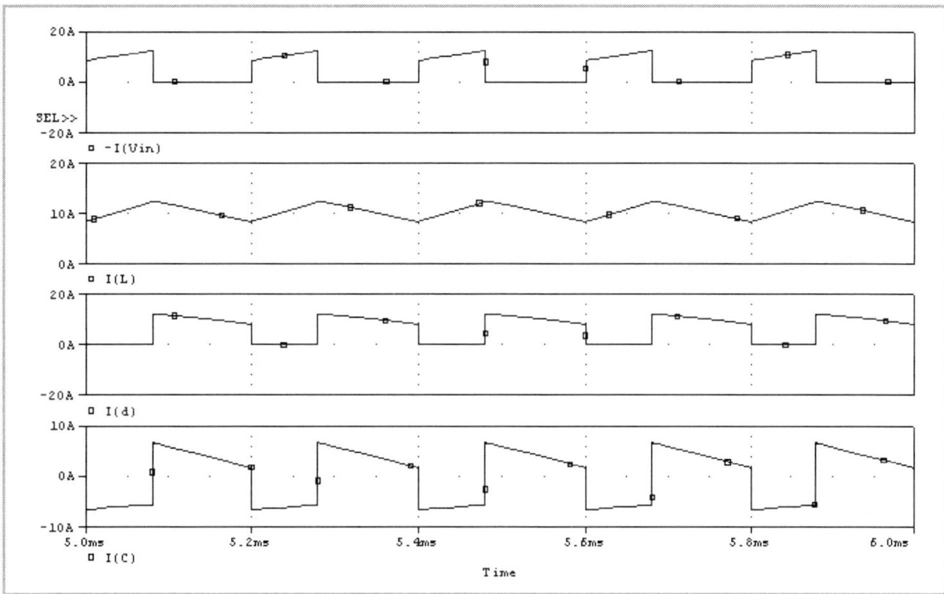

CHAPTER

06

인버터

Chapter 06

인버터

① 인버터는 직류전력을 교류전력으로 변환시켜주는 DC-AC 전력변환장치로, 일정 크기의 직류전압을 가변전압, 가변 주파수의 교류 전력으로 변환시키거나, 가변의 직류전압을 일정크기의 전압 및 주파수의 교류전력으로 변환시킨다.

② 인버터는 펄스 폭 변조(PWM : Pulse Width Modulation)나 펄스 진폭 변조(PAM : Pulse Amplitude Modulation) 등과 같은 방식으로 제어되며, 일반적으로 PWM 방식이 선호된다.

③ 입력 직류전력은 일반적으로 교류전력을 직류전력으로 변환하여 사용하거나, Battery, 연료전지, 태양전지 또는 기타 직류전원을 사용 할 수 있다.

④ 인버터는 출력 상수에 따라 단상 및 3상 인버터로 분류하고, 제어 대상 입력에 따라 전압형 인버터, 전류형 인버터 및 가변 직류링크 인버터로 나누어지는데, 대부분의 인버터는 전압원 인버터이다.

⑤ 오늘날 인버터는 DC-DC Converter와 더불어 산업체나 가정에서 가장 많이 이용되는 전력변환장치로 가변속 교류전동기 구동, 유도가열장치, 무정전전원장치(UPS), 조명기기 등 다양한 분야에 적용되고 있다.

6.1 IGBT

① IGBT(Insulated Gate Bipolar Transistor)의 3단자 G, C, E는 각각 게이트(Gate), 콜렉터(Collector), 에미터(Emitter)단자를 나타내며 게이트와 에미터 사이의 전압으로 컬렉터 전류를 단속한다.

② IGBT는 트랜지스터의 두 가지 기능(증폭기, 스위치) 중에서 스위칭 기능을 갖도록 개발된 전력용 반도체 소자로 IGBT가 Power Transistor와 다른 점은 베이스 단자(IGBT에서는 게이트 G)가 절연되어 있다는 것이다.

③ IGBT의 회로기호와 등가회로

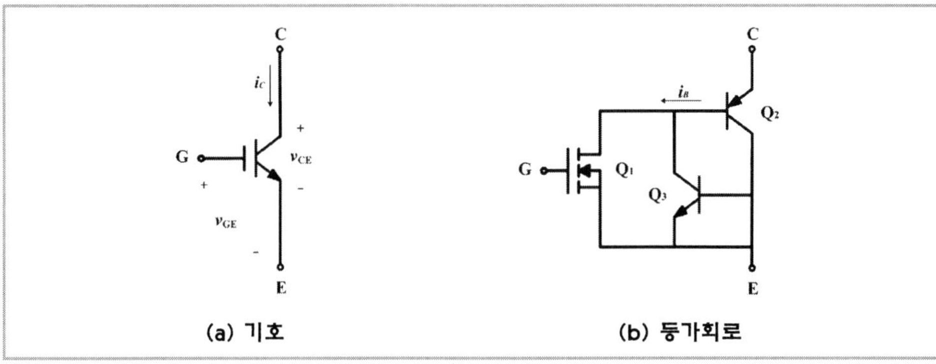

▌그림 6-1▐ IGBT의 기호와 등가회로

④ IGBT는 MOSFET처럼 전압제어 소자이며 게이트와 에미터 간 입력 임피이던 수가 매우 높아 BJT(Bipolar Junction Transistor)보다 구동하기 쉽다. 그림 6-2에 나타낸 IGBT의 특성곡선에서 게이트와 에미터 사이의 전압 V_{GE}가 0[V] 보다 크면 IGBT는 턴-온이 되고, 0[V] 이하면 IGBT는 턴-오프가 된다. 따라서 IGBT는 스위칭 주파수 높은 용도에 많이 사용되는 전력용 반도체 소자이다.

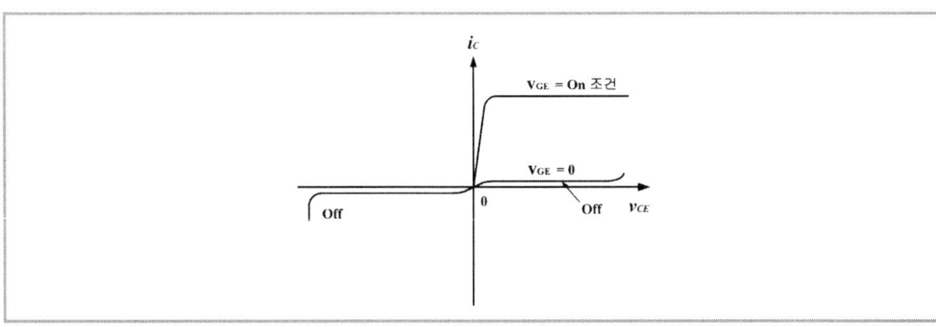

▌그림 6-2▐ IGBT의 V-I 특성곡선

6.2 IGBT 동작

6.2.1 직류(DC) 입력전압

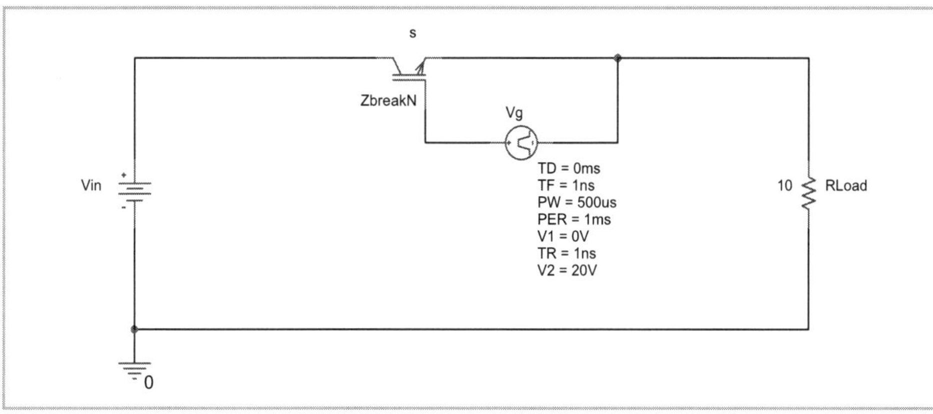

▎그림 6-3 ▎ IGBT 동작회로(입력전압 DC)

1 회로 시뮬레이션 조건

① 직류 전압원(라이브러리 명 : SOURCE → VDC)

- 부품 이름/크기 : V_{in} = 100V

② 구형파 전압원(라이브러리 명 : SOURCE → VPULSE)

- 부품 이름 : V_g
- 구형파 전압원 조건

Parameter	V_g
TD(Time Delay)	TD = 0ms
PER(Period)	PER = 1ms
TR(Time Rising)	TR = 1ns
TF(Time Falling)	TF = 1ns
V_1 / V_2	V_1 = 0V / V_2 = 20V
PW(Pulse Width)	PW = 500μs

③ 저항(라이브러리 명 : ANALOG → R)

- 부품 이름/크기 : R_{Load} = 10(Ω)

④ IGBT(라이브러리 명 : BREAKOUT → ZbreakN)

- 부품 이름 : S

⑤ 접지(라이브러리 명 : Tool Palette → GND → Source)

- symbol : 0 선택

⑥ PSpice → New Simulation → Name(DC IGBT) → Simulation setting(DC IGBT) → Run to Time : 5ms

2 시뮬레이션 결과

① 입력전압(V_{in}), 게이트 전압(V_g), 출력전압(V_{RLoad}), IGBT양단간 전압(V_S) 파형 측정

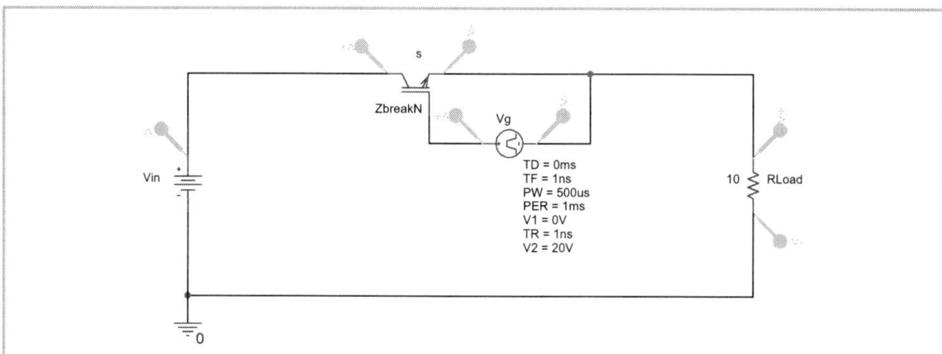

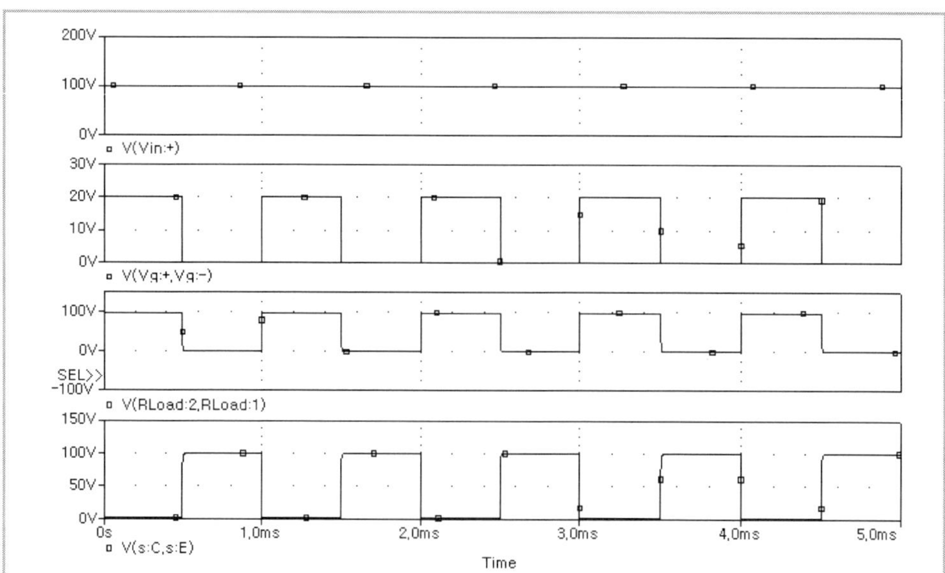

6.2.2 교류(AC) 입력전압

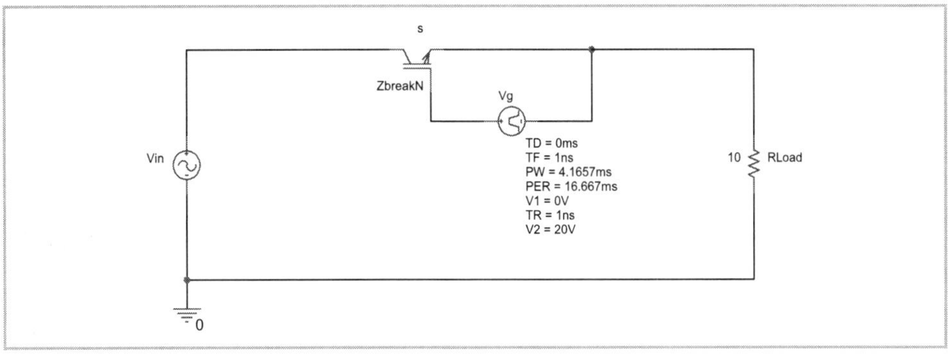

▌그림 6-4▌ IGBT 회로(입력전압 AC)

1 회로 시뮬레이션 조건

① 정현파 전압원(라이브러리 명 : SOURCE → VSIN)

- 부품 이름 : V_{in}
- 크기 : VOFF = 0, VAMPL = 220V, FREQ = 60Hz

② 구형파 전압원(라이브러리 명 : SOURCE → VPULSE)

- 부품 이름 : V_g
- 구형파 전압원 조건

Parameter	Vg
TD(Time Delay)	TD = 0ms
PER(Period)	PER = 16.667ms
TR(Time Rising)	TR = 1ns
TF(Time Falling)	TF = 1ns
V_1 / V_2	V_1 = 0V / V_2 = 20V
PW(Pulse Width)	PW = 4.165ms

③ 저항(라이브러리 명 : ANALOG → R)

- 부품 이름/크기 : R_{Load} = 10(Ω)

④ IGBT(라이브러리 명 : BREAKOUT → ZbreakN, IGBT → APT30GF60BN)

- 부품 이름 : S

⑤ 접지(라이브러리 명 : Tool Palette → GND → Source)

- symbol : 0 선택

⑥ PSpice → New Simulation → Name(AC IGBT) → Simulation setting(AC IGBT) → Run to Time : 40㎳

2 시뮬레이션 결과

① 입력전압(V_{in}), 게이트 전압(V_g), 출력전압(V_{RLoad}), IGBT 양단간 전압(V_S) 파형 측정

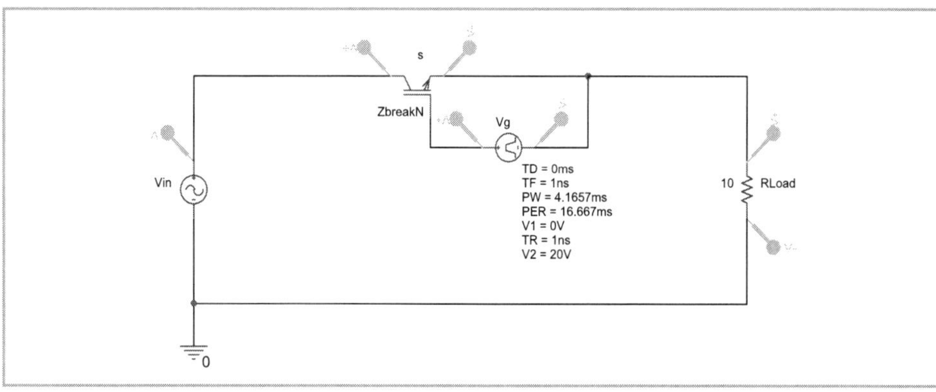

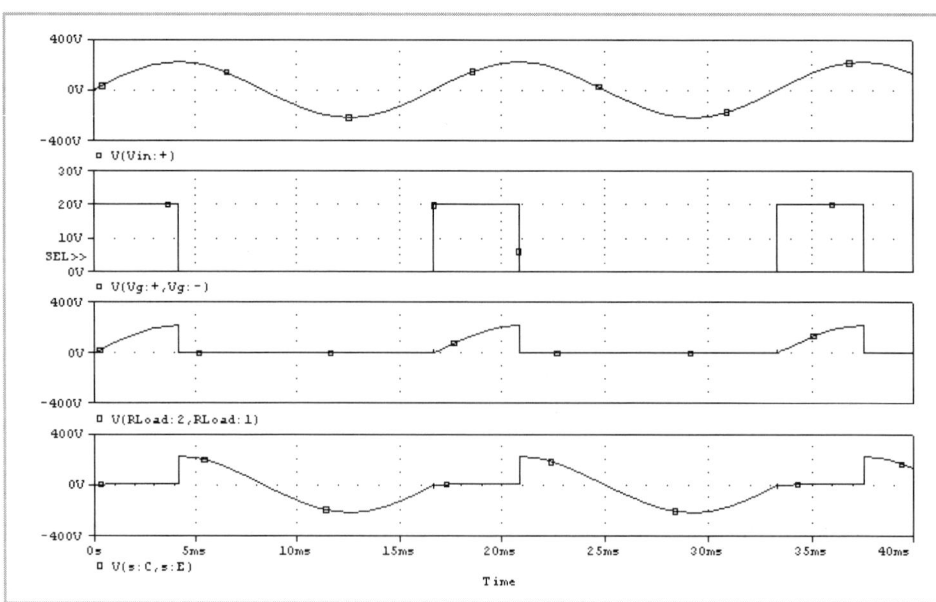

6.3 단상 브리지 전압원 인버터(1ϕ Bridge Voltage Source Inverter)

6.3.1 R 부하

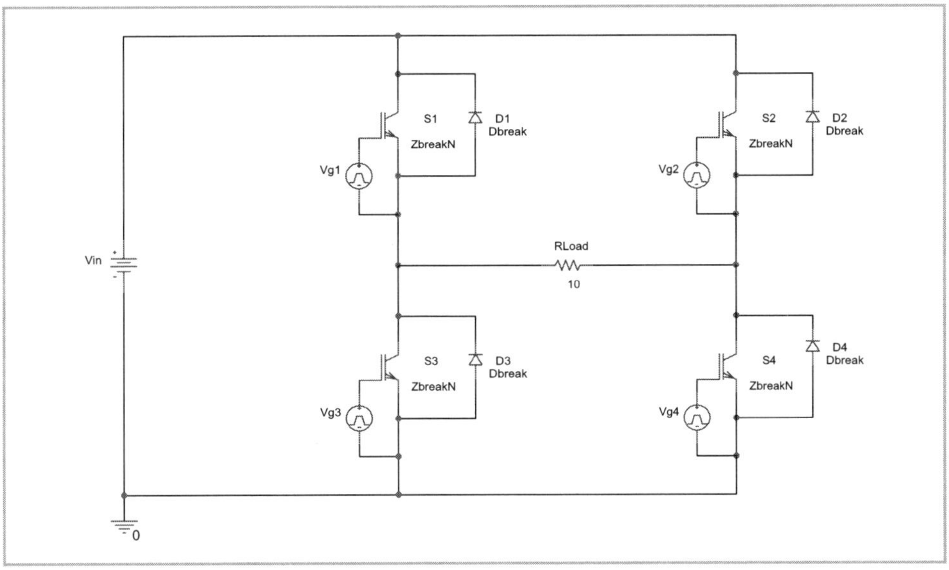

▌그림 6-5▐ 단상 브리지 전압원 인버터 회로(저항 부하)

1 회로 시뮬레이션 조건

① 직류 전압원(라이브러리 명 : SOURCE → VDC)

- 부품 이름/크기 : V_{in} = 100V

② 구형파 전압원(라이브러리 명 : SOURCE → VPULSE)

- 부품 이름 : $V_{g1} = V_{g4}$, $V_{g2} = V_{g3}$
- 구형파 전압원 조건[출력전압 주파수 f = 100Hz일 때]

Parameter	$V_{g1} = V_{g4}$	$V_{g2} = V_{g3}$
TD(Time Delay)	TD = 0ms	TD = 5ms
PER(Period)	PER = 10ms [f = 1/T = 1/10ms = 100Hz]	
TR(Time Rising)	TR = 1ns	
TF(Time Falling)	TF = 1ns	
V_1 / V_2	V_1 = 0V / V_2 = 15V	
PW(Pulse Width)	PW = 5ms [PW 조정 : 전압크기가 변화]	

③ 저항(라이브러리 명 : ANALOG → R)

- 부품 이름/크기 : R_{Load} = 10(Ω)

④ 다이오드(라이브러리 명 : BREAKOUT → Dbreak)

- 부품 이름 : D_1 / D_2 / D_3 / D_4

⑤ IGBT(라이브러리 명 : BREAKOUT → ZbreakN, IGBT → APT30GF60BN)

- 부품 이름 : S_1 / S_2 / S_3 / S_4

⑥ 접지(라이브러리 명 : Tool Palette → GND → Source)

- symbol : 0 선택

⑦ PSpice → New Simulation → Name(1P Bridge Inverter-R) → Simulation setting (1P Bridge Inverter-R) → Run to Time : 30㎳

2 시뮬레이션 결과

① 입력전압(V_{in}), 게이트 전압(V_{g1} ~ V_{g4}), 출력전압(V_{RLoad}) 파형 측정

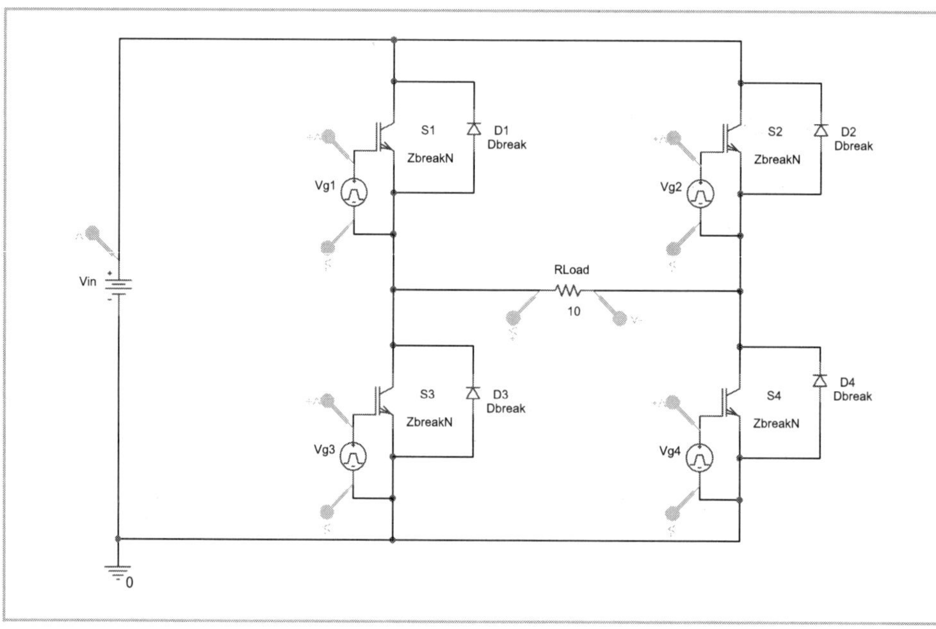

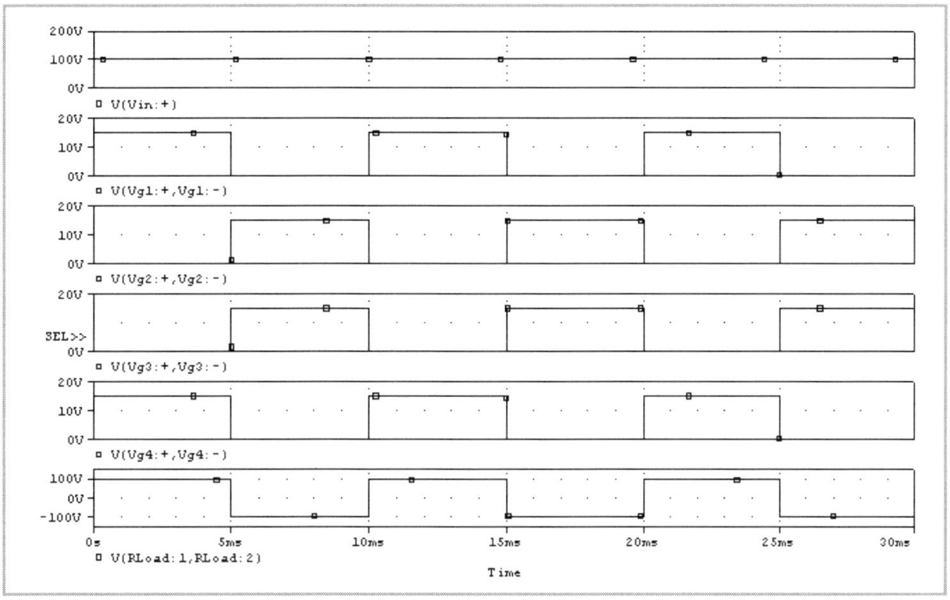

6.3.2 R-L 부하

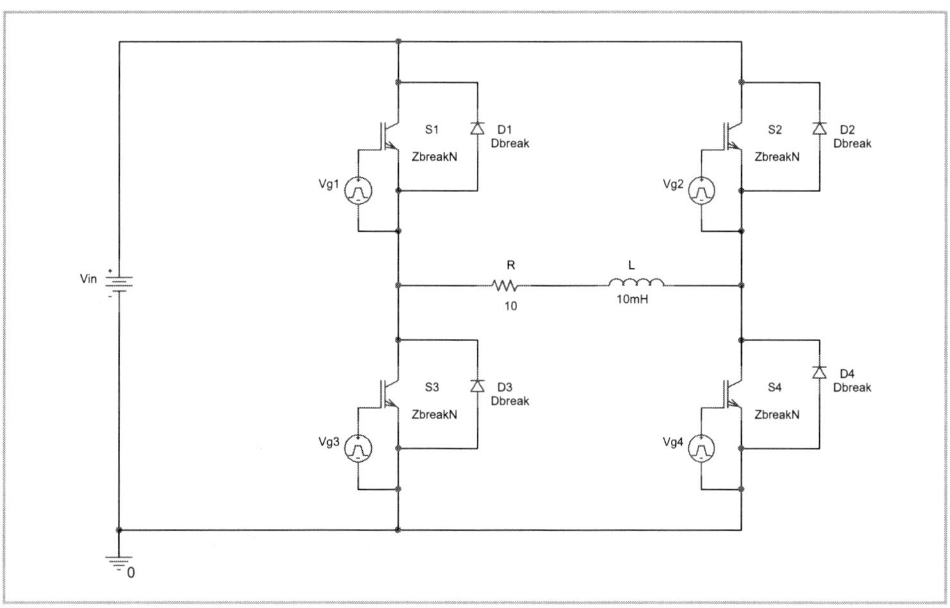

| 그림 6-6 | 단상 브리지 전압원 인버터 회로(저항-인덕턴스 부하)

1 회로 시뮬레이션 조건

① 직류 전압원(라이브러리 명 : SOURCE → VDC)

- 부품 이름/크기 : V_{in} = 100V

② 구형파 전압원(라이브러리 명 : SOURCE → VPULSE)

- 부품 이름 : $V_{g1} = V_{g4}$, $V_{g2} = V_{g3}$
- 구형파 전압원 조건[출력전압 주파수 f = 100Hz일 때]

Parameter	$V_{g1} = V_{g4}$	$V_{g2} = V_{g3}$
TD(Time Delay)	TD = 0ms	TD = 5ms
PER(Period)	PER = 10ms [f = 1/T = 1/10ms = 100Hz]	
TR(Time Rising)	TR = 1ns	
TF(Time Falling)	TF = 1ns	
V_1 / V_2	V_1 = 0V / V_2 = 15V	
PW(Pulse Width)	PW = 5ms [PW 조정 : 전압크기가 변화]	

③ 저항(라이브러리 명 : ANALOG → R)

- 부품 이름/크기 : R = 10(Ω)

④ 인덕터(라이브러리 명 : ANALOG → L)

- 부품 이름크기 : L = 10(mH)

⑤ 다이오드(라이브러리 명 : BREAKOUT → Dbreak)

- 부품 이름 : D_1 / D_2 / D_3 / D_4

⑥ IGBT(라이브러리 명 : BREAKOUT → ZbreakN, IGBT → APT30GF60BN)

- 부품 이름 : S_1 / S_2 / S_3 / S_4

⑦ 접지(라이브러리 명 : Tool Palette → GND → Source)

- symbol : 0 선택

⑧ PSpice → New Simulation → Name(1P Bridge Inverter-RL) → Simulation setting(1P Bridge Inverter-RL) → Run to Time : 30ms

2 시뮬레이션 결과

① 입력전압(V_{in}), 게이트 전압(V_{g1}~V_{g4}) 파형 측정

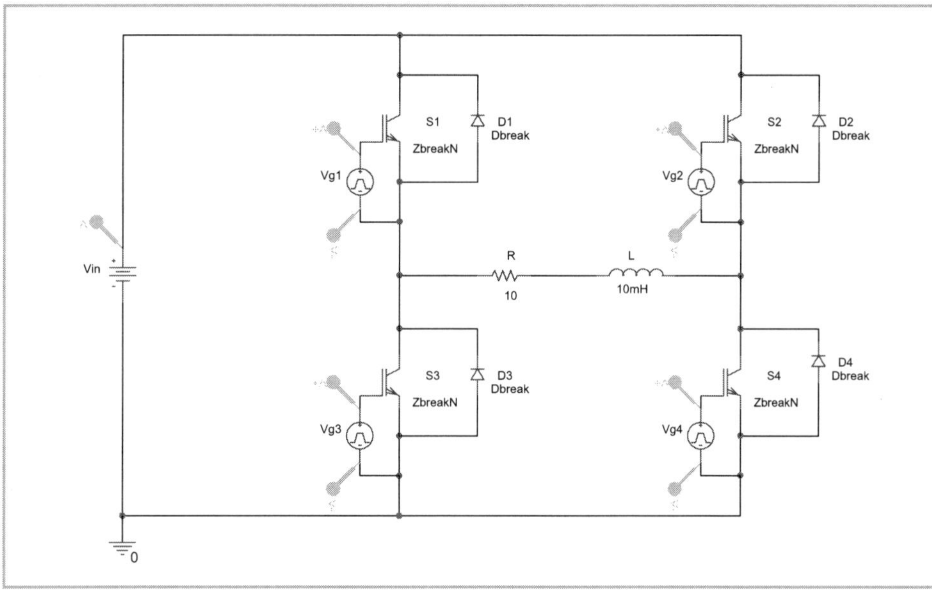

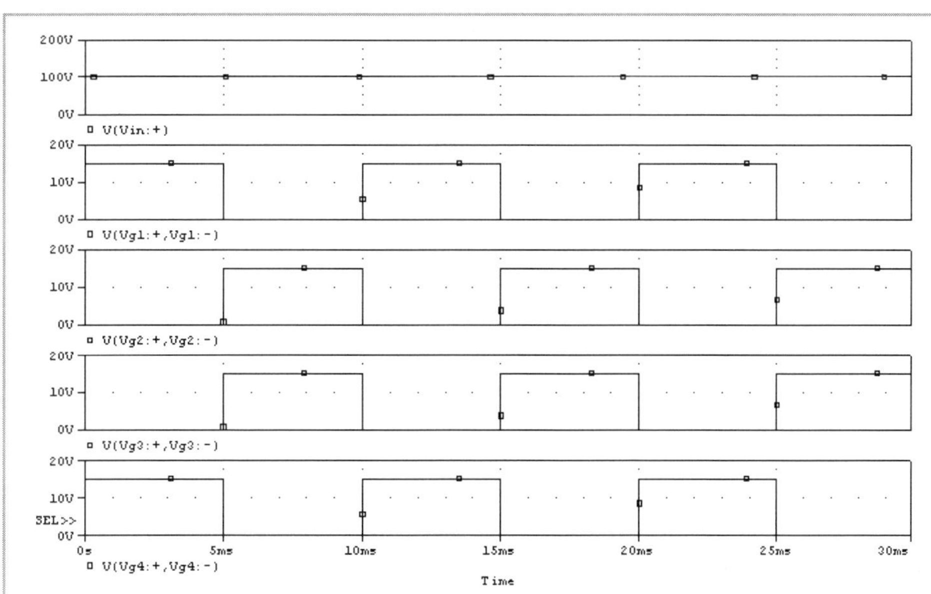

② 부하전압(V_{RL}) : R 부하전압(V_R) + L 부하전압(V_L), 부하 전류(I_R) 파형 측정

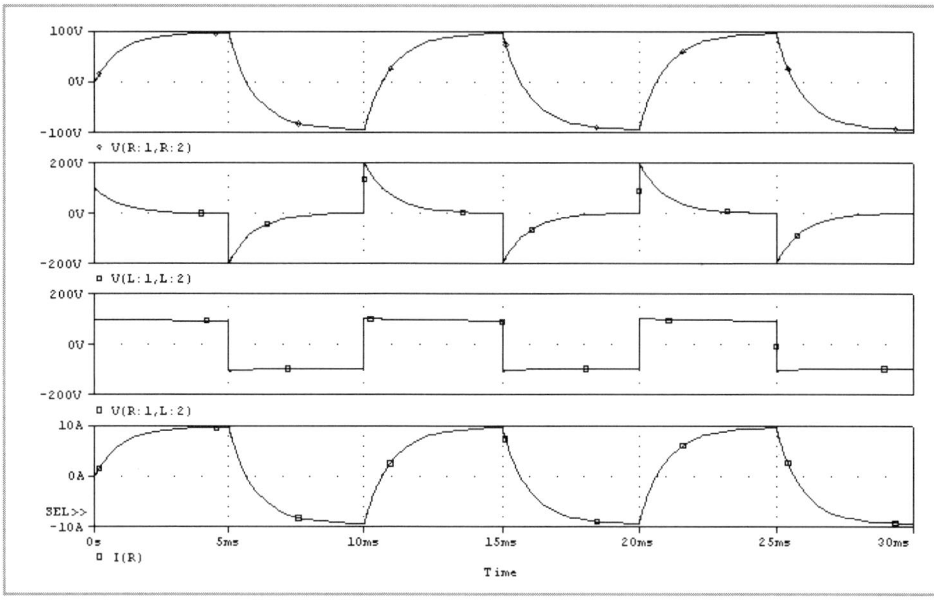

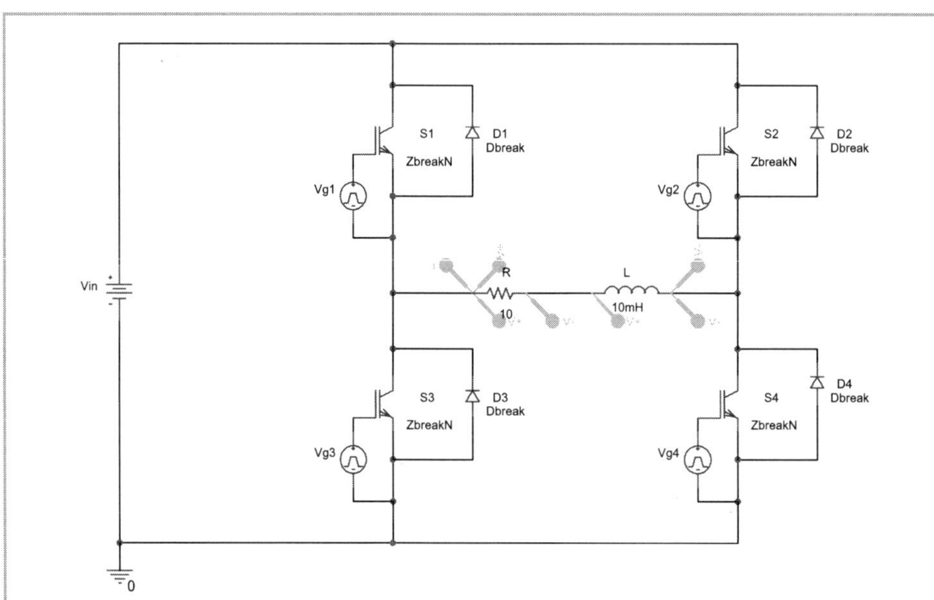

6.4 3상 브리지 전압원 인버터(3ϕ Bridge Voltage Source Inverter)

6.4.1 R 부하

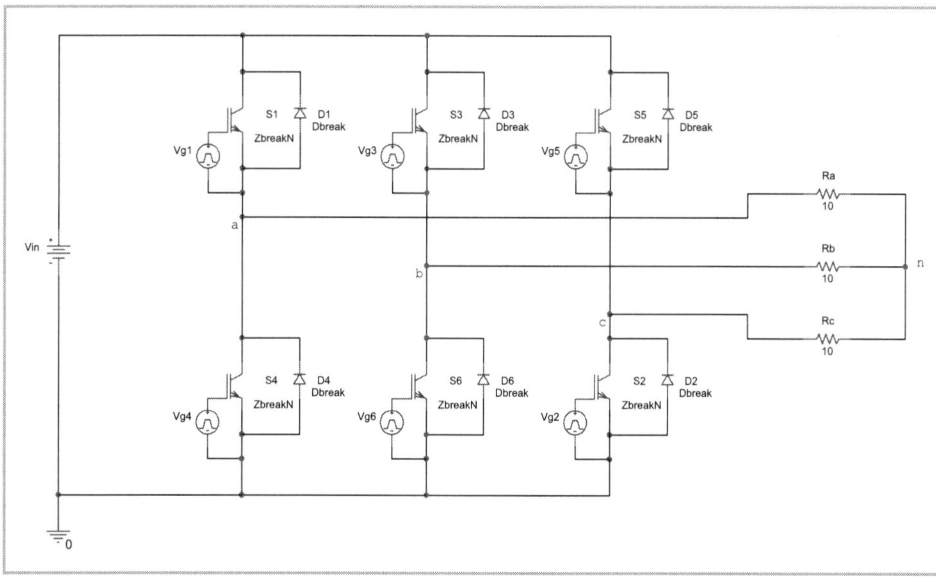

▌그림 6-7▐ 3상 브리지 전압원 인버터 회로(저항 부하)

1 회로 시뮬레이션 조건

① 직류 전압원(라이브러리 명 : SOURCE → VDC)

- 부품 이름/크기 : V_{in} = 460V

② 구형파 전압원(라이브러리 명 : SOURCE → VPULSE)

- 부품 이름 : V_{g1} / V_{g2} / V_{g3} / V_{g4} / V_{g5} / V_{g6}

▶ 구형파 전압원 조건[출력전압 주파수 f = 1kHz일 때 V_{g1}, V_{g3}, V_{g5}는 각 120° 차이, V_{g4}, V_{g6}, V_{g2}는 각각 V_{g1}, V_{g3}, V_{g5}와 180° 차이]

- V_{g1}의 TD 값 : 0° = 0ms
- V_{g3}의 TD 값 : 120°[120°(V_{g1}과 차이)] = 333.33μs
- V_{g5}의 TD 값 : 240°[120°(V_{g1}과 차이) + 120°(V_{g3}와 차이)] = 666.67μs
  (360° : 1ms = 120° : x, x = 0.33333ms = 333.33μs)

- V_{g4}의 TD 값 : 180°[0°(V_{g1}의 값) + 180°(V_{g1}과 차이)]
  = 0ms + 0.5ms = 0.5ms = 500㎲
- V_{g6}의 TD 값 : 300°[120°(V_{g3}의 값) + 180°(V_{g3}와 차이)]
  = 333.33㎲ + 500㎲ = 833.33㎲
- V_{g2}의 TD 값 : 60° = 60°+ 360° = 420°[240°(V의 값) + 180°(V_{g5}와 차이)]
  = 666.67㎲ + 500㎲ = 1166.67㎲ = 1166.67 − 1000㎲(주기)
  = 166.67㎲(360° : 1ms = 180° : x, x = 0.5ms = 500㎲)

Parameter	V_{g1}	V_{g2}	V_{g3}	V_{g4}	V_{g5}	V_{g6}
TD (Time Delay)	TD = 0ms	TD = 166.67㎲	TD = 333.33㎲	TD = 500㎲	TD = 666.67㎲	TD = 833.33㎲
PER(Period)	PER = 1ms [f = 1/T = 1/1ms = 1kHz]					
TR (Time Rising)	TR = 1ns					
TF (Time Falling)	TF = 1ns					
V_1 / V_2	V_1 = 0V / V_2 = 20V					
PW (Pulse Width)	PW = 0.5ms [PW 조정 : 전압크기가 변화]					

③ 저항(라이브러리 명 : ANALOG → R)

- 부품 이름 : R_a / R_b / R_c = 10(Ω)

④ IGBT(라이브러리 명 : BREAKOUT → ZbreakN, IGBT → APT30GF60BN)

- 부품 이름 : S_1 / S_2 / S_3 / S_4 / S_5 / S_6

⑤ 다이오드(라이브러리 명 : BREAKOUT → Dbreak)

- 부품 이름 : D_1 / D_2 / D_3 / D_4 / D_5 / D_6

⑥ 접지(라이브러리 명 : Tool Palette → GND → Source)

- symbol : 0 선택

⑦ PSpice → New Simulation → Name(3P Bridge Inverter-R) → Simulation setting (3P Bridge Inverter-R) → Run to Time : 5ms

⑧ Option 변경 : Schematic 회로 화면상에서 Edit simulation profile 클릭 → Simulation settings상의 Options 클릭 → ITL4(Transient time point iteration limit) = 20으로 변경

2 시뮬레이션 결과

① 입력전압(V_{in}), 게이트 전압(V_{g1}~V_{g6}) 파형 측정

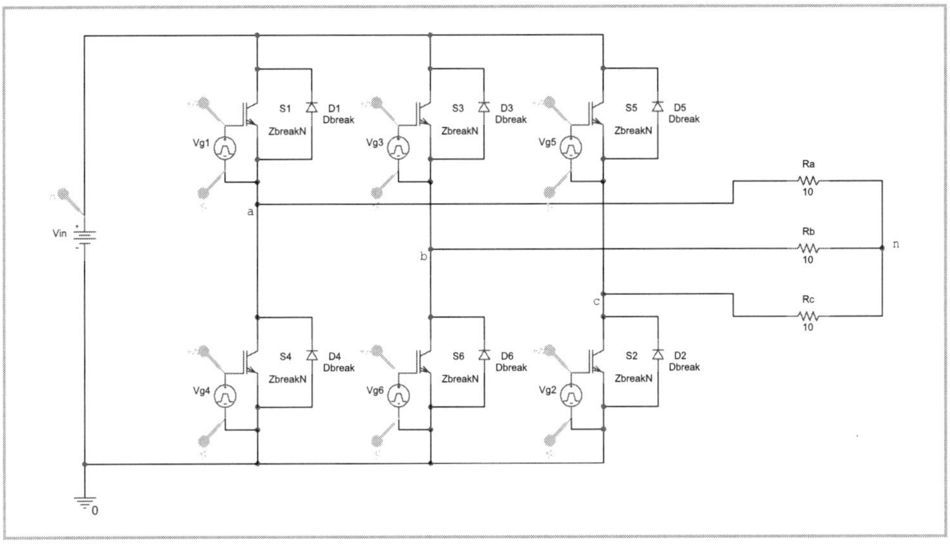

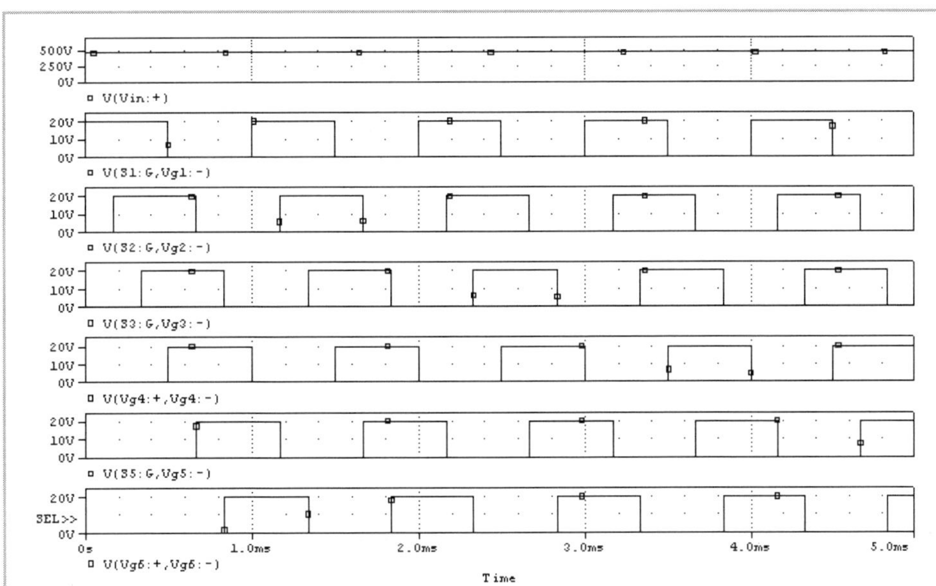

② 부하 출력 상전압(V_{Ra}, V_{Rb}, V_{Rc}), 선간전압(V_{Rab}, V_{Rbc}, V_{Rca}) 파형 측정

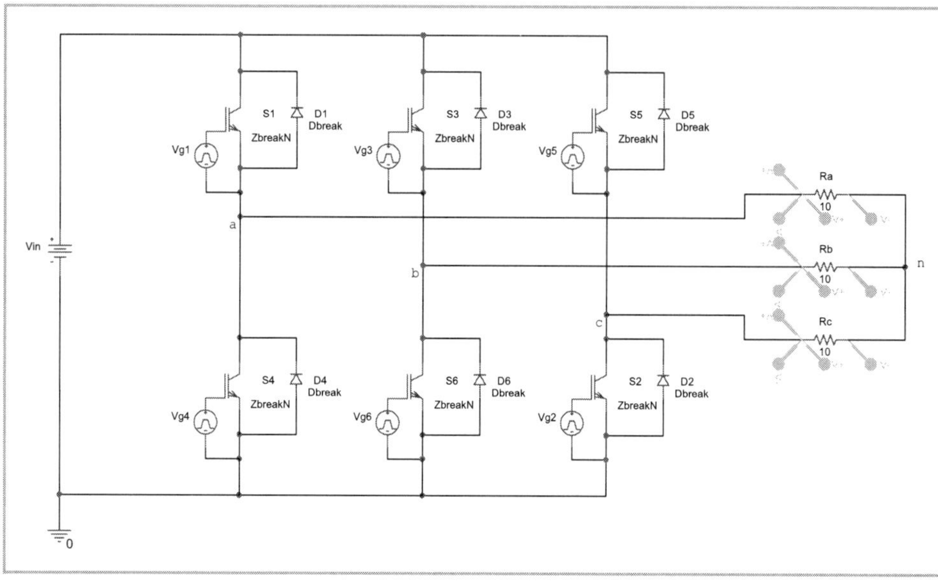

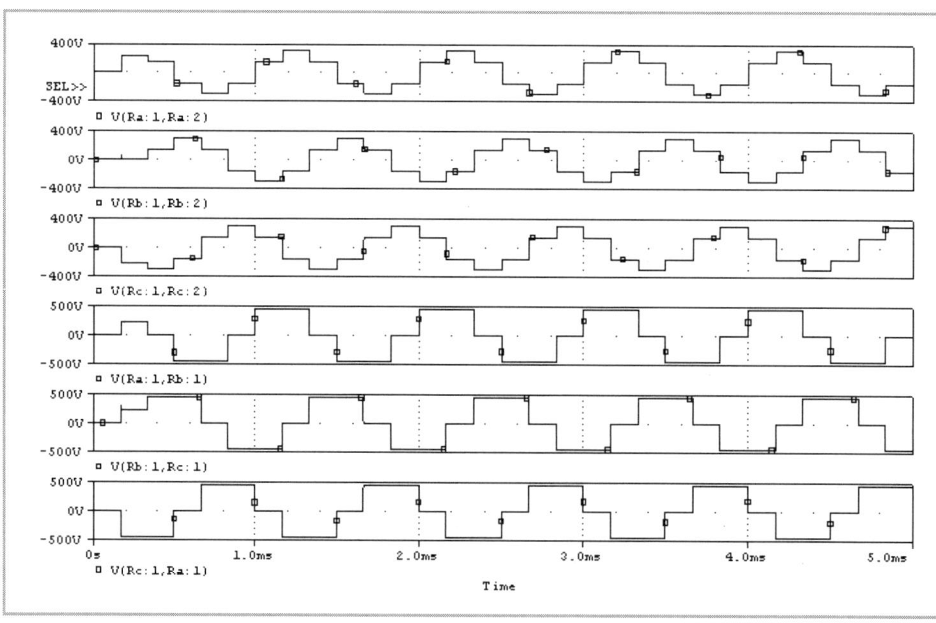

③ 출력 전류(I_{Ra}, I_{Rb}, I_{Rc}), IGBT 양단간 전압(V_{S1}), 다이오드 양단간 전압(V_{D1}) 파형 측정

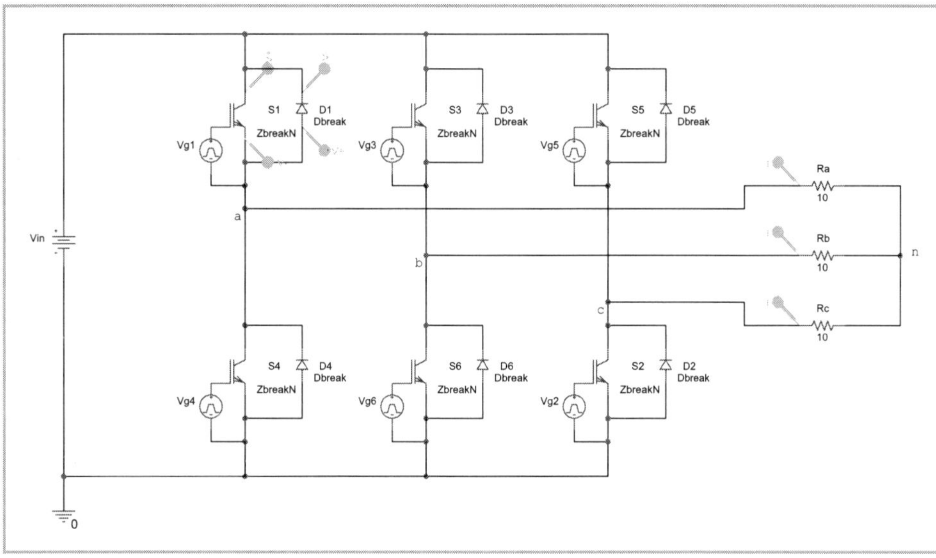

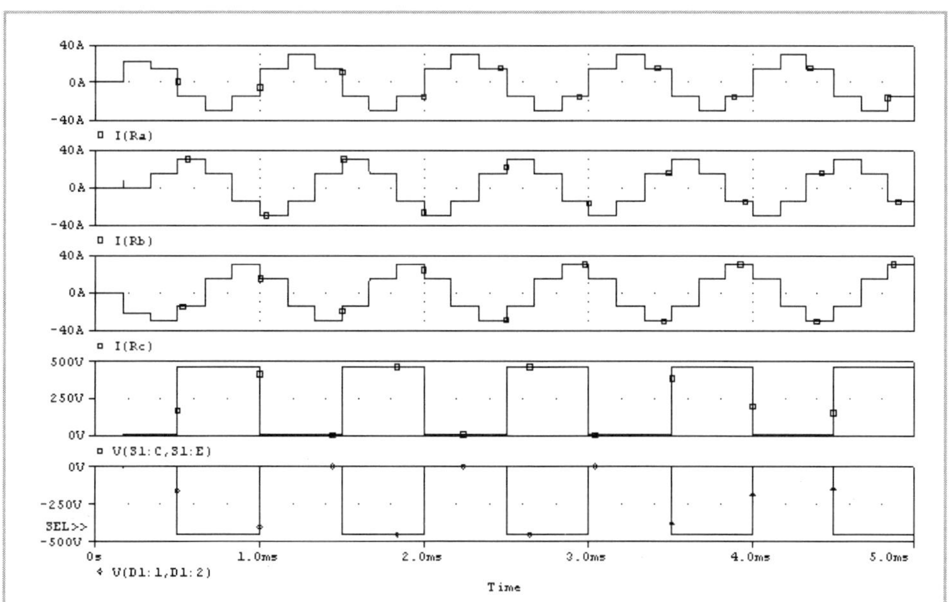

6.4.2 R-L부하

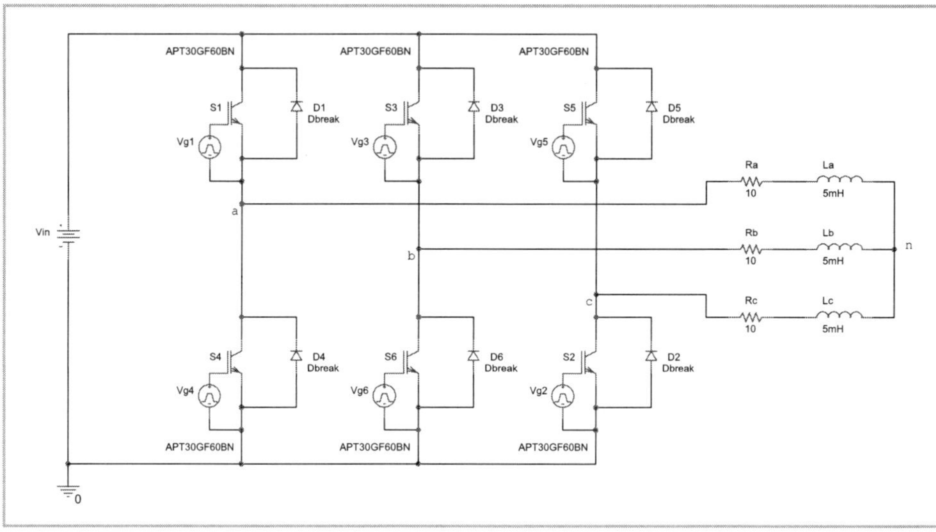

❙그림 6-8❙ 3상 브리지 전압원 인버터 회로(저항-인덕턴스 부하)

1 회로 시뮬레이션 조건

① 직류 전압원(라이브러리 명 : SOURCE → VDC)

- 부품 이름/크기 : V_{in} = 460V

② 구형파 전압원(라이브러리 명 : SOURCE → VPULSE)

- 부품 이름 : V_{g1} / V_{g2} / V_{g3} / V_{g4} / V_{g5} / V_{g6}

▸ 구형파 전압원 조건[출력전압 주파수 f = 1kHz일 때, V_{g1}, V_{g3}, V_{g5}는 각 120° 차이, V_{g4}, V_{g6}, V_{g2}는 각각 V_{g1}, V_{g3}, V_{g5}와 180° 차이]

- V_{g1}의 TD 값 : 0° = 0ms
- V_{g3}의 TD 값 : 120°[120°(V_{g1}과 차이)] = 333.33μs
- V_{g5}의 TD 값 : 240°[120°(V_{g1}과 차이) + 120°(V_{g3}와 차이)] = 666.67μs
  (360° : 1ms = 120° : x, x = 0.33333ms = 333.33μs)
- V_{g4}의 TD 값 : 180°[0°(V_{g1}의 값) + 180°(V_{g1}과 차이)]
  = 0ms + 0.5ms = 0.5ms = 500μs

- V_{g6}의 TD 값 : 300°[120°(V_{g3}의 값) + 180°(V_{g3}와 차이)]
  = 333.33μs + 500μs = 833.33μs

- V_{g2}의 TD 값 : 60° = 60° + 360° = 420°[240°(V_{g5}의 값) + 180°(V_{g5}와 차이)]
  = 666.67μs + 500μs = 1166.67μs
  = 1166.67 − 1000μs(주기) = 166.67μs
  (360° : 1ms = 180° : x, x = 0.5ms = 500μs)

Parameter	V_{g1}	V_{g2}	V_{g3}	V_{g4}	V_{g5}	V_{g6}
TD (Time Delay)	TD = 0ms	TD = 166.67μs	TD = 333.33μs	TD = 500μs	TD = 666.67μs	TD = 833.33μs
PER(Period)	PER = 1ms [f = 1/T = 1/1ms = 1kHz]					
TR (Time Rising)	TR = 1ns					
TF (Time Falling)	TF = 1ns					
V_1 / V_2	V_1 = 0V / V_2 = 20V					
PW (Pulse Width)	PW = 0.5ms [PW 조정 : 전압크기가 변화]					

③ 저항(라이브러리 명 : ANALOG → R)

- 부품 이름 : R_a / R_b / R_c = 10(Ω)

④ 인덕터(라이브러리 명 : ANALOG → L)

- 부품 이름/크기 : L_a = L_b = L_c = 5(mH)

⑤ IGBT(라이브러리 명 : IGBT → APT30GF60BN, BREAKOUT → ZbreakN)

- 부품 이름 : S_1 / S_2 / S_3 / S_4 / S_5 / S_6

⑥ 다이오드(라이브러리 명 : BREAKOUT → Dbreak)

- 부품 이름 : D_1 / D_2 / D_3 / D_4 / D_5 / D_6

⑦ 접지(라이브러리 명 : Tool Palette → GND → Source)

- symbol : 0 선택

⑧ PSpice → New Simulation → Name(3P Bridge Inverter-RL) → Simulation setting(3P Bridge Inverter-RL) → Run to Time : 5ms

⑨ Option 변경 : Schematic 회로 화면상에서 Edit simulation profile 클릭 → Simulation settings 상의 Options 클릭 → ITL4(Transient time point iteration limit) = 20, ABSTOL(Best accuracy of currents) = 1μ으로 변경

2 시뮬레이션 결과

① 입력전압(V_{in}), 게이트 전압(V_{g1} ~ V_{g6}) 파형 측정

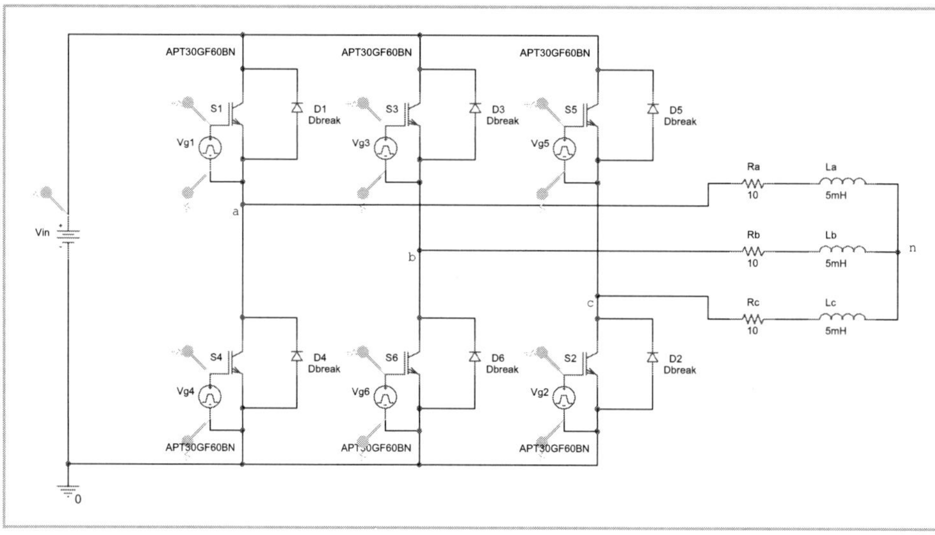

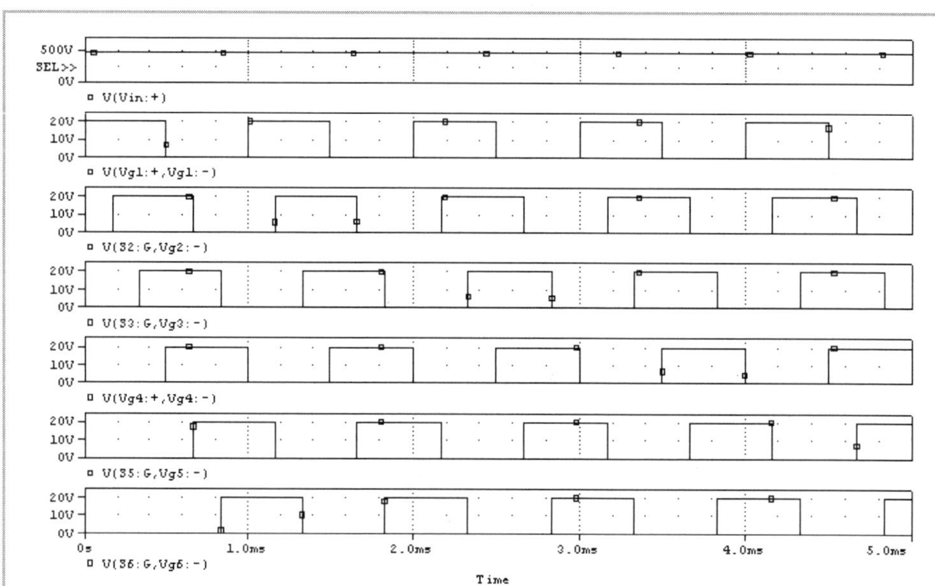

② 부하 출력 상전압(V_{Ra}, V_{Rb}, V_{Rc}), 선간전압(V_{Rab}, V_{Rbc}, V_{Rca}) 파형 측정

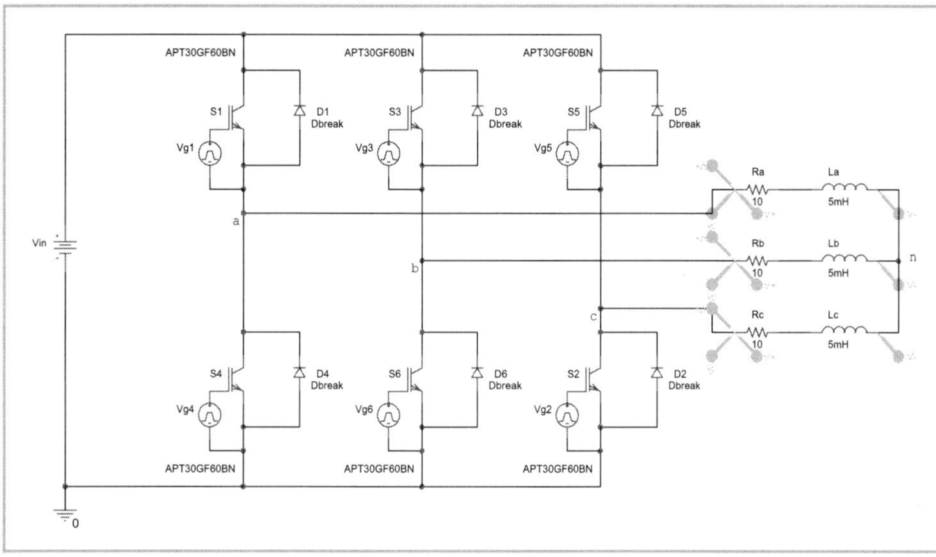

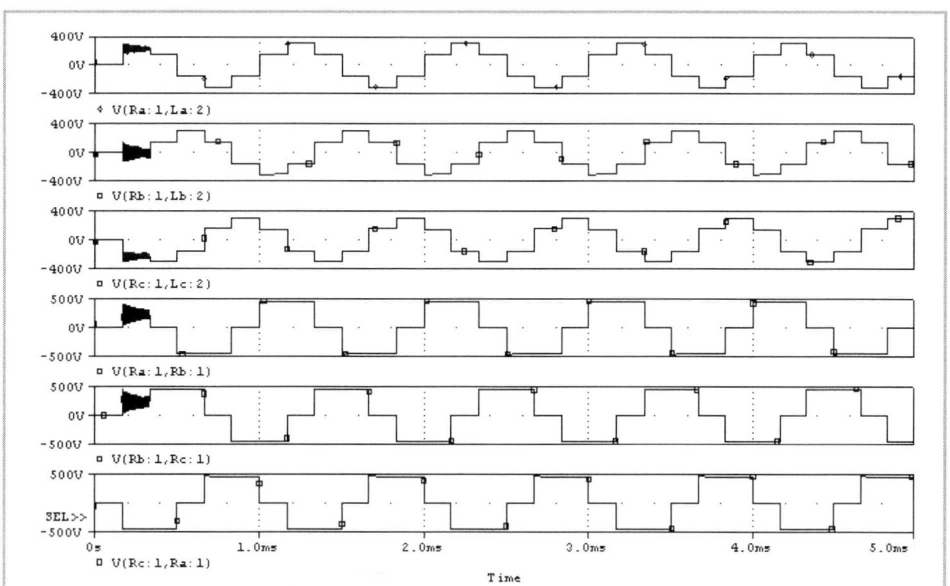

③ 출력 전류(I_{Ra}, I_{Rb}, I_{Rc}), IGBT 양단간 전압(V_{S1}), 다이오드 양단간 전압(V_{D1}) 파형 측정

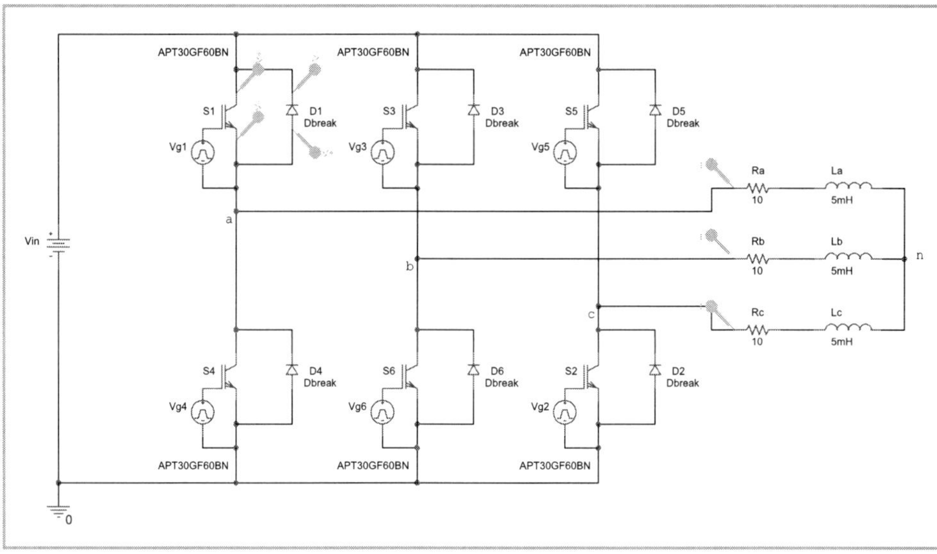

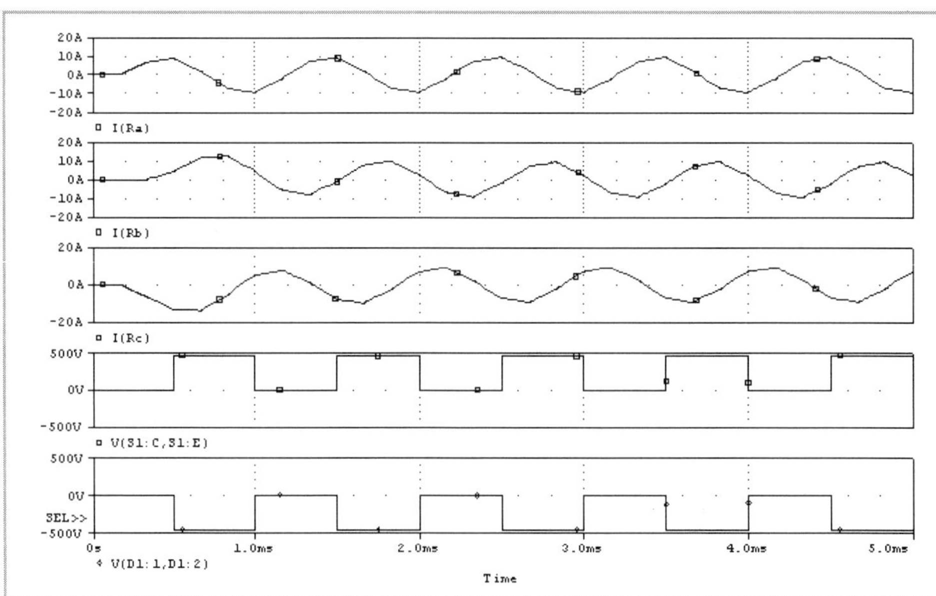

6.5 단상 PWM 인버터

6.5.1 단상 PWM 인버터(1)

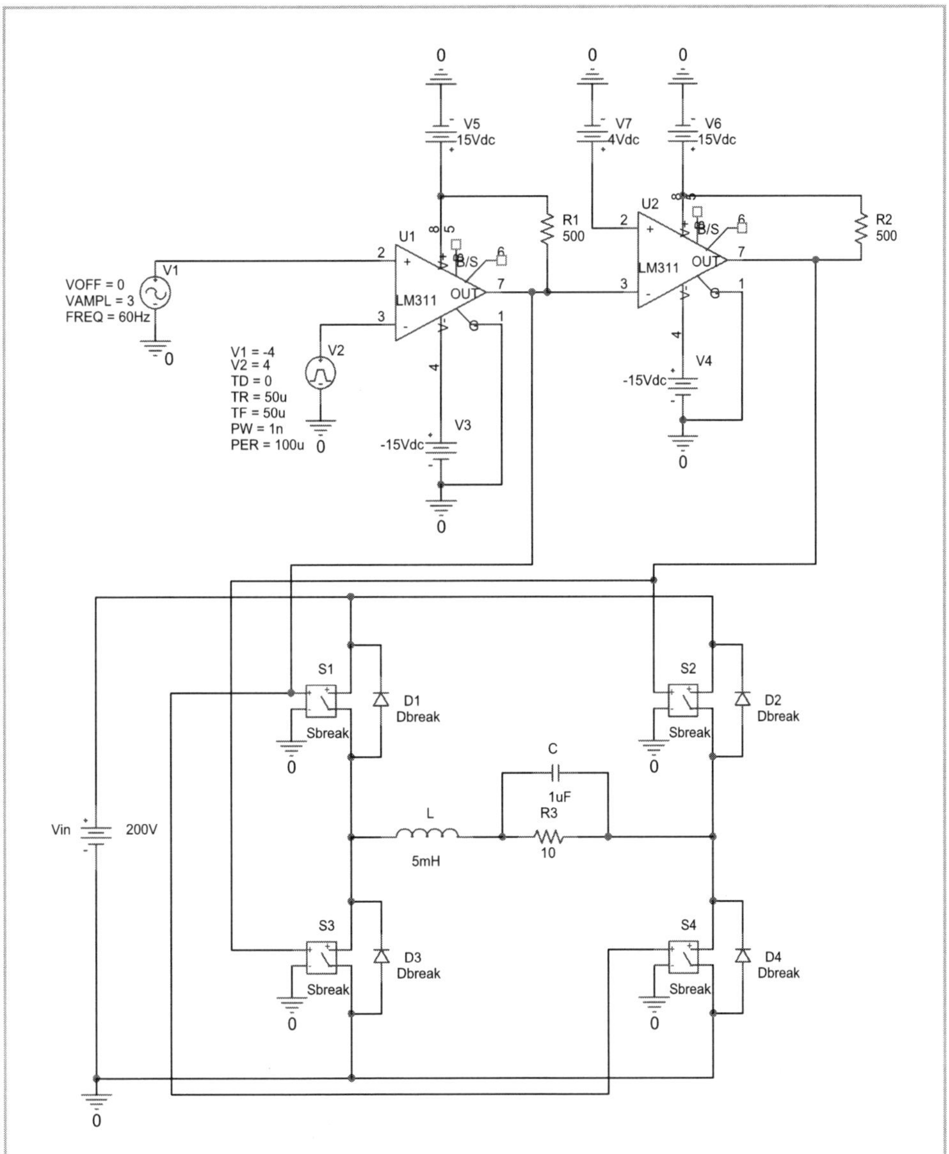

▎그림 6-9▎ 단상 PWM 인버터(1)

1 회로 시뮬레이션 조건

① 직류 전압원(라이브러리 명 : SOURCE → VDC)

- 부품 이름/크기 : V_{in} = 200V
- 부품 이름/크기 : $V_3 = V_4 = -15V_{dc}$, $V_5 = V_6 = 15V_{dc}$, $V_7 = 4V_{dc}$

② 정현파 전압원(라이브러리 명 : SOURCE → VSIN)

- 부품 이름 : V_1
- 크기 : VOFF = 0, VAMPL = 3V, FREQ = 60Hz

③ 구형파 전압원(라이브러리 명 : SOURCE → VPULSE)

- 부품 이름 : V_2
- 구형파 전압원 조건

Parameter	V_2
TD(Time Delay)	TD = 0ms
PER(Period)	PER = 100μs
TR(Time Rising)	TR = 50μs
TF(Time Falling)	TF = 50μs
V_1 / V_2	V_1 = -4V / V2 = 4V
PW(Pulse Width)	PW = 1ns

④ 저항(라이브러리 명 : ANALOG →R)

- 부품 이름/크기 : R_1 / R_2 = 500(Ω), R_3 = 10(Ω)

⑤ 인덕터(라이브러리 명 : ANALOG → L)

- 부품 이름/크기 : L = 5(mH)

⑥ 콘덴서(라이브러리 명 : ANALOG → C)

- 부품 이름/크기 : C = 1(μF)

⑦ 다이오드(라이브러리 명 : BREAKOUT → Dbreak)

- 부품 이름 : D_1 / D_2 / D_3 / D_4

⑧ OP-AMP(라이브러리명 : OPAMP → LM311)

- 부품 이름 : U_1, U_2

⑨ S 스위치(라이브러리 명 : BREAKOUT → Sbreak)

- 부품 이름 : S_1 / S_2 / S_3 / S_4

⑩ 접지(라이브러리 명 : Tool Palette → GND → Source)

- symbol : 0 선택

⑪ PSpice → New Simulation → Name(1P PWM Inverter) → Simulation setting (1P PWM Inverter) → Run to Time : 40ms

⑫ Option 변경 : Schematic 회로 화면상에서 Edit simulation profile 클릭 → Simulation settings 상의 Options 클릭 → ITL4(Transient time point iteration limit) = 40으로 변경

2 시뮬레이션 결과

① 입력전압(V_{in}), 게이트 전압(V_{g1} ~ V_{g4}) 파형 측정 : 파형확대 → 값 입력(38ms, 40ms)

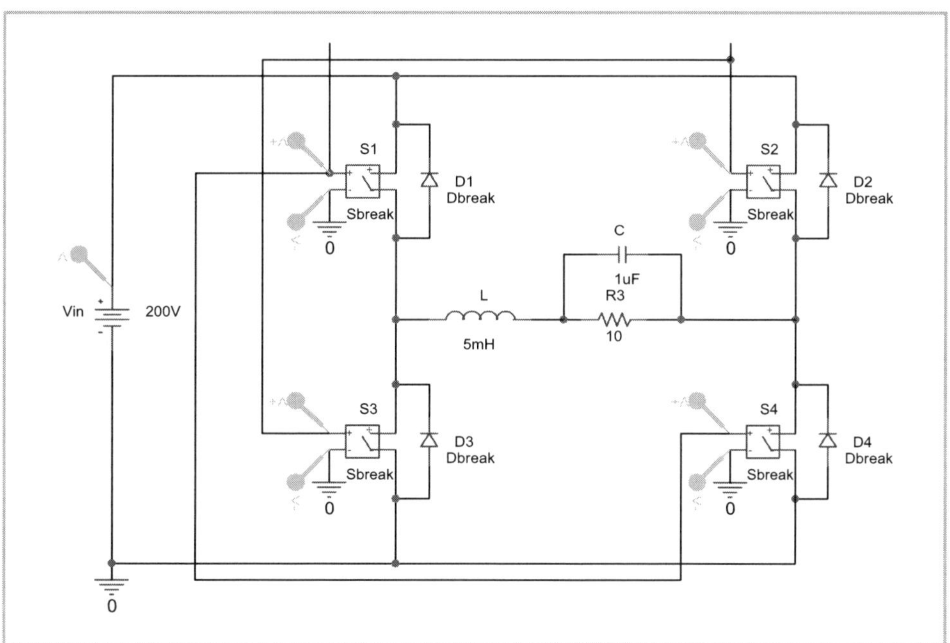

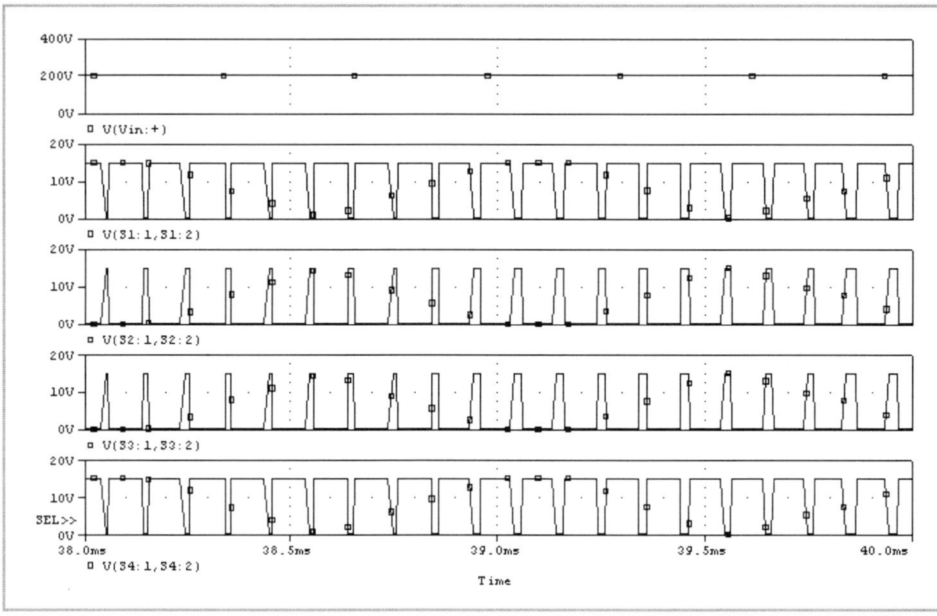

② 출력 전압(V_R), 출력 전류(I_R) 파형 측정 → Run to Time : 40ms

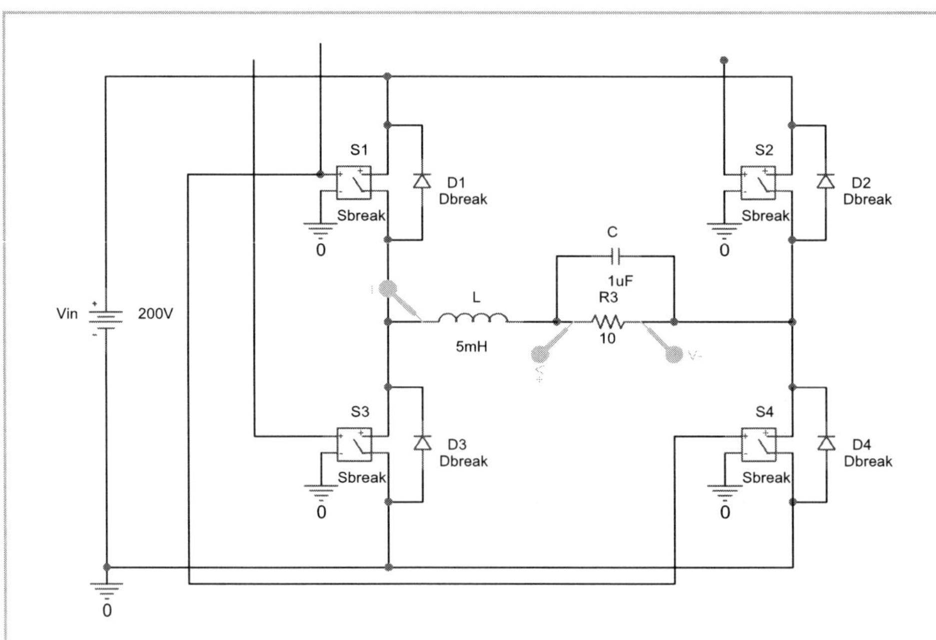

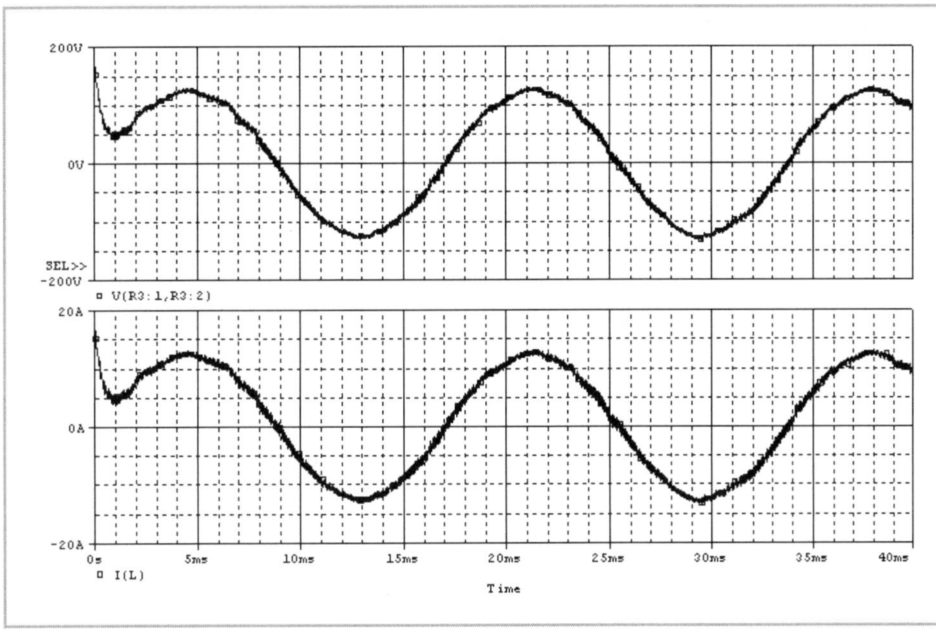

6.5.2 단상 PWM 인버터(2)

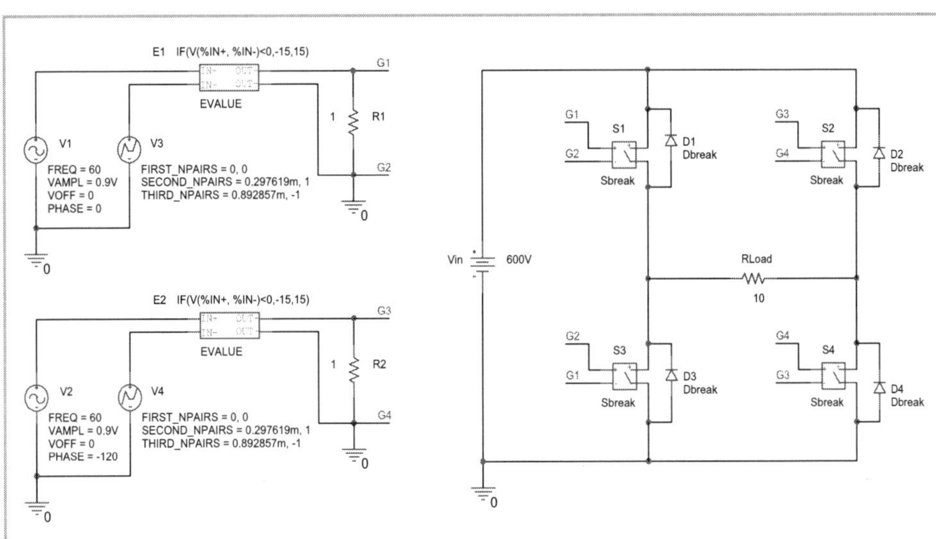

I 그림 6-10 I 단상 PWM 인버터(2)

1 회로 시뮬레이션 조건

① 직류 전압원(라이브러리 명 : SOURCE → VDC)

- 부품 이름/크기 : V_{in} = 600V

② 정현파 전압원(라이브러리 명 : SOURCE → VSIN)

- 부품 이름/크기

V_1 : VOFF = 0, VAMPL = 0.9V, FREQ = 60Hz, PHASE = 0

V_2 : VOFF = 0, VAMPL = 0.9V, FREQ = 60Hz, PHASE = -120

③ 선형 전압원(라이브러리 명 : SOURCE → VPWL_RE_FOREVER)

- 부품 이름/크기

V_3 = V_4 : **FIRST_NPAIRS** = 0, 0 **SECOND_NPAIRS** = 0.297619m, 1
THIRD_NPAIRS = 0.892857m, -1

④ 전압제어용 전압원(라이브러리 명 : ABM → EVALUE)

- 부품 이름/크기

E_1 = E_2 : **EXPR** = IF(V(%IN+, %IN-) < 0, -15, 15)
→ 두 입력차가 0보다 작으면 -15V를 출력하고, 크면 15V를 출력한다.

⑤ 저항(라이브러리 명 : ANALOG → R)

- 부품 이름/크기 : R_1 = R_2 = 1(Ω), R_{Load} = 10(Ω)

⑥ 다이오드(라이브러리 명 : BREAKOUT → Dbreak)

- 부품 이름 : D_1 / D_2 / D_3 / D_4

⑦ S 스위치(라이브러리 명 : BREAKOUT → Sbreak)

- 부품 이름 : S_1 / S_2 / S_3 / S_4

⑧ 접지(라이브러리 명 : Tool Palette → GND → Source)

- symbol : 0 선택

⑨ Gate 연결 : Tool Palette(또는 Place → Net Alias) → N1 → **G1~G4 입력**

⑩ PSpice → New Simulation → Name(1P-S-PWM Inverter) → Simulation setting (1P-S-PWM Inverter) → Run to Time : 40ms

⑪ Option 변경 : Schematic 회로 화면상에서 Edit simulation profile 클릭→ Simulation settings 상의 Options 클릭→ITL4(Transient time point iteration limit) = 40으로 변경

2 시뮬레이션 결과

① 입력전압(V_{in}), 게이트 전압(V_{G1}, V_{G3}), 출력전압(V_{RLoad}) 파형 측정

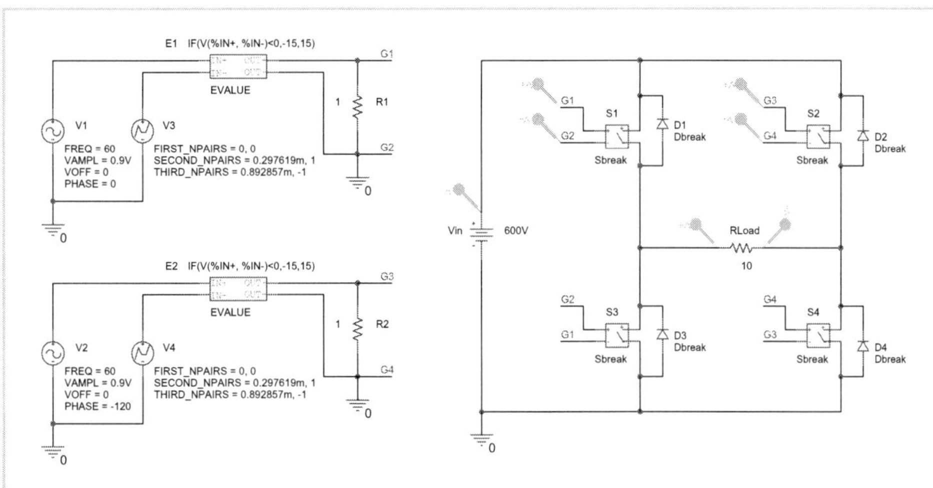

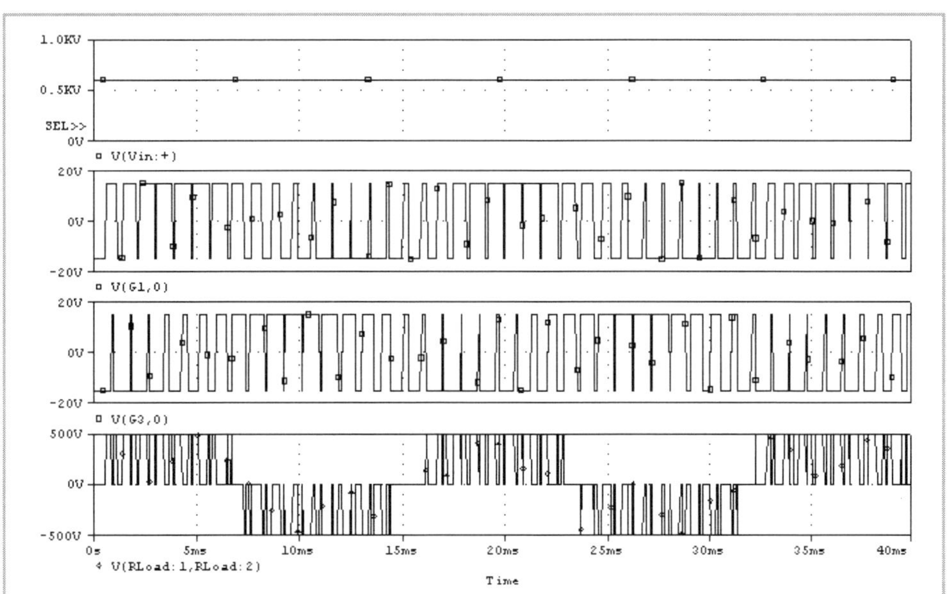

6.5.3 단상 PWM 인버터(3)

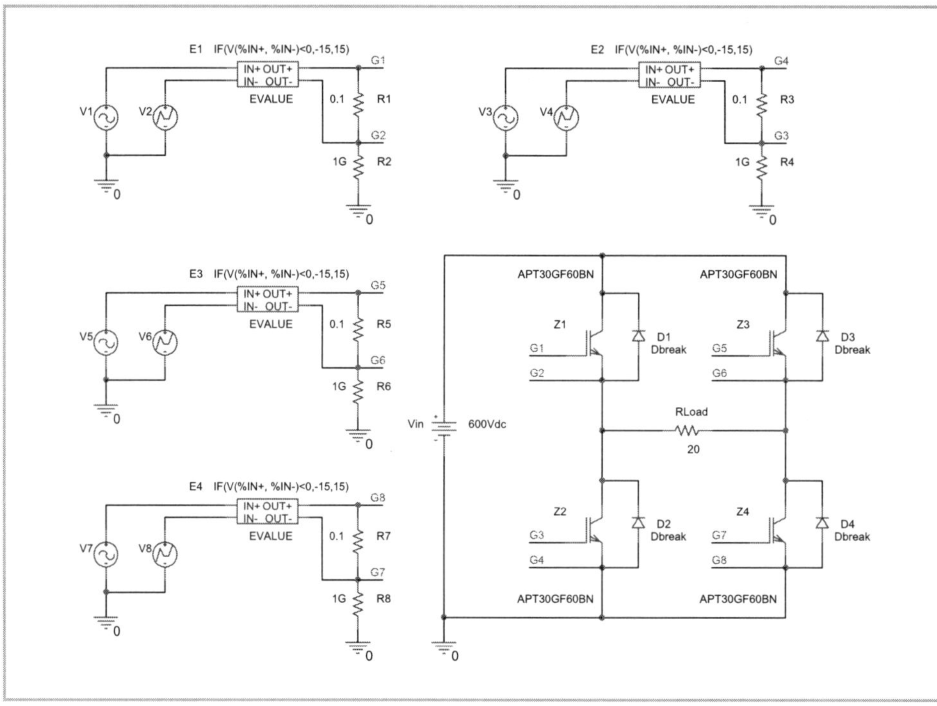

▌그림 6-11▐ 단상 PWM 인버터(3)

1 회로 시뮬레이션 조건

① 직류 전압원(라이브러리 명 : SOURCE → VDC)

- 부품 이름/크기 : V_{in} = 600V

② 정현파 전압원(라이브러리 명 : SOURCE → VSIN)

- 부품 이름/크기

$V_1 = V_3$: VOFF = 0, VAMPL = 0.9V, FREQ = 60Hz, PHASE = 0

$V_5 = V_7$: VOFF = 0, VAMPL = 0.9V, FREQ = 60Hz, PHASE = −120

③ 선형 전압원(라이브러리 명 : SOURCE→VPWL_RE_FOREVER)

- 부품 이름/크기

  $V_2 = V_4 = V_6 = V_8$: **FIRST_NPAIRS** = 0, 0
  SECOND_NPAIRS = 0.297619m, 1
  THIRD_NPAIRS = 0.892857m, -1

④ 전압제어용 전압원(라이브러리 명 : ABM→EVALUE)

- 부품 이름/크기

  $E_1 = E_2 = E_3 = E_4$: **EXPR** = IF(V(%IN+, %IN-) < 0, -15, 15)
  →두 입력차가 0보다 작으면 -15V를 출력하고, 크면 15V를 출력한다.

⑤ 저항(라이브러리 명 : ANALOG→R)

- 부품 이름/크기 : $R_1 = R_3 = R_5 = R_7 = 0.1(\Omega)$, $R_2 = R_4 = R_6 = R_8 = 1G(\Omega)$
- 부품 이름/크기 : $R_{Load} = 20(\Omega)$

⑥ 다이오드(라이브러리 명 : BREAKOUT→Dbreak)

- 부품 이름 : D_1 / D_2 / D_3 / D_4

⑦ IGBT(라이브러리 명 : IGBT→APT30GF60BN)

- 부품 이름 : Z_1 / Z_2 / Z_3 / Z_4

⑧ 접지(라이브러리 명 : Tool Palette→GND→Source)

- symbol : 0 선택

⑨ Gate 연결 : Tool Palette(또는 Place→Net Alias)→N1→G1~G8 **입력**

⑩ PSpice→New Simulation→Name(1P-IGBT-PWM Inverter)→Simulation setting(1P-IGBT-PWM Inverter)→Run to Time : 40ms

⑪ Option 변경 : Schematic 회로 화면상에서 Edit simulation profile 클릭→Simulation settings 상의 Options 클릭→ITL4(Transient time point iteration limit) = 40으로 변경

2 시뮬레이션 결과

① 기준파 전압(V_1, V_5 : 120° 차), 캐리어파 전압(V_2), 게이트 전압(V_G) 파형 측정

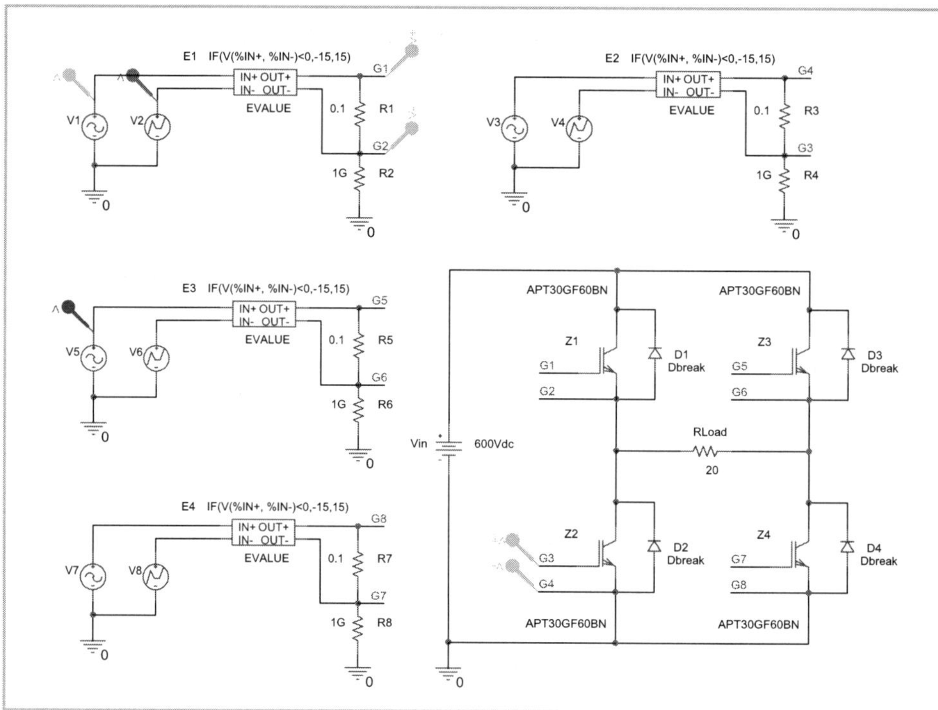

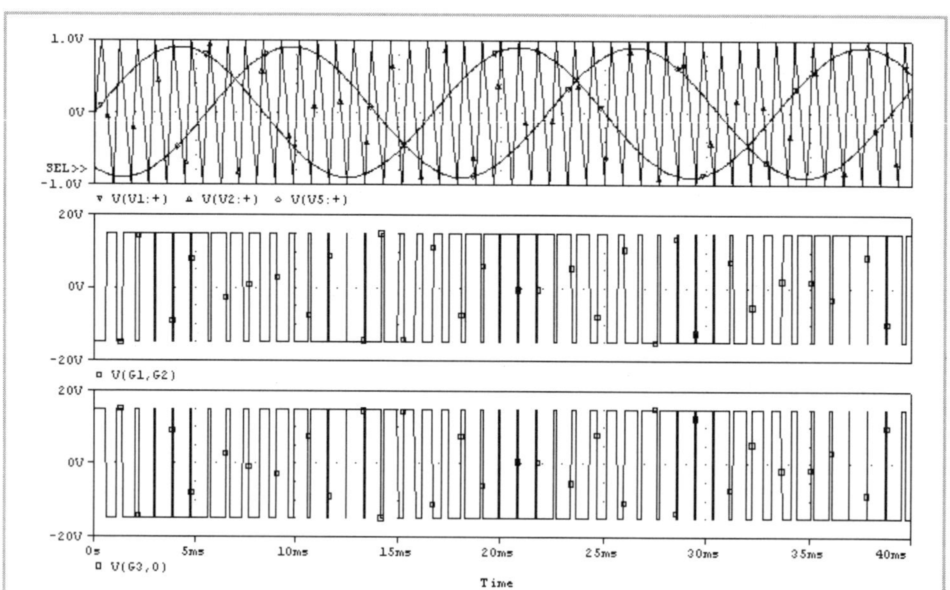

② 입력 전압(V_{in}), 출력 전압(V_{RLOAD}) 파형 측정

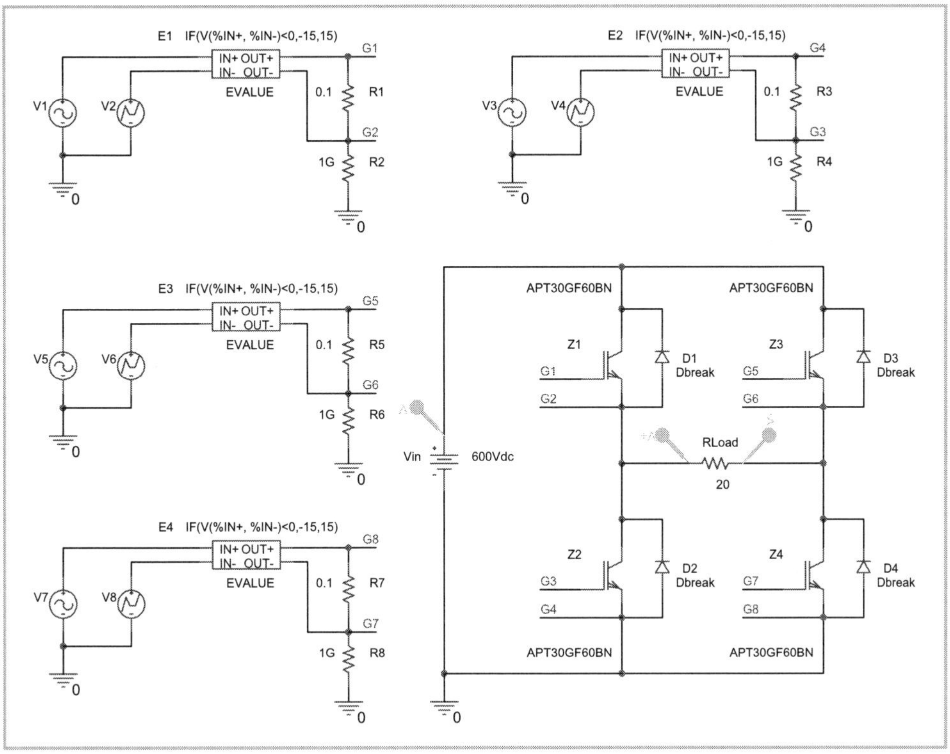

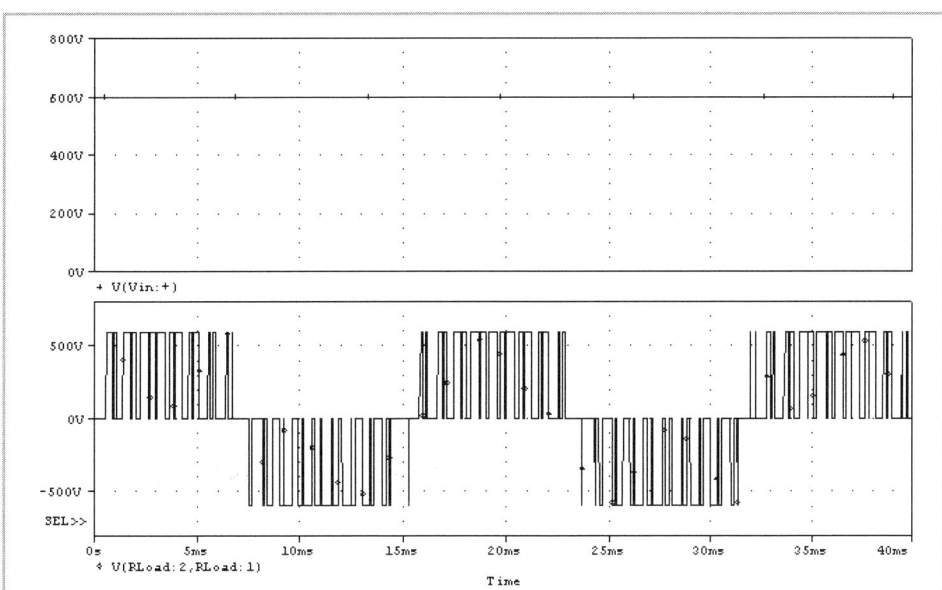

6.6 3상 PWM 인버터

6.6.1 3상 PWM 인버터(1)

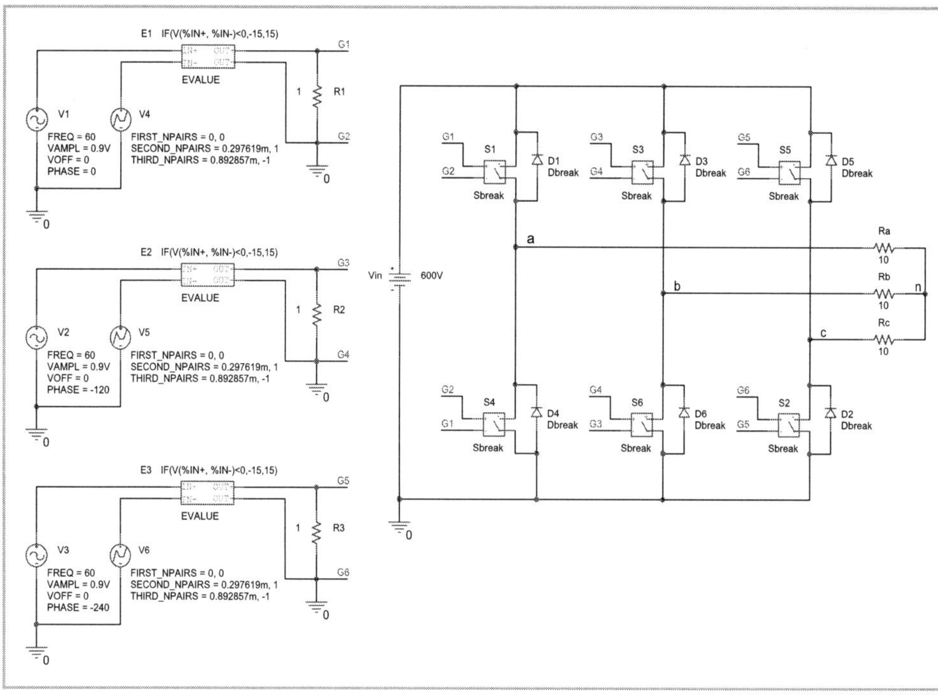

▌그림 6-12▐ 3상 PWM 인버터(1)

1 회로 시뮬레이션 조건

① 직류 전압원(라이브러리 명 : SOURCE → VDC)

- 부품 이름/크기 : V_{in} = 600V

② 정현파 전압원(라이브러리 명 : SOURCE → VSIN)

- 부품 이름/크기

V_1 : VOFF = 0, VAMPL = 0.9V, FREQ = 60Hz, PHASE = 0

V_2 : VOFF = 0, VAMPL = 0.9V, FREQ = 60Hz, PHASE = -120

V_3 : VOFF = 0, VAMPL = 0.9V, FREQ = 60Hz, PHASE = -240

③ 선형 전압원(라이브러리 명 : SOURCE → VPWL_RE_FOREVER)

- 부품 이름/크기

$V_4 = V_5 = V_6$: **FIRST_NPAIRS** = 0, 0
SECOND_NPAIRS = 0.297619m, 1
THIRD_NPAIRS = 0.892857m, -1

④ 전압제어용 전압원(라이브러리 명 : ABM → EVALUE)

- 부품 이름/크기

$E_1 = E_2 = E_3$: **EXPR** = IF(V(%IN+,%IN-)<0,-15,15) → 두 입력차가 0보다 작으면 -15V를 출력하고, 크면 15V를 출력한다.

⑤ 저항(라이브러리 명 : ANALOG → R)

- 부품 이름/크기 : $R_1 = R_2 = R_3 = 1(\Omega)$, $R_a = R_b = R_c = 10(\Omega)$

⑥ 다이오드(라이브러리 명 : BREAKOUT → Dbreak)

- 부품 이름 : D_1 / D_2 / D_3 / D_4 / D_5 / D_6

⑦ S 스위치(라이브러리 명 : BREAKOUT → Sbreak)

- 부품 이름 : S_1 / S_2 / S_3 / S_4 / S_5 / S_6

⑧ 접지(라이브러리 명 : Tool Palette → GND → Source)

- symbol : 0 선택

⑨ Gate 연결 : Tool Palette(또는 Place → Net Alias) → N1 → G1~G6 **입력**

⑩ PSpice → New Simulation → Name(3P-S-PWM Inverter) → Simulation setting (3P-S-PWM Inverter) → Run to Time : 40ms

⑪ Option 변경 : Schematic 회로 화면상에서 Edit simulation profile 클릭 → Simulation settings 상의 Options 클릭 → ITL4(Transient time point iteration limit) = 40으로 변경

2 시뮬레이션 결과

① 입력전압(V_{in}), 게이트 전압($V_{G1} \sim V_{G6}$) 파형 측정

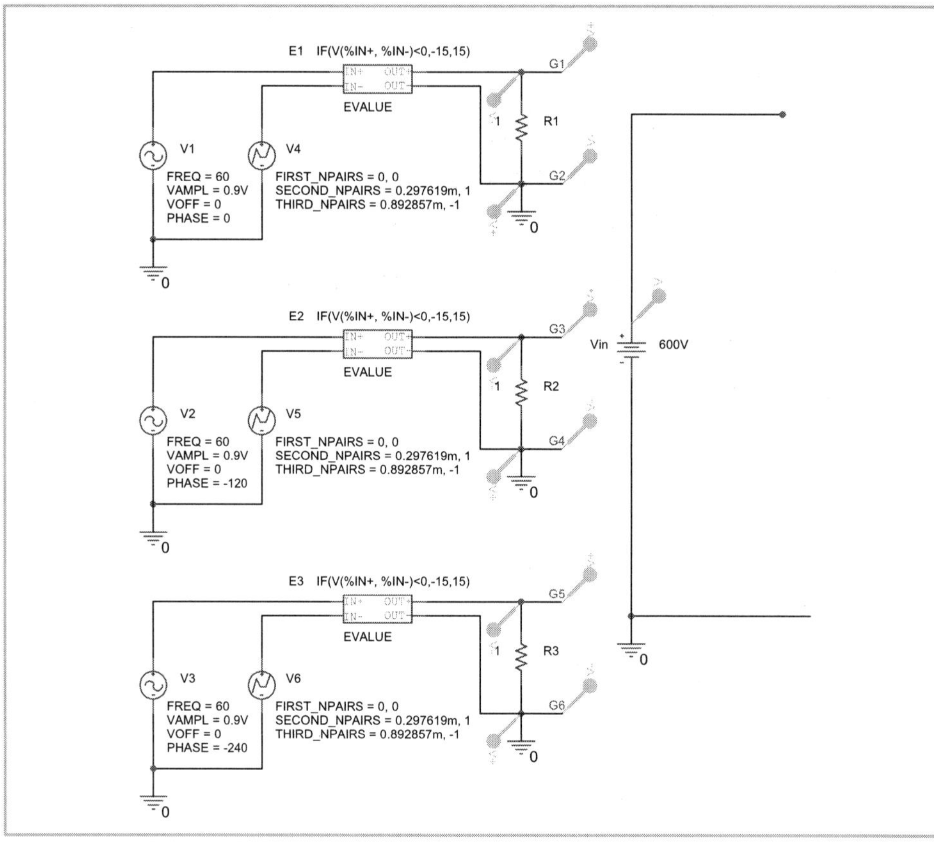
E1 IF(V(%IN+, %IN-)<0,-15,15)
EVALUE
V1
FREQ = 60
VAMPL = 0.9V
VOFF = 0
PHASE = 0
V4
FIRST_NPAIRS = 0, 0
SECOND_NPAIRS = 0.297619m, 1
THIRD_NPAIRS = 0.892857m, -1
R1
G1
G2
E2 IF(V(%IN+, %IN-)<0,-15,15)
V2
PHASE = -120
V5
R2
G3
G4
Vin
600V
E3 IF(V(%IN+, %IN-)<0,-15,15)
V3
PHASE = -240
V6
R3
G5
G6

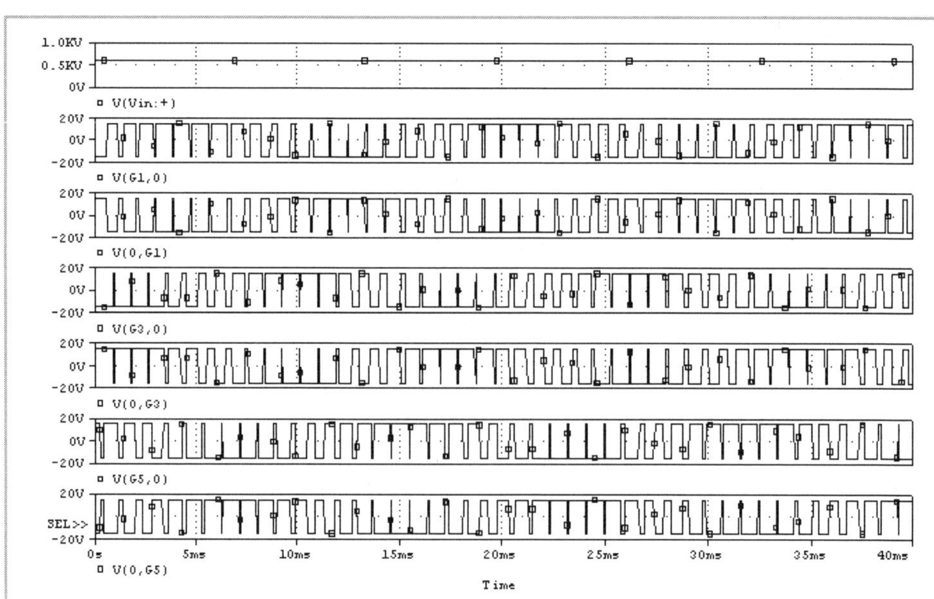
V(Vin:+)
V(G1,0)
V(0,G1)
V(G3,0)
V(0,G3)
V(G5,0)
V(0,G5)
Time

② 부하 상전압(V_{Ra}, V_{Rb}, V_{Rc}) 파형 측정

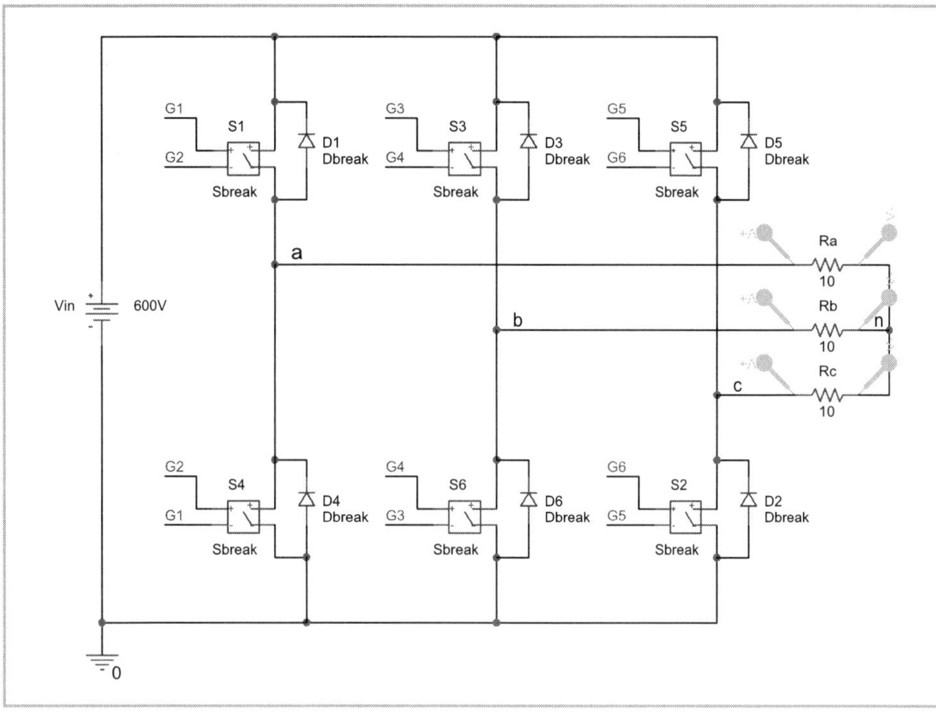

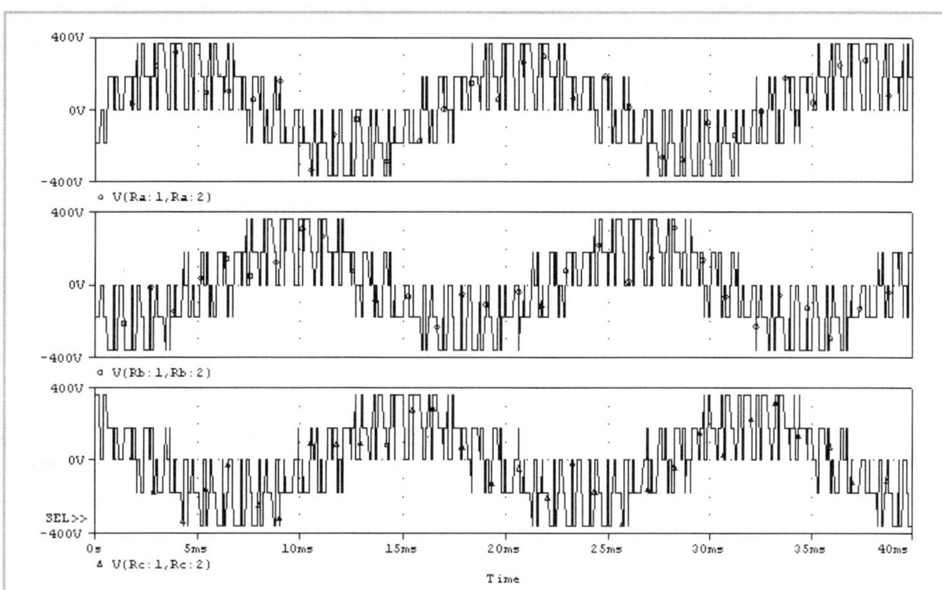

② 부하 선간전압(V_{Rab}, V_{Rbc}, V_{Rca}) 파형 측정

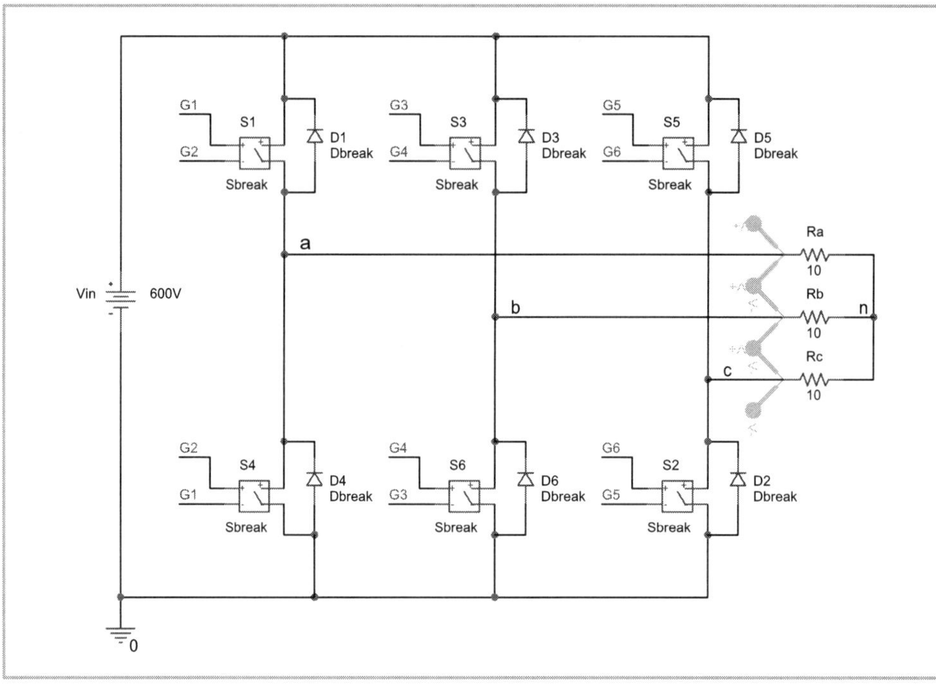

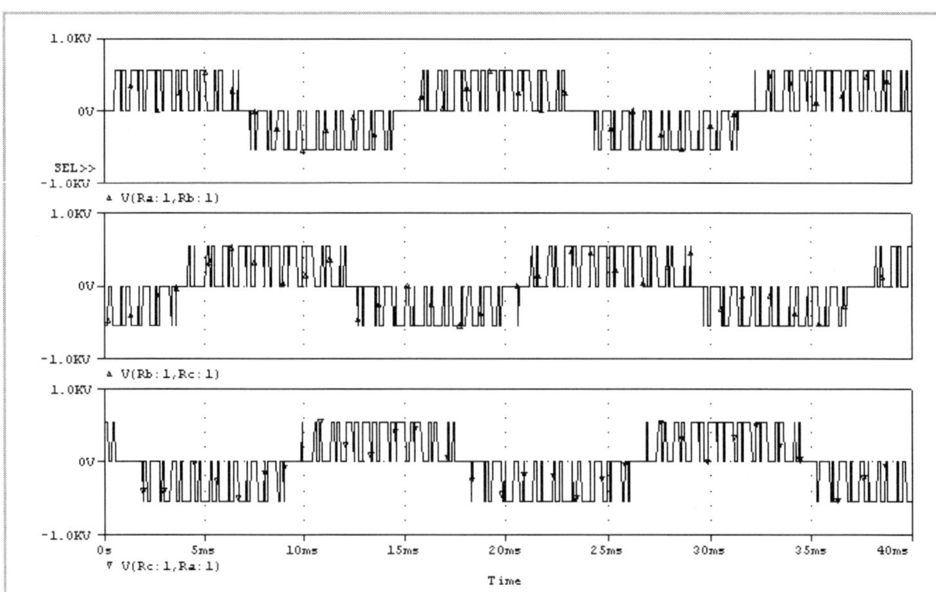

6.6.2 3상 PWM 인버터(2)

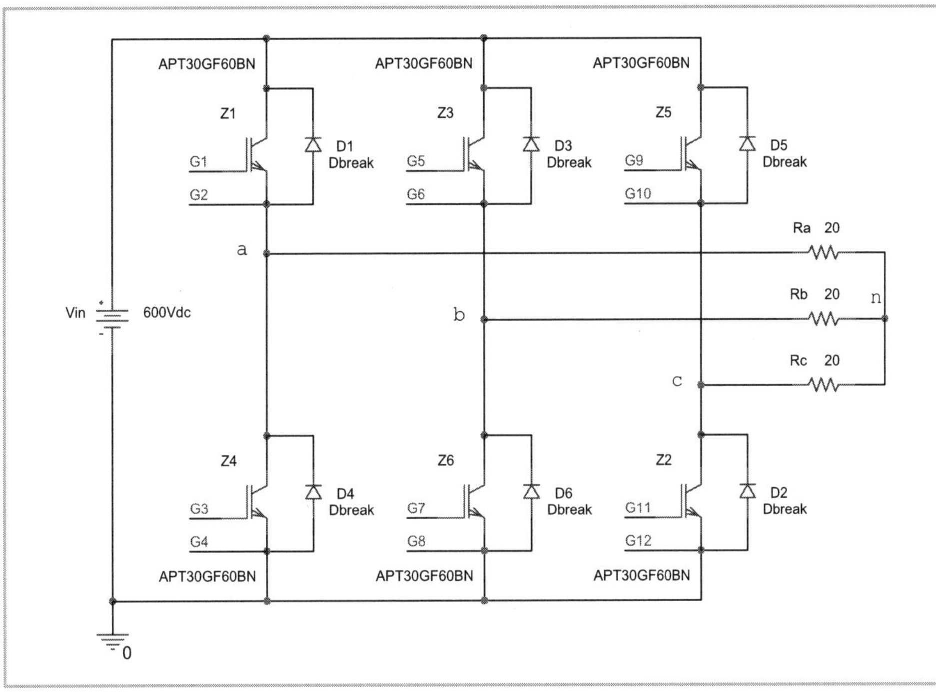

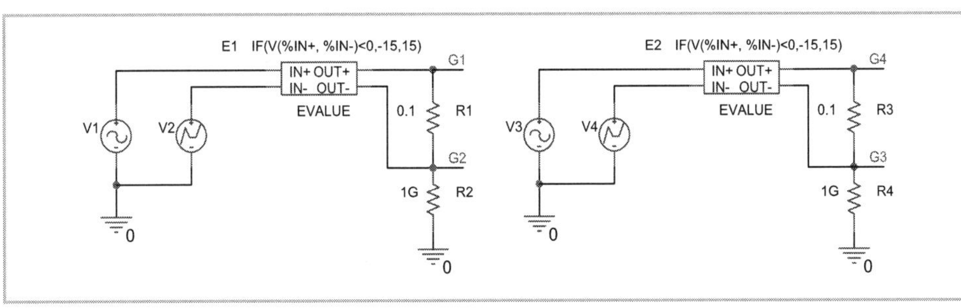

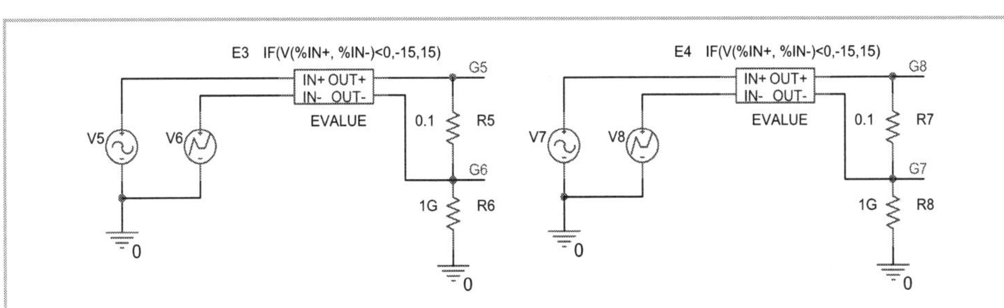

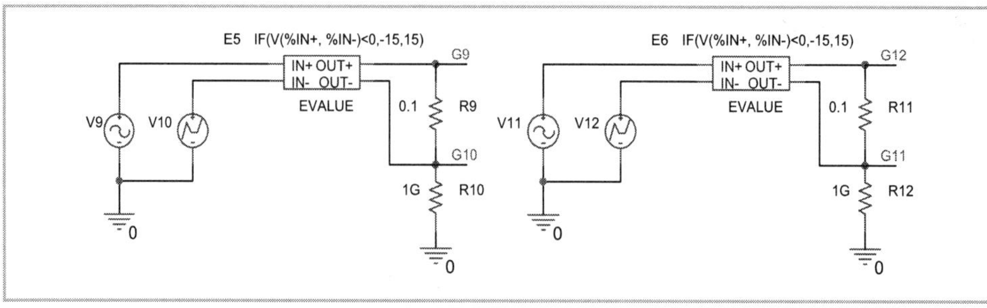

▌그림 6-13▐ 3상 PWM 인버터(2)

1 회로 시뮬레이션 조건

① 직류 전압원(라이브러리 명 : SOURCE → VDC)

- 부품 이름/크기 : V_{in} = 600V

② 정현파 전압원(라이브러리 명 : SOURCE → VSIN)

- 부품 이름/크기

$V_1 = V_3$: VOFF = 0, VAMPL = 0.9V, FREQ = 60Hz, PHASE = 0

$V_5 = V_7$: VOFF = 0, VAMPL = 0.9V, FREQ = 60Hz, PHASE = -120

$V_9 = V_{11}$: VOFF = 0, VAMPL = 0.9V, FREQ = 60Hz, PHASE = -240

③ 선형 전압원(라이브러리 명 : SOURCE → VPWL_RE_FOREVER)

- 부품 이름/크기

$V_2 = V_4 = V_6 = V_8 = V_{10} = V_{12}$: **FIRST_NPAIRS** = 0, 0
SECOND_NPAIRS = 0.297619m, 1
THIRD_NPAIRS = 0.892857m, -1

④ 전압제어용 전압원(라이브러리 명 : ABM → EVALUE)

- 부품 이름/크기

$E_1 = E_2 = E_3 = E_4 = E_5 = E_6$: EXPR = IF(V(%IN+,%IN-)<0,-15,15)
→ 두 입력차가 0보다 작으면 -15V를 출력하고, 크면 15V를 출력한다.

⑤ 저항(라이브러리 명 : ANALOG → R)

- 부품 이름/크기 : $R_1 = R_3 = R_5 = R_7 = R_9 = R_{711}$ = 0.1(Ω)

- 부품 이름/크기 : $R_2 = R_4 = R_6 = R_8 = R_{10} = R_{12}$ = 1G(Ω)
- 부품 이름/크기 : R_a / R_b / R_c = 20(Ω)

⑥ 다이오드(라이브러리 명 : BREAKOUT → Dbreak)

- 부품 이름 : D_1 / D_2 / D_3 / D_4 / D_5 / D_6

⑦ IGBT(라이브러리 명 : IGBT → APT30GF60BN)

- 부품 이름 : Z_1 / Z_2 / Z_3 / Z_4 / Z_5 / Z_6

⑧ 접지(라이브러리 명 : Tool Palette → GND → Source)

- symbol : 0 선택

⑨ Gate 연결 : Tool Palette(또는 Place → Net Alias) → N1 → G1~G12 **입력**

⑩ PSpice→ New Simulation → Name(3P-IGBT-PWM Inverter) → Simulation setting(3P-IGBT-PWM Inverter) → Run to Time : 40ms

⑪ Option 변경 : Schematic 회로 화면상에서 Edit simulation profile 클릭 → Simulation settings 상의 Options 클릭 → ITL4(Transient time point iteration limit) = 40으로 변경

2 시뮬레이션 결과

① 게이트 전압($V_{G1-G2} \sim V_{G11-G12}$) 파형 측정

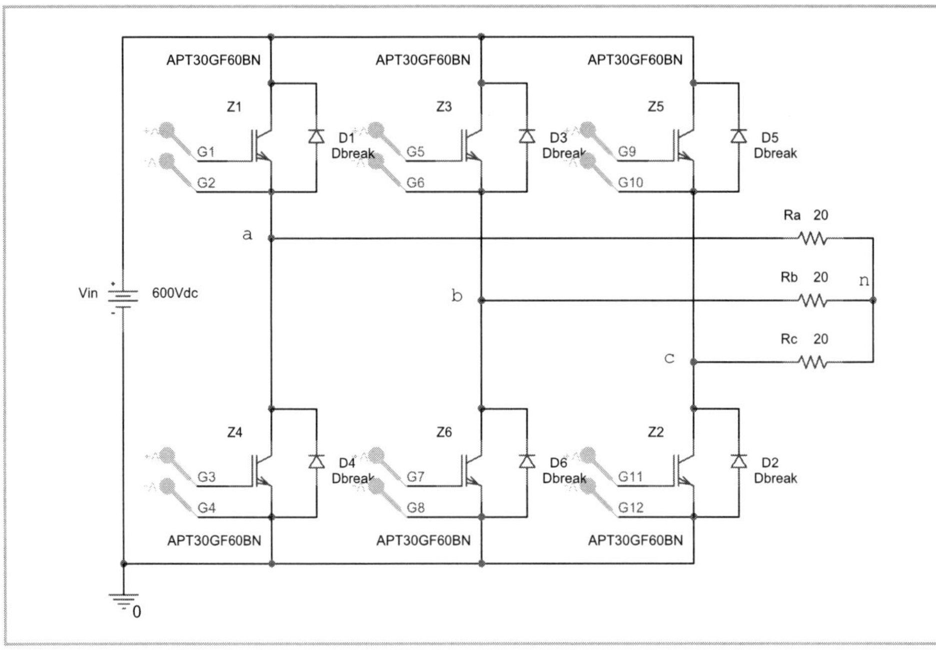

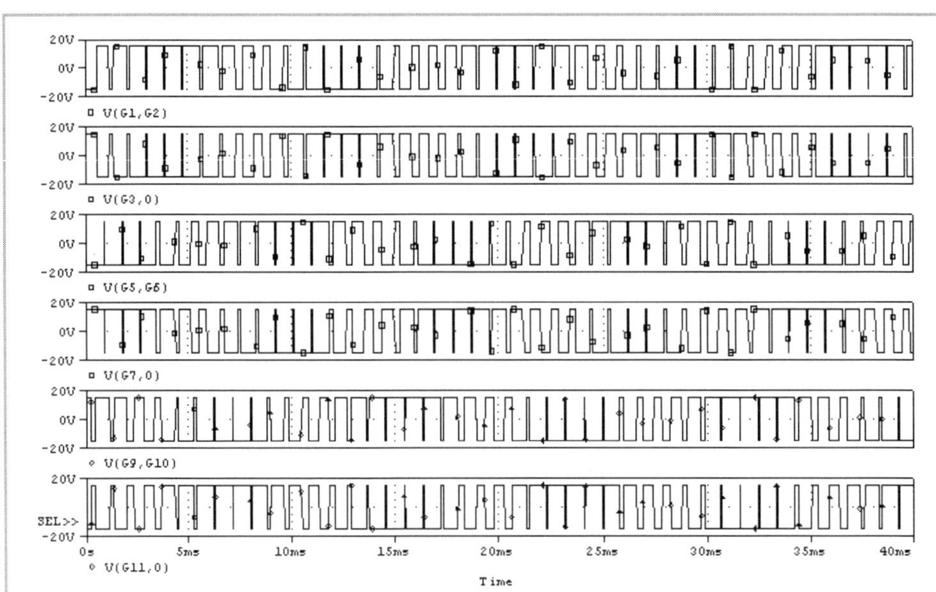

② 부하 상전압(V_{Ra}, V_{Rb}, V_{Rc}), 부하 선간전압(V_{Rab}) 파형 측정

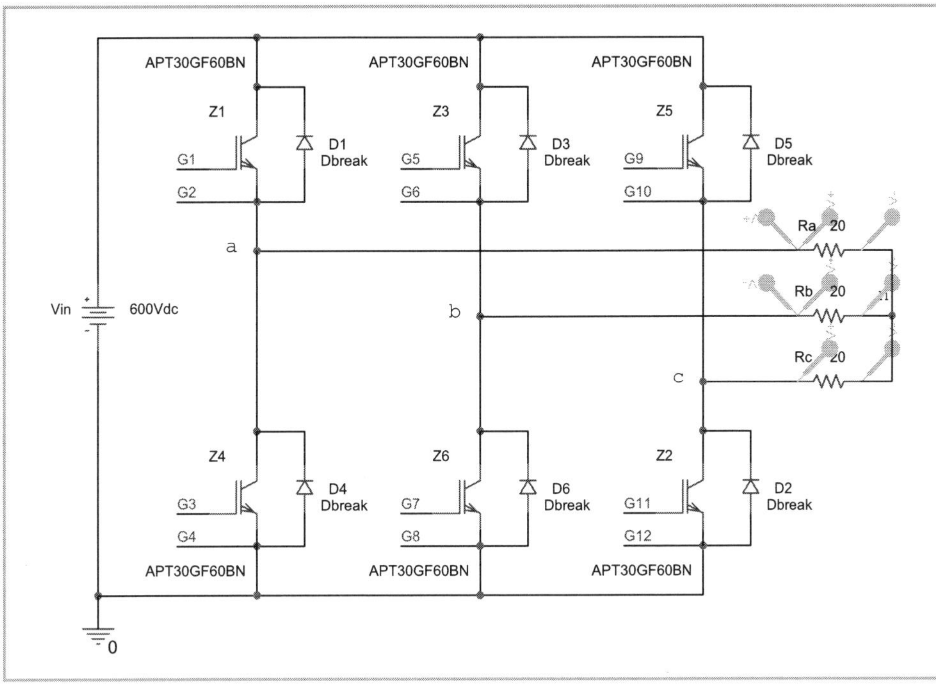

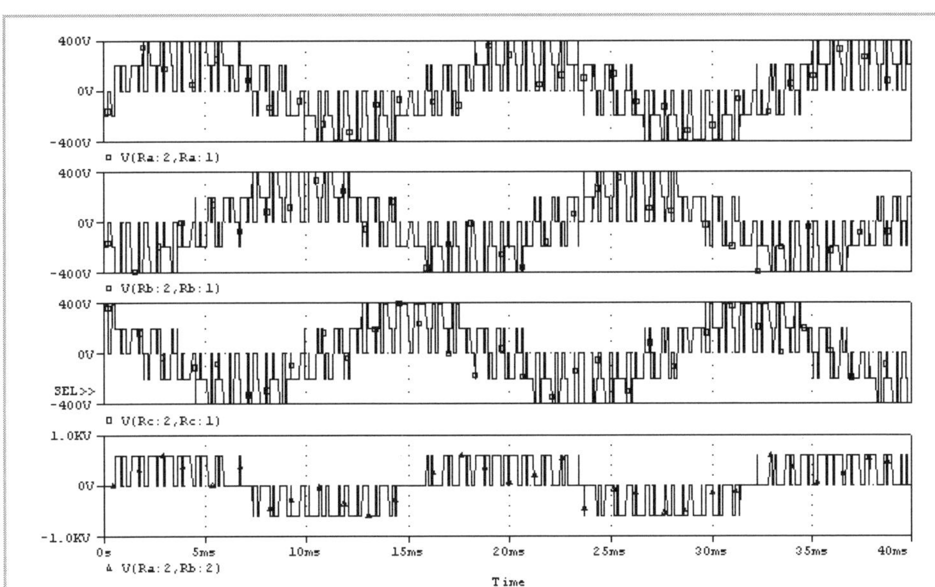

6.6.2 3상 PWM 인버터(3)

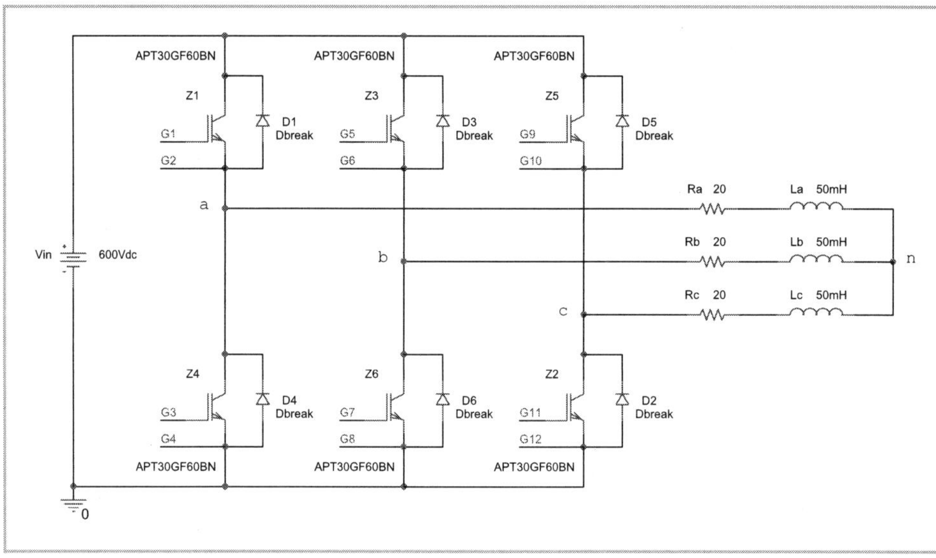

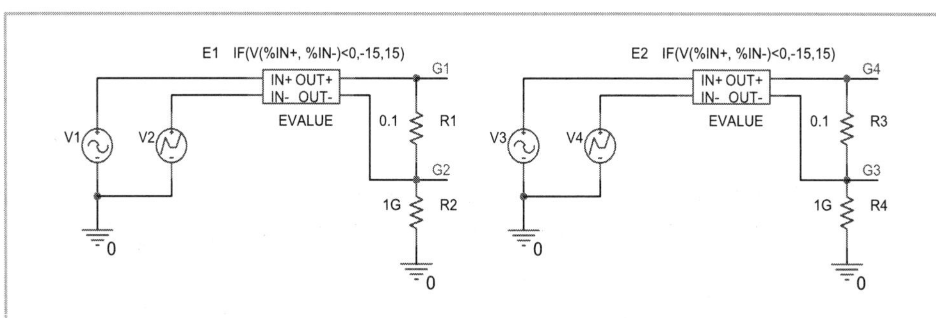

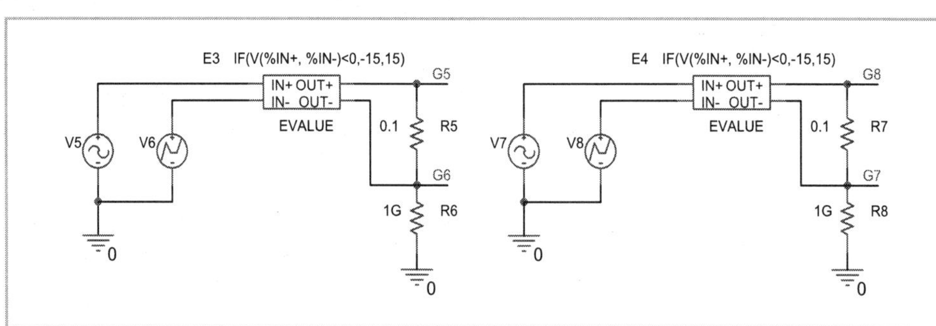

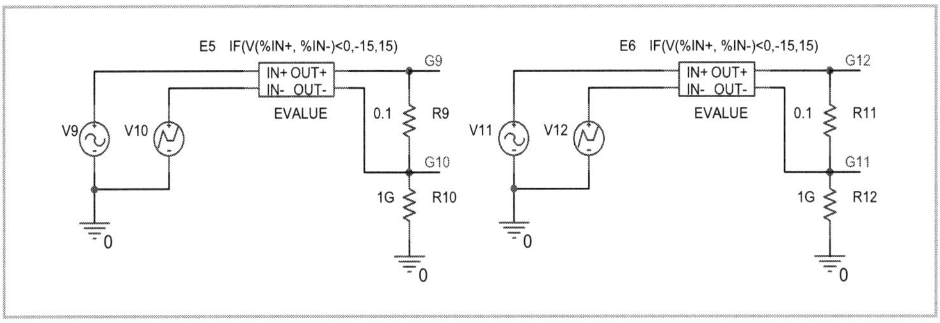

❙그림 6-14❙ 3상 PWM 인버터(3)

1 회로 시뮬레이션 조건

① 직류 전압원(라이브러리 명 : SOURCE → VDC)

- 부품 이름/크기 : V_{in} = 600V

② 정현파 전압원(라이브러리 명 : SOURCE → VSIN)

- 부품 이름/크기

$V_1 = V_3$: VOFF = 0, VAMPL = 0.9V, FREQ = 60Hz, PHASE = 0

$V_5 = V_7$: VOFF = 0, VAMPL = 0.9V, FREQ = 60Hz, PHASE = -120

$V_9 = V_{11}$: VOFF = 0, VAMPL = 0.9V, FREQ = 60Hz, PHASE = -240

③ 선형 전압원(라이브러리 명 : SOURCE → VPWL_RE_FOREVER)

- 부품 이름/크기

$V_2 = V_4 = V_6 = V_8 = V_{10} = V_{12}$: **FIRST_NPAIRS** = 0, 0
SECOND_NPAIRS = 0.297619m, 1
THIRD_NPAIRS = 0.892857m, -1

④ 전압제어용 전압원(라이브러리 명 : ABM → EVALUE)

- 부품 이름/크기

$E_1 = E_2 = E_3 = E_4 = E_5 = E_6$: **EXPR** = IF(V(%IN+, %IN-)<0, -15, 15)

→ 두 입력차가 0보다 작으면 -15V를 출력하고, 크면 15V를 출력한다.

⑤ 저항(라이브러리 명 : ANALOG → R)

- 부품 이름/크기 : $R_1 = R_3 = R_5 = R_7 = R_9 = R_{11}$ = 0.1(Ω)

- 부품 이름/크기 : $R_2 = R_4 = R_6 = R_8 = R_{10} = R_{12} = 1G(\Omega)$,
- 부품 이름/크기 : R_a / R_b / $R_c = 20(\Omega)$

⑥ 인덕터(라이브러리 명 : ANALOG → L)

- 부품 이름/크기 : L_a / L_b / $L_c = 50(mH)$

⑦ 다이오드(라이브러리 명 : BREAKOUT → Dbreak)

- 부품 이름 : D_1 / D_2 / D_3 / D_4 / D_5 / D_6

⑧ IGBT(라이브러리 명 : IGBT → APT30GF60BN)

- 부품 이름 : Z_1 / Z_2 / Z_3 / Z_4 / Z_5 / Z_6

⑨ 접지(라이브러리 명 : Tool Palette → GND → Source)

- symbol : 0 선택

⑩ Gate 연결 : Tool Palette(또는 Place → Net Alias) → N1 → **G1~G12 입력**

⑪ PSpice → New Simulation → Name(3P-IGBT-PWM Inverter-RL) → Simulation setting(3P-IGBT-PWM Inverter-RL) → Run to Time : 50ms

⑫ Option 변경 : Schematic 회로 화면상에서 Edit simulation profile 클릭 → Simulation settings 상의 Options 클릭 → ITL4(Transient time point iteration limit) = 40으로 변경

2 시뮬레이션 결과

① 기준파 전압(V_1, V_5, V_9 : 60Hz, 각 120° 차), 캐리어파 전압(V_2), 게이트 전압(V_{G1-G2}, V_{G5-G6}, V_{G9-G10}) 파형 측정

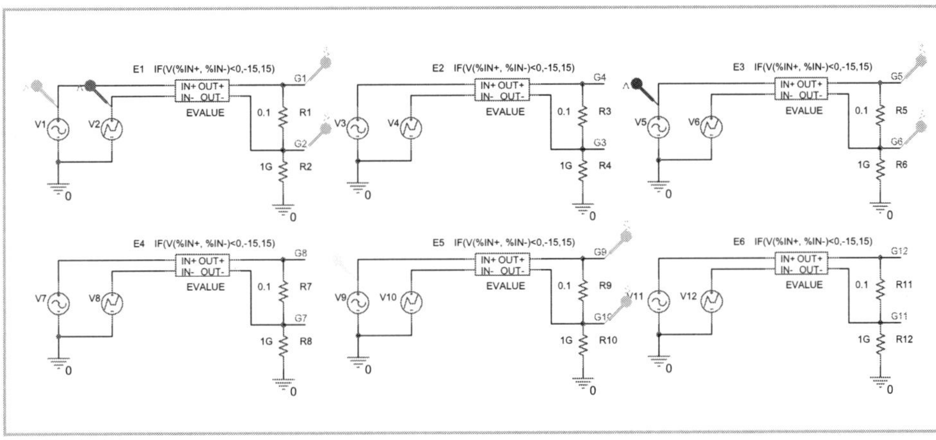

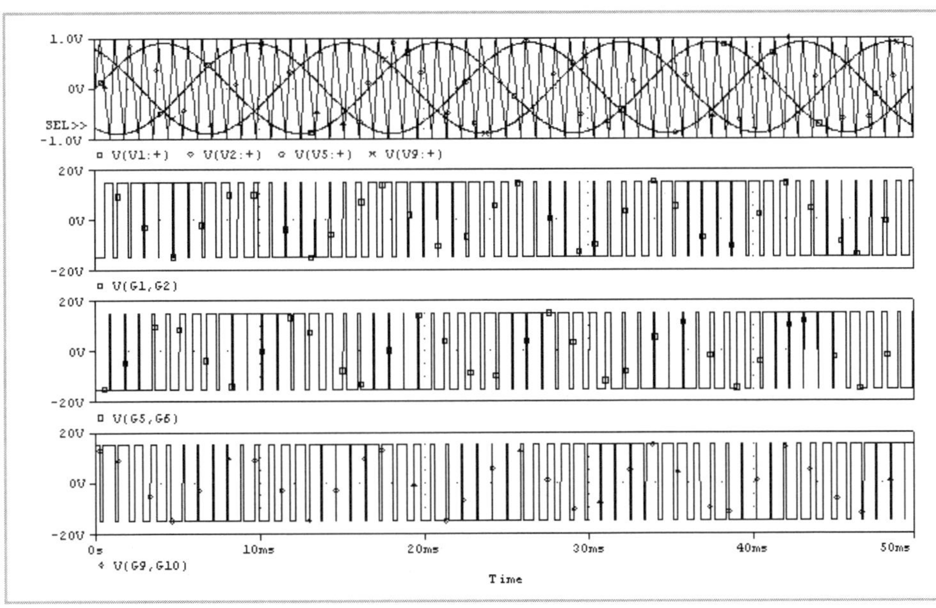

② 선간 전압(V_{Rab} : ab 간 선간 전압, V_{Rbc} : bc 간 선간 전압, V_{Rca} : ca 간 선간 전압) 파형 측정

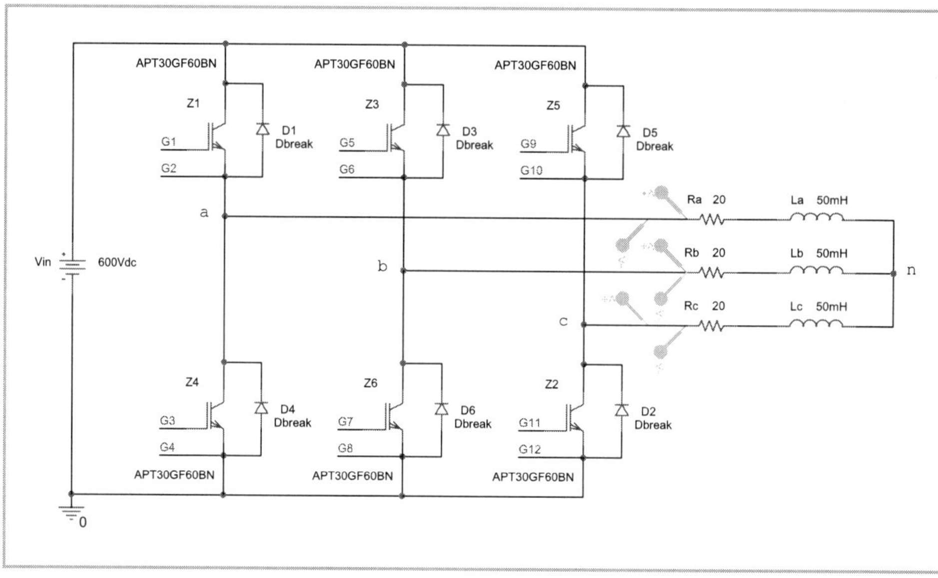

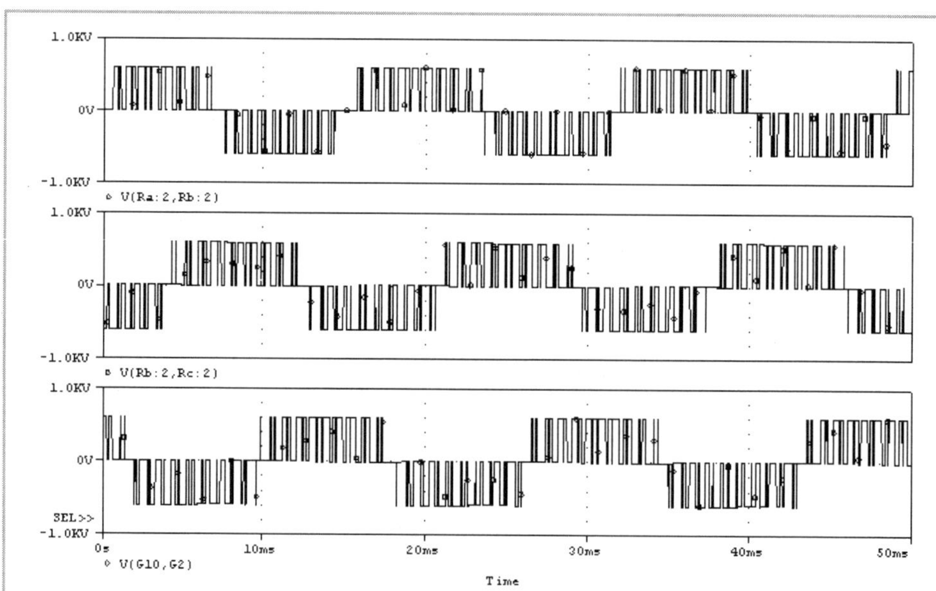

③ ab간 선간 전압(V_{Rab})과 a 상전류(I_{Ra})의 비교, 상전류(I_{La} : a 상전류, I_{Lb} : b 상전류, I_{Lc} : c 상전류) 파형 측정

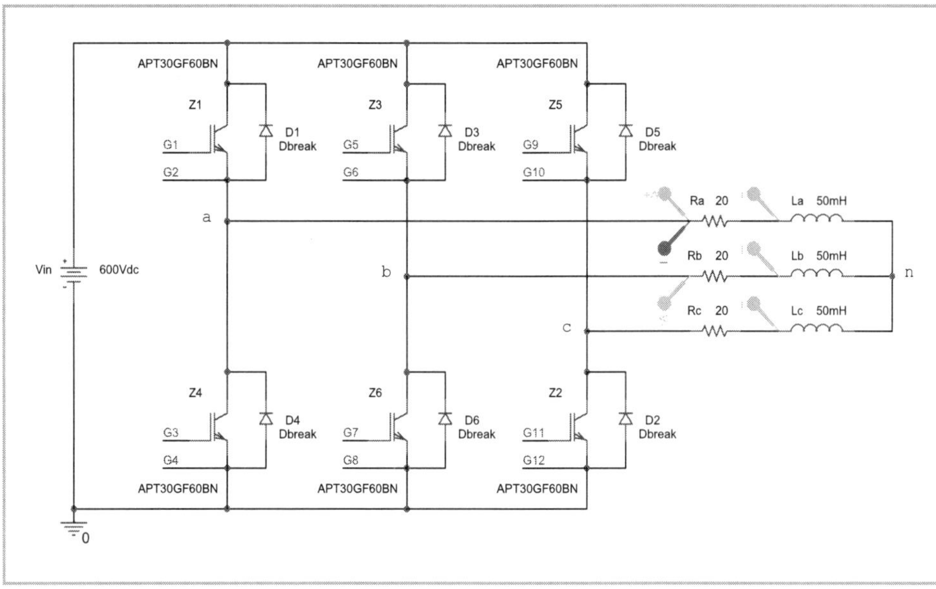

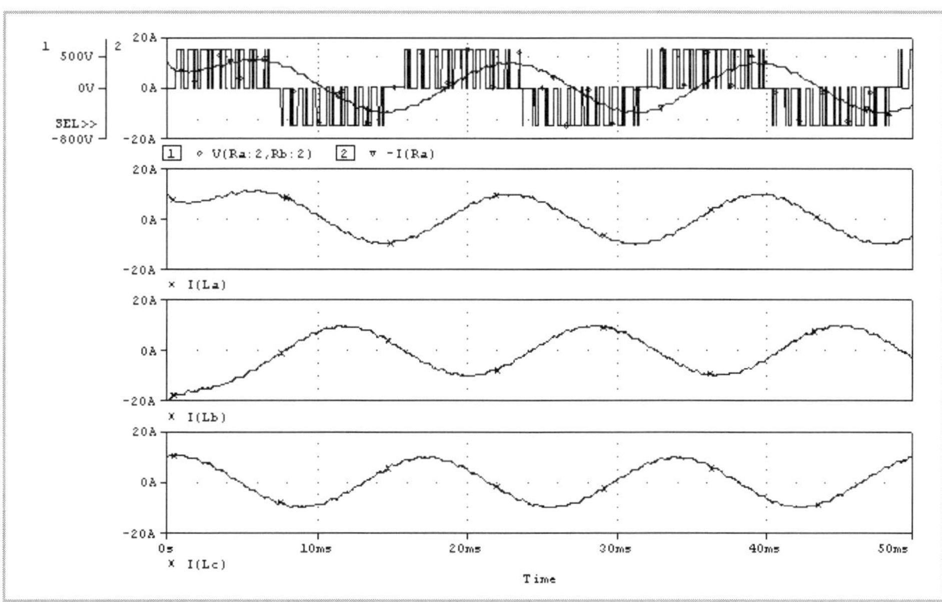

CHAPTER 07

AC-AC 위상 제어 컨버터

Chapter 07

AC-AC 위상 제어 컨버터

① AC-AC 위상 제어 컨버터는 임의의 교류전력을 다른 형태의 교류전력으로 변환하면서 교류 출력전압이나 전류의 크기 및 주파수를 가변한다. 교류전압을 직접 제어할 수 있어 교류전압제어기라고도 부른다.

② AC-AC 위상 제어 회로 방식은 변환된 교류전력의 주파수는 변환 전과 같고 단지 전압이나 전류의 크기만 변환시키는 방식이며, 조명제어, 전열제어, 유도전동기 속도제어 등 다양한 분야에 사용된다.

③ 사이클로 컨버터(Cyclo converter)의 기본회로와 동작은 브리지 정류회로와 유사하나 위상 제어각의 변조에 의하여 전압과 주파수를 가변시킨다.

④ 사이클로 컨버터는 출력 주파수가 낮은 영역에서 많은 장점이 있으므로 시멘트 공장의 분쇄기 등과 같이 대용량(수십 MW), 저속 교류전동기 속도제어에 주로 사용된다.

7.1 단상 AC-AC 위상 제어 회로(1ϕ AC-AC Phase Controlled Circuit)

7.1.1 R 부하

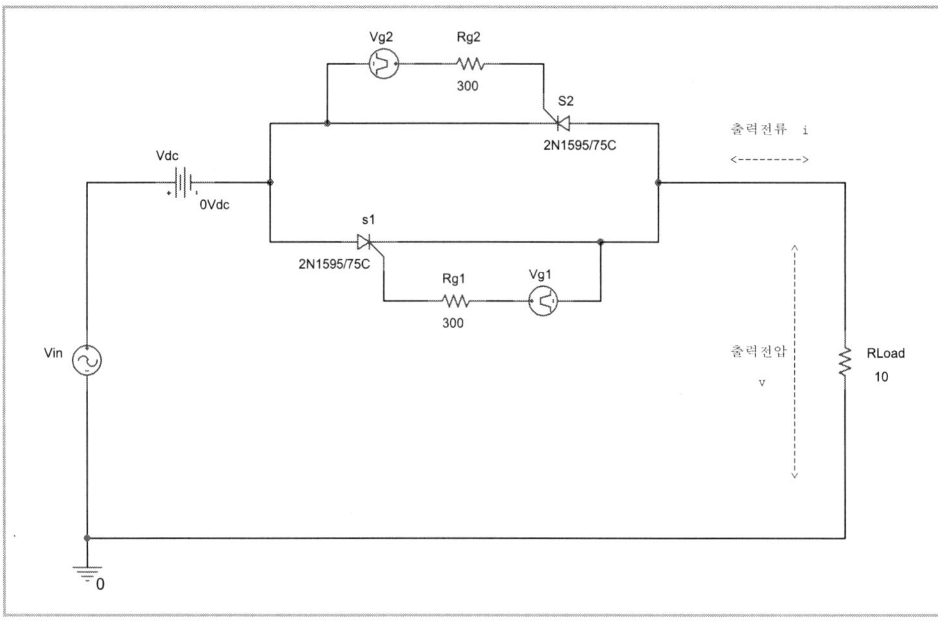

❙그림 7-1❙ 단상 AC-AC 위상 제어회로(저항 부하)

1 회로 시뮬레이션 조건

① 정현파 전압원(라이브러리 명 : SOURCE → VSIN)

- 부품 이름 : V_{in}
- 크기 : VOFF = 0, VAMPL = 220V, FREQ = 60Hz

② 구형파 전압원(라이브러리 명 : SOURCE → VPULSE)

- 부품 이름 : V_{g1} / V_{g2}

▶ 점호각 α = 90°일 때

- V_{g1}의 TD 값 : α(90°)
- V_{g2}의 TD 값 : V_{g1}과 180° 차이 + α(90°)

Parameter	V_{g1}(점호각 α = 90°)	V_{g2}(점호각 α = 90°)
TD(Time Delay)	TD = 4166.7㎲(90°)	TD = 12500㎲(270° = 180° + 90°) = 8333.3㎲ + 4166.7㎲ = 12500㎲
PER(Period)	PER = 16666.7㎲	
TR(Time Rising)	TR = 1㎲	
TF(Time Falling)	TF = 1㎲	
V_1 / V_2	V_1 = 0V / V_2 = 20V	
PW(Pulse Width)	PW = 200㎲	

③ 저항(라이브러리 명 : ANALOG → R)

- 부품 이름/크기 : R_{Load} = 10(Ω), R_{g1} / R_{g2} = 300(Ω)

④ SCR(라이브러리 명 : THYRISTR → 2N1595/75C)

- 부품 이름 : S_1 / S_2

⑤ 직류 전압원(라이브러리 명 : SOURCE → VDC) : 입력전류측정을 위해서 삽입 후 전류측정

- 부품 이름/크기 : V_{dc} = 0V(전류측정용)

⑥ 접지(라이브러리 명 : Tool Palette → GND → Source)

- symbol : 0 선택

⑦ PSpice → New Simulation → Name(R) → Simulation setting(R) → Run to Time : 40㎳

2 시뮬레이션 결과

① 입력전압(V_{in}), 게이트 전압(V_g), 부하전압((V_{RLOAD}) 파형 측정

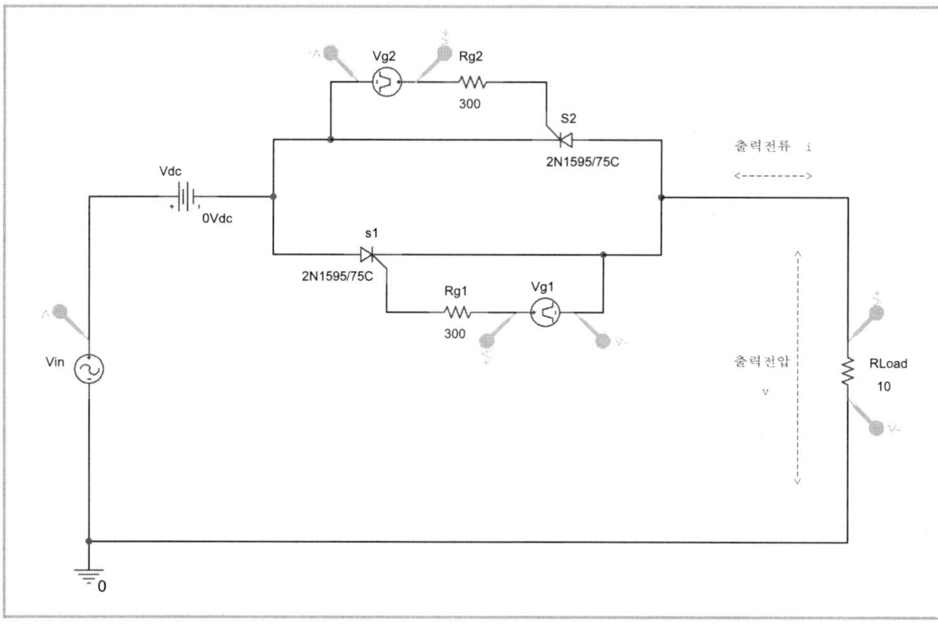

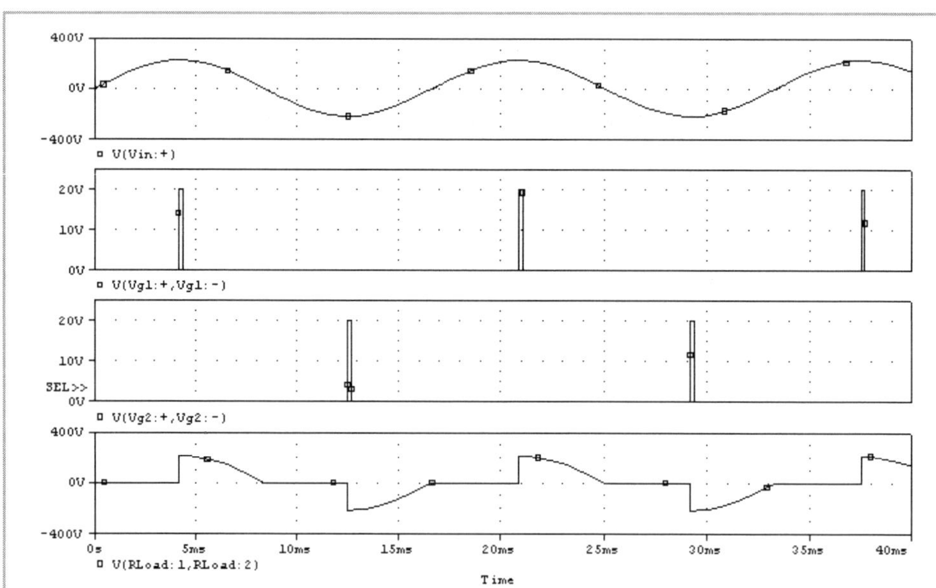

② 입력전류(V_{dc}), SCR 양단간 전압(V_{S1}, V_{S2}), 부하전류(I_{RLOAD}) 파형 측정

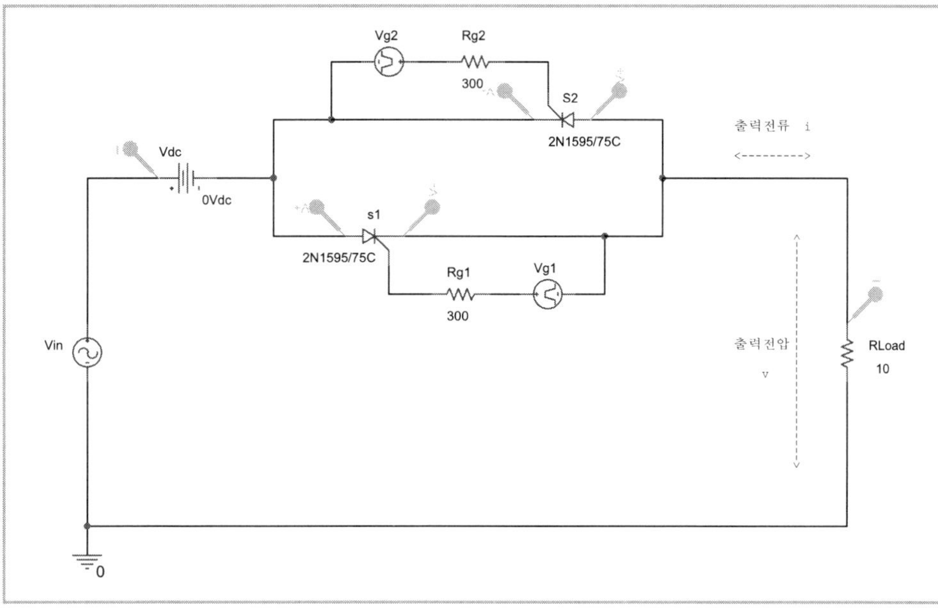

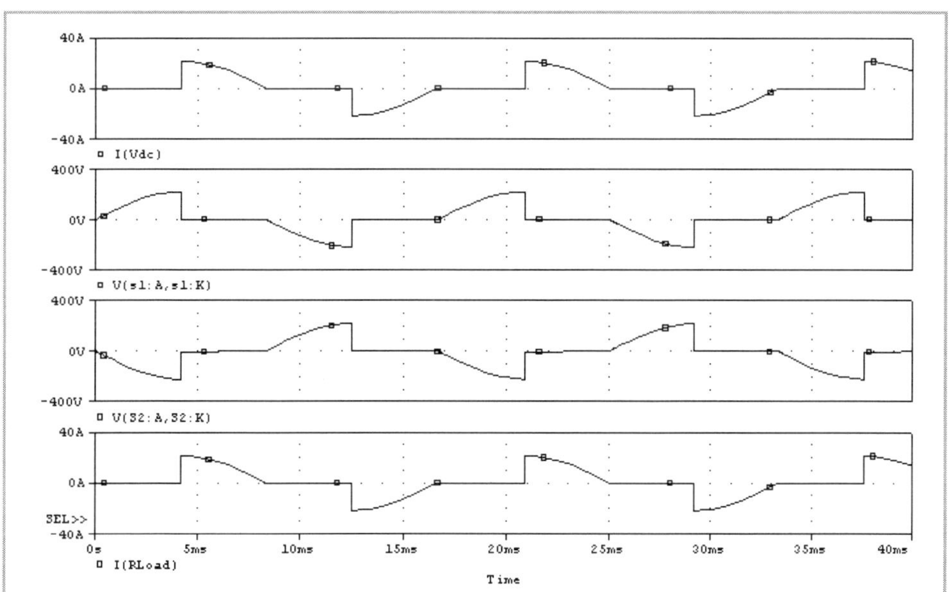

7.1.2 R-L 부하

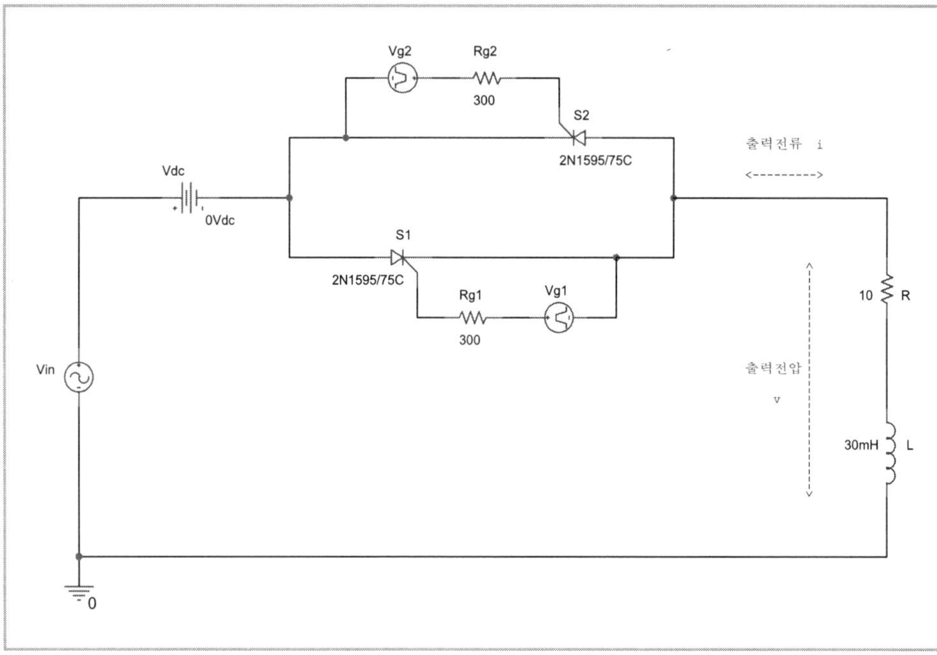

❙그림 7-2❙ 단상 AC-AC 위상 제어회로(저항-인덕턴스 부하)

1 회로 시뮬레이션 조건

① 정현파 전압원(라이브러리 명 : SOURCE → VSIN)

- 부품 이름 : V_{in}
- 크기 : VOFF = 0, VAMPL = 220V, FREQ = 60Hz

② 구형파 전압원(라이브러리 명 : SOURCE → VPULSE)

- 부품 이름 : V_{g1} / V_{g2}

▶ 점호각 α = 90°일 때

- V_{g1}의 TD 값 : α(90°)
- V_{g2}의 TD 값 : V_{g1}과 180° 차이 + α(90°)

Parameter	V_{g1}(점호각 α = 90°)	V_{g2}(점호각 α = 90°)
TD(Time Delay)	TD = 4166.7μs(90°)	TD = 12500μs(270° = 180° + 90°) = 8333.3μs + 4166.7μs = 12500μs
PER(Period)	PER = 16666.7μs	
TR(Time Rising)	TR = 1μs	
TF(Time Falling)	TF = 1μs	
V_1 / V_2	V_1 = 0V / V_2 = 20V	
PW(Pulse Width)	PW = 200μs	

③ 저항(라이브러리 명 : ANALOG → R)

- 부품 이름/크기 : R_{Load} = 10(Ω), R_{g1} / R_{g2} = 300(Ω)

④ 인덕터(라이브러리 명 : ANALOG → L)

- 부품 이름/크기 : L = 30(mH)

⑤ SCR(라이브러리 명 : THYRISTR→ 2N1595/75C)

- 부품 이름 : S_1 / S_2

⑥ 직류전압원(라이브러리 명 : SOURCE → VDC) : 입력전류측정을 위해서 삽입 후 전류측정

- 부품 이름/크기 : V_{dc} = 0V(전류측정용)

⑦ 접지(라이브러리 명 : Tool Palette → GND → Source)

- symbol : 0 선택

⑧ PSpice → New Simulation → Name(RL) → Simulation setting(RL) → Run to Time : 40ms

⑨ Option 변경 : Schematic 상에서 Edit simulation profile 클릭 → Simulation settings 상의 Options 클릭 → **ITL4**(Transient time point iteration limit) = **20** (Default = 10), **ABSTOL**(Best accuracy of currents) = **1n**(Default = 1p)으로 변경

2 시뮬레이션 결과

① 입력전압(V_{in}), 게이트 전압(V_g), 부하전압((V_{RL}) 파형 측정

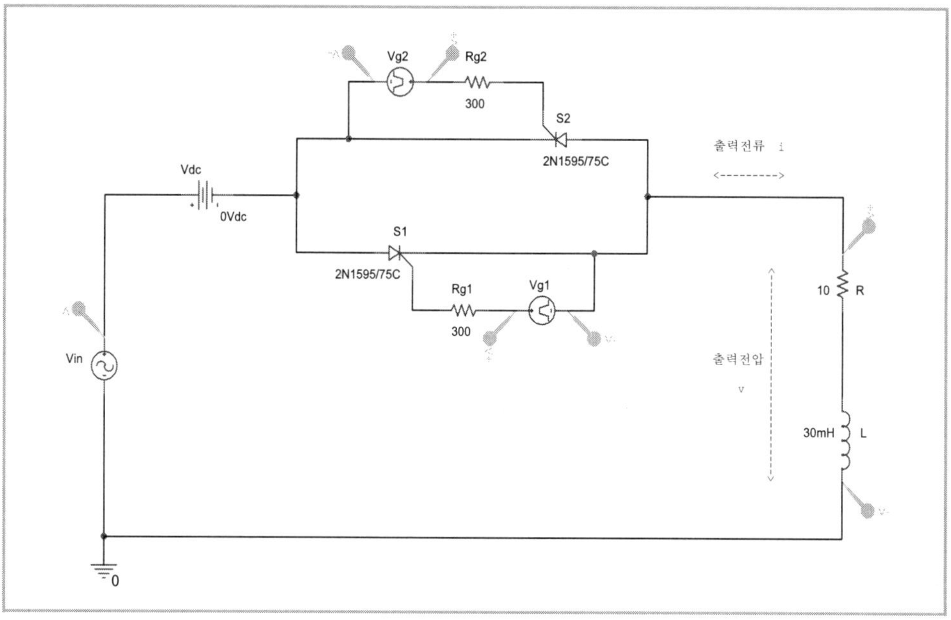

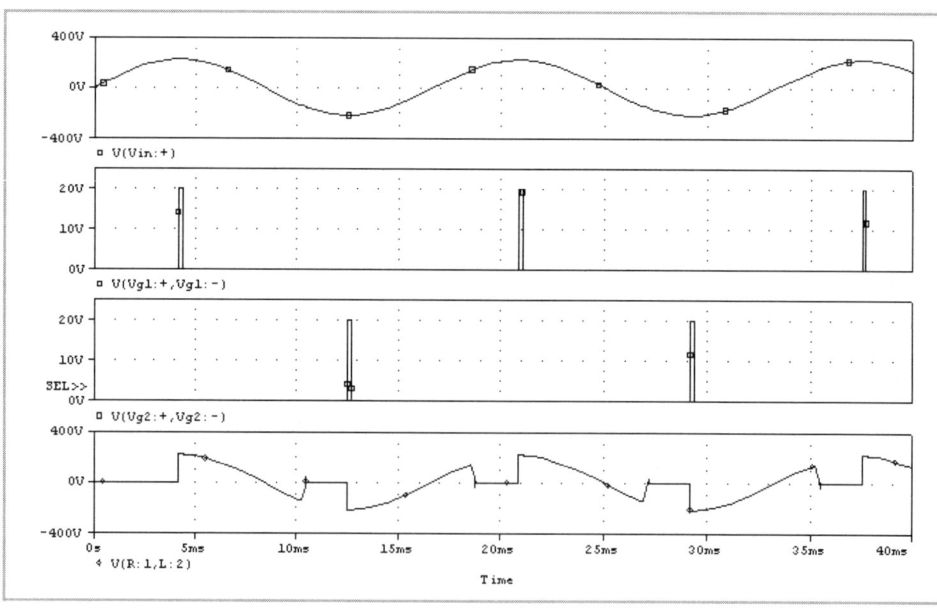

② 입력전류(I_{dc}), 부하전류(I_R), 저항 양단간 전압(V_R), 인덕터 양단간 전압((V_L) 파형 측정

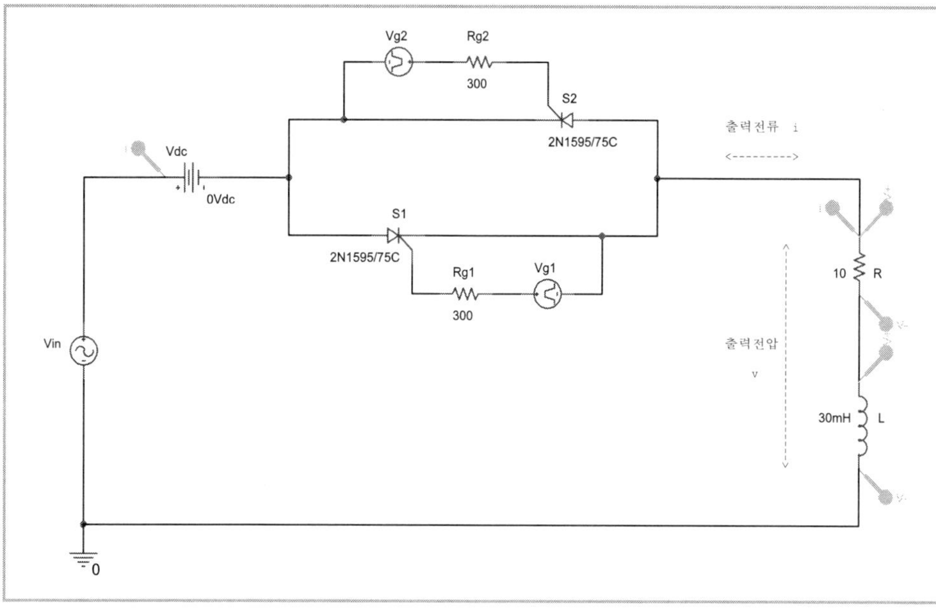

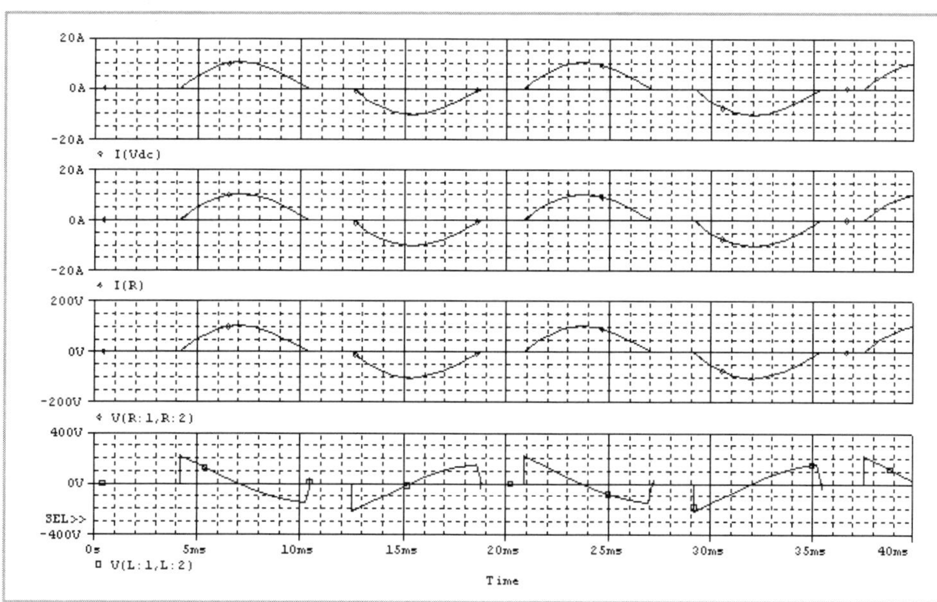

7.2 TRIAC(Triode AC Switch)의 위상 제어

7.2.1 TRIAC

① TRIAC은 Triode AC Switch의 약자로 병렬로 접속된 2개의 SCR과 거의 같은 특성을 갖는 3단자 교류스위치이다.

② 그림 7-3은 TRIAC의 기호와 전기적 특성을 나타낸다.
그림 7-3(a)와 같이 바이어스 되어 있을 때 단자 G는 MT_1에 비해서 +이므로 게이트에서 MT_1으로 전류가 흐르게 된다.
그림 7-3(b)와 같이 TRIAC 전압이 역방향으로 공급되면 트리거링을 하기 위해서는 게이트전류는 MT_1에서 G쪽으로 흐른다.

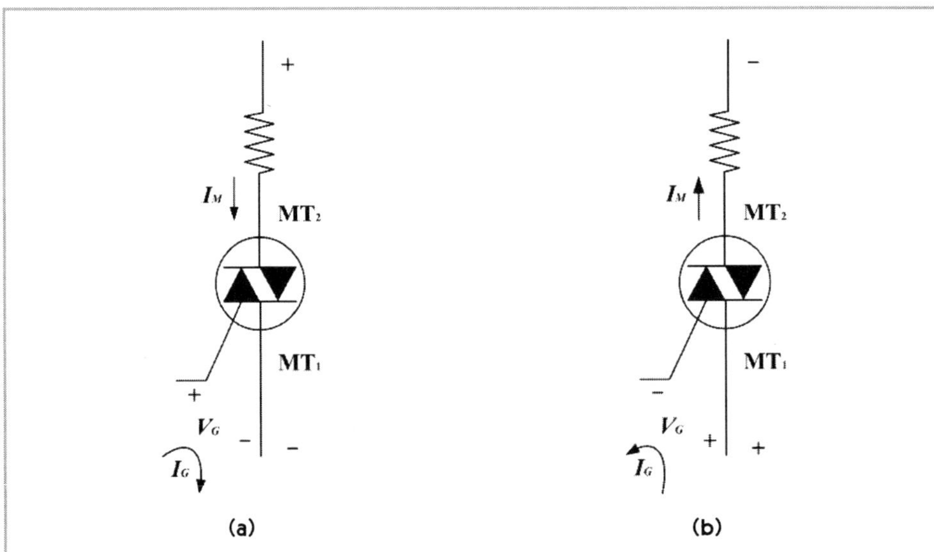

┃그림 7-3┃ TRIAC의 전기적 특성

7.2.2 TRIAC 위상 제어(Analog gate)

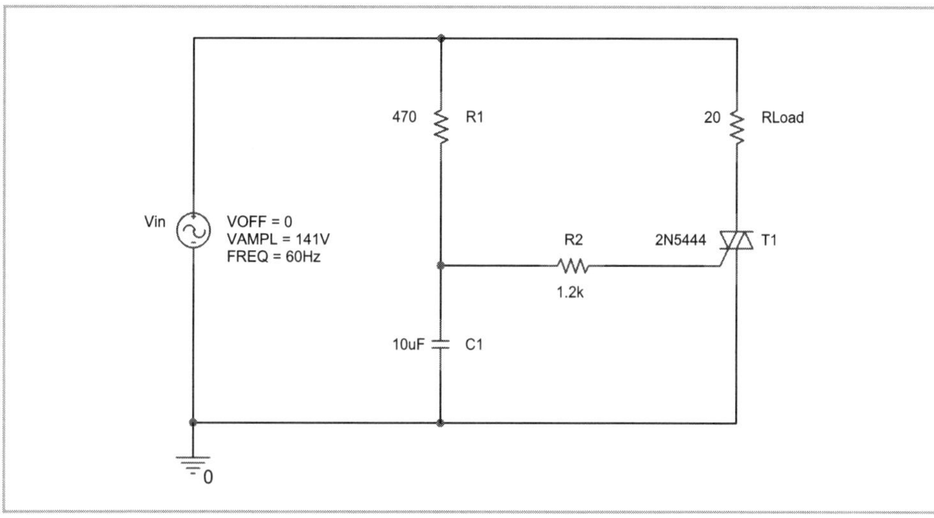

┃그림 7-4┃ TRIAC의 위상 제어(Analog gate)

1 회로 시뮬레이션 조건

① 정현파 전압원(라이브러리 명 : SOURCE → VSIN)

- 부품 이름 : V_{in}
- 크기 : VOFF = 0, VAMPL = 141V, FREQ = 60Hz

② TRIAC(라이브러리 명 : THYRISTR → 2N5444)

- 부품 이름 : T_1

③ 저항(라이브러리 명 : ANALOG → R)

- 부품 이름/크기 : $R_1 = 470(\Omega)$, $R_2 = 1.2(k\Omega)$, $R_{Load} = 20(\Omega)$

④ 콘덴서(라이브러리 명 : ANALOG → C)

- 부품 이름/크기 : $C_1 = 10(\mu F)$

⑤ 접지(라이브러리 명 : Tool Palette → GND → Source)

- symbol : 0 선택

⑥ PSpice → New Simulation → Name(TRIAC Analog) → Simulation setting (TRIAC Analog) → Run to Time : 40ms

2 시뮬레이션 결과

① 입력전압(V_{in}), TRIAC 게이트 전류(I_{R2}), 부하전압(V_{RLOAD}, R2 = 1.2kΩ), TRIAC 전압(V_{T1}) 파형 측정

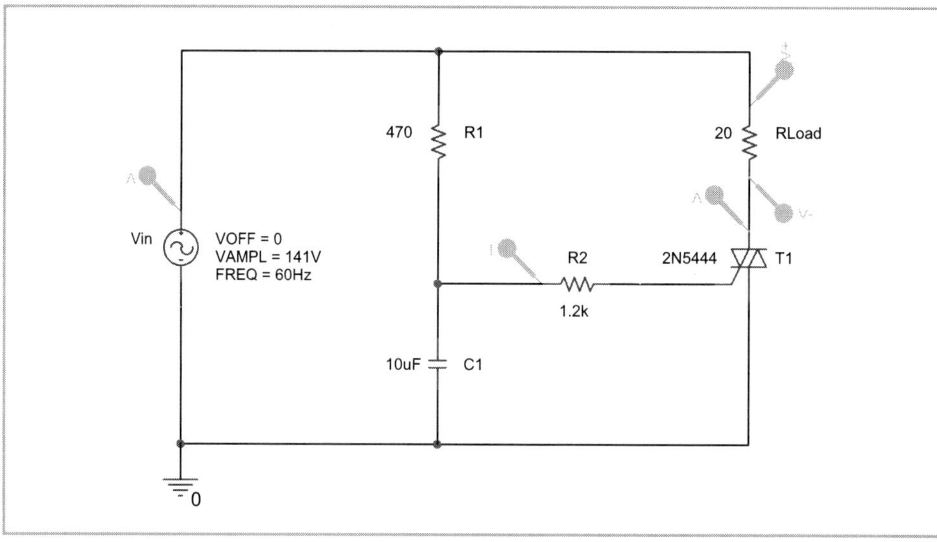

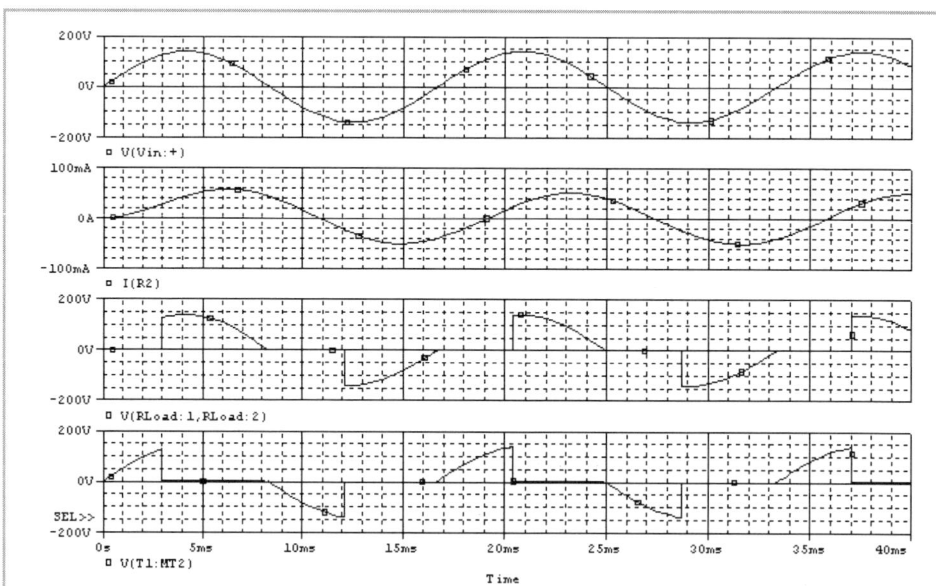

② 부하전압(V_{RLOAD}, R_2 = 1.9kΩ), TRIAC 전압(V_{T1}) 파형 측정

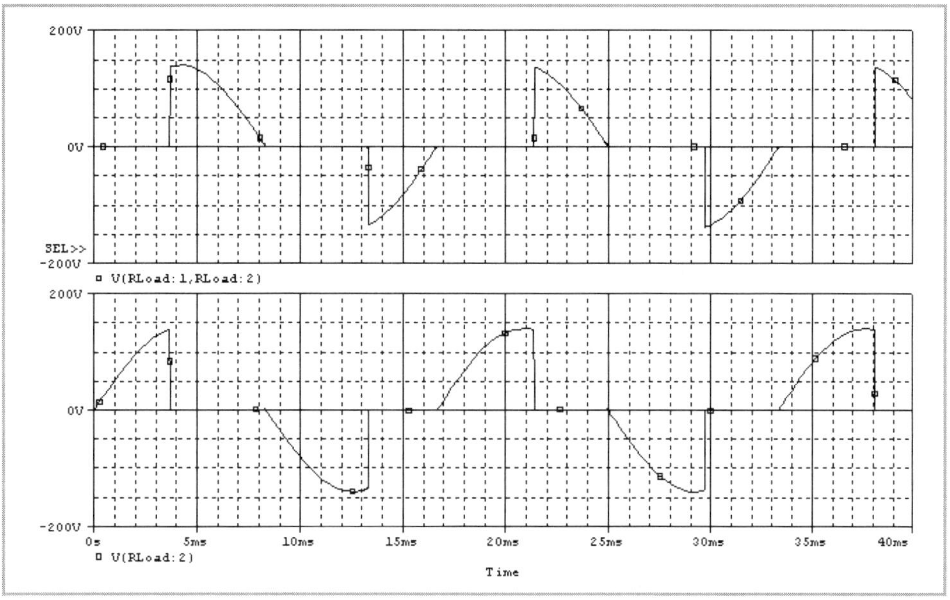

③ 부하전압(V_{RLOAD}, R_2 = 1.2kΩ, C_1 = 4.7μF), TRIAC 전압(V_{T1}) 파형 측정

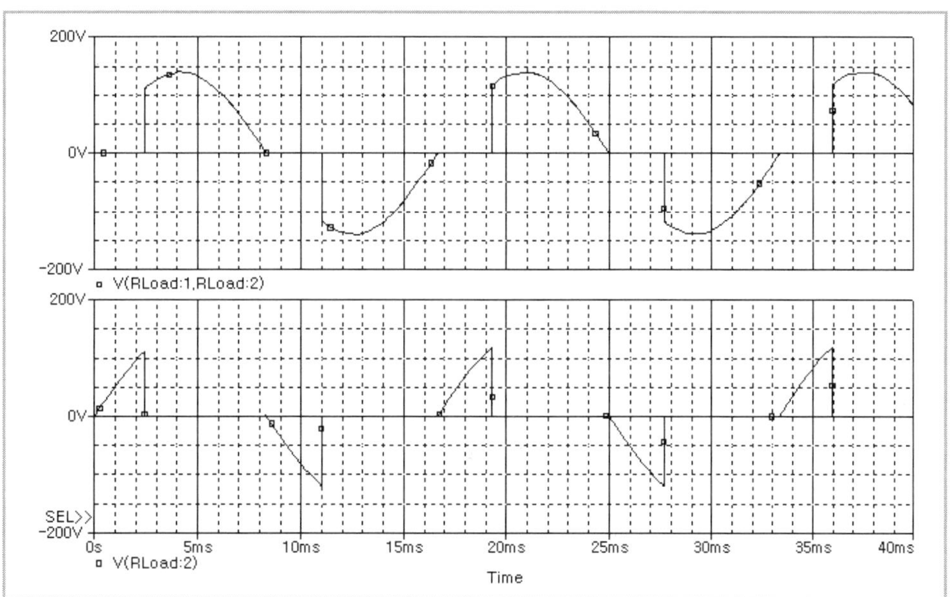

7.2.3 TRIAC 위상 제어(DigClock gate)

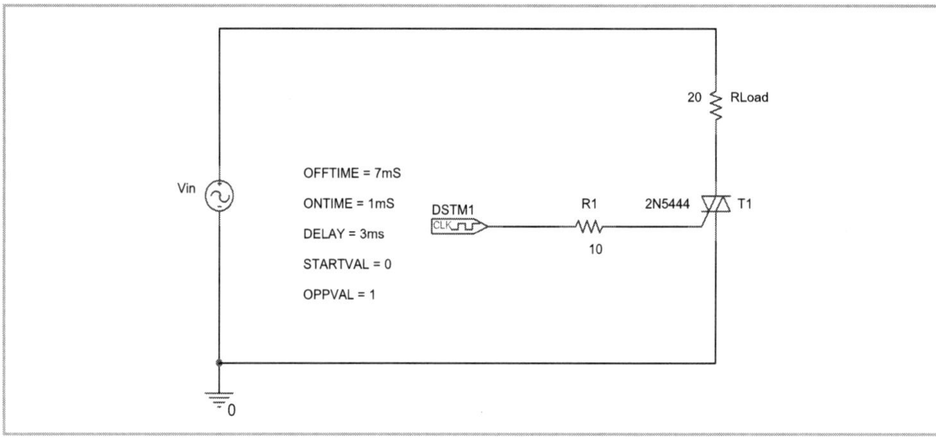

▌그림 7-5▌ TRIAC의 위상 제어(DigClock gate)

1 회로 시뮬레이션 조건

① 정현파 전압원(라이브러리 명 : SOURCE → VSIN)
- 부품 이름 : V_{in}
- 크기 : VOFF = 0, VAMPL = 141V, FREQ = 60Hz

② TRIAC(라이브러리 명 : THYRISTR → 2N5444)
- 부품 이름 : T_1

③ 저항(라이브러리 명 : ANALOG → R)
- 부품 이름/크기 : R_1 = 10(Ω), R_{Load} = 20(Ω)

④ 디지털 전압원(라이브러리 명 : SOURCE → DigClock)
- 부품 이름 : $DSTM_1$
- DigClok Parameter/크기 : OFFTIME = 7ms, ONTIME = 1ms, DELAY = 3ms(5ms), STARTVAL = 0, OPPVAL = 1

⑤ 접지(라이브러리 명 : Tool Palette → GND → Source)
- symbol : 0 선택

⑥ PSpice → New Simulation → Name(TRIAC DigClock) → Simulation setting (TRIAC DigClock) → Run to Time : 30ms

2 시뮬레이션 결과

① 입력전압(V_{in}), TRIAC 게이트 전압(V_{DSTM1}, Delay = 5ms), 부하전압(V_{RLOAD}), TRIAC 전압(V_{T1}) 파형 측정

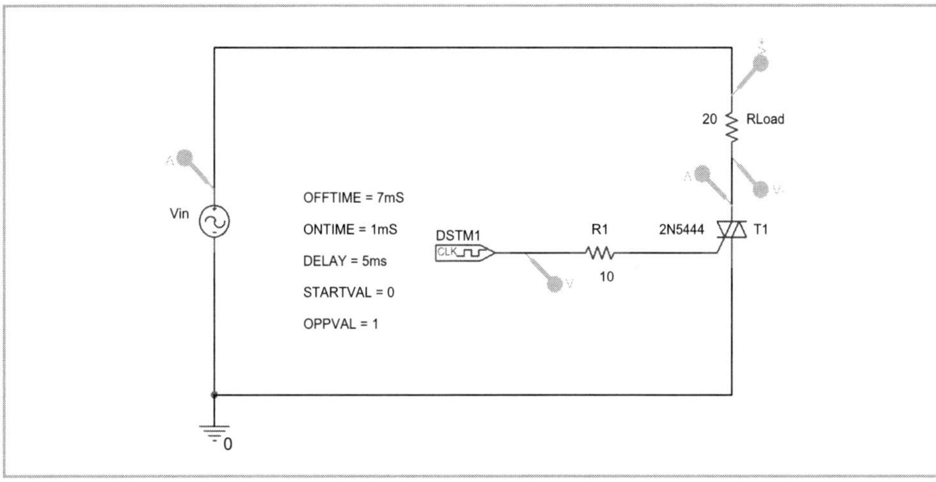

② 입력전압(V_{in}), TRIAC 게이트 전압(V_{DSTM1}, Delay = 3ms), 부하전압(V_{RLOAD}), TRIAC 전압(V_{T1}) 파형 측정

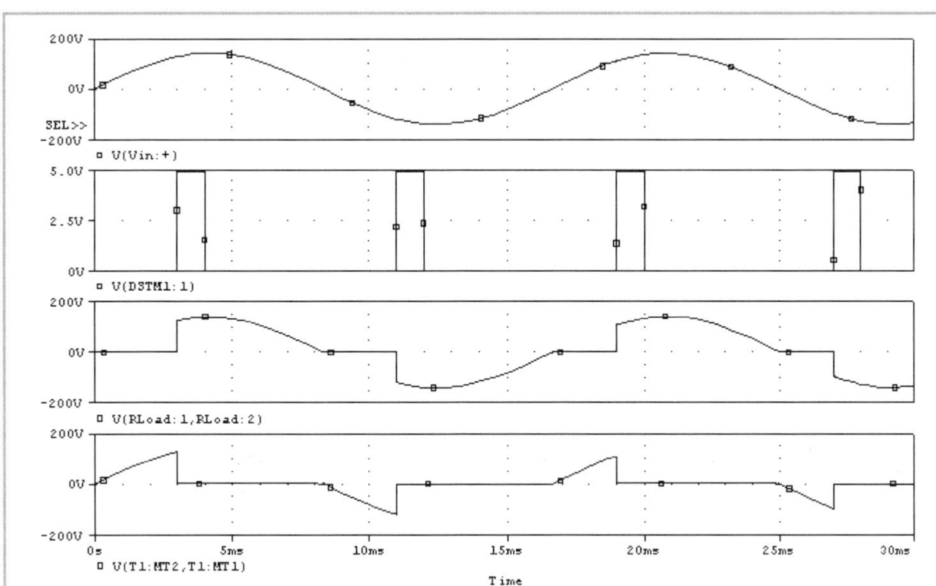

7.3 교류 초퍼

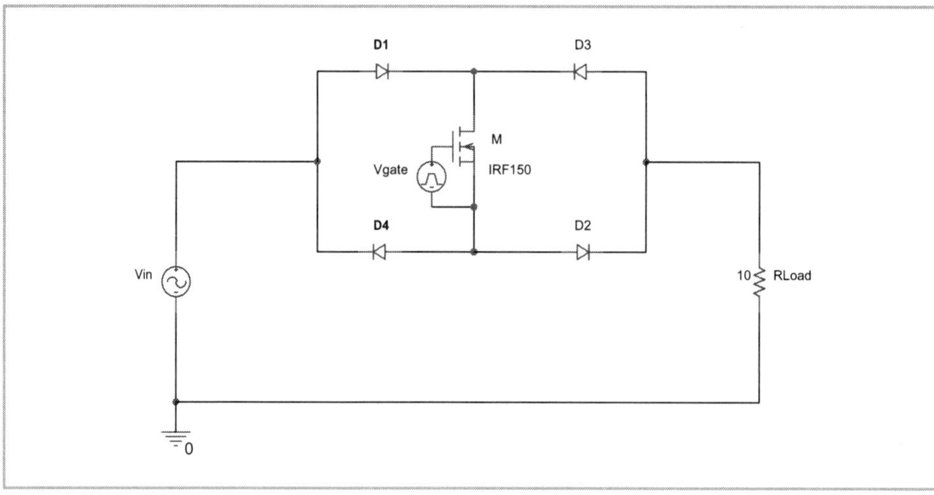

▌그림 7-6▐ 교류 초퍼 제어

1 회로 시뮬레이션 조건

① 정현파 전압원(라이브러리 명 : SOURCE → VSIN)

- 부품 이름 : V_{in}
- 크기 : VOFF = 0, VAMPL = 220V, FREQ = 60Hz

② 구형파 전압원(라이브러리 명 : SOURCE → VPULSE)

- 부품 이름 : V_{gate}
- 구형파 전압원 조건

Parameter	V_{gate}
TD(Time Delay, 지연시간)	TD = 0
PER(Period, 주기)	PER = 1ms
TR(Time Rising, 상승시간)	TR = 1ns
TF(Time Falling, 하강시간)	TF = 1ns
V_1(초기전압) / V_2(펄스전압)	V_1 = 0V / V_2 = 15V
PW(Pulse Width, 펄스폭)	PW = 500μs

③ MOSFET(라이브러리 명 : PWRMOS → IRF150)

- 부품 이름 : M

④ 다이오드(라이브러리 명 : BREAKOUT → Dbreak)

- 부품 이름 : D_1 / D_2 / D_3 / D_4

⑤ 저항(라이브러리 명 : ANALOG → R)

- 부품 이름/크기 : $R_{Load} = 10(\Omega)$

⑥ 접지(라이브러리 명 : Tool Palette → GND → Source)

- symbol : 0 선택

⑦ PSpice → New Simulation → Name(AC Chopper) → Simulation setting(AC Chopper) → Run to Time : 40ms

2 시뮬레이션 결과

① 입력전압(V_{in}), 게이트 전압(V_{gate}), 부하전압((V_{RLOAD}) 파형 측정

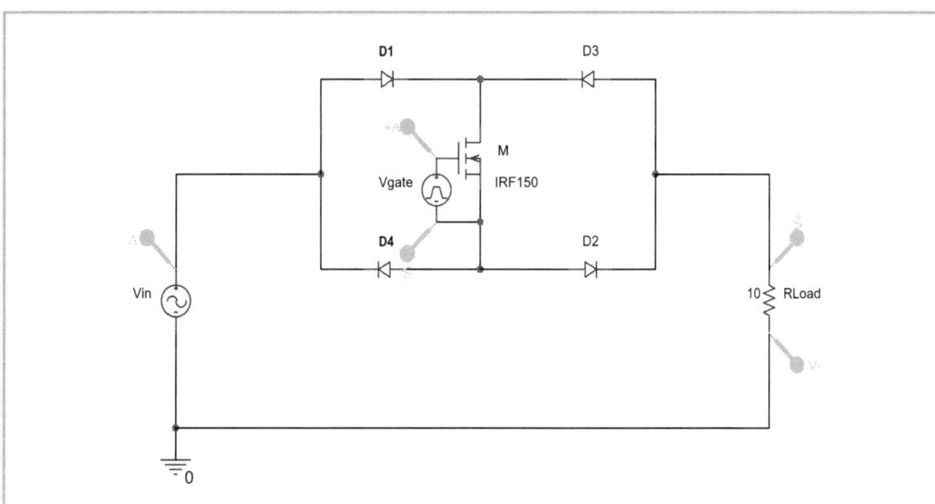

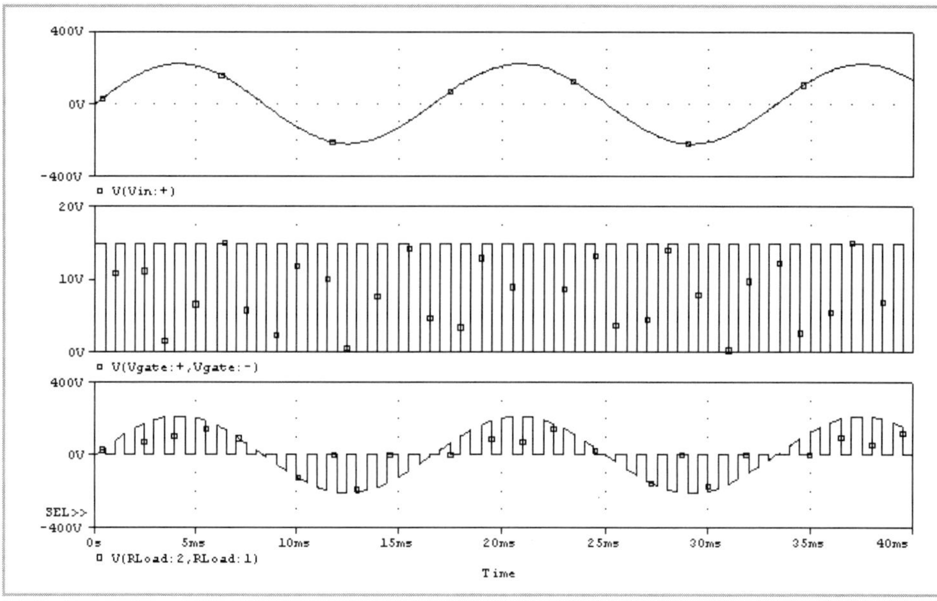

② 입력전류(I_{Vin}), 부하전류(I_{RLOAD}), 다이오드 양단간 전압(V_D) 파형 측정

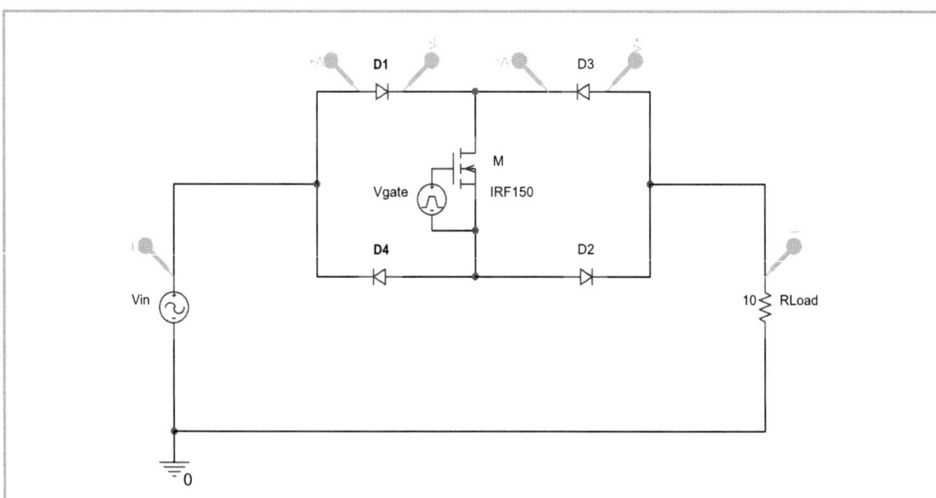

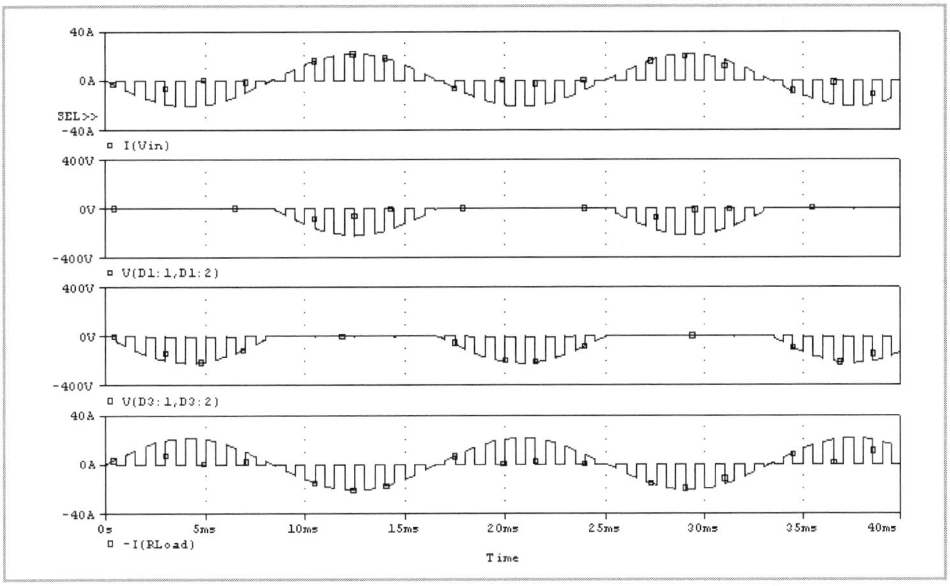

7.4 3상 AC-AC 위상 제어 회로(3ϕ AC-AC Phase Controller)

7.4.1 시뮬레이션 회로(Load : R, Y-Connection)

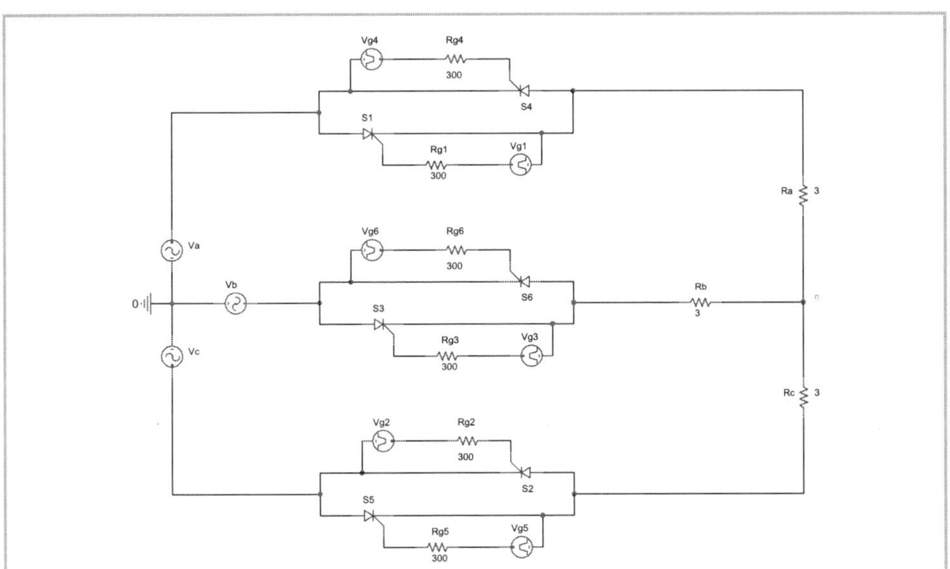

▮그림 7-7▮ 3상 AC-AC 위상 제어회로(저항 부하, Y결선)

1 회로 시뮬레이션 조건

① 정현파 전압원(라이브러리 명 : SOURCE → VSIN)

- 부품 이름/크기

  V_a : VOFF = 0, VAMPL = 220V, FREQ = 60Hz, PHASE = 0

  V_b : VOFF = 0, VAMPL = 220V, FREQ = 60Hz, PHASE = −120

  V_c : VOFF = 0, VAMPL = 220V, FREQ = 60Hz, PHASE = −240

② 구형파 전압원(라이브러리 명 : SOURCE → VPULSE)

- 부품 이름 : V_{g1} / V_{g2} / V_{g3} / V_{g4} / V_{g5} / V_{g6}

▶ Gate Signal α = 60°일 때

- V_{g1}의 TD 값 : 60°(α)
- V_{g2}의 TD 값 : 120°[= 60°(V_{g1}과 차이) + 60°(α)]
- V_{g3}의 TD 값 : 180°[= 60°(V_{g1}과 차이) + 60°(V_{g2}와 차이) + 60°(α)]
- V_{g4}의 TD 값 : 240°[= 60°(V_{g1}과 차이) + 60°(V_{g2}와 차이) + 60°(V_{g3}와 차이) + 60°(α)]
- V_{g5}의 TD 값 : 300°[= 60°(V_{g1}과 차이) + 60°(V_{g2}와 차이) + 60°(V_{g3}와 차이) + 60°(V_{g4}와 차이) + 60°(α)]
- V_{g6}의 TD 값 : 360°[= 60°(V_{g1}과 차이) + 60°(V_{g2}와 차이) + 60°(V_{g3}와 차이) + 60°(V_{g4}와 차이) + 60°(V_{g5}와 차이) + 60°(α)]

Parameter	V_{g1} (α = 60°)	V_{g2} (α = 60°)	V_{g3} (α = 60°)	V_{g4} (α = 60°)	V_{g5} (α = 60°)	V_{g6} (α = 60°)
TD (Time Delay)	TD = 2777.8μs (60°)	TD = 5555.5μs (120°)	TD = 8333.3μs (180°)	TD = 11111.1μs (240°)	TD = 13888.9μs (300°)	TD = 6666.7μs = 0μs (0° = 360°)
PER(Period)	PER = 16.667ms = 16666.7μs					
TR (Time Rising)	TR = 1μs					
TF (Time Falling)	TF = 1μs					
V_1 / V_2	V_1 = 0V / V_2 = 20V					
PW (Pulse Width)	PW = 200μs					

③ 저항(라이브러리 명 : ANALOG → R)

- 부품 이름/크기 : R_a / R_b / R_c = 3(Ω)

- 부품 이름/크기 : R_{g1} / R_{g2} / R_{g3} / R_{g4} / R_{g5} / R_{g6} = 300(Ω)

④ SCR(라이브러리 명 : THYRISTR → 2N1595/75C)

- 부품 이름 : S_1 / S_2 / S_3 / S_4 / S_5 / S_6

⑤ 접지(라이브러리 명 : Tool Palette → GND → Source)

- symbol : 0 선택

⑥ PSpice → New Simulation → Name(Y-Connection)
→ Simulation setting(Y-Connection)→ Run to Time : 40㎳

2 시뮬레이션 결과

① 3상 선간 전압(V_{ab}, V_{bc}, V_{ca}), 3상 상전압(V_a, V_b, V_c), $_{te}$), 부하전압(V_{Ra}, V_{Rb}, V_{Rc}) 파형 측정

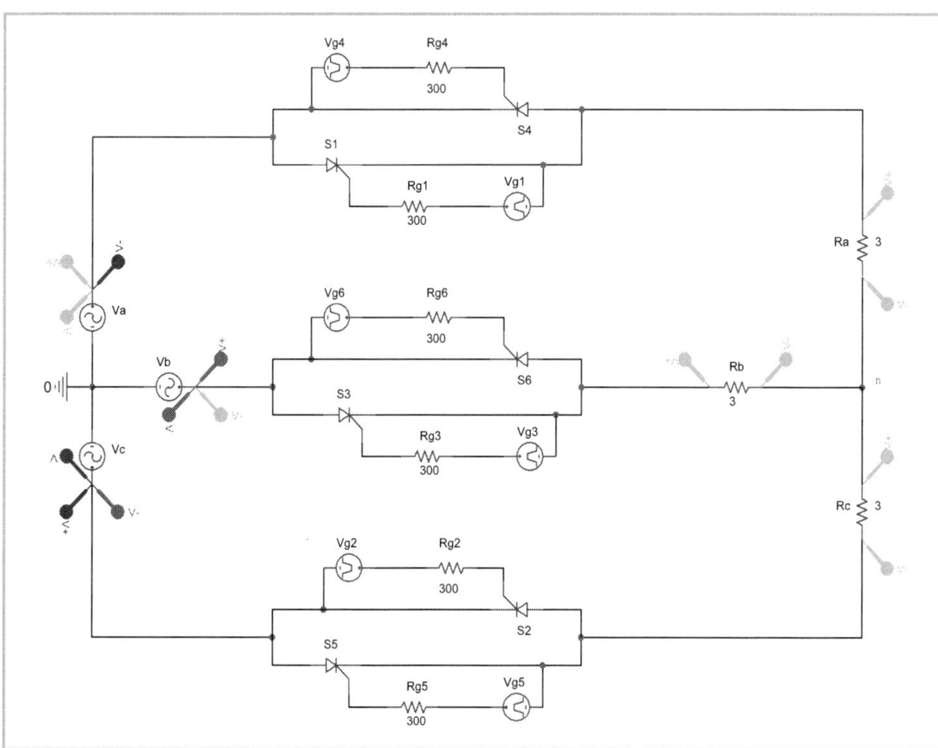

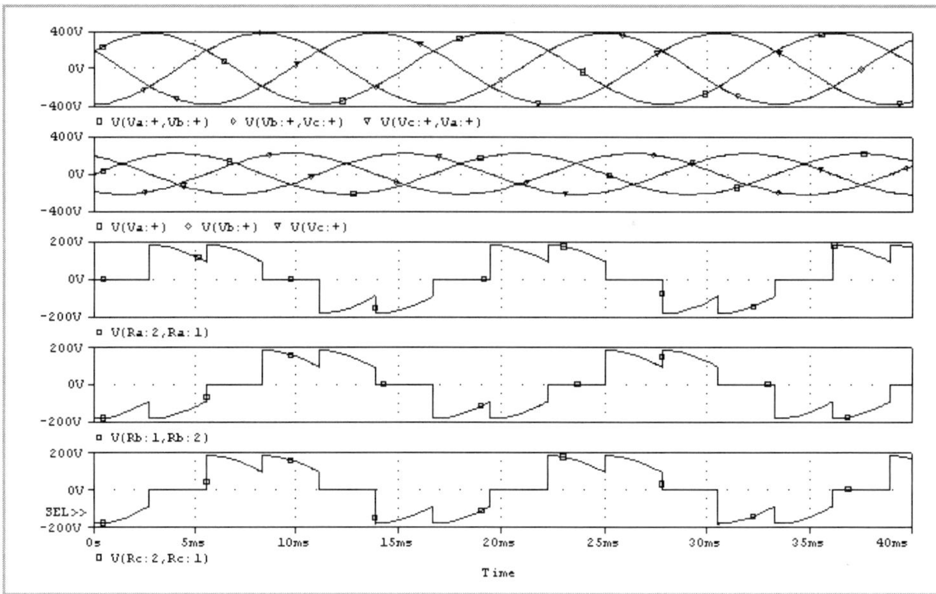

② 게이트 전압(I_g) 파형 측정

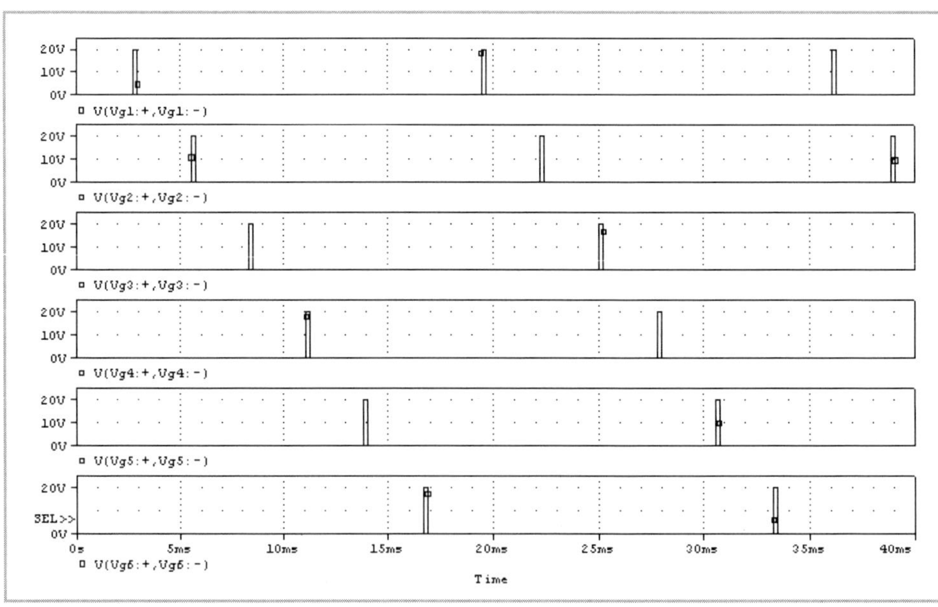

7.4.2 시뮬레이션 회로(Load : R, Δ-Connection)

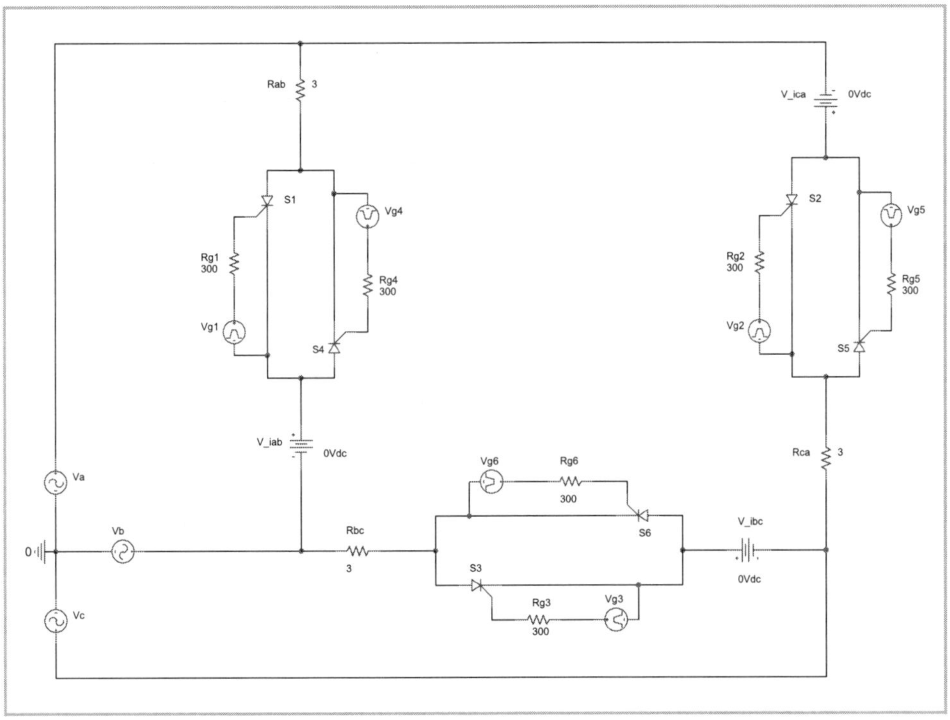

▌그림 7-8▌ 3상 AC-AC 위상 제어회로(저항 부하, Δ결선)

1 회로 시뮬레이션 조건

① 정현파 전압원(라이브러리 명 : SOURCE → VSIN)

- 부품 이름/크기

  V_a : VOFF = 0, VAMPL = 141V, FREQ = 60㎐, PHASE = -30

  V_b : VOFF = 0, VAMPL = 141V, FREQ = 60㎐, PHASE = -150

  V_c : VOFF = 0, VAMPL = 141V, FREQ = 60㎐, PHASE = -270

② 구형파 전압원(라이브러리 명 : SOURCE → VPULSE)

- 부품 이름 : V_{g1} / V_{g2} / V_{g3} / V_{g4} / V_{g5} / V_{g6}

▸ Gate Signal α = 120°일 때

- V_{g1}의 TD 값 : 120°(α)
- V_{g2}의 TD 값 : 180°[= 60°(V_{g1}과 차이) + 120°(α)]
- V_{g3}의 TD 값 : 240°[= 60°(V_{g1}과 차이) + 60°(V_{g2}와 차이) + 120°(α)]
- V_{g4}의 TD 값 : 300°[= 60°(V_{g1}과 차이) + 60°(V_{g2}와 차이) + 60°(V_{g3}와 차이) + 120°(α)]
- V_{g5}의 TD 값 : 360°[60°(V_{g1}과 차이) + 60°(V_{g2}와 차이) + 60°(V_{g3}와 차이) + 60°(V_{g4}와 차이) + 120°(α)]
- V_{g6}의 TD 값 : 420° = 360° + 60°
  [= 60°(V_{g1}과 차이) + 60°(V_{g2}와 차이) + 60°(V_{g3}와 차이) + 60°(V_{g4}와 차이) + 60°(V_{g5}와 차이) + 120°(α)]

Parameter	V_{g1} (α = 120°)	V_{g2} (α = 120°)	V_{g3} (α = 120°)	V_{g4} (α = 120°)	V_{g5} (α = 120°)	V_{g6} (α = 120°)
TD (Time Delay)	TD = 5555.6㎲ (120°)	TD = 8333.3㎲ (180°)	TD = 11111.1㎲ (240°)	TD = 13888.9㎲ (300°)	TD = 16666.7㎲ = 0㎲(360°)	TD = 2777.8㎲ (420°= 360°+60°)
PER(Period)	PER = 16.667㎳ = 16666.7㎲					
TR (Time Rising)	TR = 1㎲					
TF (Time Falling)	TF = 1㎲					
V_1 / V_2	V_1 = 0V / V_2 = 20V					
PW (Pulse Width)	PW = 200㎲					

③ 저항(라이브러리 명 : ANALOG → R)

- 부품 이름/크기 : R_{ab} / R_{bc} / R_{ca} = 3(Ω)
- 부품 이름/크기 : R_{g1} / R_{g2} / R_{g3} / R_{g4} / R_{g5} / R_{g6} = 300(Ω)

④ SCR(라이브러리 명 : THYRISTR → 2N1595/75C)

- 부품 이름 : S_1 / S_2 / S_3 / S_4 / S_5 / S_6

⑤ 직류 전압원(라이브러리 명 : SOURCE→VDC) : 입력전류측정을 위해서 삽입 후 전류측정

- 부품 이름/크기 : $V_{\_iab}$ / $V_{\_ibc}$ /$V_{\_ica}$ = 0V(전류측정용)

⑥ 접지(라이브러리 명 : Tool Palette→GND→Source)

- symbol : 0 선택

⑦ PSpice→New Simulation→Name(Δ-Connection)→Simulation setting(Δ-Connection)→Run to Time : 40ms

2 시뮬레이션 결과

① 3상 선간 전압(V_{ab}, V_{bc}, V_{ca}), 게이트 전압(V_{g1}~V_{g6}) 파형 측정

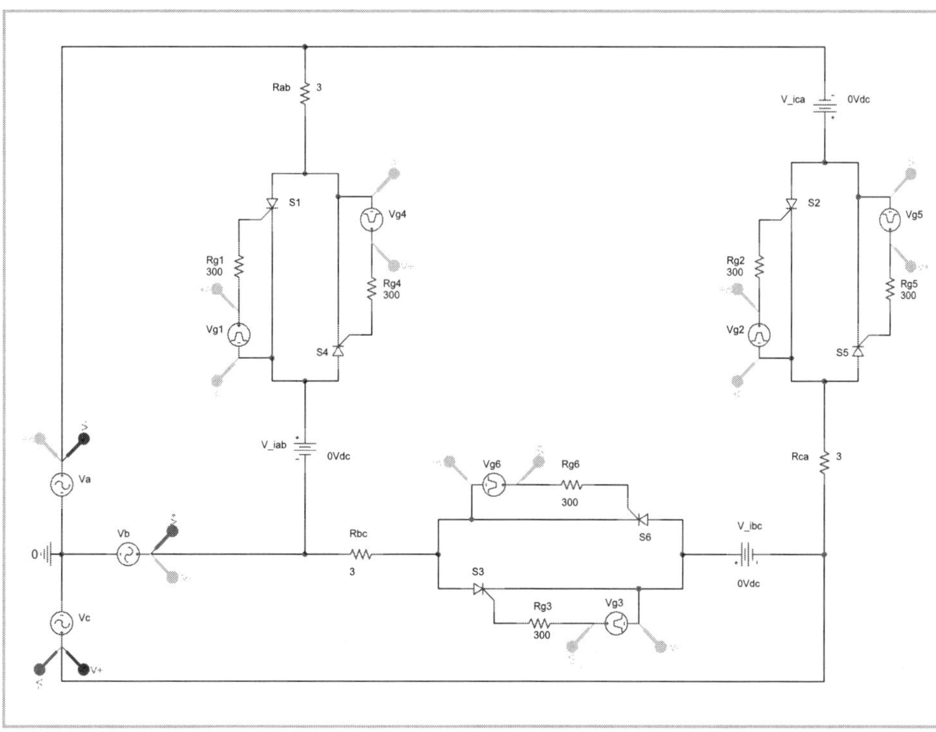

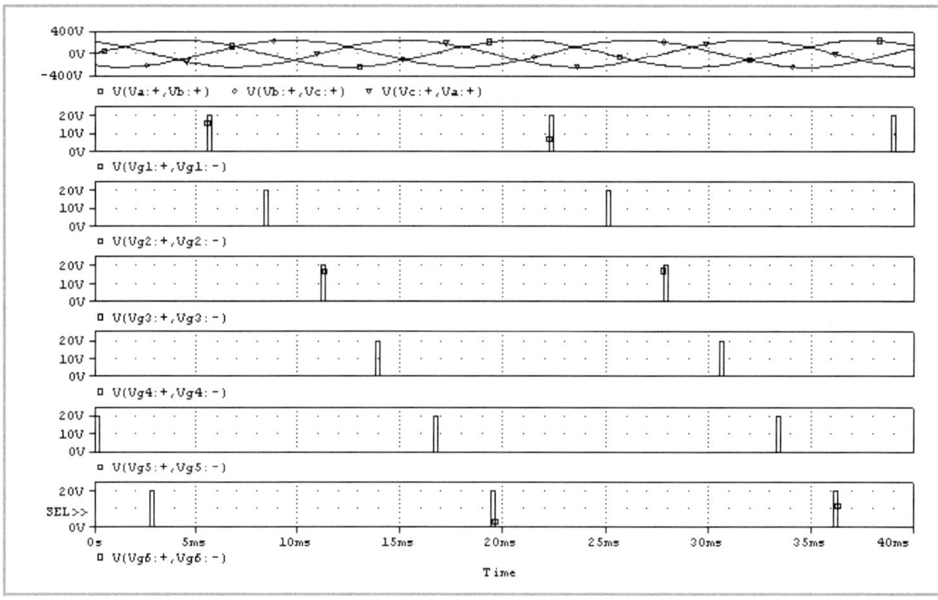

② 3상 입력 상전류(V_a, V_b, V_c), 부하전류(I_{Va}, I_{Vb}, I_{Vc},) 파형 측정

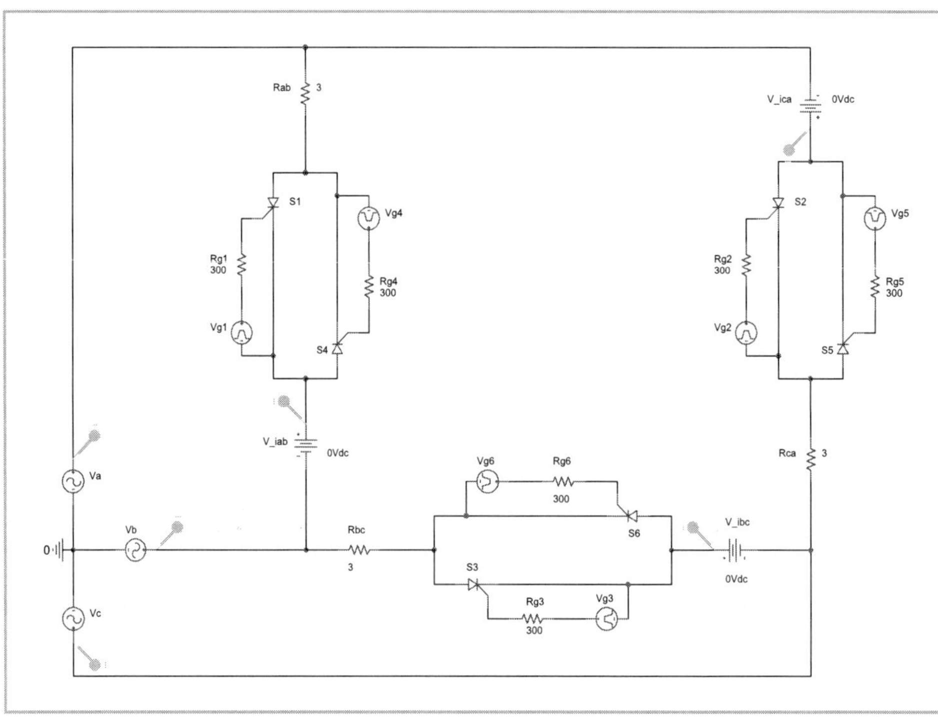

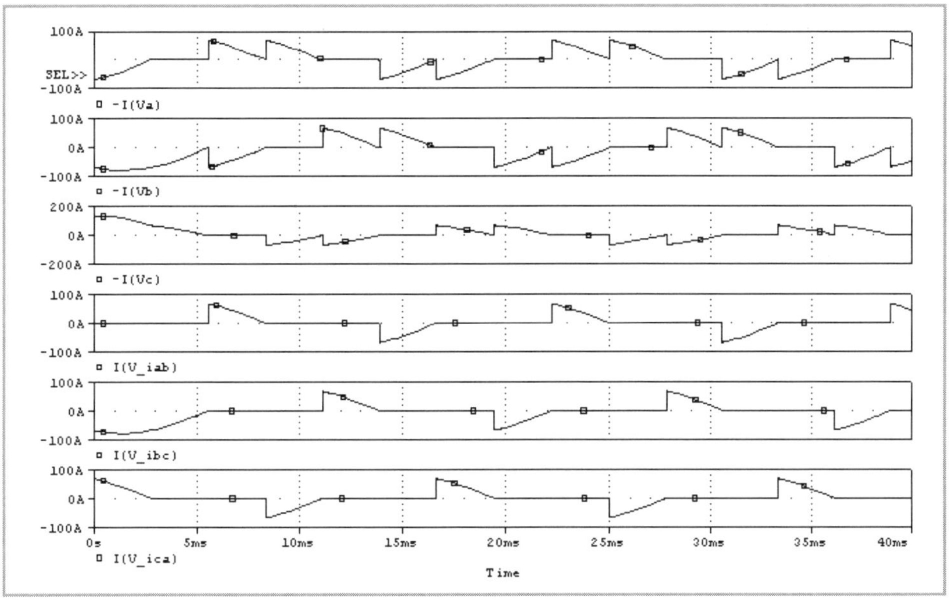

7.5 사이클로 컨버터(Cyclo converter)

7.5.1 시뮬레이션 회로(Load : R)

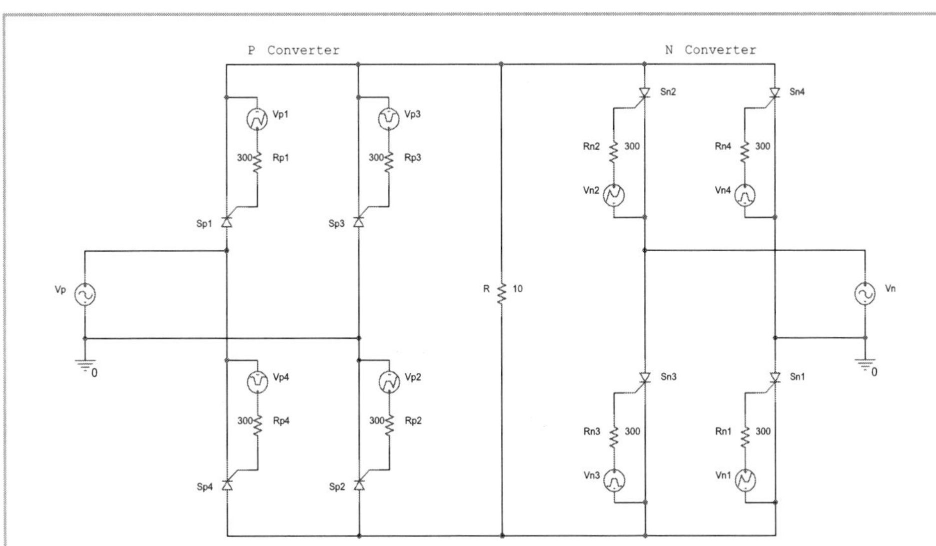

▌그림 7-9▐ 단상 사이클로 컨버터

1 회로 시뮬레이션 조건

① 정현파 전압원(라이브러리 명 : SOURCE → VSIN)

- 부품 이름/크기

V_P(P Converter) : VOFF = 0, VAMPL = 220V, FREQ = 60Hz

V_N(N Converter) : VOFF = 0, VAMPL = 220V, FREQ = 60Hz

② 저항(라이브러리 명 : ANALOG → R)

- 부품 이름 : R = 10(Ω)
- 부품 이름 : R_{P1} / R_{P2} / R_{P3} / R_{P4} / R_{N1} / R_{N2} / R_{N3} / R_{N4} = 300(Ω)

③ SCR(라이브러리 명 : THYRISTR → 2N1595/75C)

- 부품 이름 : S_{P1} / S_{P2} / S_{P3} / S_{P4} / S_{N1} / S_{N2} / S_{N3} / S_{N4}

④ 구형파 전압원(라이브러리 명 : SOURCE → VPULSE)

- 부품 이름 : V_{P3} / V_{P4}(P Converter), V_{N3} / V_{N4}(N Converter)
- 구형파 전압원 조건

Parameter	$V_{P3} = V_{P4}$(점호각 $\alpha = 60°$)	$V_{N3} = V_{N4}$(점호각 $\alpha = 60°$)
TD(Time Delay)	TD = 11111.1μs(= 60° +180°)	TD = 36111.2μs(= 60° +720°)
PER(Period)	PER = 50.0001ms	
TR(Time Rising)	TR = 1ns	
TF(Time Falling)	TF = 1ns	
V_1 / V_2	V_1 = 0V / V_2 = 20V	
PW(Pulse Width)	PW = 200μs	

⑤ 구분적 선형 전압원(라이브러리 명 : SOURCE → VPWL)

- 부품 이름 : V_{P1} / V_{P2}(P Converter), V_{N1} / V_{N2}(N Converter)
- 구분적 선형 전압원 조건

V_{P1} / V_{P2}(P Converter) Parameter							
T_1	0μs	V_1	0	T_6	19444.47μs	V_6	0
T_2	2777.79μs	V_2	0	T_7	19444.48μs	V_7	20
T_3	2777.8μs	V_3	20	T_8	19644.48μs	V_8	20
T_4	2977.8μs	V_4	20	T_9	19644.49μs	V_9	0
T_5	2977.9μs	V_5	0	T_{10}	50000μs	V_{10}	0

V_{N1} / V_{N2}(N Converter) Parameter							
T_1	0㎲	V_1	0	T_6	44444.52㎲	V_6	0
T_2	27777.82㎲	V_2	0	T_7	44444.53㎲	V_7	20
T_3	27777.83㎲	V_3	20	T_8	44644.53㎲	V_8	20
T_4	27977.83㎲	V_4	20	T_9	44644.54㎲	V_9	0
T_5	27977.84㎲	V_5	0	T_{10}	50000㎲	V_{10}	0

⑥ 접지(라이브러리 명 : Tool Palette → GND → Source)

- symbol : 0 선택

⑦ PSpice → New Simulation → Name(1P Cycloconverter) → Simulation setting (1P Cycloconverter) → Run to Time : 50ms

2 시뮬레이션 결과

① P Converter 입력 전압(V_P), 게이트 전압(V_{P1}~V_{P4}) 파형 측정

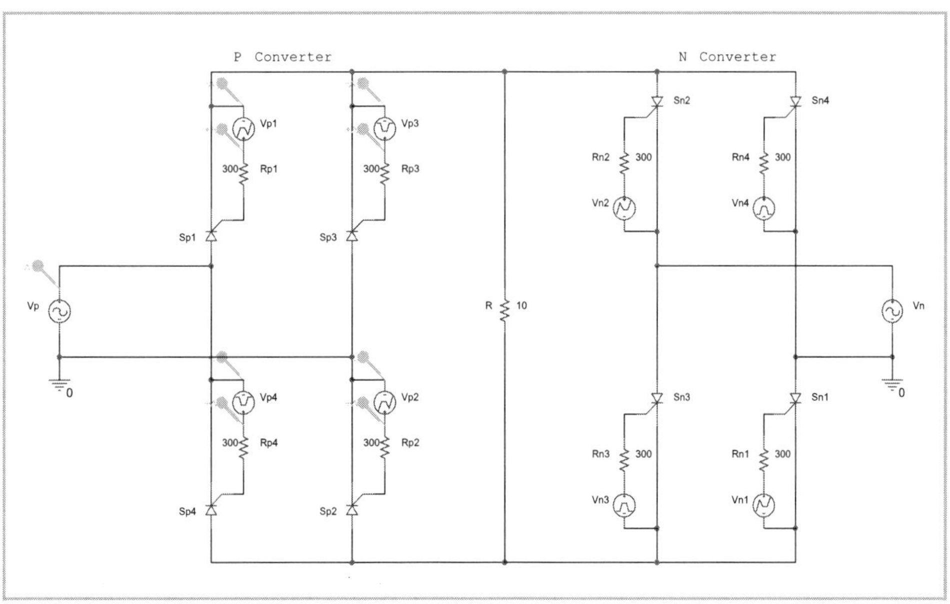

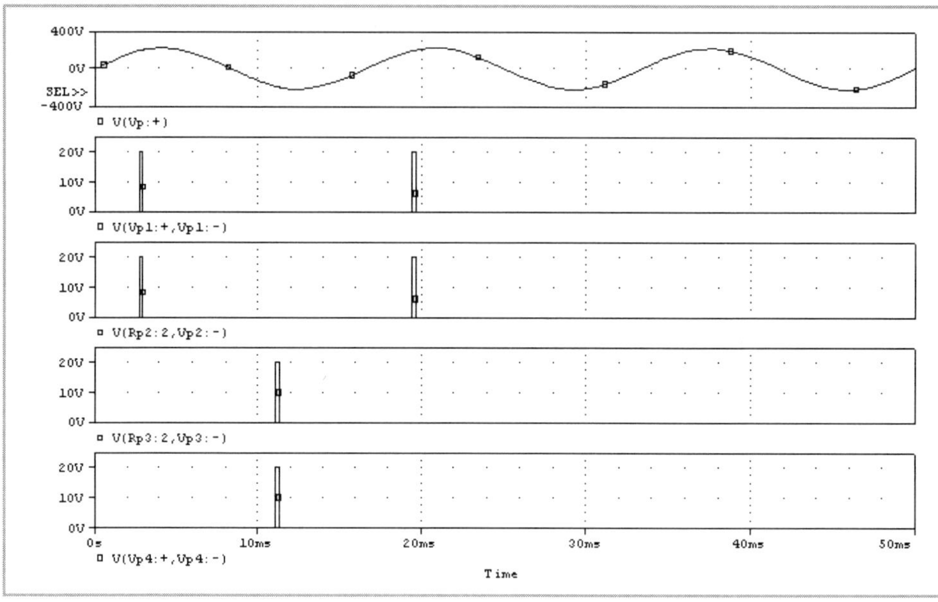

② N Converter 입력 전압(V_N), 게이트 전압(V_{N1}~V_{N4}) 파형 측정

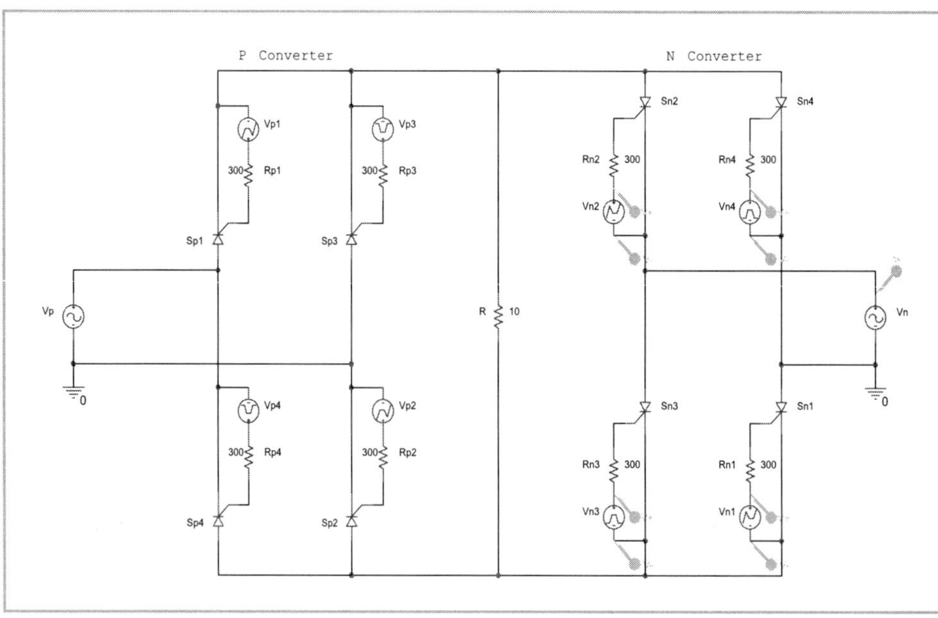

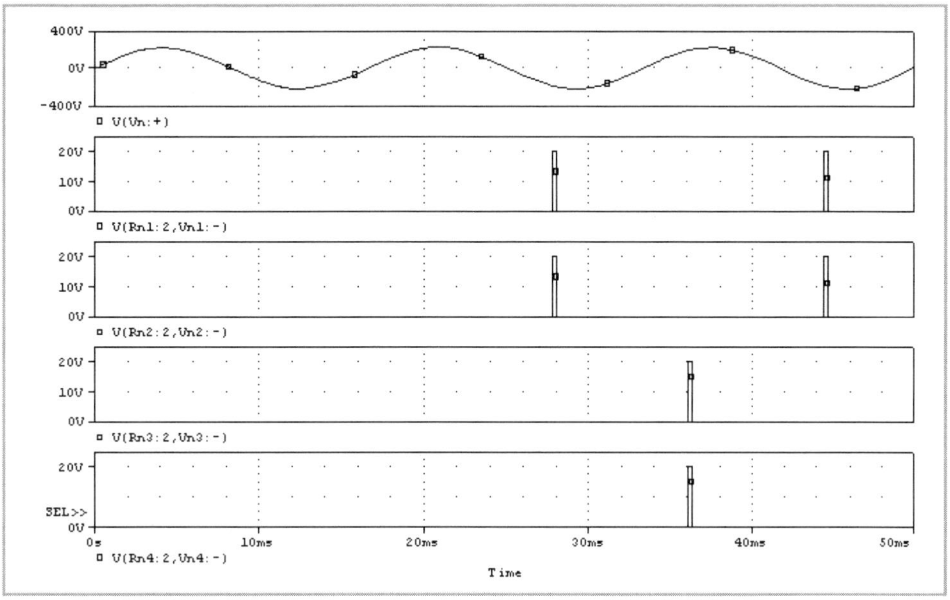

③ 출력 전압(V_R), P Converter 입력 전류(I_{VP}), N Converter 입력 전류(I_{NP}) 파형 측정

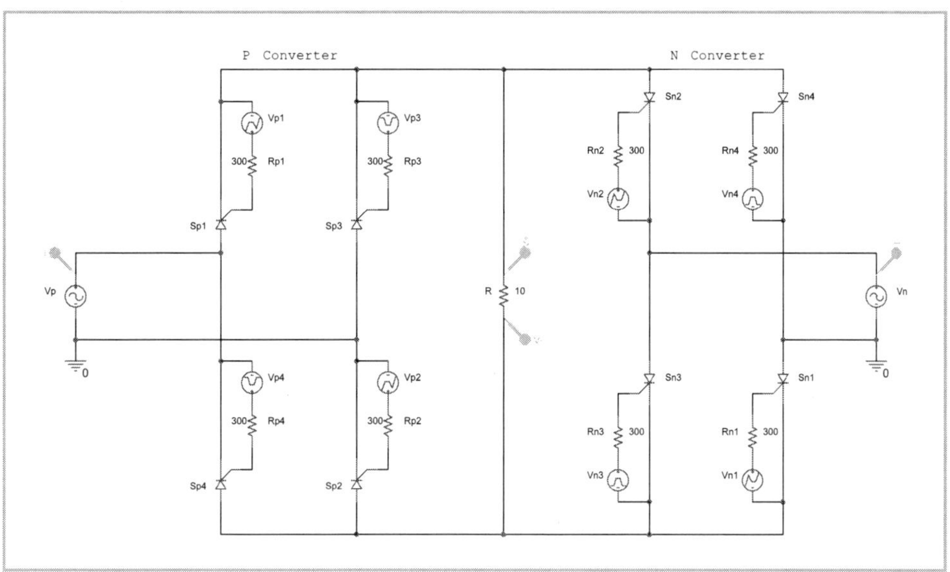

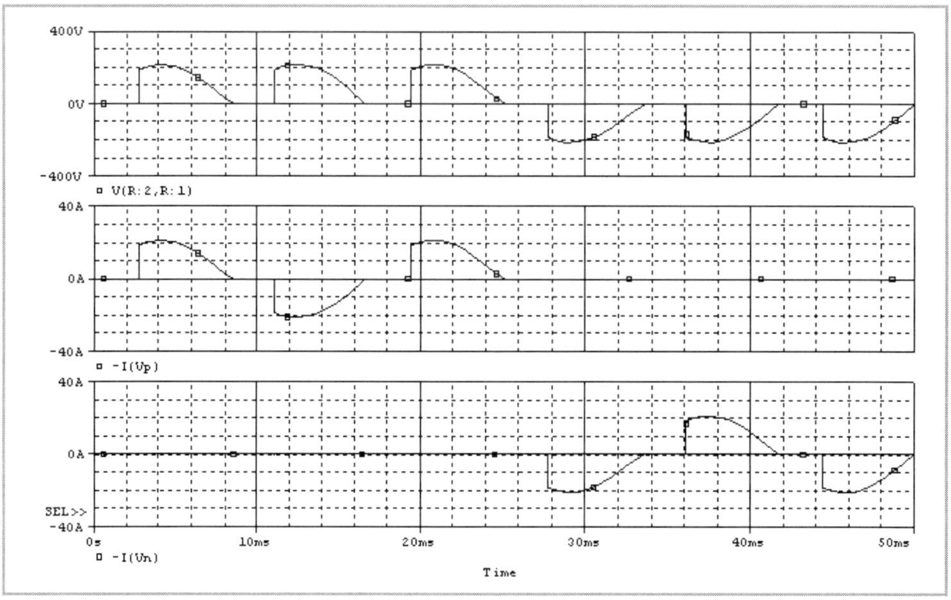
400V
0V
-400V
V(R:2,R:1)
40A
0A
-40A
-I(Vp)
40A
0A
SEL>>
-40A
0s
10ms
20ms
30ms
40ms
50ms
-I(Vn)
Time

CHAPTER

08

전력변환회로 조합

Chapter 08

전력변환회로 조합

8.1 단상 전력변환회로 조합

8.1.1 단상 정류기 + 단상 구형파 인버터 시스템

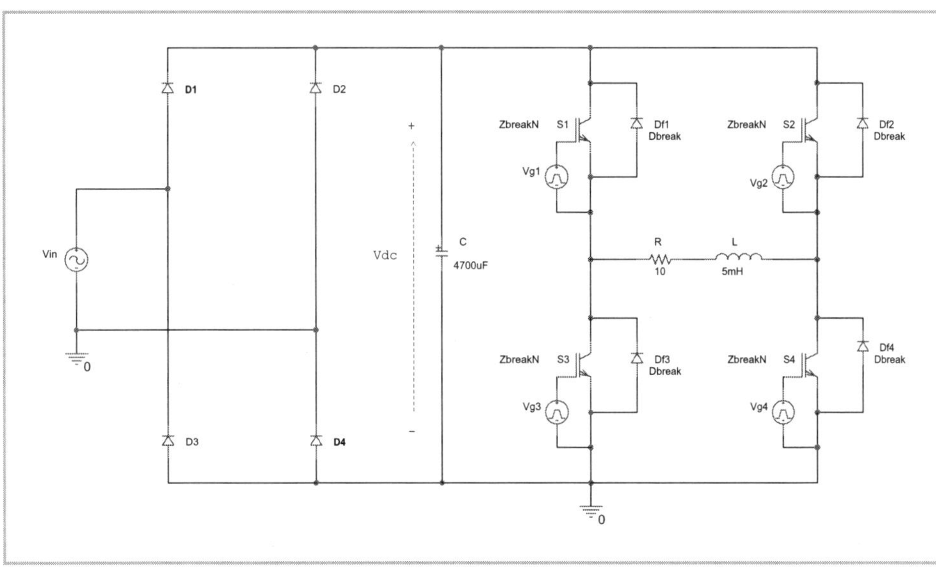

❙그림 8-1❙ 단상 정류기 + 단상 구형파 인버터 시스템

1 회로 시뮬레이션 조건

① 정현파 전압원(라이브러리 명 : SOURCE → VSIN)

- 부품 이름 : V_{in}
- 크기 : VOFF = 0, VAMPL = 220V, FREQ = 60Hz

② 다이오드(라이브러리 명 : BREAKOUT → Dbreak)

- 부품 이름 : D_1 / D_2 / D_3 / D_4, D_{f1} / D_{f2} / D_{f3} / D_{f4}

③ 콘덴서(라이브러리 명 : ANALOG → C_elect)

- 부품 이름/크기 : C = 4700(μF)

④ IGBT(라이브러리 명 : BREAKOUT → ZbreakN, IGBT → APT30GF60BN)

- 부품 이름 : S_1 / S_2 / S_3 / S_4

⑤ 저항(라이브러리 명 : ANALOG → R)

- 부품 이름/크기 : R = 10(Ω)

⑥ 인덕터(라이브러리 명 : ANALOG → L)

- 부품 이름/크기 : L = 5(mH)

⑦ 구형파 전압원(라이브러리 명 : SOURCE → VPULSE)

- 부품 이름 : $V_{g1} = V_{g4}$, $V_{g2} = V_{g3}$
- 구형파 전압원 조건[출력전압 주파수 f = 100Hz일 때]

Parameter	$V_{g1} = V_{g4}$	$V_{g2} = V_{g3}$
TD(Time Delay)	TD = 0ms	TD = 5ms
PER(Period)	PER = 10ms [f = 1/T = 1/10ms = 100Hz]	
TR(Time Rising)	TR = 1ns	
TF(Time Falling)	TF = 1ns	
V_1 / V_2	V_1 = 0V / V_2 = 15V	
PW(Pulse Width)	PW = 5ms[PW 조정 : 전압크기가 변화]	

⑧ 접지(라이브러리 명 : Tool Palette → GND → Source)

- symbol : 0 선택

⑨ PSpice → New Simulation → Name(1P Rec + Inverter System) → Simulation setting(1P Rec + Inverter System) → Run to Time : 50ms

⑩ Option 변경 : Schematic 회로 화면상에서 Edit simulation profile 클릭 → Simulation settings 상의 Options 클릭 → ITL4(Transient time point iteration limit) = 40으로 변경

2 시뮬레이션 결과

① 입력전압(V_{in}), V_{dc} 전압(V_C), 게이트 전압(V_{g1}, V_{g2}) 파형 측정

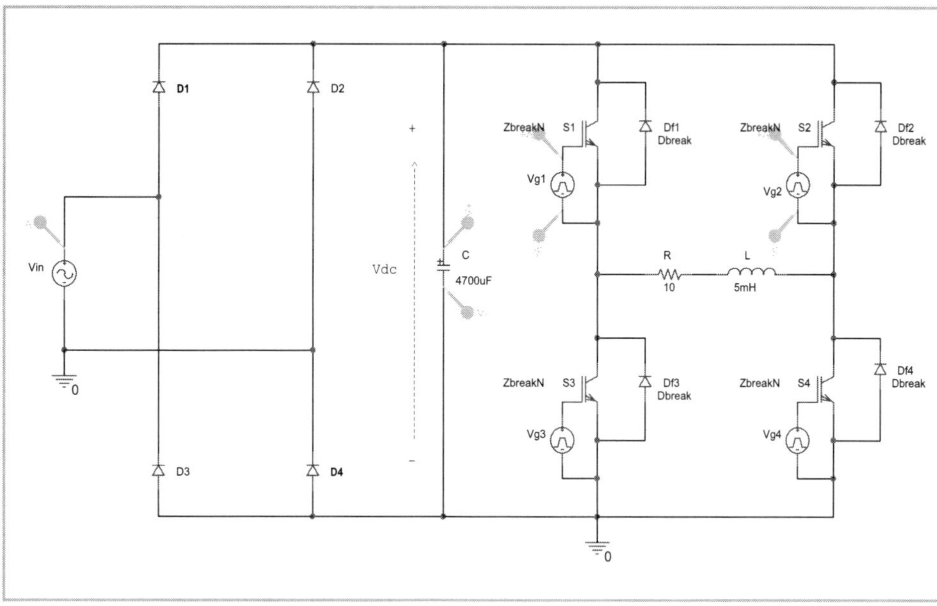

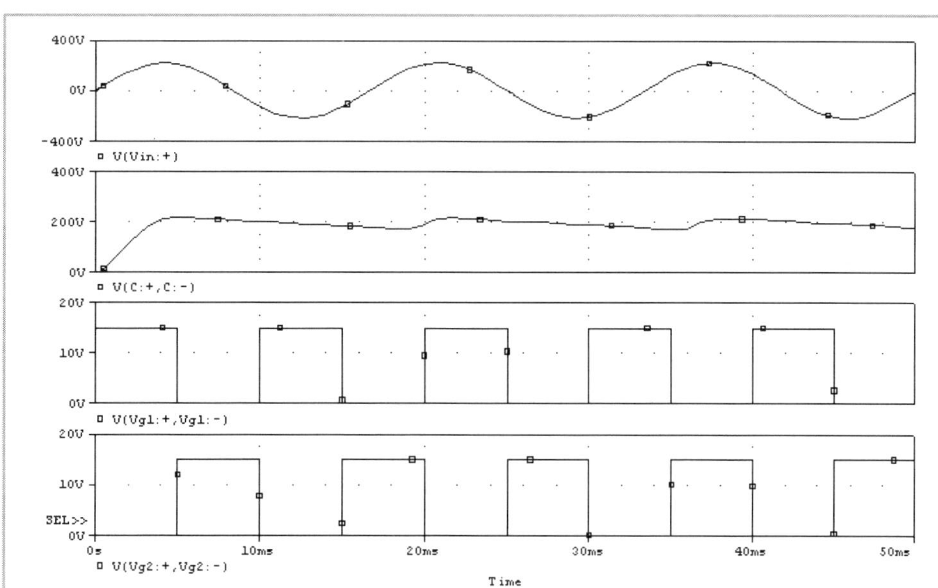

② 인버터 부하 출력 전압(V_{RL}), 출력 전류(I_R) 파형 측정

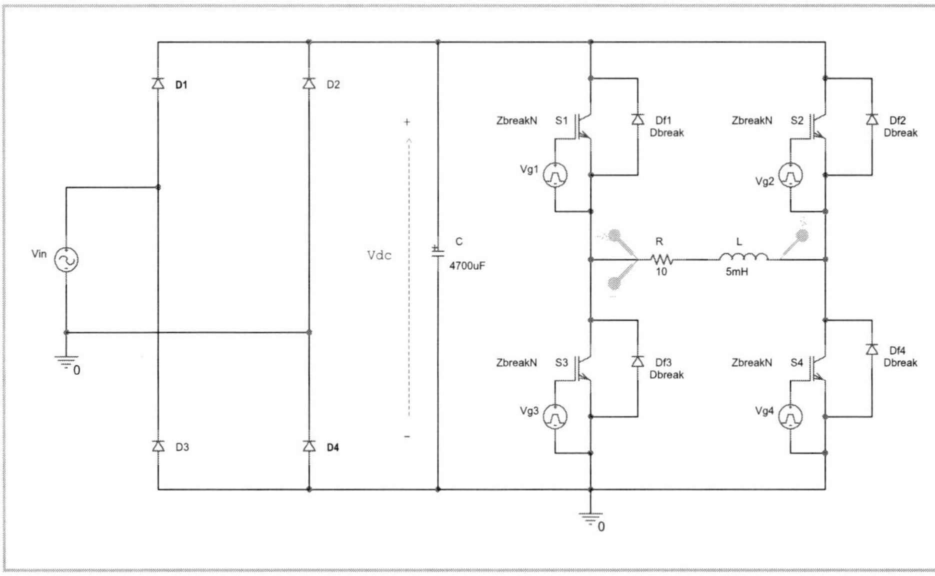

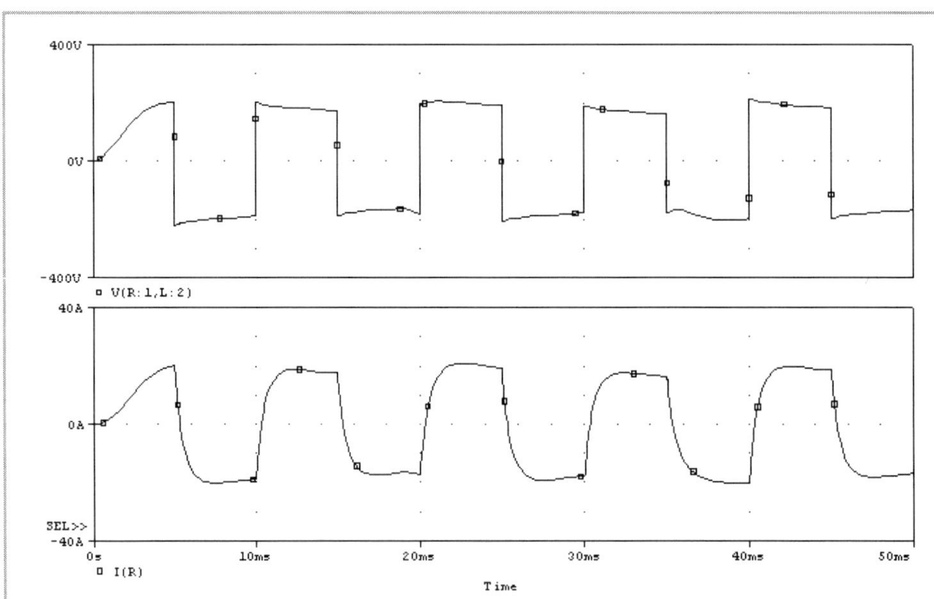

8.1.2 단상 정류기 + 단상 PWM 인버터 시스템

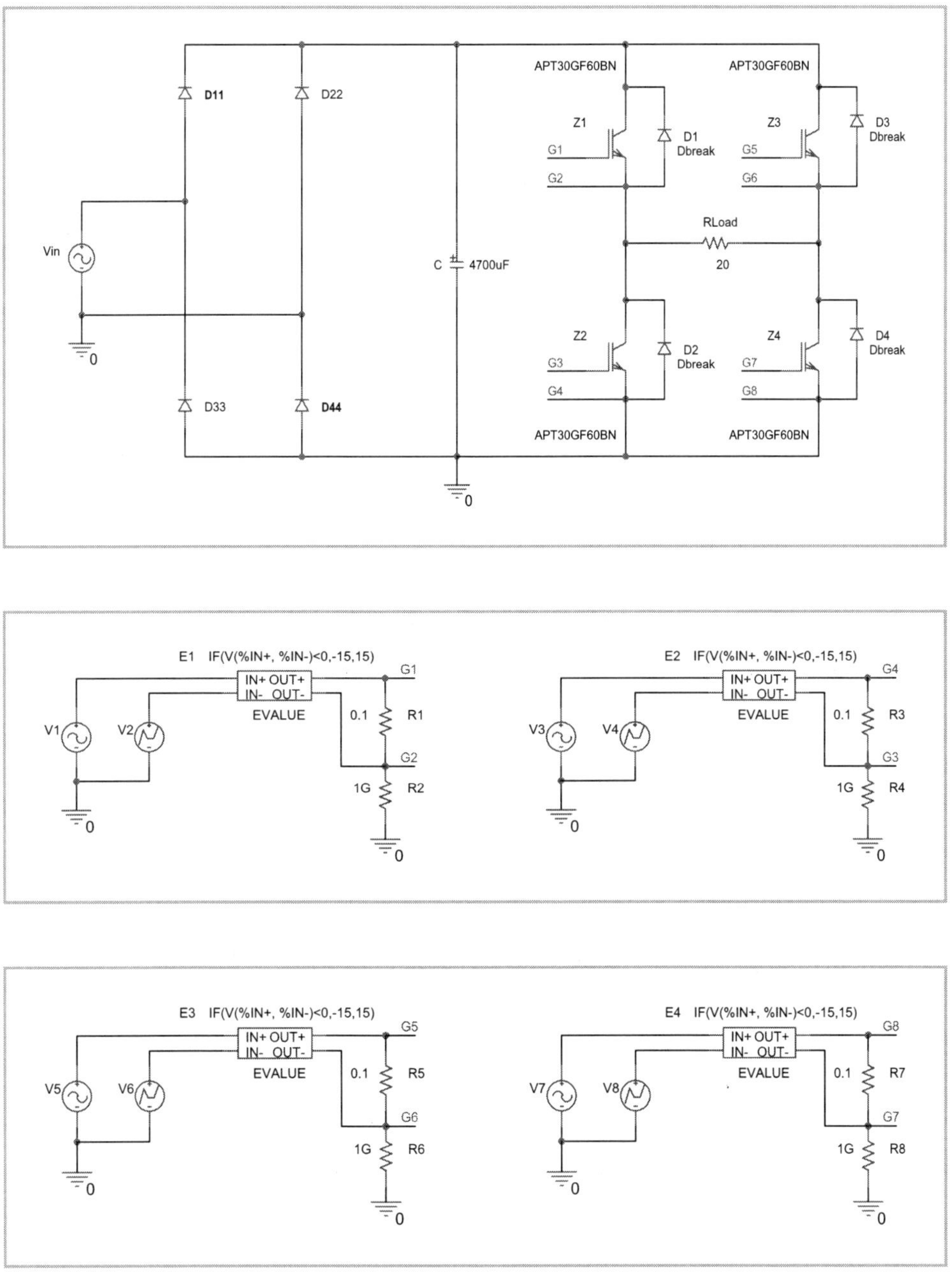

▌그림 8-2▌ 단상 정류기 + 단상 PWM 인버터 시스템

1 회로 시뮬레이션 조건

① 정현파 전압원(라이브러리 명 : SOURCE → VSIN)

- 부품 이름/크기

  V_{in} : VOFF = 0, VAMPL = 220V, FREQ = 60Hz

- 부품 이름/크기

  $V_1 = V_3$: VOFF = 0, VAMPL = 0.9V, FREQ = 100Hz, PHASE = 0

  $V_5 = V_7$: VOFF = 0, VAMPL = 0.9V, FREQ = 100Hz, PHASE = -120

② 다이오드(라이브러리 명 : BREAKOUT → Dbreak)

- 부품 이름 : D_{11} / D_{22} / D_{33} / D_{44}, D_1 / D_2 / D_3 / D_4

③ 콘덴서(라이브러리 명 : ANALOG → C_elect)

- 부품 이름/크기 : C = 4700(μF)

④ IGBT(라이브러리 명 : IGBT → APT30GF60BN)

- 부품 이름 : Z_1 / Z_2 / Z_3 / Z_4

⑤ 저항(라이브러리 명 : ANALOG → R)

- 부품 이름/크기 : $R_1 = R_3 = R_5 = R_7 = 0.1(\Omega)$, $R_2 = R_4 = R_6 = R_8 = 1G(\Omega)$
- 부품 이름/크기 : $R_{Load} = 20(\Omega)$

⑥ 선형 전압원(라이브러리 명 : SOURCE → VPWL_RE_FOREVER)

- 부품 이름/크기

  $V_2 = V_4 = V_6 = V_8$: **FIRST_NPAIRS** = 0, 0
  SECOND_NPAIRS = 0.297619m, 1
  THIRD_NPAIRS = 0.892857m, -1

⑦ 전압제어용 전압원(라이브러리 명 : ABM → EVALUE)

- 부품 이름/크기

  $E_1 = E_2 = E_3 = E_4$: **EXPR** = IF(V(%IN+, %IN-)<0, -15, 15)
  → 두 입력차가 0보다 작으면 -15V를 출력하고, 크면 15V를 출력한다.

⑧ 접지(라이브러리 명 : Tool Palette → GND → Source)

- symbol : 0 선택

⑨ Gate 연결 : Tool Palette(또는 Place → Net Alias) → N1 → G1~G8 **입력**

⑩ PSpice → New Simulation → Name(1P Rec + PWM Inverter System) → Simulation setting(1P Rec + PWM Inverter System) → Run to Time : 40ms

2 시뮬레이션 결과

① 입력 전압(V_{in} : 60Hz, AC 220V), 콘덴서 전압(V_c : DC 전압 평활화), 부하 전압(V_{RLoad} : 100Hz, AC PWM) 파형 측정

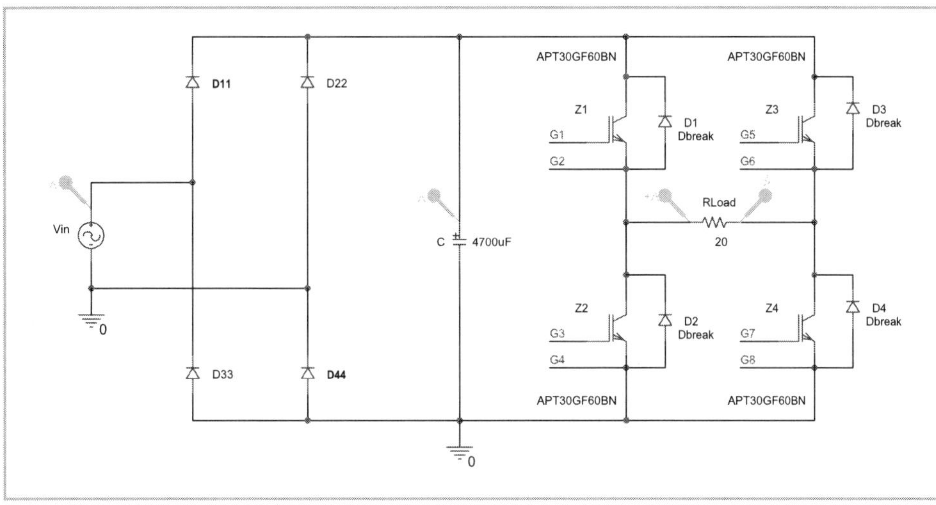

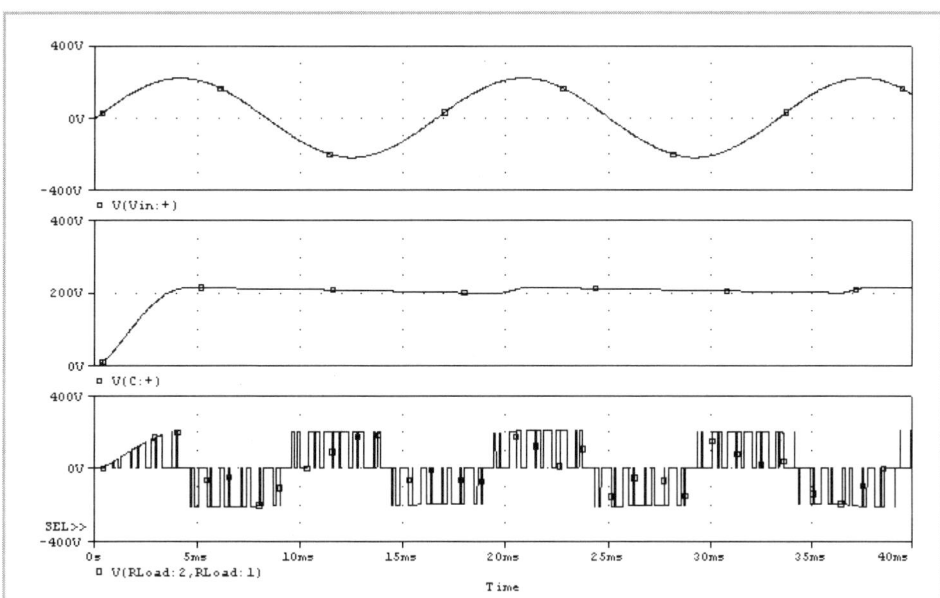

8.1.3 단상 정류기 + 강압 초퍼 + 단상 구형파 인버터 시스템

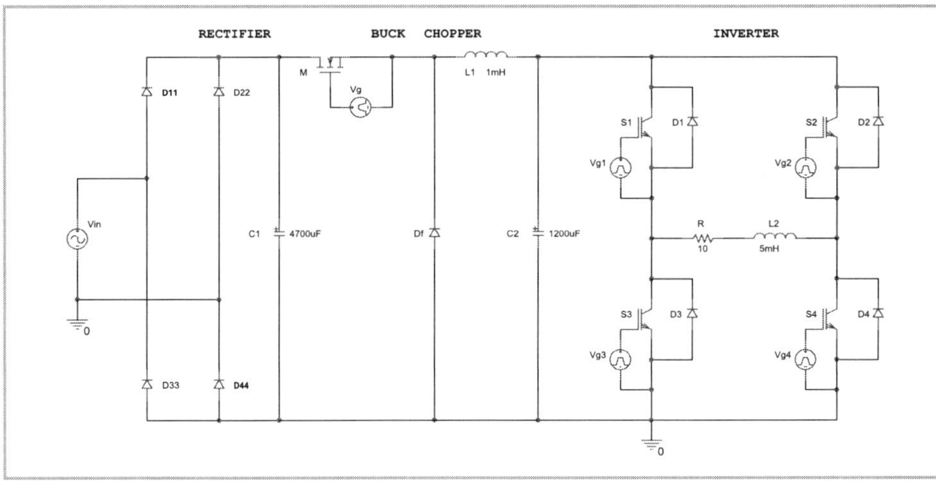

▌그림 8-3▌ 단상 정류기 + 강압 초퍼 + 단상 구형파 인버터 시스템

1 회로 시뮬레이션 조건

① 정현파 전압원(라이브러리 명 : SOURCE → VSIN)

- 부품 이름 : V_{in}
- 크기 : VOFF = 0, VAMPL = 220V, FREQ = 60Hz

② 다이오드(라이브러리 명 : BREAKOUT → Dbreak)

- 부품 이름 : D_{11} / D_{22} / D_{33} / D_{44}, D_f, D_1 / D_2 / D_3 / D_4

③ 구형파 전압원(라이브러리 명 : SOURCE → VPULSE)

- 부품 이름 : V_g
- Duty Ratio = 40%일 때 Parameter

Parameter	Duty Ratio = 40%(PW/PER=80/200=0.4)
TD(Time Delay)	TD= 0ms
PER(Period)	PER = 200μs
TR(Time Rising)	TR = 1ns
TF(Time Falling)	TF = 1ns
V_1 / V_2	V_1 = 0V / V_2 = 15V
PW(Pulse Width)	PW = 80μs

- 부품 이름 : $V_{g1} = V_{g4}$, $V_{g2} = V_{g3}$
- 구형파 전압원 조건[출력전압 주파수 f = 100Hz일 때]

Parameter	$V_{g1} = V_{g4}$	$V_{g2} = V_{g3}$
TD(Time Delay)	TD = 0ms	TD = 5ms
PER(Period)	PER = 10ms[f = 1/T = 1/10ms = 100Hz]	
TR(Time Rising)	TR = 1ns	
TF(Time Falling)	TF = 1ns	
V_1 / V_2	V_1 = 0V / V_2 = 15V	
PW(Pulse Width)	PW = 5ms [PW 조정 : 전압크기가 변화]	

④ MOSFET(라이브러리 명 : PWRMOS → IRF150)

- 부품 이름 : M

⑤ IGBT(라이브러리 명 : BREAKOUT → ZbreakN, IGBT → APT30GF60BN)

- 부품 이름 : S_1 / S_2 / S_3 / S_4

⑥ 콘덴서(라이브러리 명 : ANALOG → C_elect)

- 부품 이름/크기 : C_1 = 4700(μF), C_2 = 1200(μF)

⑦ 저항(라이브러리 명 : ANALOG → R)

- 부품 이름/크기 : R = 10(Ω)

⑧ 인덕터(라이브러리 명 : ANALOG → L)

- 부품 이름/크기 : L_1 = 1(mH), L_2 = (5mH)

⑨ 접지(라이브러리 명 : Tool Palette → GND → Source)

- symbol : 0 선택

⑩ PSpice → New Simulation → Name(1P Rec + Chopper + Inverter System) → Simulation setting(1P Rec + Chopper + Inverter System) → Run to Time : 40ms

⑪ Option 변경 : Schematic 상에서 Edit simulation profile 클릭 → Simulation settings 상의 Options 클릭 → ITL4(Transient time point iteration limit) = 40 (Default =10), ABSTOL(Best accuracy of currents) = 1u(Default = 1p)으로 변경

2 시뮬레이션 결과

① AC 입력 전압(V_{in}), 콘덴서 전압(V_{C1}), 강압 초퍼 게이트 전압(V_g), 강압초퍼 출력 전압(V_{C2}) 파형 측정

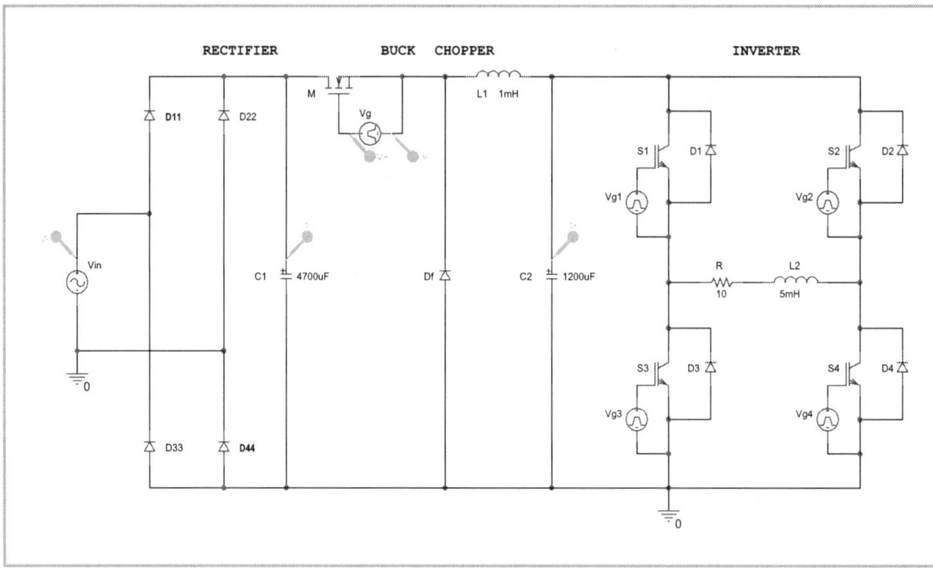

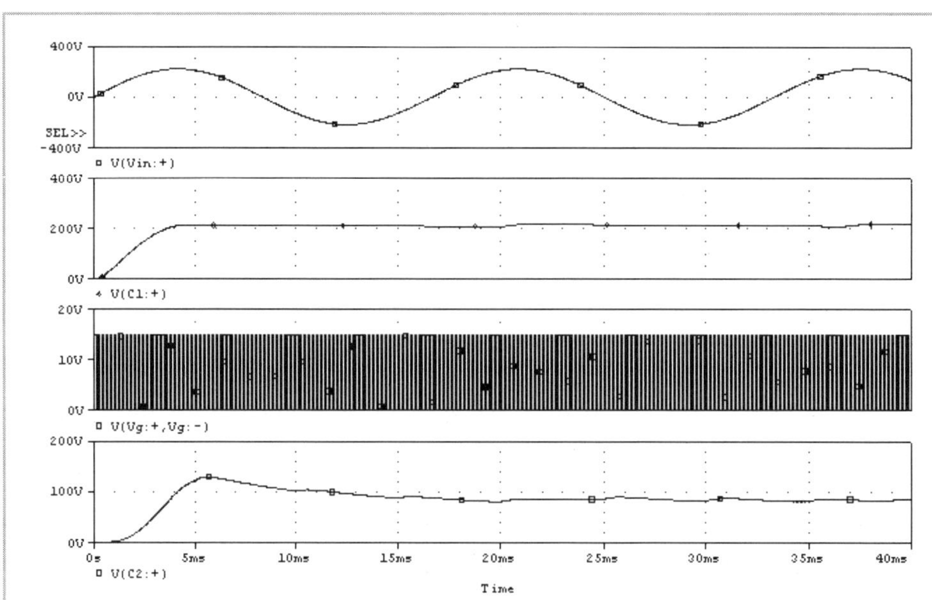

② 확대 파형(①) 보기 : Schematic 파형 화면에서 Plot 클릭 → Axis settings 클릭 → Data Range 상에서 User Defined 클릭 → 값 입력(35ms, 40ms) → OK

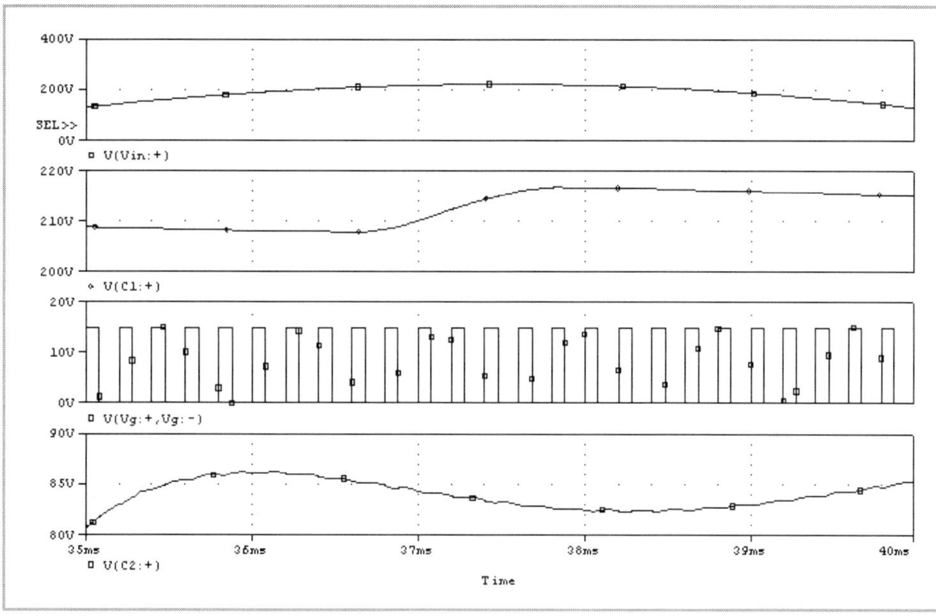

③ 인버터 게이트 전압(V_{g1}, V_{g2}), 인버터 부하 출력 전압(V_{RL}), 인버터 부하 전류(I_R) 파형 측정

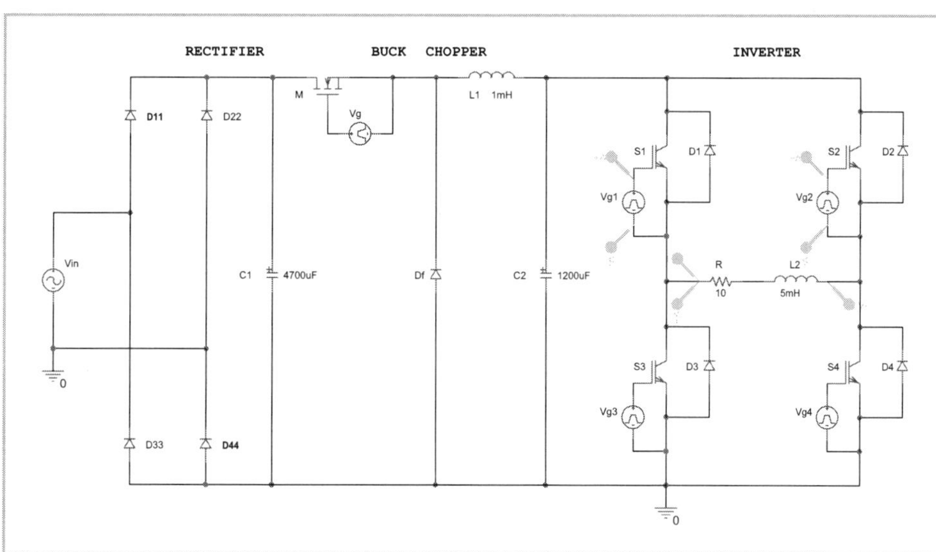

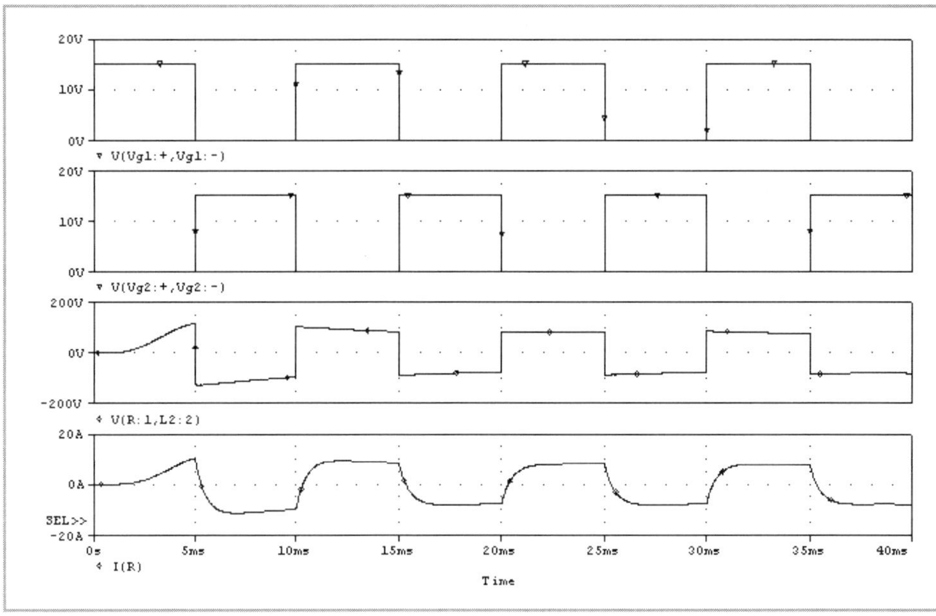

8.1.4 단상 컨버터 + 강압 초퍼 + 단상 PWM 인버터 시스템

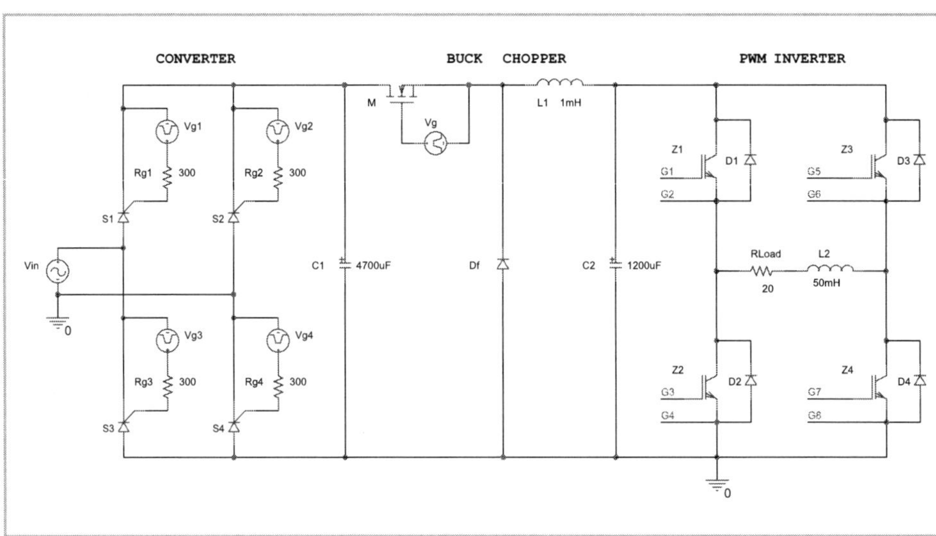

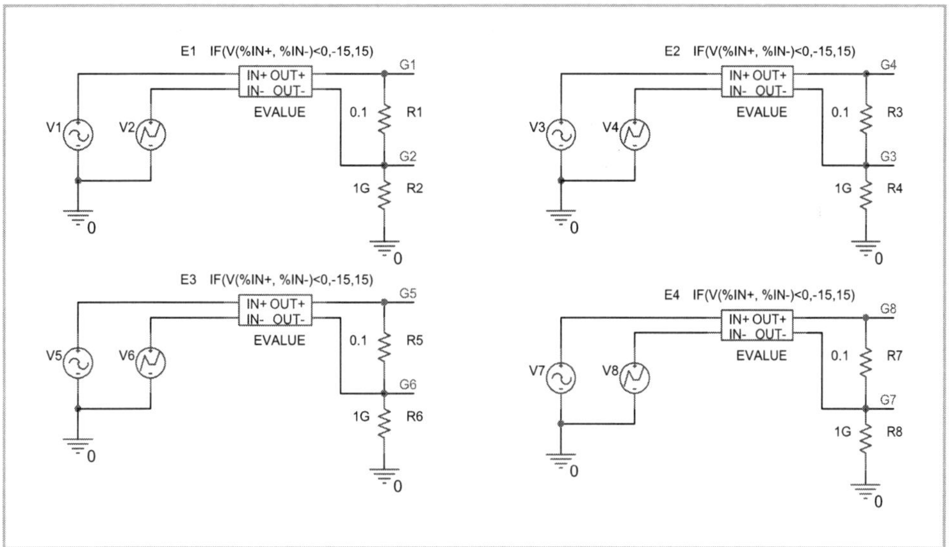

┃그림 8-4┃ 단상 정류기 + 강압 초퍼 + 단상 PWM 인버터 시스템

1 회로 시뮬레이션 조건

① 정현파 전압원(라이브러리 명 : SOURCE → VSIN)

- 부품 이름/크기

  V_{in} : VOFF = 0, VAMPL = 220V, FREQ = 60Hz

- 부품 이름/크기

  $V_1 = V_3$: VOFF = 0, VAMPL = 0.9V, FREQ = 100Hz, PHASE = 0

  $V_5 = V_7$: VOFF = 0, VAMPL = 0.9V, FREQ = 100Hz, PHASE = -120

② 구형파 전압원(라이브러리 명 : SOURCE → VPULSE)

- 부품 이름 : $V_{g1} = V_{g4}$(신호가 같음), $V_{g2} = V_{g3}$(신호가 같음)
- 구형파 전압원 조건

Parameter	$V_{g1}=V_{g4}$(점호각 $\alpha=60°$)	$V_{g2}=V_{g3}$(점호각 $\alpha=60°$)
TD (Time Delay)	TD = 2777.8μs = 0°(처음 시작점) + 60°(점호각)	TD = 11111.15μs = 180°(반주기의 위상차) + 60°(점호각) = 8333.35μs + 2777.8μs = 11111.15μs
PER(Period)	PER = 16.667ms	
TR(Time Rising)	TR = 1μs	
TF(Time Falling)	TF = 1μs	
V_1 / V_2	V_1 = 0V / V_2 = 20V	
PW(Pulse Width)	PW = 200μs	

- 부품 이름 : V_g
- Duty Ratio = 40%일 때 Parameter

Parameter	Duty Ratio = 40%(PW/PER=80/200=0.4)
TD(Time Delay)	TD= 0ms
PER(Period)	PER = 200μs
TR(Time Rising)	TR = 1ns
TF(Time Falling)	TF = 1ns
V_1 / V_2	V_1 = 0V / V_2 = 15V
PW(Pulse Width)	PW = 80μs

③ SCR(라이브러리 명 : THYRISTR → 2N1595/75C)
- 부품 이름 : S_1 / S_2 / S_3 / S_4

④ MOSFET(라이브러리 명 : PWRMOS → IRF150)
- 부품 이름 : M

⑤ IGBT(라이브러리 명 : IGBT → APT30GF60BN)
- 부품 이름 : Z_1 / Z_2 / Z_3 / Z_4

⑥ 선형 전압원(라이브러리 명 : SOURCE → VPWL_RE_FOREVER)
- 부품 이름/크기

  $V_2=V_4=V_6=V_8$: FIRST_NPAIRS = 0, 0
  SECOND_NPAIRS = 0.297619m, 1
  THIRD_NPAIRS = 0.892857m, -1

⑦ 전압제어용 전압원(라이브러리 명 : ABM → EVALUE)

- 부품 이름/크기

$E_1 = E_2 = E_3 = E_4$: **EXPR** = IF(V(%IN+, %IN-) < 0, -15, 15) → 두 입력차가 0 보다 작으면 -15V를 출력하고, 크면 15V를 출력한다.

⑧ 다이오드(라이브러리 명 : BREAKOUT → Dbreak)

- 부품 이름 : D_1 / D_2 / D_3 / D_4, D_f

⑨ 저항(라이브러리 명 : ANALOG → R)

- 부품 이름/크기 : $R_1 = R_3 = R_5 = R_7 = 0.1(\Omega)$, $R_2 = R_4 = R_6 = R_8 = 1G(\Omega)$
- 부품 이름/크기 : $R_{Load} = 20(\Omega)$

⑩ 콘덴서(라이브러리 명 : ANALOG → C_elect)

- 부품 이름/크기 : $C_1 = 4700(\mu F)$, $C_2 = 1200(\mu F)$

⑪ 인덕터(라이브러리 명 : ANALOG → L)

- 부품 이름/크기 : $L_1 = 1(mH)$, $L_2 = 50(mH)$

⑫ 접지(라이브러리 명 : Tool Palette → GND → Source)

- symbol : 0 선택

⑬ PSpice → New Simulation → Name(1P Converter + Chopper + PWM Inverter) → Simulation setting(1P Converter + Chopper + PWM Inverter) → Run to Time : 40㎳

⑭ Option 변경 : Schematic 상에서 Edit simulation profile 클릭 → Simulation settings 상의 Options 클릭 → **ITL4**(Transient time point iteration limit) = 40 (Default = 10), **ABSTOL**(Best accuracy of currents) = **1u**(Default = 1p)으로 변경

2 시뮬레이션 결과

① AC 입력 전압(V_{in}), SCR 게이트 전압(V_g), 콘덴서 전압(V_{C1}) 파형 측정

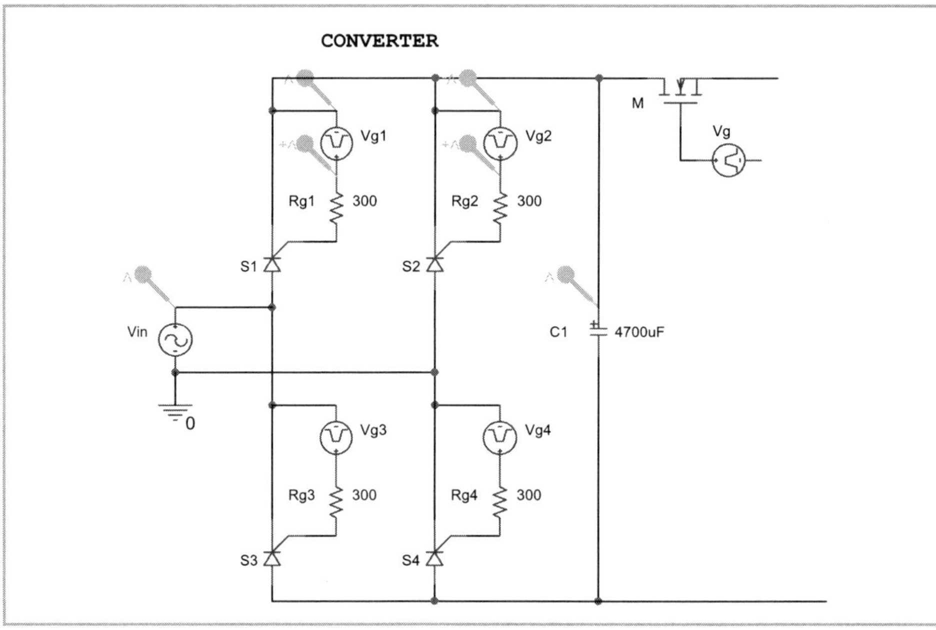

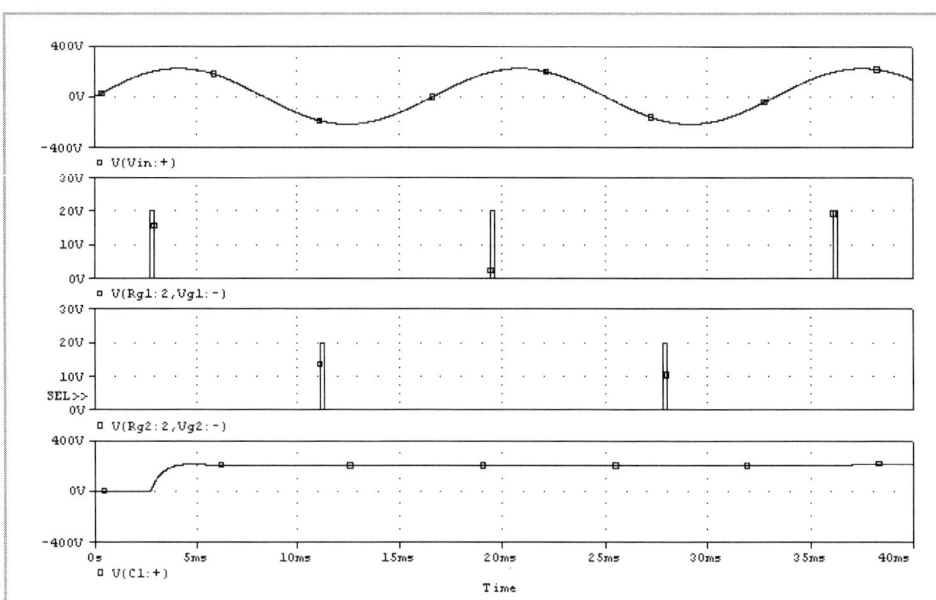

② Buck 쵸퍼 게이트 전압(V_g), Buck 쵸퍼 DC 출력 전압(V_{C2}) 파형 측정

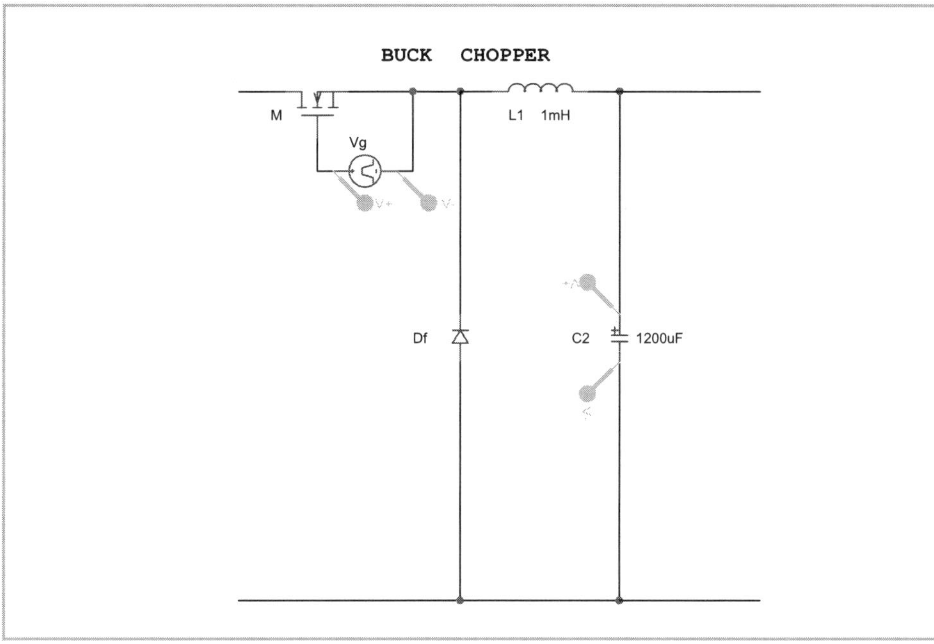

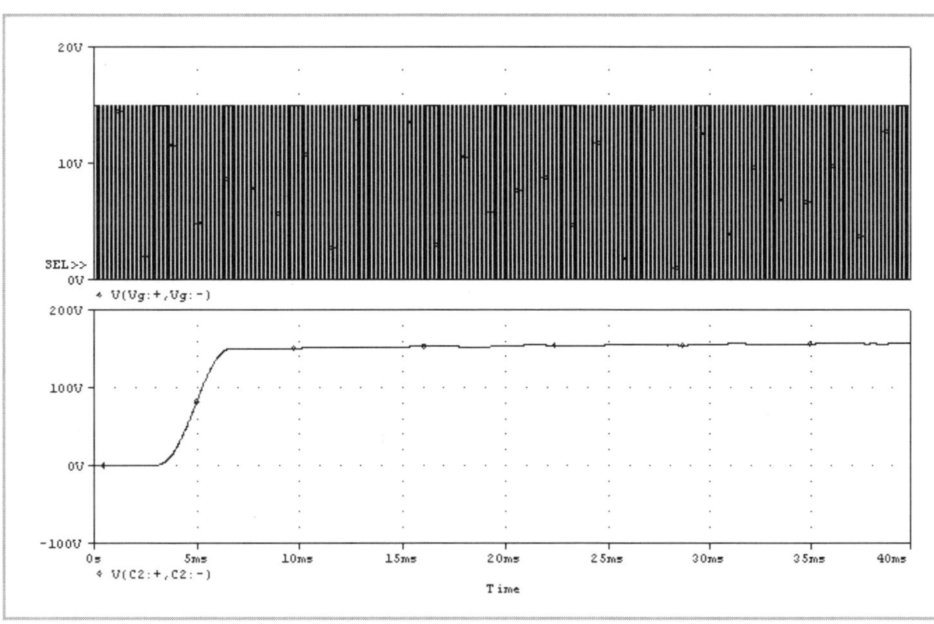

③ PWM 인버터 게이트 전압(V_G), PWM 인버터 부하 전압(V_{RLoad}), PWM 인버터 부하 전류(I_{RLoad}) 파형 측정

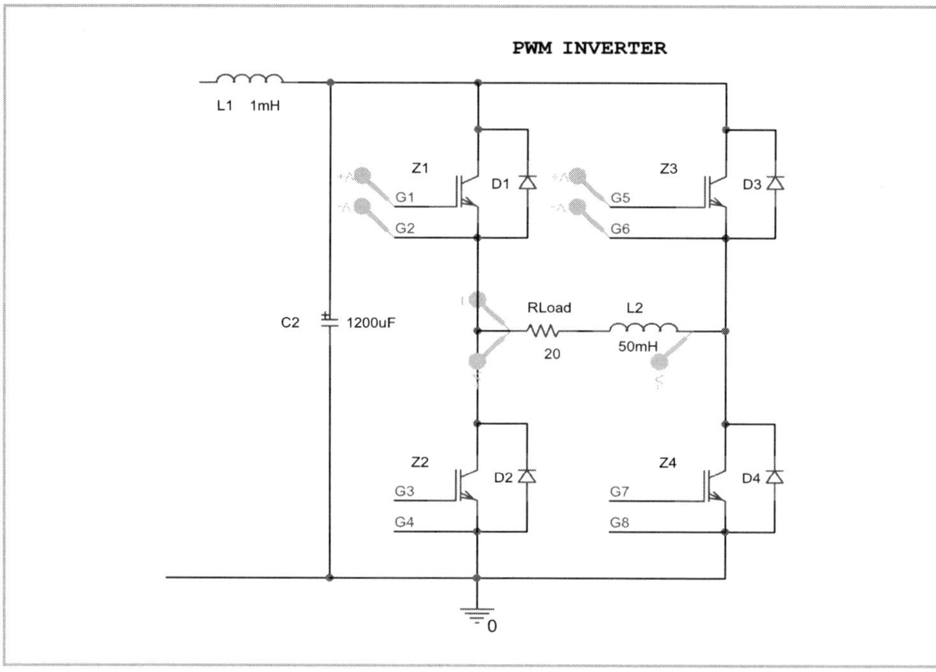

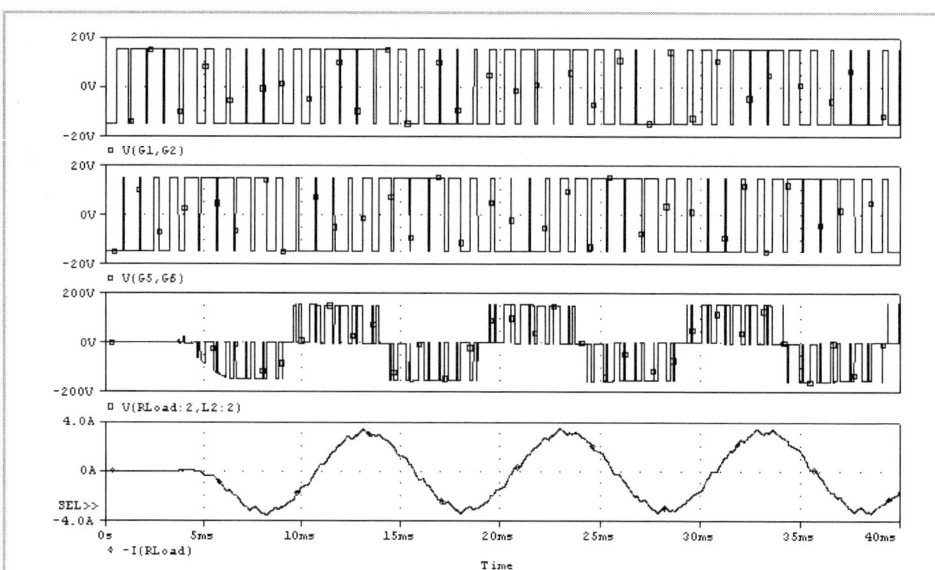

8.2 3상 전력변환회로 조합

8.2.1 3상 정류기 + 3상 구형파 인버터 시스템

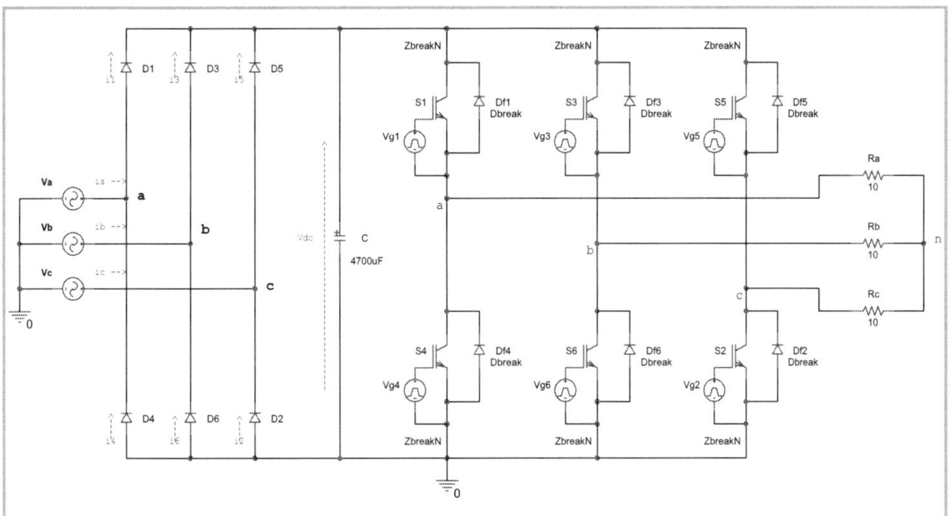

▌그림 8-5▐ 3상 정류기 + 3상 구형파 인버터 시스템

1 회로 시뮬레이션 조건

① 정현파 전압원(라이브러리 명 : SOURCE → VSIN)

- 부품 이름/크기

  V_a : VOFF = 0, VAMPL = 220V, FREQ = 60Hz, PHASE = 30

  V_b : VOFF = 0, VAMPL = 220V, FREQ = 60Hz, PHASE = −90

  V_c : VOFF = 0, VAMPL = 220V, FREQ = 60Hz, PHASE = −210

② 다이오드(라이브러리 명 : BREAKOUT → Dbreak)

- 부품 이름 : D_1 / D_2 / D_3 / D_4 / D_5 / D_6, D_{f1} / D_{f2} / D_{f3} / D_{f4} / D_{f5} / D_{f6}

③ 콘덴서(라이브러리 명 : ANALOG → C_elect)

- 부품 이름/크기 : C = 4700(μF)

④ IGBT(라이브러리 명 : BREAKOUT → ZbreakN, IGBT → APT30GF60BN)

- 부품 이름 : S_1 / S_2 / S_3 / S_4 / S_5 / S_6

⑤ 저항(라이브러리 명 : ANALOG →R)

- 부품 이름/크기 : R_a / R_b / R_c = 10(Ω)

⑥ 구형파 전압원(라이브러리 명 : SOURCE→VPULSE)

- 부품 이름 : V_{g1} / V_{g2} / V_{g3} / V_{g4} / V_{g5} / V_{g6}

▸ 구형파 전압원 조건[출력전압 주파수 f = 1kHz일 때 V_{g1}, V_{g3}, V_{g5}는 각 120° 차이, V_{g4}, V_{g6}, V_{g2}는 각각 V_{g1}, V_{g3}, V_{g5}와 180° 차이]

- V_{g1}의 TD 값 : 0° = 0ms
- V_{g3}의 TD 값 : 120°[120°(V_{g1}과 차이)] = 333.33μs
- V_{g5}의 TD 값 : 240°[120°(V_{g1}과 차이)+120°(V_{g3}와 차이)] = 666.67μs
  (360° : 1ms = 120° : x, x = 0.33333ms = 333.33μs)
- V_{g4}의 TD 값 : 180°[0°(V_{g1}의 값)+180°(V_{g1}과 차이)]
  = 0ms + 0.5ms = 0.5ms = 500μs
- V_{g6}의 TD 값 : 300°[120°(V_{g3}의 값) + 180°(V_{g3}와 차이)]
  = 333.33μs + 500μs = 833.33μs
- V_{g2}의 TD 값 : 60°= 60°+ 360° = 420°[240°(V_{g5}의 값) + 180°(V_{g5}와 차이)]
  = 666.67μs + 500μs = 1166.67μs = 1166.67 − 1000μs(주기)
  = 166.67μs(360° : 1ms = 180° : x, x = 0.5ms = 500μs)

Parameter	V_{g1}	V_{g2}	V_{g3}	V_{g4}	V_{g5}	V_{g6}
TD (Time Delay)	TD = 0ms	TD = 166.67μs	TD = 333.33μs	TD = 500μs	TD = 666.67μs	TD = 833.33μs
PER(Period)	PER = 1ms[f = 1/T = 1/1ms = 1kHz]					
TR(Time Rising)	TR = 1ns					
TF(Time Falling)	TF = 1ns					
V_1 / V_2	V_1 = 0V / V_2 = 20V					
PW(Pulse Width)	PW = 0.5ms [PW 조정 : 전압크기가 변화]					

⑦ 접지(라이브러리 명 : Tool Palette→GND→Source)

- symbol : 0 선택

⑧ PSpice→New Simulation→Name(3P Rec + Inverter System)→Simulation setting(3P Rec + Inverter System)→Run to Time : 30ms

⑨ Option 변경 : Schematic 회로 화면상에서 Edit simulation profile 클릭→ Simulation settings 상의 Options 클릭→ITL4(Transient time point iteration limit) = 20으로 변경

2 시뮬레이션 결과

① 3상 선간전압(V_{ab}, V_{bc}, V_{ca}, V_{ba}, V_{cb}, V_{ac}), Vdc 전압(V_C) 파형 측정→Run to Time : 30ms

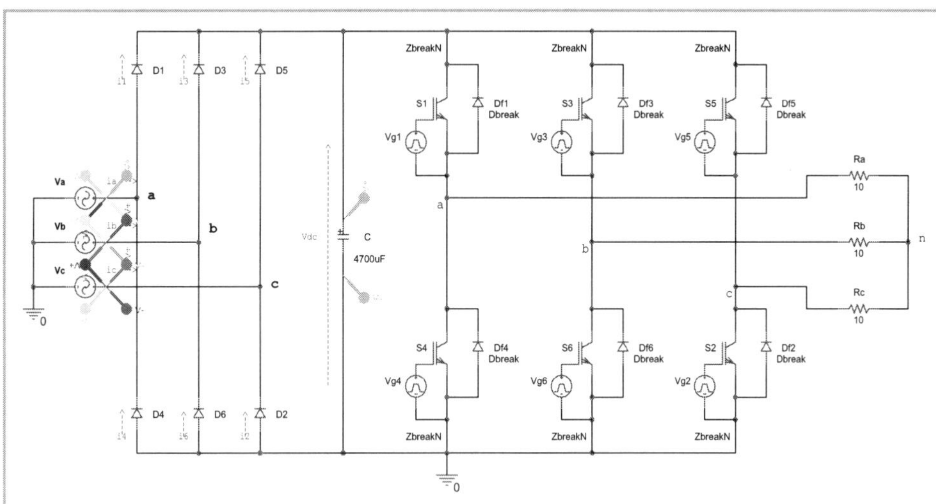

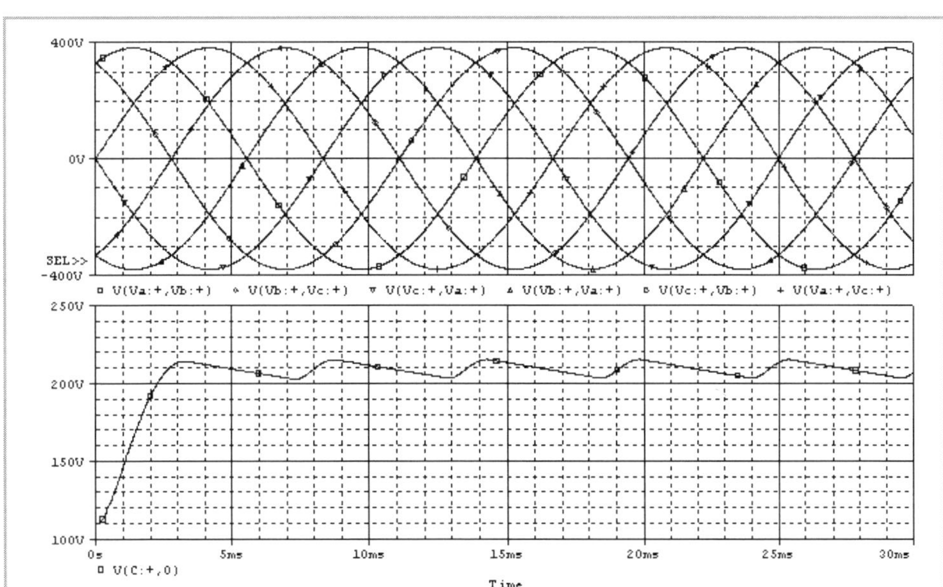

② IGBT 게이트 전압(V_{g1}~V_{g6}) 파형 측정→Run to Time : 6ms

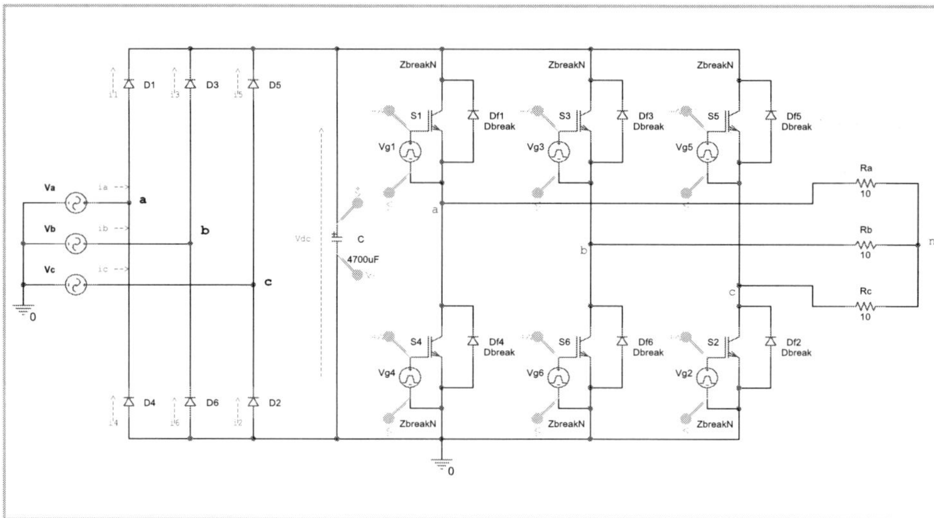

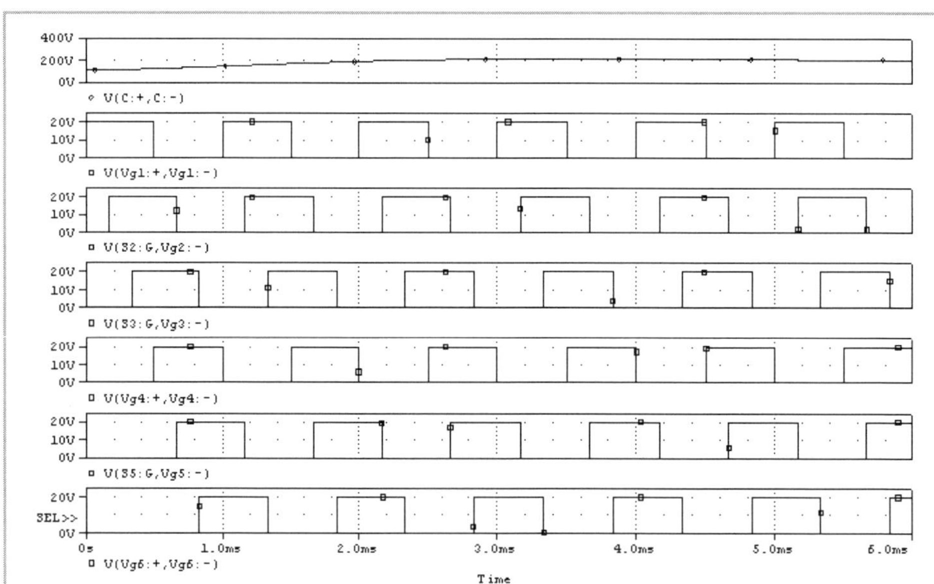

③ 인버터 부하 출력 상전압(V_{Ra}, V_{Rb}, V_{Rc}), 출력 선간전압(V_{Rab}, V_{Rbc}, V_{Rca}) 파형 측정→Run to Time : 6ms

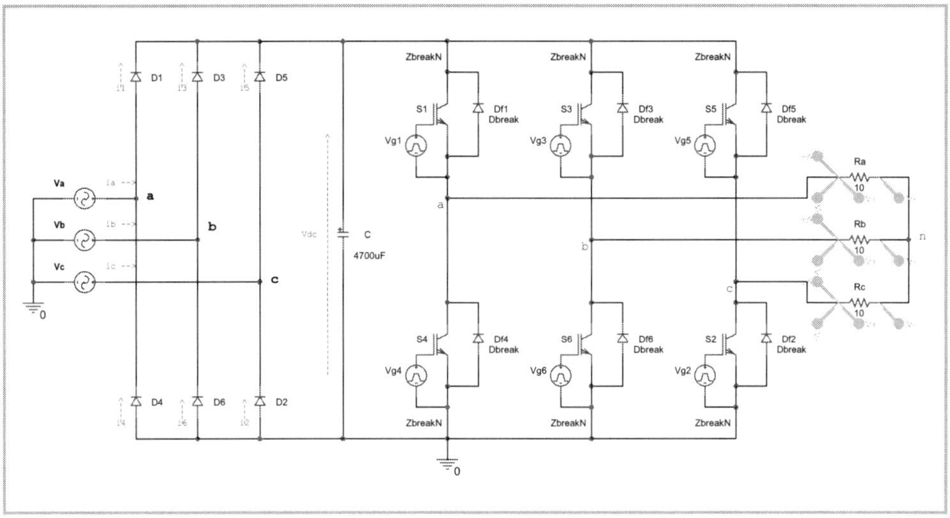

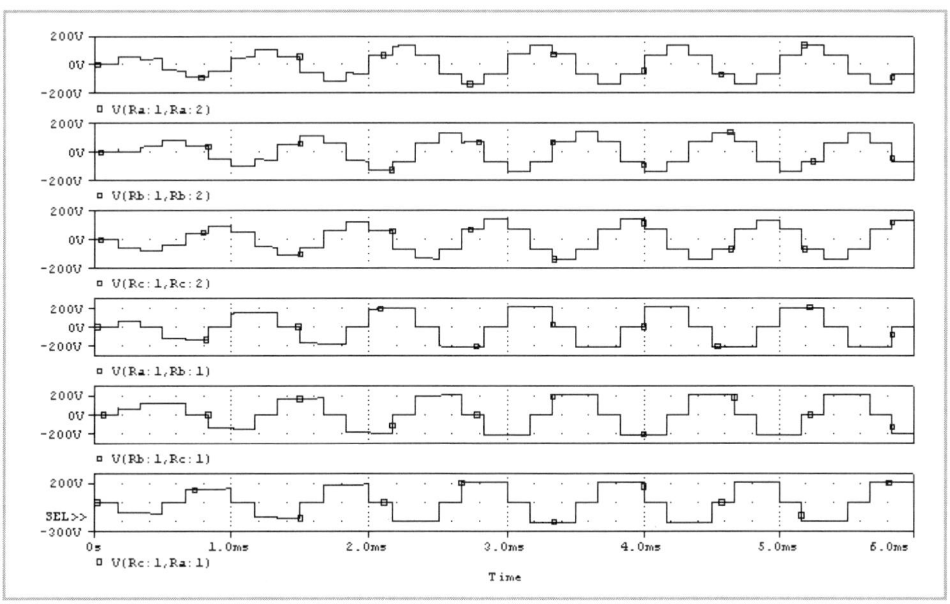

8.2.2 3상 정류기 + 3상 PWM 인버터 시스템

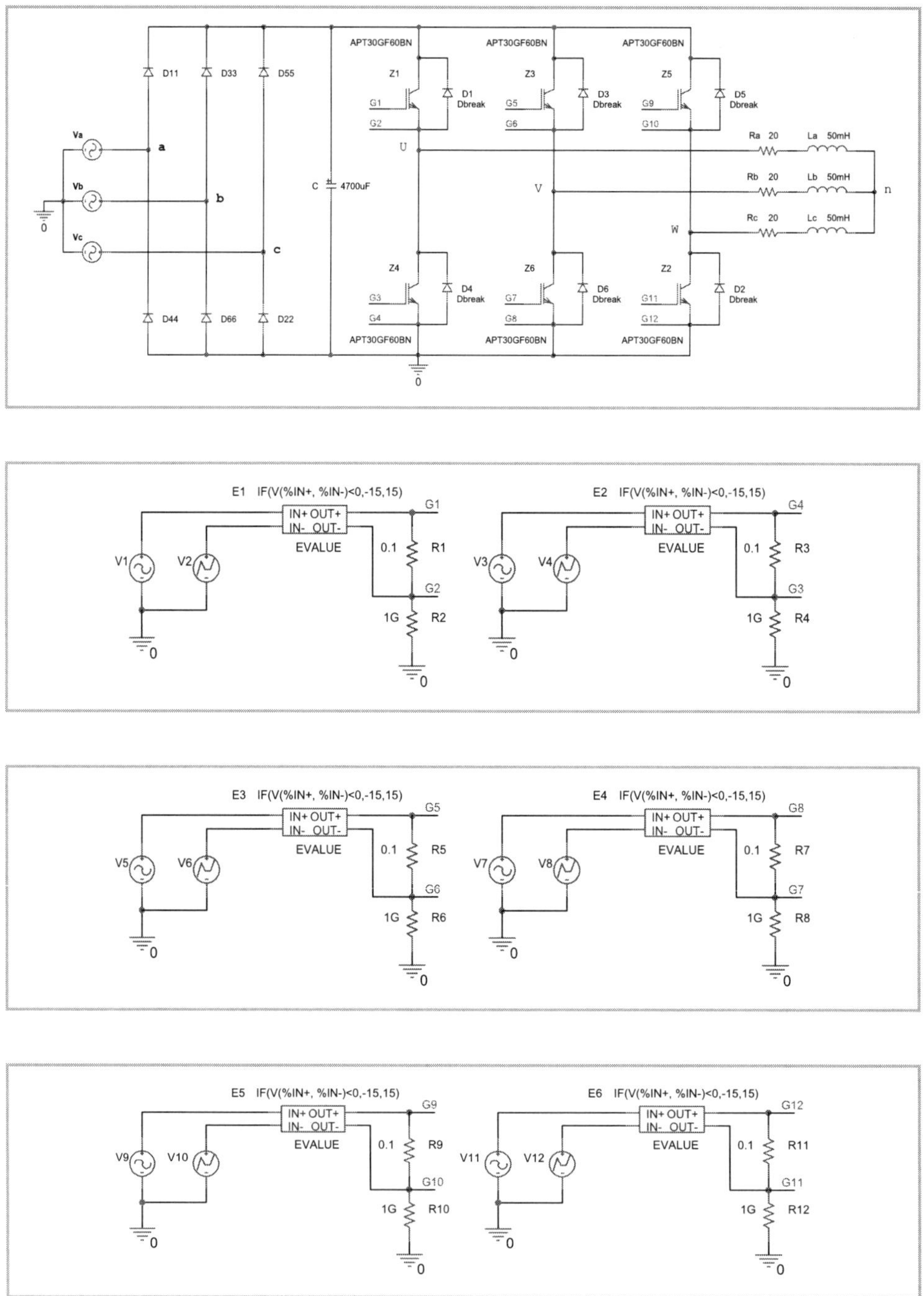

❙그림 8-6❙ 3상 정류기 + 3상 PWM 인버터 시스템

1 회로 시뮬레이션 조건

① 정현파 전압원(라이브러리 명 : SOURCE → VSIN)

- 부품 이름/크기

  V_a : VOFF = 0, VAMPL = 220V, FREQ = 60Hz, PHASE = 30

  V_b : VOFF = 0, VAMPL = 220V, FREQ = 60Hz, PHASE = -90

  V_c : VOFF = 0, VAMPL = 220V, FREQ = 60Hz, PHASE = -210

- 부품 이름/크기

  $V_1 = V_3$: VOFF = 0, VAMPL = 0.9V, FREQ = 100Hz, PHASE = 0

  $V_5 = V_7$: VOFF = 0, VAMPL = 0.9V, FREQ = 100Hz, PHASE = -120

  $V_9 = V_{11}$: VOFF = 0, VAMPL = 0.9V, FREQ = 100Hz, PHASE = -240

② 다이오드(라이브러리 명 : BREAKOUT → Dbreak)

- 부품이름 : D_{11} / D_{22} / D_{33} / D_{44} / D_{55} / D_{66}
- 부품이름 : D_1 / D_2 / D_3 / D_4 / D_5 / D_6

③ 콘덴서(라이브러리 명 : ANALOG → C_elect)

- 부품 이름/크기 : C = 4700(μF)

④ IGBT(라이브러리 명 : IGBT → APT30GF60BN)

- 부품 이름 : Z_1 / Z_2 / Z_3 / Z_4 / Z_5 / Z_6

⑤ 저항(라이브러리 명 : ANALOG → R)

- 부품 이름/크기 : $R_1 = R_3 = R_5 = R_7$ = 0.1(Ω), $R_2 = R_4 = R_6 = R_8$ = 1G(Ω)
- 부품 이름/크기 : R_a / R_b / R_c = 20(Ω)

⑥ 인덕터(라이브러리 명 : ANALOG → L)

- 부품 이름/크기 : L_a / L_b / L_c = 50(mH)

⑦ 선형 전압원(라이브러리 명 : SOURCE → VPWL_RE_FOREVER)

- 부품 이름/크기

  $V_2 = V_4 = V_6 = V_8 = V_{10} = V_{12}$: FIRST_NPAIRS = 0, 0
  SECOND_NPAIRS = 0.297619m, 1
  THIRD_NPAIRS = 0.892857m, -1

⑧ 전압제어용 전압원(라이브러리 명 : ABM→EVALUE)

- 부품 이름/크기

$E_1 = E_2 = E_3 = E_4 = E_5 = E_6$: **EXPR** = IF(V(%IN+, %IN-) < 0, -15, 15)→두 입력차가 0보다 작으면 -15V를 출력하고, 크면 15V를 출력한다.

⑨ 접지(라이브러리 명 : Tool Palette→GND→Source)

- symbol : 0 선택

⑩ Gate 연결 : Tool Palette(또는 Place→Net Alias)→N1→**G1~G12 입력**

⑪ PSpice→New Simulation→Name(3P Rec + PWM Inverter System)→Simulation setting(3P Rec + PWM Inverter System)→Run to Time : 40ms

⑫ Option 변경 : Schematic 회로 화면상에서 Edit simulation profile 클릭→Simulation settings 상의 Options 클릭→**ITL4**(Transient time point iteration limit) = 40으로 변경

2 시뮬레이션 결과

① 입력 3상 선간 전압(V_{ab}~V_{ac} : 60Hz, AC 380V), 입력 3상 상전압(V_a, V_b, V_c : 60Hz, AC 220V), 콘덴서 전압(V_c : DC 전압 평활화) 파형 측정

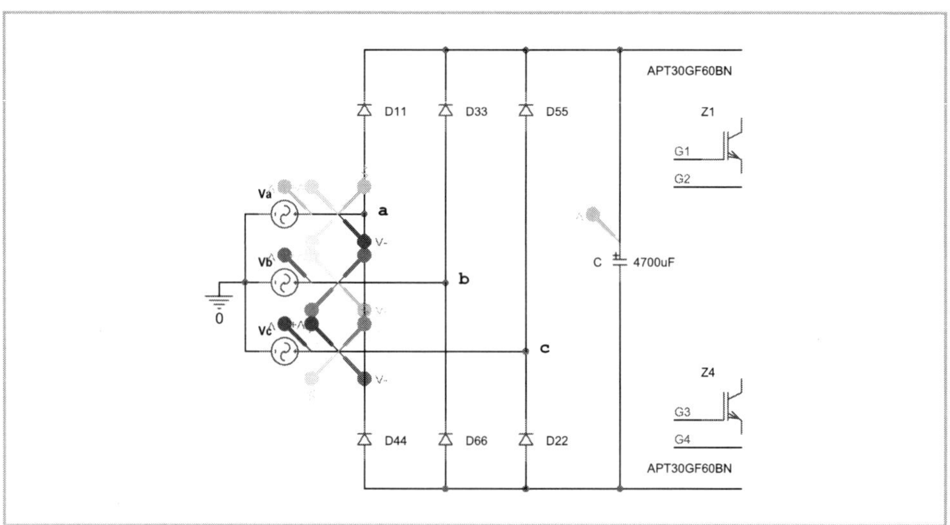

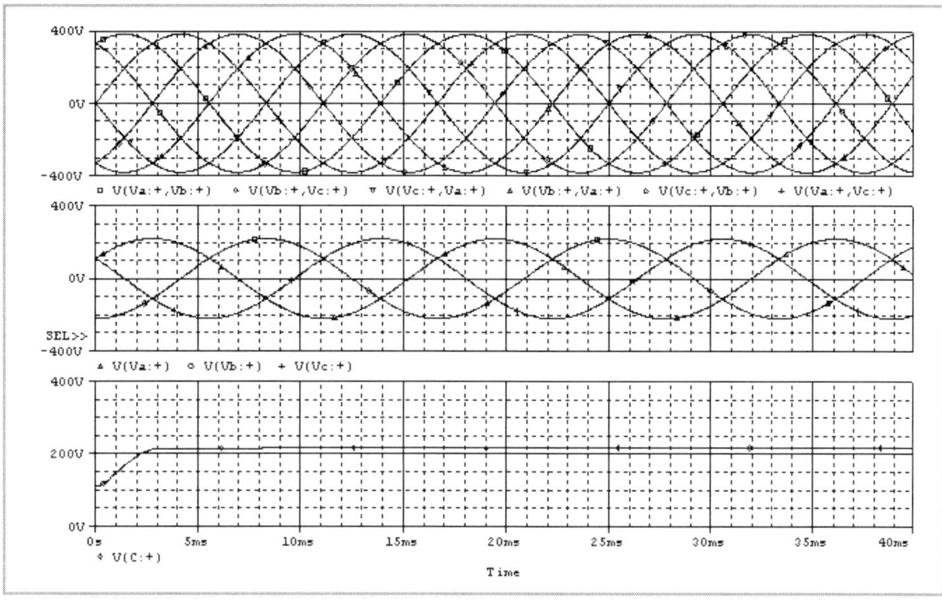

② 기준파 전압(V_1, V_5, V_9 : 100Hz, 각 120° 차), 캐리어파 전압(V_2), 게이트 전압 (V_{G1-G2}, V_{G5-G6}, V_{G9-G10}) 파형 측정

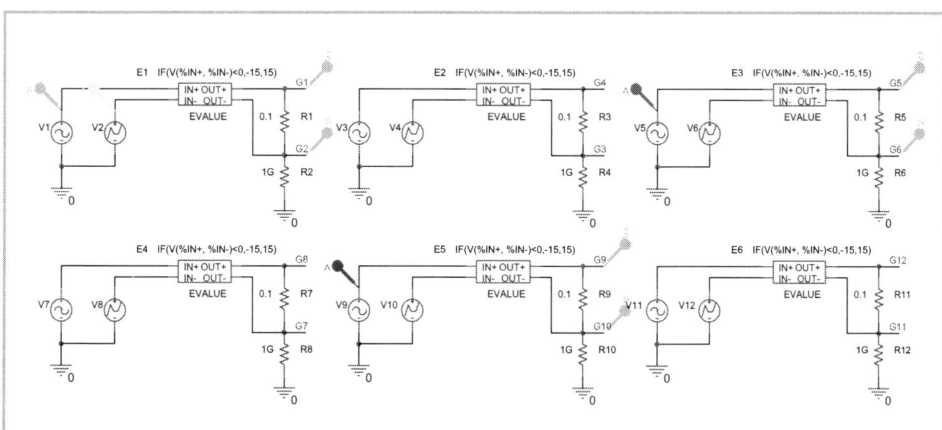

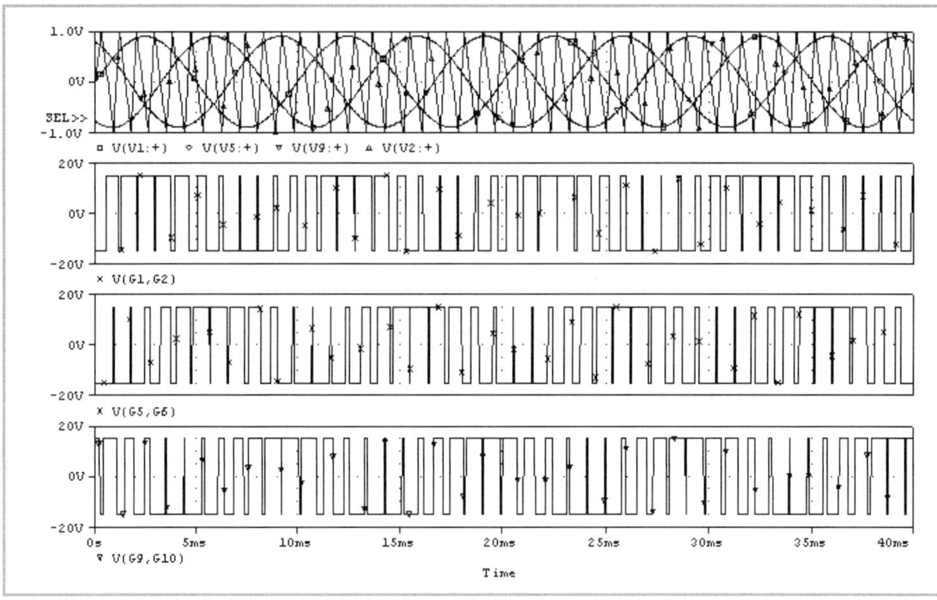

③ 인버터 출력 선간 전압(V_{Rab} : ab 간 선간 전압, V_{Rbc} : bc 간 선간 전압, V_{Rca} : ca 간 선간 전압) 파형 측정

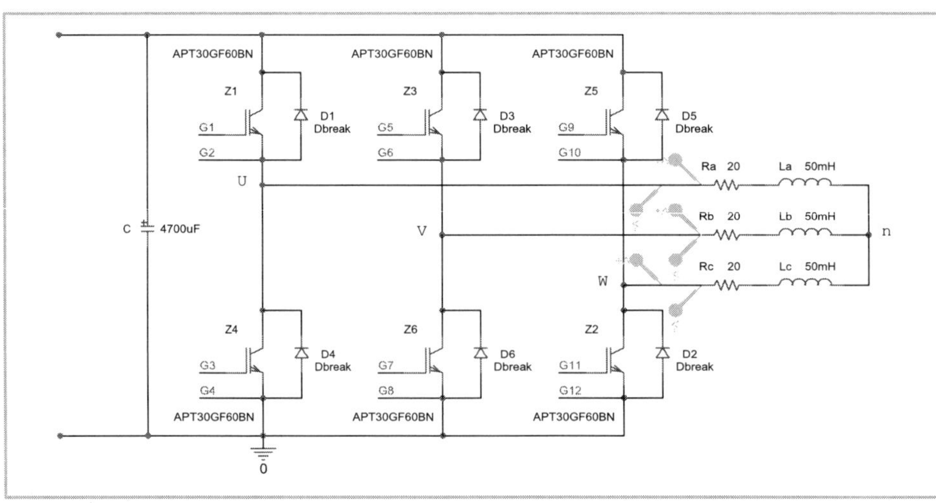

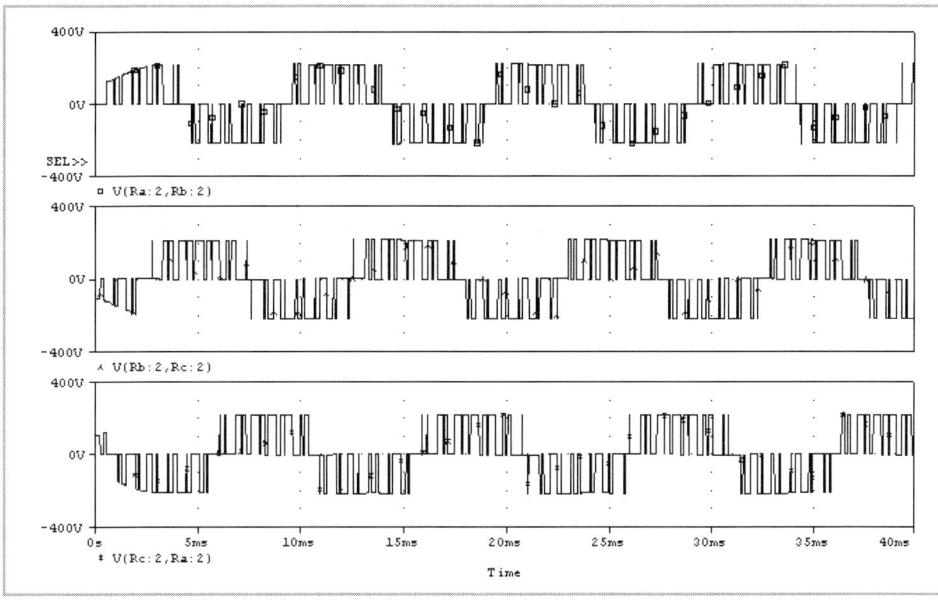

④ ab간 선간 전압(V_{Rab})과 a 상전류(I_{Ra})의 비교, 상전류(I_{La} : a 상전류, I_{Lb} : b 상전류, I_{Lc} : c 상전류) 파형 측정

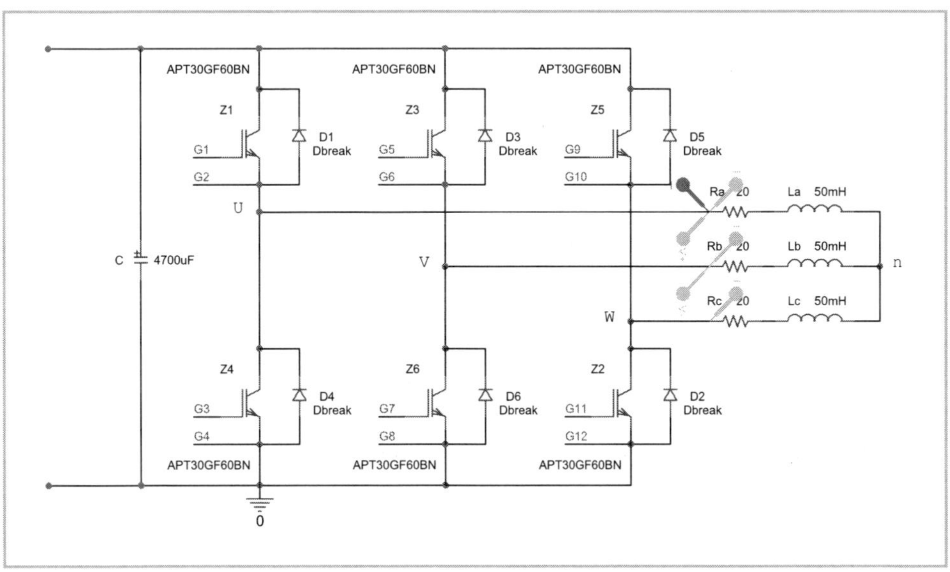

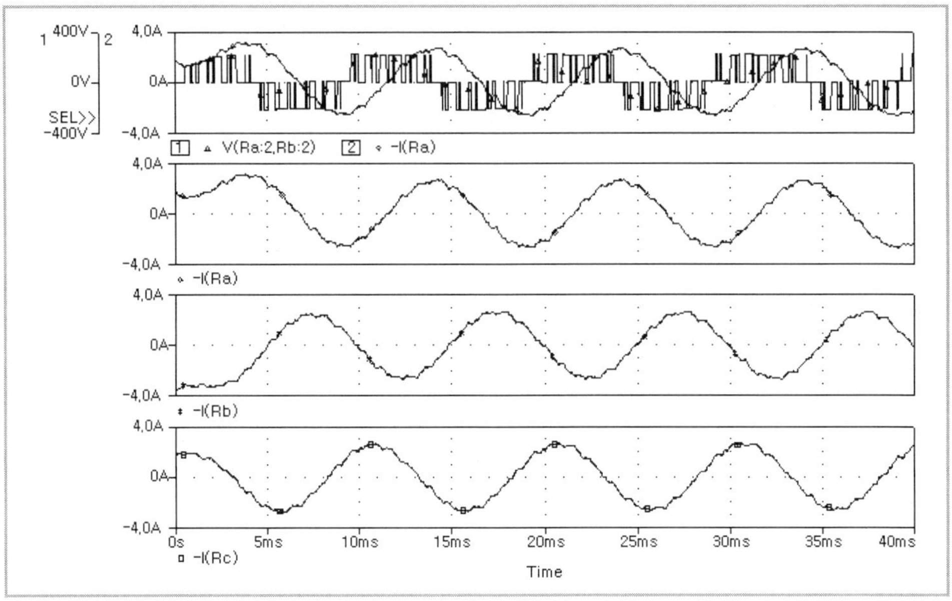

8.2.3 3상 컨버터 + 3상 PWM 인버터 시스템

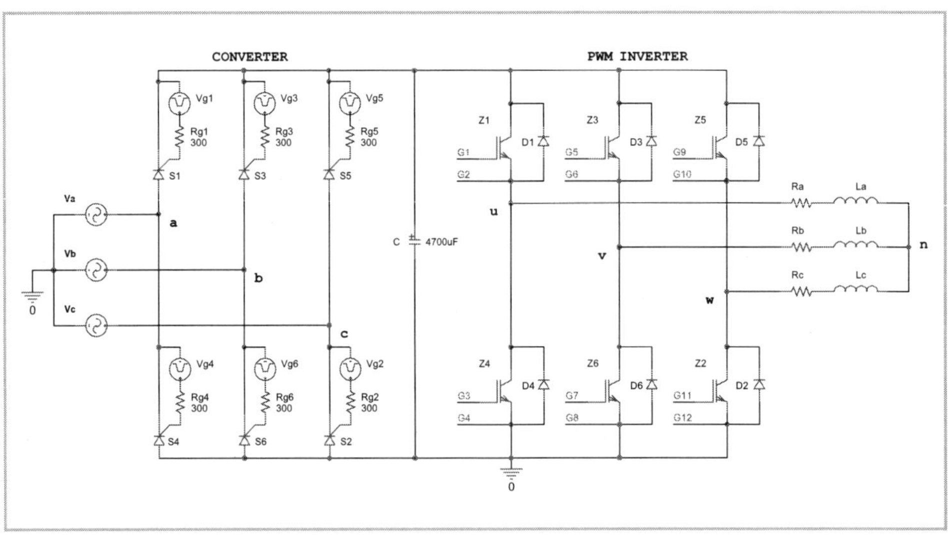

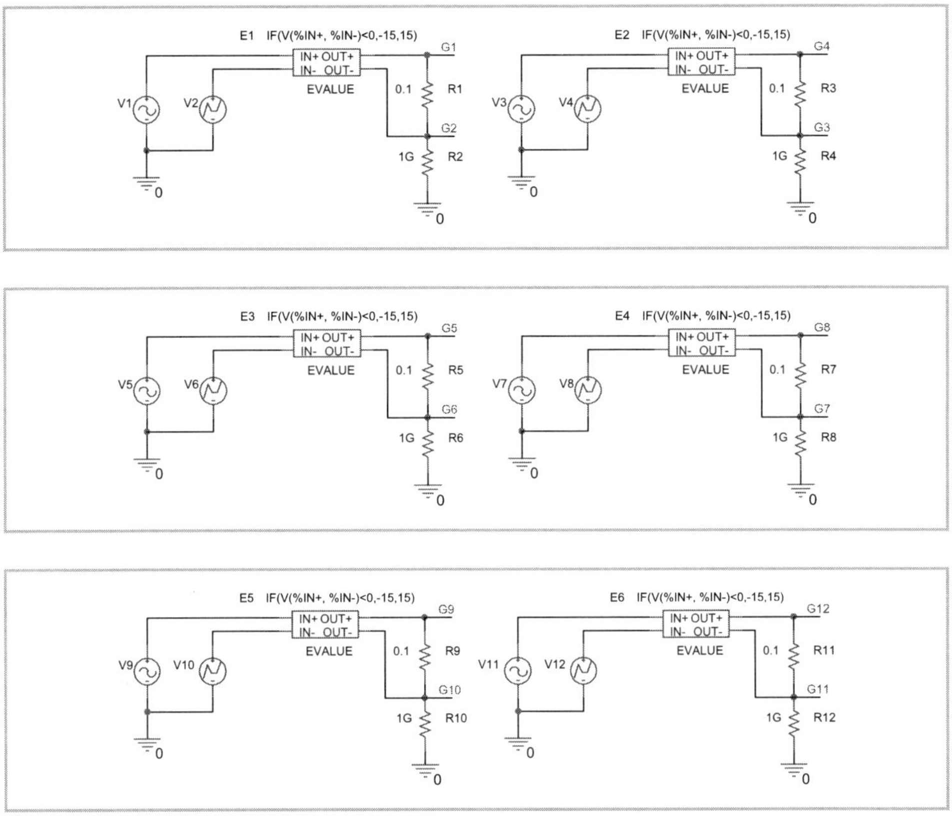

| 그림 8-7 | 3상 컨버터 + 3상 PWM 인버터 시스템

1 회로 시뮬레이션 조건

① 정현파 전압원(라이브러리 명 : SOURCE → VSIN)

- 부품 이름/크기

  V_a : VOFF = 0, VAMPL = 220V, FREQ = 60Hz, PHASE = 30

  V_b : VOFF = 0, VAMPL = 220V, FREQ = 60Hz, PHASE = −90

  V_c : VOFF = 0, VAMPL = 220V, FREQ = 60Hz, PHASE = −210

- 부품 이름/크기

  $V_1 = V_3$: VOFF = 0, VAMPL = 0.9V, FREQ = 100Hz, PHASE = 0

  $V_5 = V_7$: VOFF = 0, VAMPL = 0.9V, FREQ = 100Hz, PHASE = −120

  $V_9 = V_{11}$: VOFF = 0, VAMPL = 0.9V, FREQ = 100Hz, PHASE = −240

② 구형파 전압원(라이브러리 명 : SOURCE → VPULSE)

- 부품 이름 : V_{g1} / V_{g2} / V_{g3} / V_{g4} / V_{g5} / V_{g6}

▶ Gate Signal α = 30°일 때

기준점 : 60°(출력전압 파형이 60°씩 파형이 반복, 선간전압의 중첩점)

- V_{g1}의 TD 값 : 90°[= 60°(기준) + 30°(α)]
- V_{g2}의 TD 값 : 150°[= 60°(기준) + 60°(V_{g1}과 차이) + 30°(α)]
- V_{g3}의 TD 값 : 210°[= 60°(기준) + 60°(V_{g1}과 차이) + 60°(V_{g2}와 차이) + 30°(α)]
- V_{g4}의 TD 값 : 270°[= 60°(기준) + 60°(V_{g1}과 차이) + 60°(V_{g2}와 차이) + 60°(V_{g3}와 차이) + 30°(α)]
- V_{g5}의 TD 값 : 330°[= 60°(기준) + 60°(V_{g1}과 차이) + 60°(V_{g2}와 차이) + 60°(V_{g3}와 차이) + 60°(V_{g4}와 차이) + 30°(α)]
- V_{g6}의 TD 값 : 30° = 390° = 360° + 30°
  [= 60°(기준) + 60°(V_{g1}과 차이) + 60°(V_{g2}와 차이) + 60°(V_{g3}와 차이) + 60°(V_{g4}와 차이) + 60°(V_{g5}와 차이) + 30°(α)]

Parameter	V_{g1} (α = 30°)	V_{g2} (α = 30°)	V_{g3} (α = 30°)	V_{g4} (α = 30°)	V_{g5} (α = 30°)	V_{g6} (α = 30°)
TD (Time Delay)	TD = 4166.7μs (90°)	TD = 6944.4μs (150°)	TD = 9722.2μs (210°)	TD = 12500μs (270°)	TD = 15277μs (330°)	TD = 1388.9μs (390° = 30° +360° = 30°)
PER(Period)	PER = 16.667ms					
TR (Time Rising)	TR = 1μs					
TF (Time Falling)	TF = 1μs					
V_1 / V_2	V_1 = 0V / V_2 = 20V					
PW (Pulse Width)	PW = 200μs					

③ 저항(라이브러리 명 : ANALOG → R)

- 부품 이름/크기 : R_{g1} / R_{g2} / R_{g3} / R_{g4} / R_{g5} / R_{g6} = 300(Ω)
- 부품 이름/크기 : $R_a = R_b = R_c$ = 20(Ω)
- 부품 이름/크기 : $R_1 = R_3 = R_5 = R_7$ = 0.1(Ω), $R_2 = R_4 = R_6 = R_8$ = 1G(Ω)

④ SCR(라이브러리 명 : THYRISTR → 2N1595/75C)

- 부품 이름 : S_1 / S_2 / S_3 / S_4 / S_5 / S_6

⑤ 다이오드(라이브러리 명 : BREAKOUT → Dbreak)

- 부품이름 : D_1 / D_2 / D_3 / D_4 / D_5 / D_6

⑥ 콘덴서(라이브러리 명 : ANALOG → C_elect)

- 부품 이름/크기 : C = 4700(㎌)

⑦ IGBT(라이브러리 명 : IGBT → APT30GF60BN)

- 부품 이름 : Z_1 / Z_2 / Z_3 / Z_4 / Z_5 / Z_6

⑧ 인덕터(라이브러리 명 : ANALOG → L)

- 부품 이름/크기 : L_a / L_b / L_c = 50(mH)

⑨ 선형 전압원(라이브러리 명 : SOURCE → VPWL_RE_FOREVER)

- 부품 이름/크기

  $V_2 = V_4 = V_6 = V_8 = V_{10} = V_{12}$: **FIRST_NPAIRS** = 0, 0
  SECOND_NPAIRS = 0.297619m, 1
  THIRD_NPAIRS = 0.892857m, -1

⑩ 전압제어용 전압원(라이브러리 명 : ABM → EVALUE)

- 부품 이름/크기

  $E_1 = E_2 = E_3 = E_4 = E_5 = E_6$: **EXPR** = IF(V(%IN+, %IN-) < 0, -15, 15) → 두 입력차가 0보다 작으면 -15V를 출력하고, 크면 15V를 출력한다.

⑪ 접지(라이브러리 명 : Tool Palette → GND → Source)

- symbol : 0 선택

⑫ Gate 연결 : Tool Palette(또는 Place → Net Alias) → N1 → G1~G12 **입력**

⑬ PSpice→ New Simulation → Name(3P Converter + PWM Inverter System) → Simulation setting(3P Converter + PWM Inverter System) → Run to Time : 40㎳

⑭ Option 변경 : Schematic 회로 화면상에서 Edit simulation profile 클릭 → Simulation settings 상의 Options 클릭 → ITL4(Transient time point iteration limit) = 40으로 변경

2 시뮬레이션 결과

① 입력 3상 AC 선간 전압(V_{ab}~V_{ac} : 60Hz, AC 380V), SCR 게이트 전압(V_{G1}~V_{G6}), 콘덴서 전압(V_c : DC 전압 평활화) 파형 측정

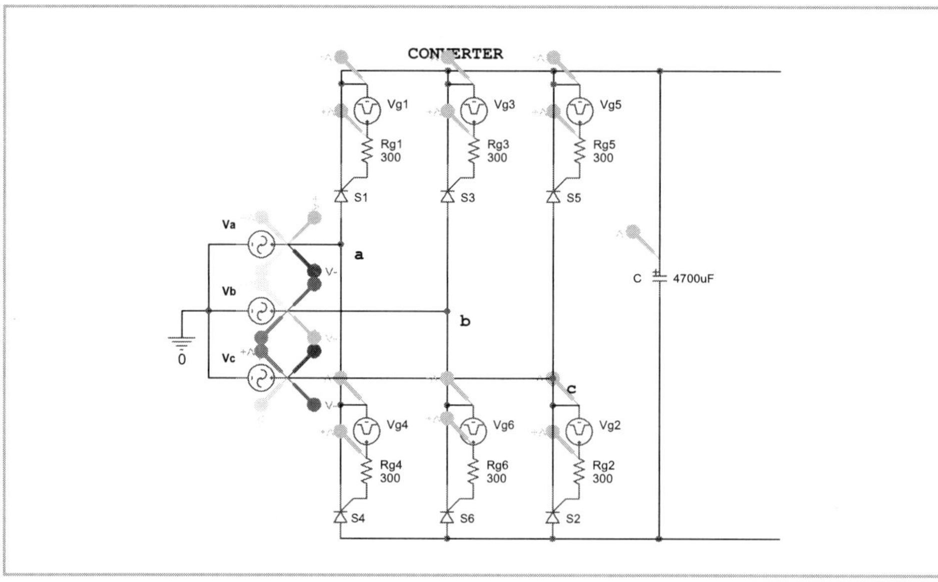

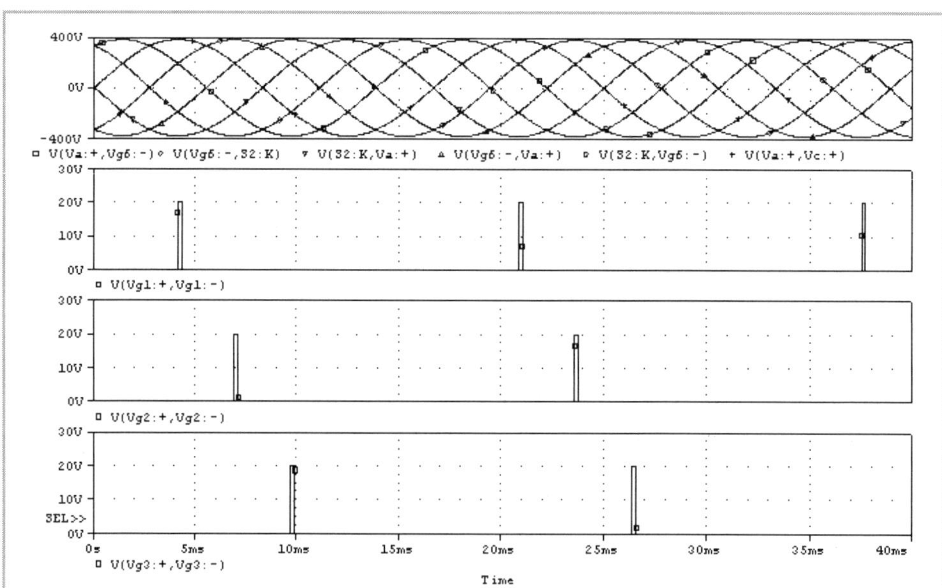

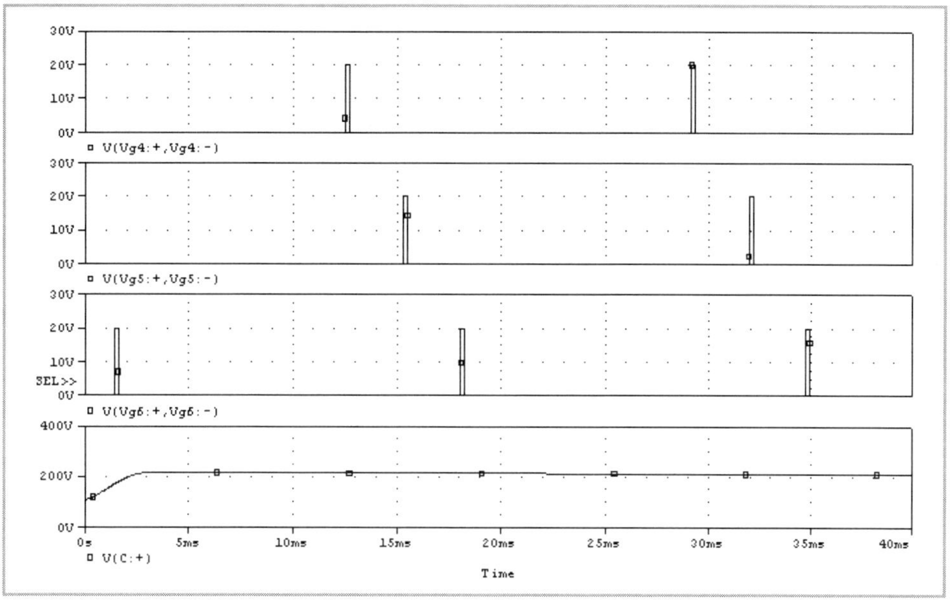

② 기준파 전압(V_1, V_5, V_9 : 100Hz, 각 120° 차), 캐리어파 전압(V_2), 게이트 전압 (V_{G1-G2}~$V_{G11-G12}$) 파형 측정

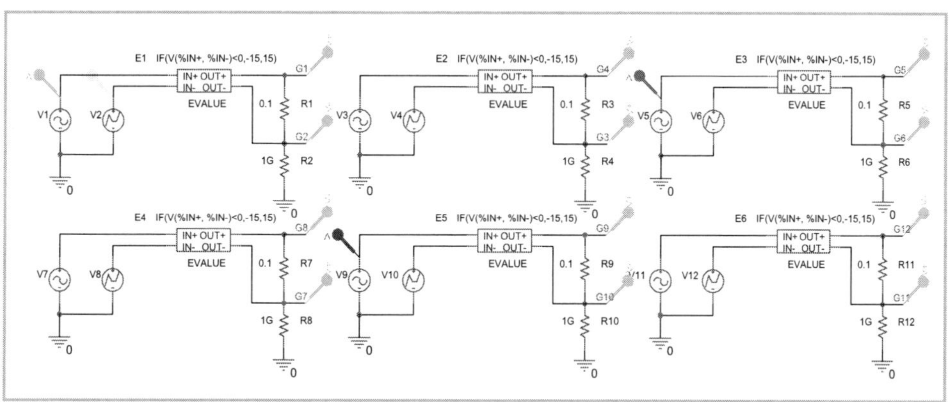

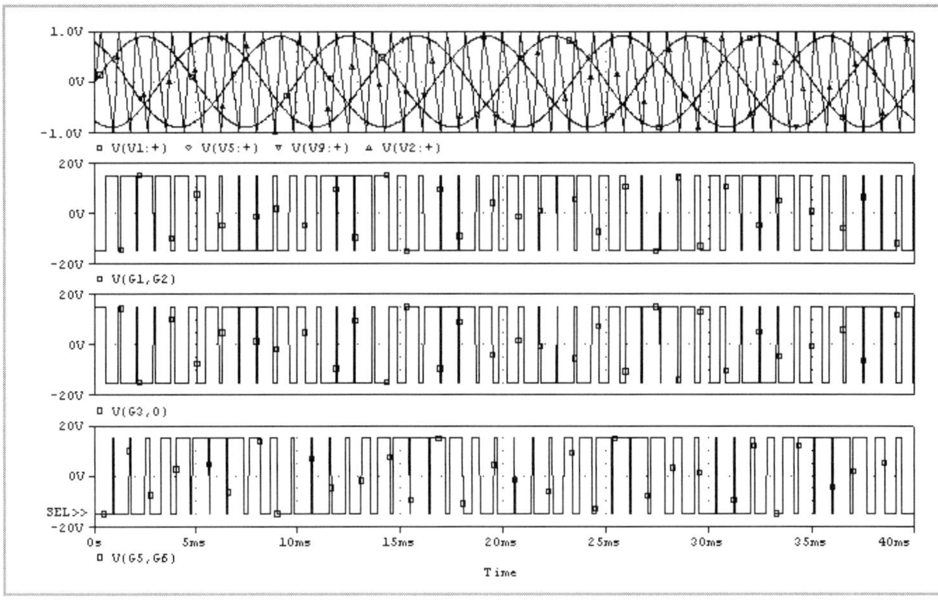
1.0V
0V
-1.0V
V(V1:+) V(V5:+) V(V9:+) V(V2:+)
20V
0V
-20V
V(G1,G2)
V(G3,0)
SEL>>
V(G5,G6)
0s
5ms
10ms
15ms
20ms
25ms
30ms
35ms
40ms
Time

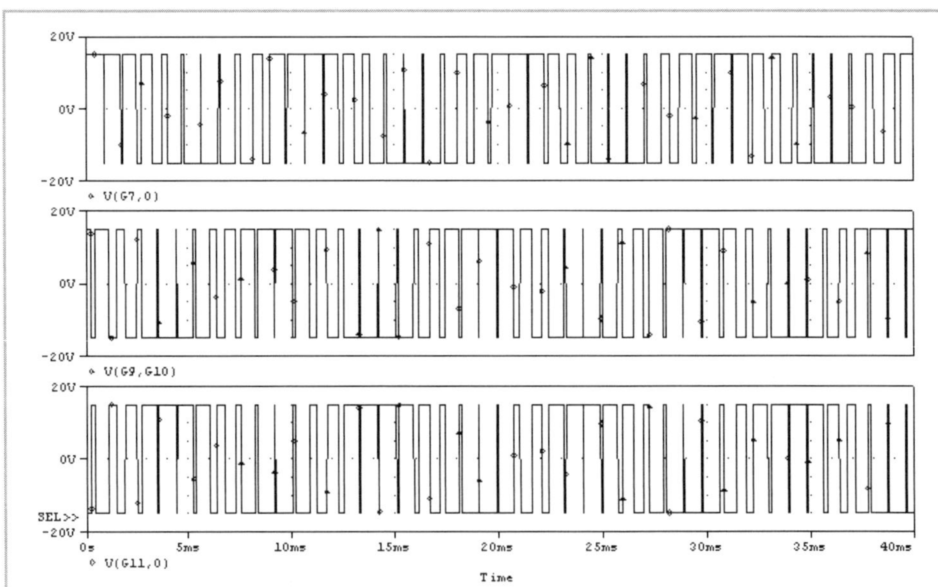
20V
0V
-20V
V(G7,0)
V(G9,G10)
SEL>>
V(G11,0)
0s
5ms
10ms
15ms
20ms
25ms
30ms
35ms
40ms
Time

③ PWM 인버터 부하 상전압(V_a, V_b, V_c) 파형 측정

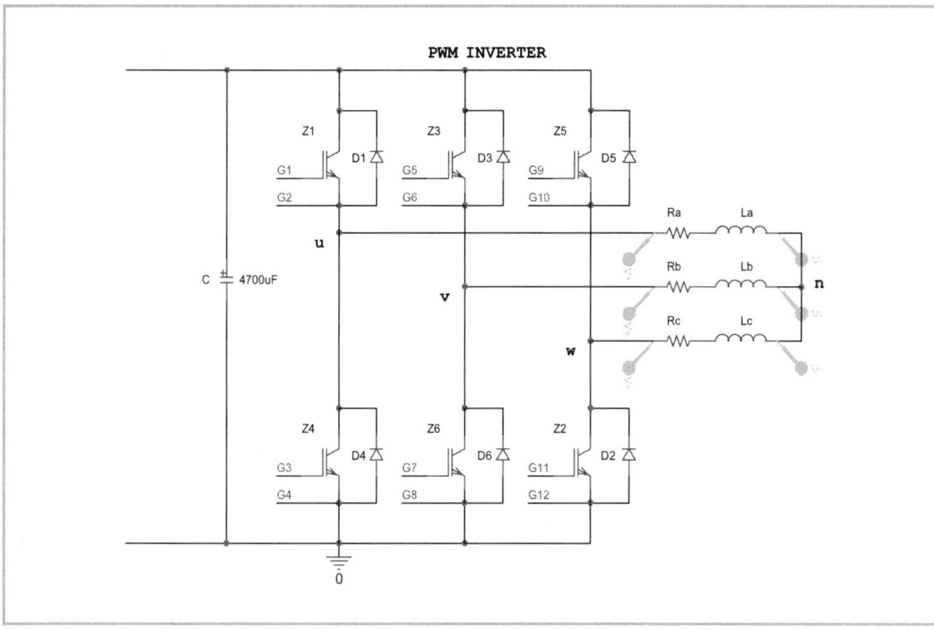

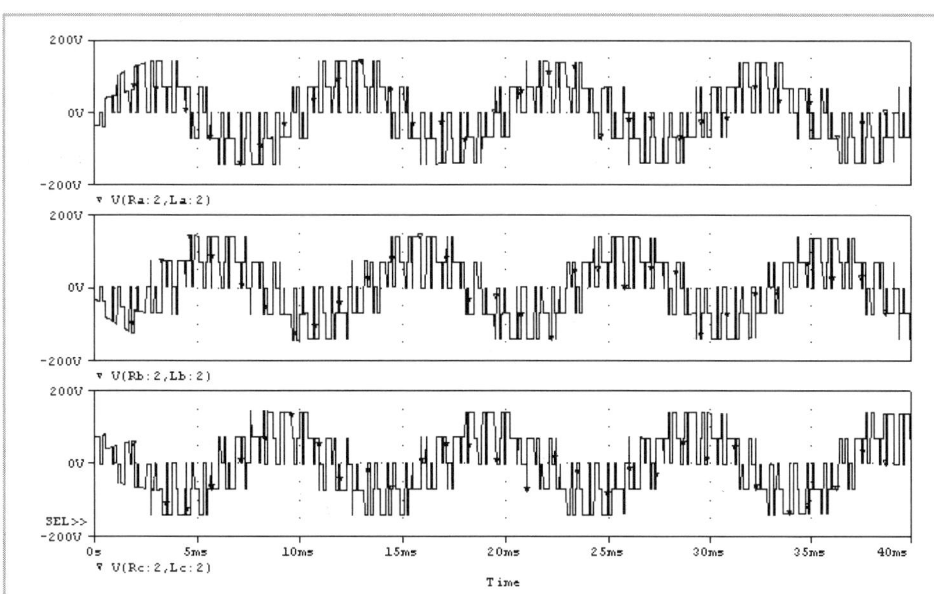

④ PWM 인버터 부하 선간 전압(V_{ab}, V_{bc}, V_{ca})과 상전류(I_a, I_b, I_c) 파형 측정

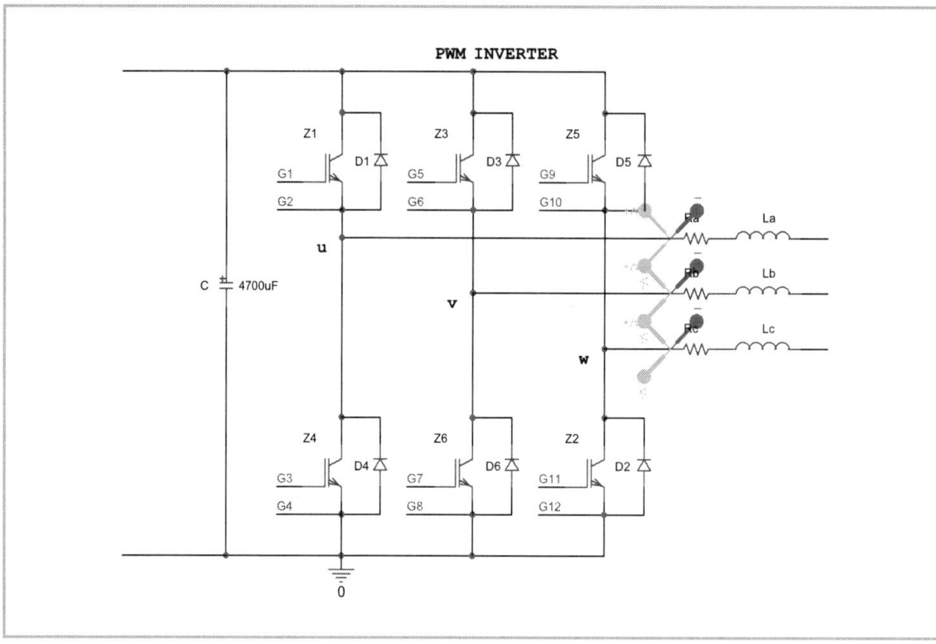

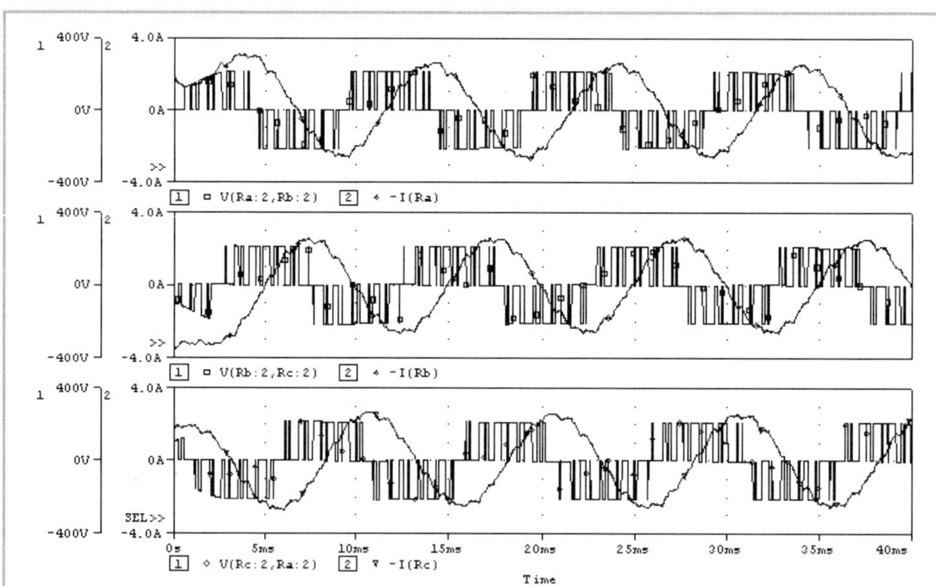

8.2.4 3상 정류기 + 강압 초퍼 + 3상 구형파 인버터 시스템

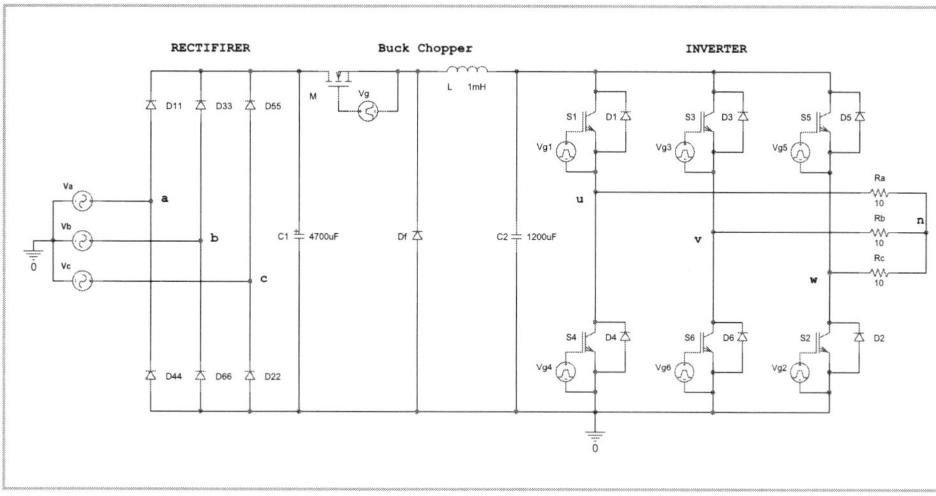

▌그림 8-8▌ 3상 정류기 + 강압 초퍼 + 3상 구형파 인버터 시스템

1 회로 시뮬레이션 조건

① 정현파 전압원(라이브러리 명 : SOURCE → VSIN)

- 부품 이름/크기

V_a : VOFF = 0, VAMPL = 220V, FREQ = 60Hz, PHASE = 30

V_b : VOFF = 0, VAMPL = 220V, FREQ = 60Hz, PHASE = -90

V_c : VOFF = 0, VAMPL = 220V, FREQ = 60Hz, PHASE = -210

② 다이오드(라이브러리 명 : BREAKOUT → Dbreak)

- 부품 이름 : D_{11} / D_{22} / D_{33} / D_{44} / D_{55} / D_{66}, D_f
- 부품 이름 : D_1 / D_2 / D_3 / D_4 / D_5 / D_6

③ 콘덴서(라이브러리 명 : ANALOG → C_elect)

- 부품 이름/크기 : C_1 = 4700(μF), C_2 = 1200(μF)

④ 인덕터(라이브러리 명 : ANALOG → L)

- 부품 이름/크기 : L_1 = 1(mH)

⑤ 저항(라이브러리 명 : ANALOG → R)

- 부품 이름/크기 : R_a / R_b / R_c = 10(Ω)

⑥ MOSFET(라이브러리 명 : PWRMOS → IRF150)

- 부품 이름 : M

⑦ IGBT(라이브러리 명 : BREAKOUT → ZbreakN, IGBT → APT30GF60BN)

- 부품 이름 : S_1 / S_2 / S_3 / S_4 / S_5 / S_6

⑧ 구형파 전압원(라이브러리 명 : SOURCE → VPULSE)

- 부품 이름 : V_g
- Duty Ratio = 40%일 때 Parameter

Parameter	Duty Ratio = 40%(PW/PER=80/200=0.4)
TD(Time Delay)	TD= 0ms
PER(Period)	PER = 200μs
TR(Time Rising)	TR = 1ns
TF(Time Falling)	TF = 1ns
V_1 / V_2	V_1 = 0V / V_2 = 15V
PW(Pulse Width)	PW = 80μs

- 부품 이름 : V_{g1} / V_{g2} / V_{g3} / V_{g4} / V_{g5} / V_{g6}

▶ 구형파 전압원 조건[출력전압 주파수 f = 1kHz일 때 V_{g1}, V_{g3}, V_{g5}는 각 120° 차이, V_{g4}, V_{g6}, V_{g2}는 각각 V_{g1}, V_{g3}, V_{g5}와 180° 차이]

- V_{g1}의 TD 값 : 0° = 0ms
- V_{g3}의 TD 값 : 120°[120°(V_{g1}과 차이)] = 333.33μs
- V_{g5}의 TD 값 : 240°[120°(V_{g1}과 차이)+120°(V_{g3}와 차이)]= 666.67μs
  (360° : 1ms = 120° : x, x = 0.33333ms = 333.33μs)
- V_{g4}의 TD 값 : 180°[0°(V_{g1}의 값) + 180°(V_{g1}과 차이)]
  = 0ms + 0.5ms = 0.5ms = 500μs
- V_{g6}의 TD 값 : 300°[120°(V_{g3}의 값) + 180°(V_{g3}와 차이)]
  = 333.33μs + 500μs = 833.33μs

- V_{g2}의 TD 값 : 60°= 60°+ 360° = 420°[240°(V_{g5}의 값) + 180°(V_{g5}와 차이)]
  = 666.67㎲ + 500㎲ = 1166.67㎲ = 1166.67 − 1000㎲(주기)
  = 166.67㎲(360° : 1ms = 180° : x, x = 0.5ms = 500㎲)

Parameter	V_{g1}	V_{g2}	V_{g3}	V_{g4}	V_{g5}	V_{g6}
TD (Time Delay)	TD = 0ms	TD = 166.67㎲	TD = 333.33㎲	TD = 500㎲	TD = 666.67㎲	TD = 833.33㎲
PER(Period)	PER = 1ms [f = 1/T = 1/1ms = 1kHz]					
TR (Time Rising)	TR = 1ns					
TF (Time Falling)	TF = 1ns					
V_1 / V_2	V_1 = 0V / V_2 = 20V					
PW (Pulse Width)	PW = 0.5ms [PW 조정 : 전압크기가 변화]					

⑨ 접지(라이브러리 명 : Tool Palette → GND → Source)

- symbol : 0 선택

⑩ PSpice → New Simulation → Name(3P Rec + Chopper + Inverter System) → Simulation setting(3P Rec + Chopper + Inverter System) → Run to Time : 40ms

⑪ Option 변경 : Schematic 상에서 Edit simulation profile 클릭 → Simulation settings 상의 Options 클릭 → **ITL4**(Transient time point iteration limit) = 40 (Default = 10), **ABSTOL**(Best accuracy of currents) = 1u(Default = 1p)으로 변경

2 시뮬레이션 결과

① 입력 3상 AC 선간 전압(V_{ab}~V_{ac} : 60Hz, AC 380V), 콘덴서 전압(V_{c1} : DC 전압 평활화), Buck 쵸퍼 게이트 전압(V_g) 파형 측정

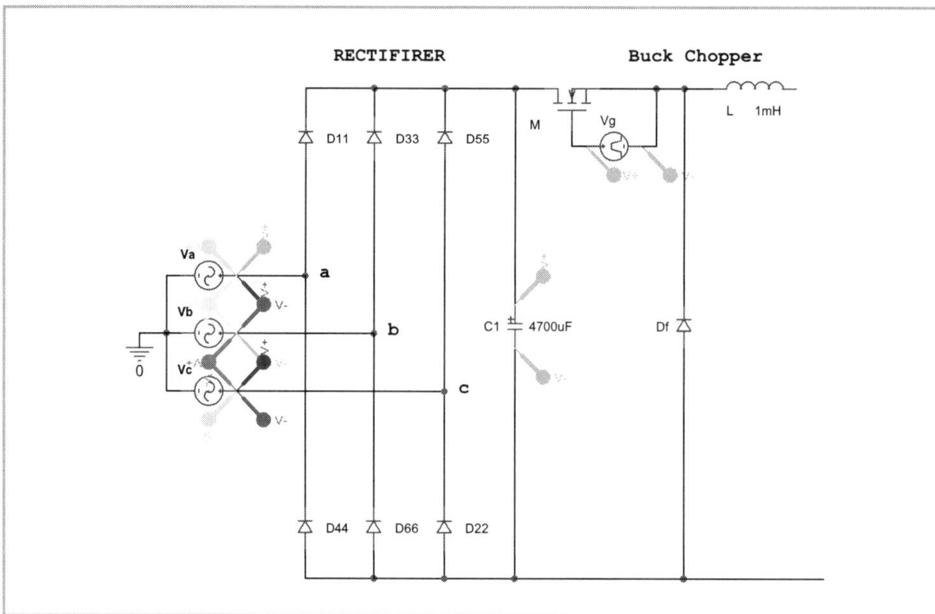

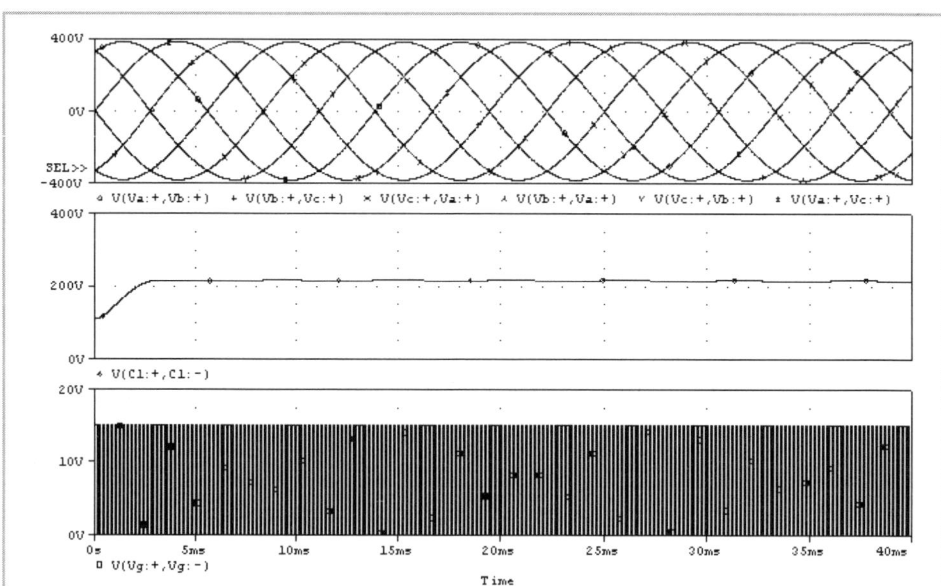

② Buck 쵸퍼 출력 전압(V_{C2}), 인버터 게이트 전압(V_{g1}~V_{g6}) 파형 측정 : 파형 확대(35ms~40ms)

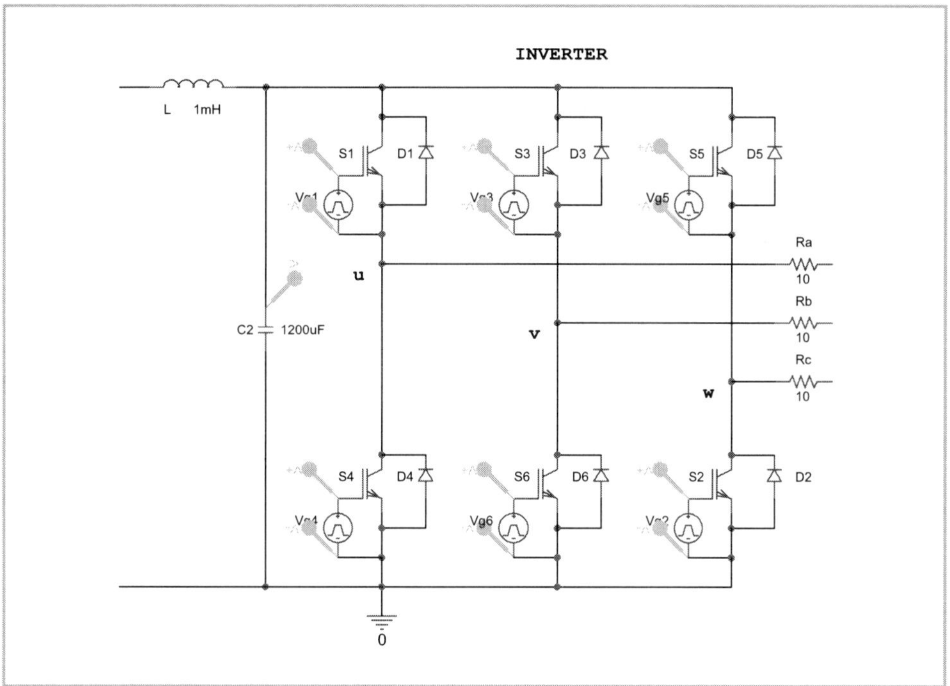

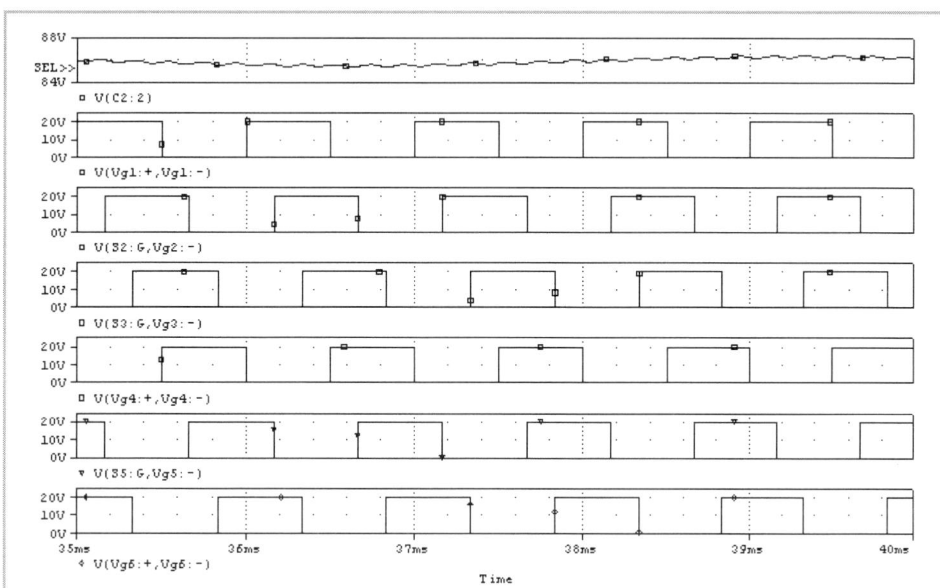

③ 인버터 부하 상전압(V_a, V_b, V_c), 부하 선간전압(V_{ab}) 파형 측정

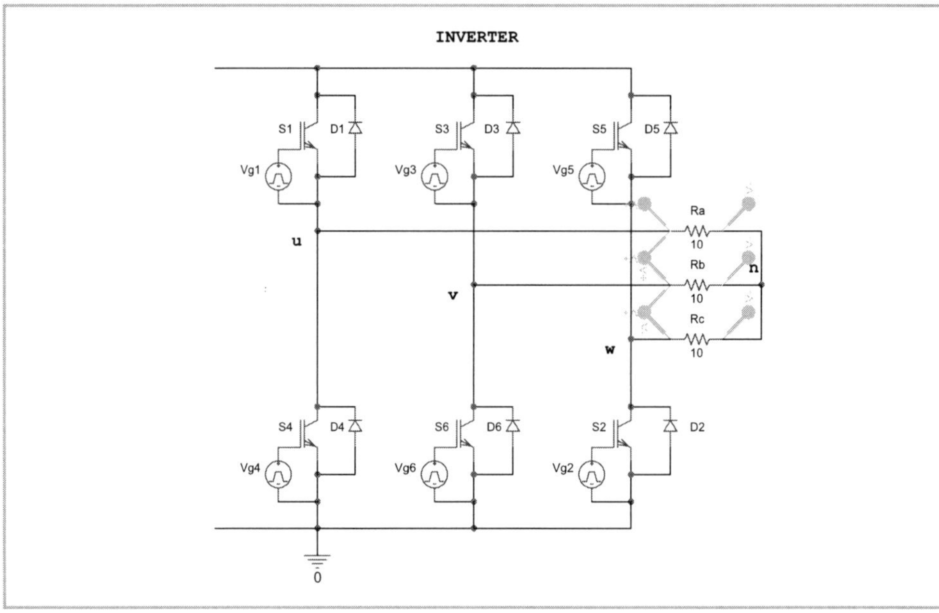

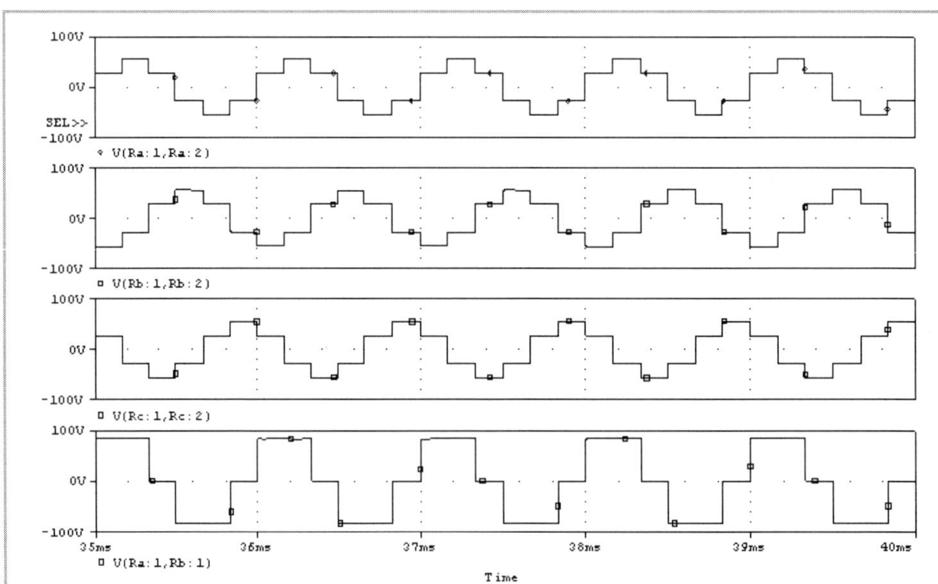

CHAPTER

09

발진회로

Chapter 09

발진회로

9.1 삼각파-구형파 변환기

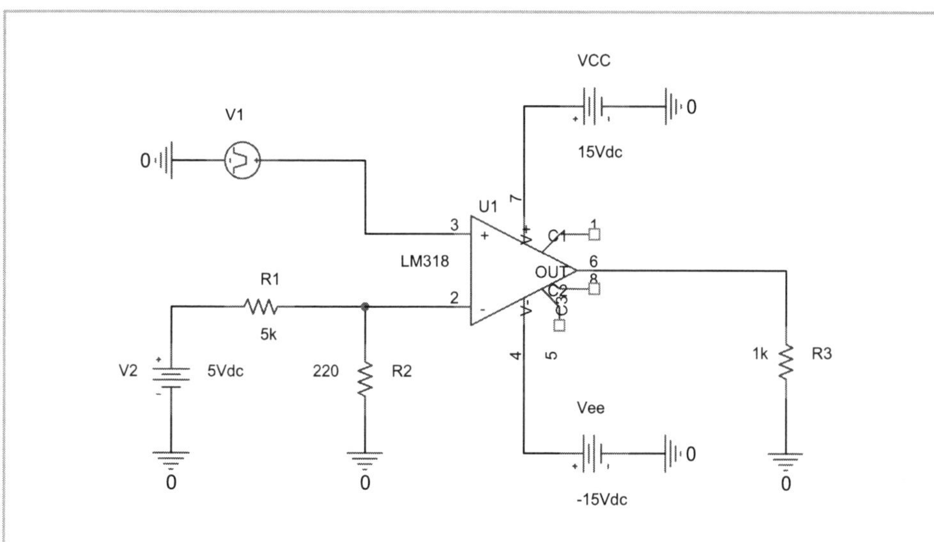

▌그림 9-1▐ 삼각파-구형파 변환기

1 회로 시뮬레이션 조건

① 직류 전압원(라이브러리 명 : SOURCE → VDC)

- 부품 이름/크기 : $V_2 = 5V_{dc}$, $V_{cc} = 15V_{dc}$, $V_{ee} = -15V_{dc}$

② 구형파 전압원(라이브러리 명 : SOURCE → VPULSE)

- 부품 이름 : V_1

- 구형파 전압원 조건

Parameter	V_1
TD(Time Delay)	TD = 0ms
PER(Period)	PER = 100μs
TR(Time Rising)	TR = 50μs
TF(Time Falling)	TF = 50μs
V_1 / V_2	V_1 = -7.5V / V_2 = 7.5V
PW(Pulse Width)	PW = 1ns

③ 저항(라이브러리 명 : ANALOG → R)

- 부품 이름/크기 : R_1 = 5(kΩ), R_3 = 1(kΩ)
- 부품 이름/크기 : R_2 = 220(Ω)[비반전 단자 저항 값 가변 → 구형파 듀티 사이클(Duty cycle) 조정]

④ OP-AMP(라이브러리 명 : OPAMP → LM318)

- 부품 이름 : U_1

⑤ 접지(라이브러리 명 : Tool Palette → GND → Source)

- symbol : 0 선택

⑥ PSpice → New Simulation → Name(T-R) → Simulation setting(T-R) → Run to Time : 400μs

2 시뮬레이션 결과

① 입력전압(V_1, 삼각파), 출력전압(V_{R3}, 구형파) 파형 측정

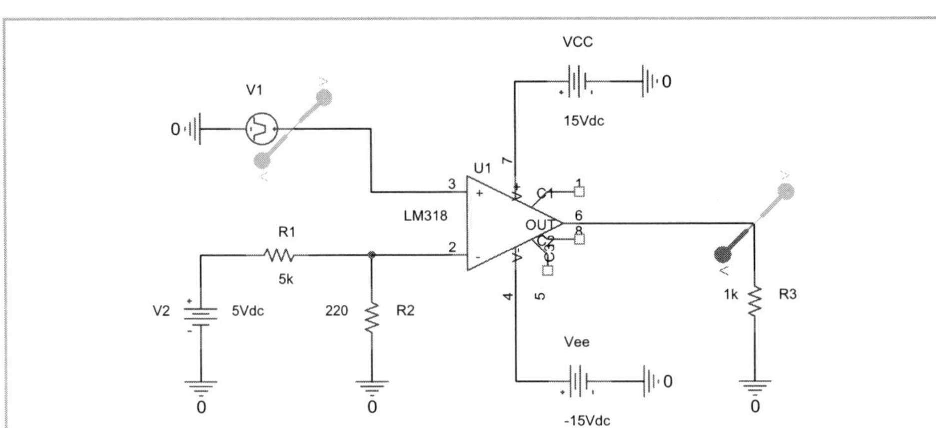

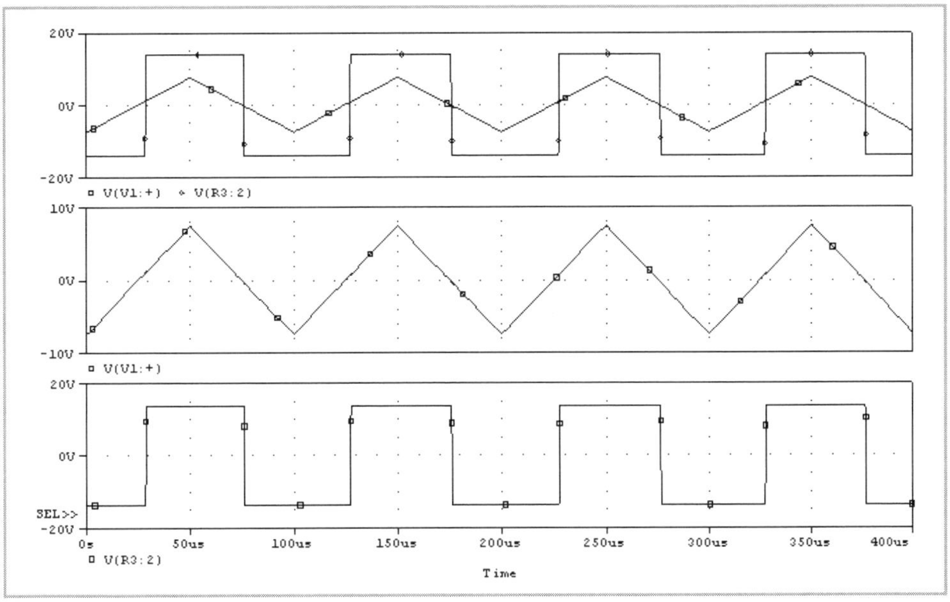

9.2 정현파-구형파 변환기

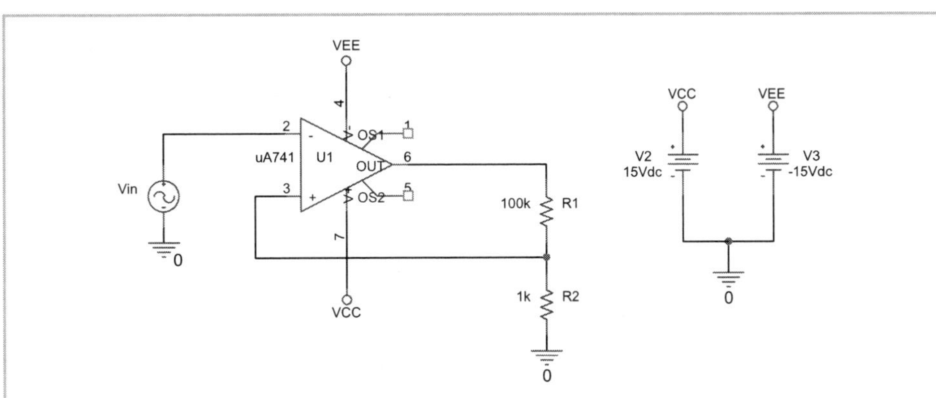

▌그림 9-2▐ 정현파-구형파 변환기

1 회로 시뮬레이션 조건

① 정현파 전압원(라이브러리 명 : SOURCE → VSIN)

- 부품 이름 : V_{in}

- 크기 : VOFF = 0, VAMPL = 10V, FREQ = 1kHz

② 직류 전압원(라이브러리 명 : SOURCE → VDC)

- 부품 이름/크기 : V_2 = 15V_{dc}, V_3 = -15V_{dc}

③ OP-AMP(라이브러리 명 : OPAMP → uA741)

- 부품 이름 : U_1

④ 저항(라이브러리 명 : ANALOG → R)

- 부품 이름/크기 : R_1 = 100(kΩ), R_2 = 1(kΩ)

⑤ 접지(라이브러리 명 : Tool Palette → GND → Source)

- symbol : 0 선택

⑥ BUBBLE((라이브러리 명 : Tool Palette → CAPSYM → VCC)

- 부품 이름 : V_{CC}, V_{EE}

⑦ PSpice → New Simulation → Name(S-R) → Simulation setting(S-R) → Run to Time : 3ms

2 시뮬레이션 결과

① 입력전압(V_{in}, 정현파), 출력전압(V_{R1T}, 구형파) 파형 측정 : 슈미트 트리거 동작을 이용하기 때문에 입력신호에 관계없이 구형파 발생

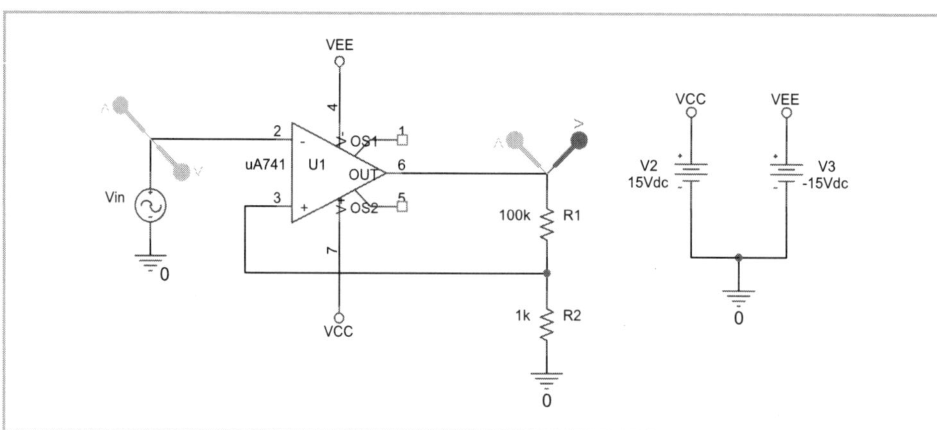

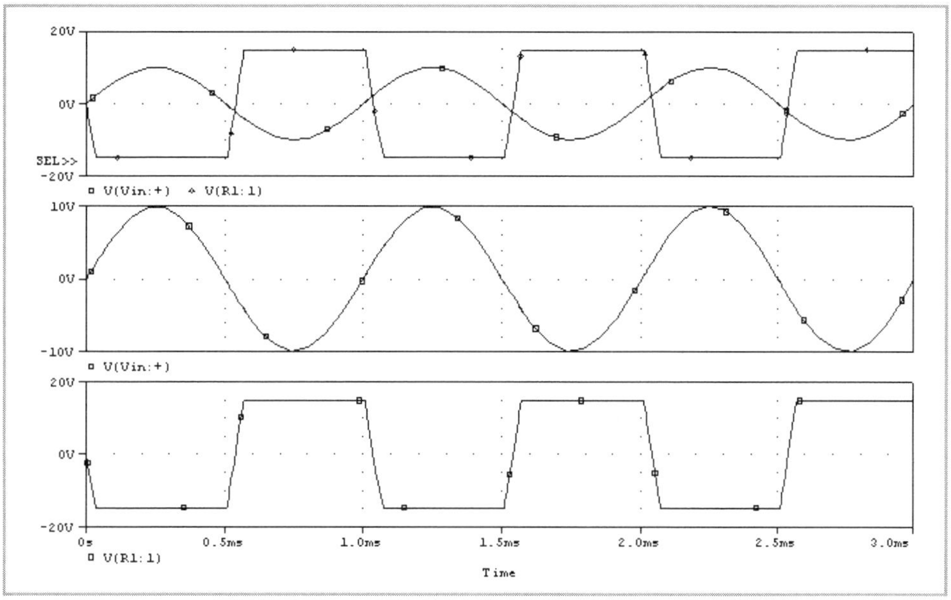

9.3 구형파-삼각파 변환기

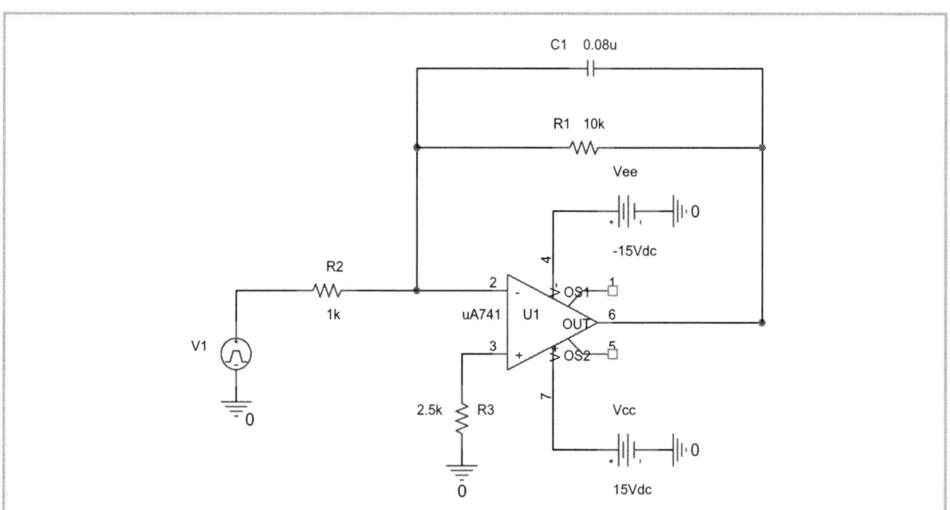

❙그림 9-3❙ 구형파-삼각파 변환기

1 회로 시뮬레이션 조건

① 직류 전압원(라이브러리 명 : SOURCE → VDC)

- 부품 이름/크기 : V_{cc} = 15V_{dc}, V_{ee} = -15V_{dc}

② 구형파 전압원(라이브러리 명 : SOURCE → VPULSE)

- 부품 이름 : V_1

- 구형파 전압원 조건

Parameter	V_1
TD(Time Delay)	TD = 0ms
PER(Period)	PER = 1ms
TR(Time Rising)	TR = 1ns
TF(Time Falling)	TF = 1ns
V_1 / V_2	V_1 = -5V / V_2 = 5V
PW(Pulse Width)	PW = 0.5ms

③ OP-AMP(라이브러리 명 : OPAMP → uA741)

- 부품 이름 : U_1

④ 저항(라이브러리 명 : ANALOG → R)

- 부품 이름/크기 : R_1 = 10(kΩ), R_2 = 1(kΩ), R_3 = 2.5(kΩ)

⑤ 콘덴서(라이브러리 명 : ANALOG → C)

- 부품 이름/크기 : C_1 = 0.08(μF)

⑥ 접지(라이브러리 명 : Tool Palette → GND → Source)

- symbol : 0 선택

⑦ PSpice → New Simulation → Name(R-T) → Simulation setting(R-T) → Run to Time : 10ms

2 시뮬레이션 결과

① 입력전압(V_{R2}, 구형파), 출력전압(V_{OUT}, 삼각파) 파형 측정

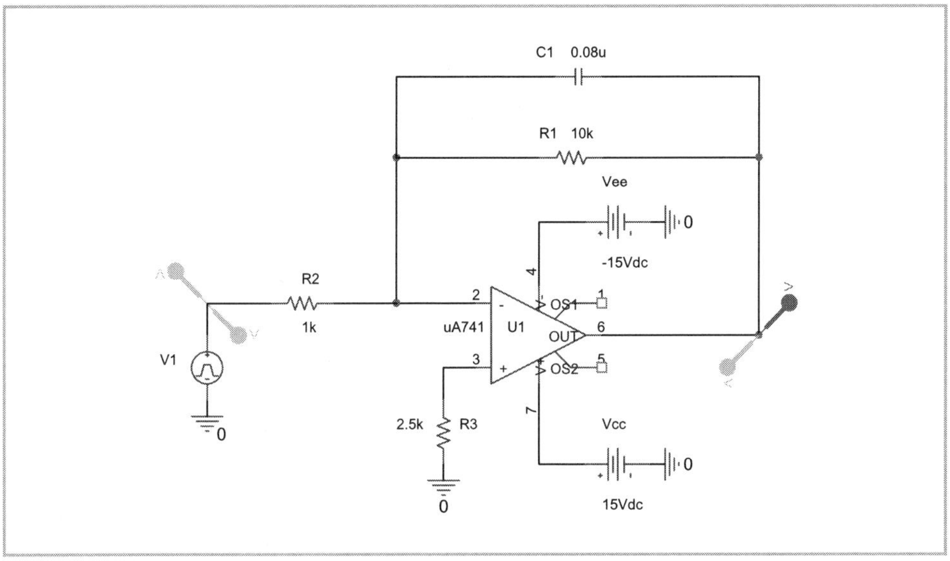

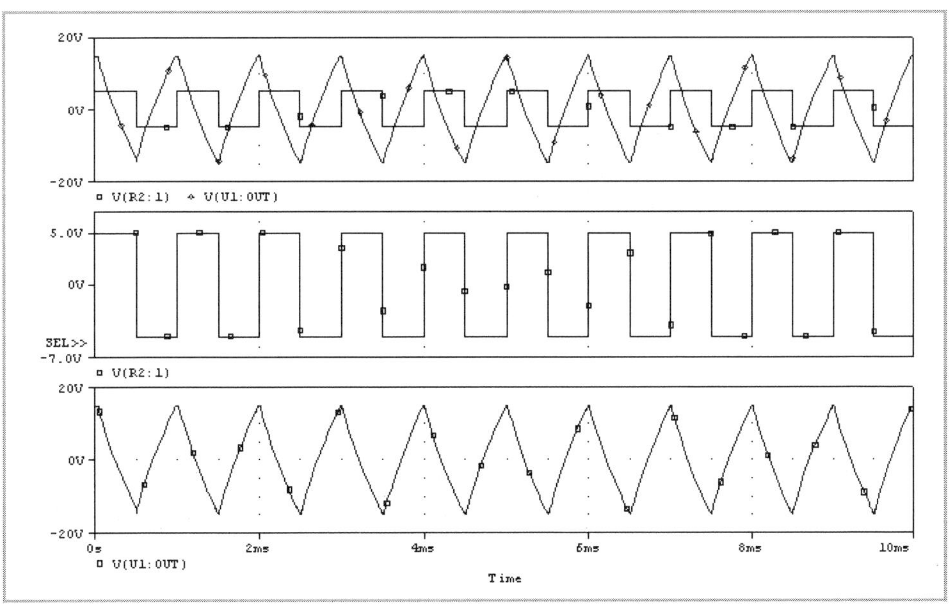

9.4 구형파-삼각파 발진기

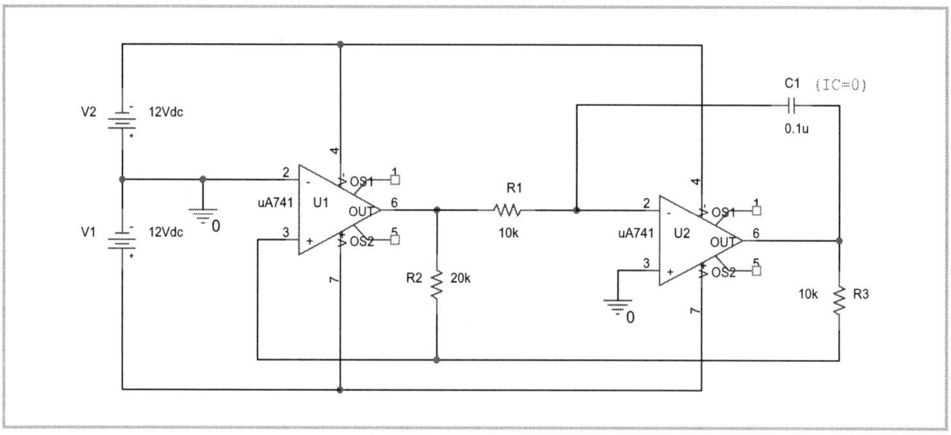

❙그림 9-4❙ 구형파-삼각파 발진기

1 회로 시뮬레이션 조건

① 직류 전압원(라이브러리 명 : SOURCE → VDC)

- 부품 이름/크기 : $V_1 = V_2 = 12V_{dc}$

② OP-AMP(라이브러리 명 : OPAMP → uA741)

- 부품 이름 : U_1, U_2

③ 저항(라이브러리 명 : ANALOG → R)

- 부품 이름/크기 : $R_1 = 10(k\Omega)$, $R_2 = 20(k\Omega)$, $R_3 = 10(k\Omega)$

④ 콘덴서(라이브러리 명 : ANALOG → C)

- 부품 이름/크기 : $C_1 = 0.1(\mu F)$
- Analysis setup : 이 회로에서 C_1 소자는 충·방전을 수행하는 소자이기 때문에 C_1 소자를 더블클릭 → Property editor 창에 IC = 0을 입력하거나 또는 Simulation setting 창에서 Analysis 클릭 → Transient options 창에서 ☑ Skip the initial Transient bias point calculation을 마킹하여 사용한다.

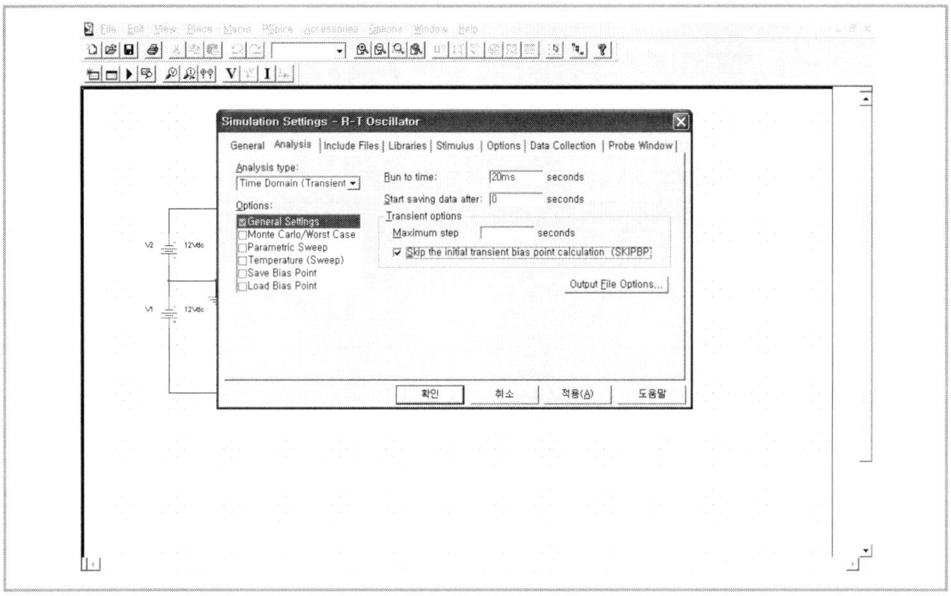

⑤ 접지(라이브러리 명 : Tool Palette → GND → Source)

- symbol : 0 선택

⑥ PSpice → New Simulation → Name(R-T-Oscillator) → Simulation setting(R-T-Oscillator) → Run to Time : 20ms

2 시뮬레이션 결과

① 입력전압(V_{R1}, 구형파), 출력전압(V_{C1}, 삼각파) 파형 측정

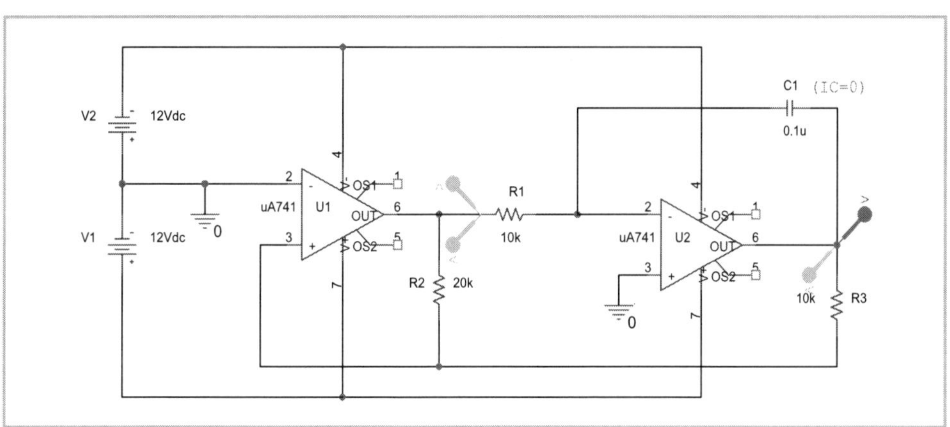

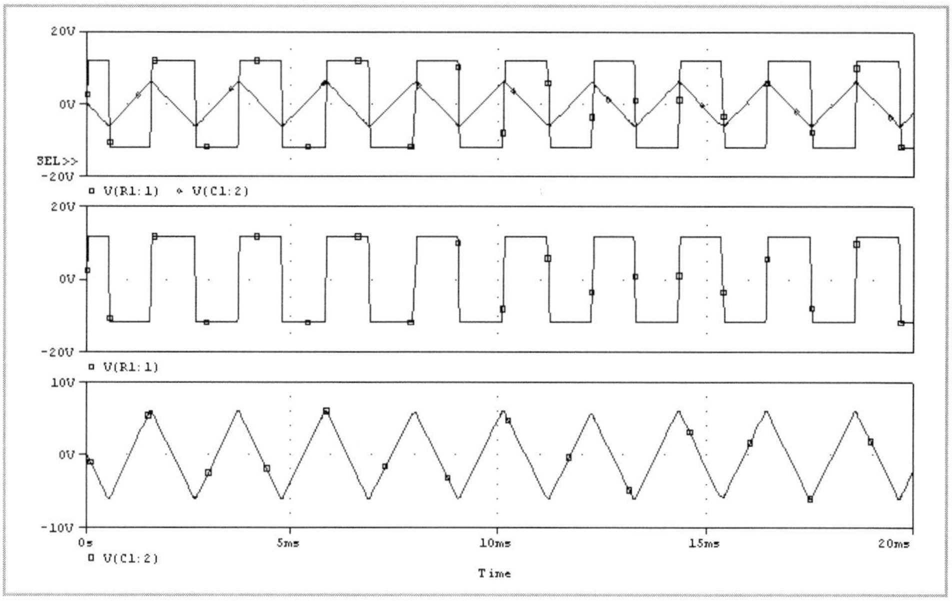

② 입력전압(V_{R1}, 구형파), 출력전압(V_{C1}, 삼각파) 파형 측정 → $C_1 = 0.05\mu F$으로 값 변화[$R_3 = 10(k\Omega)$] : 주파수 변화

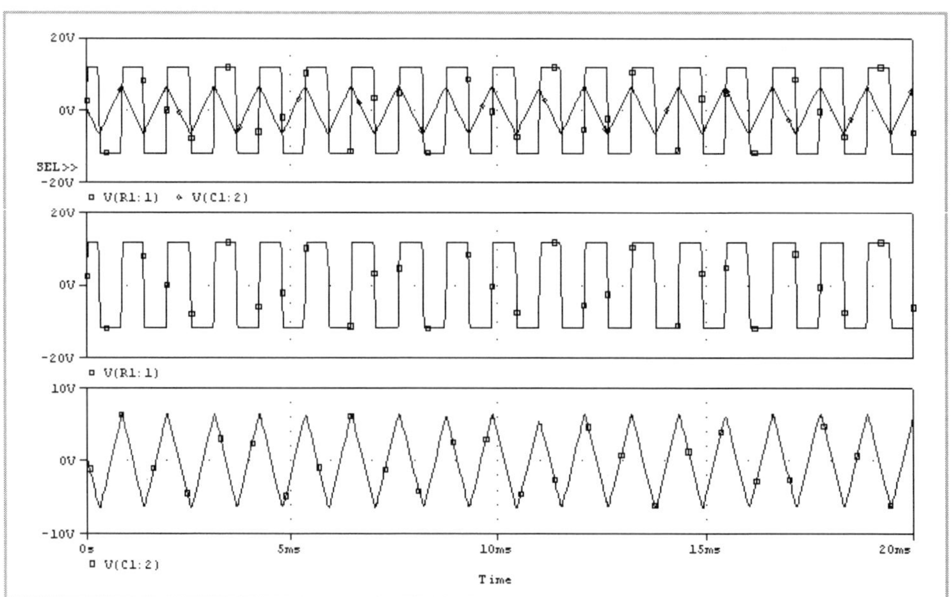

③ 입력전압(V_{R1}, 구형파), 출력전압(V_{c1}, 삼각파) 파형 측정 → R_3 = 20(kΩ)으로 값 변화[C_1 = 0.1(μF)] : 삼각파 진폭 변화

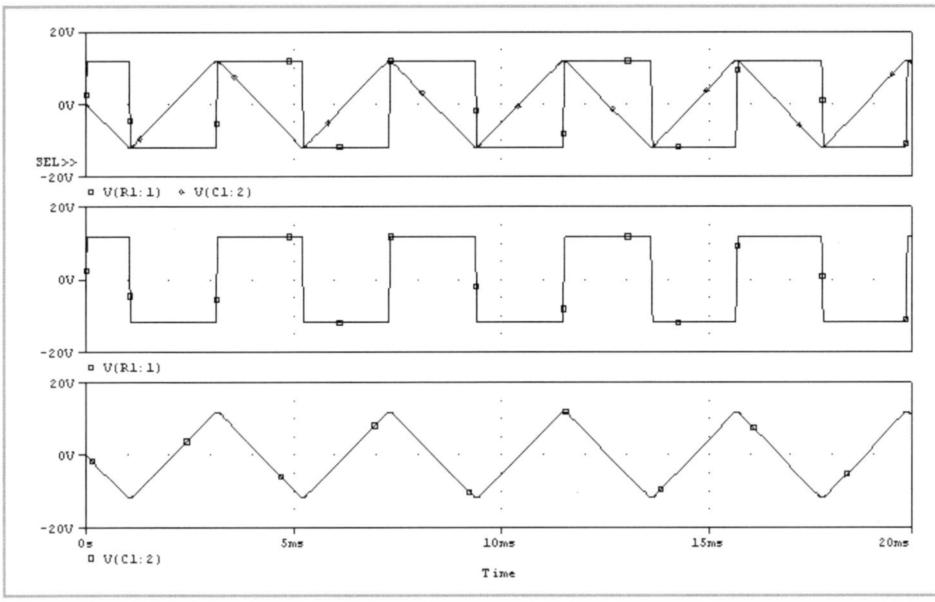

9.5 555 비안정 멀티바이브레터

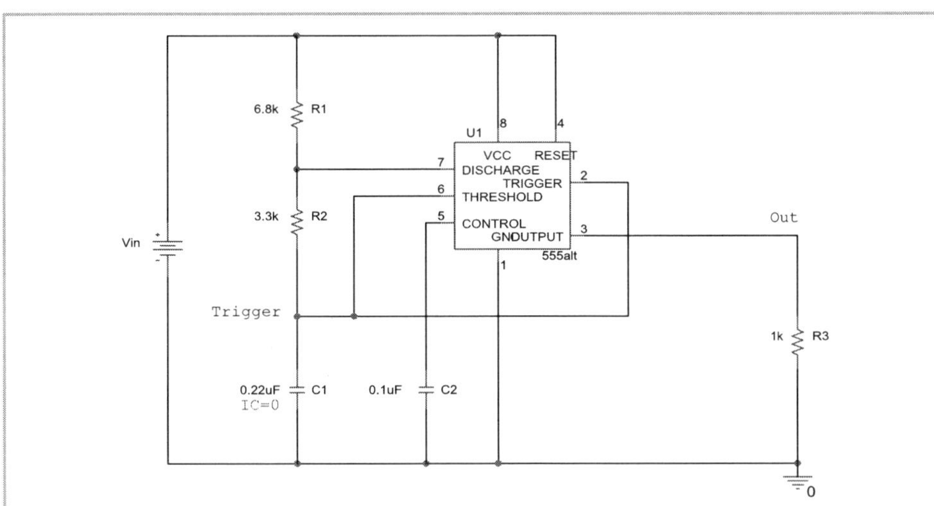

❙그림 9-5❙ 비안정 멀티바이브레이터

1 회로 시뮬레이션 조건

① 직류 전압원(라이브러리 명 : SOURCE → VDC)

- 부품 이름/크기 : $V_{in} = 5V_{dc}$

② 555 타이머(라이브러리 명 : ANL_MISC → 555alt)

- 부품 이름 : U_1

③ 저항(라이브러리 명 : ANALOG → R)

- 부품 이름/크기 : $R_1 = 6.8(k\Omega)$, $R_2 = 3.3(k\Omega)$, $R_3 = 1(k\Omega)$

④ 콘덴서(라이브러리 명 : ANALOG → C)

- 부품 이름/크기 : $C_1 = 0.22(\mu F)$, $C_2 = 0.1(\mu F)$
- Analysis setup : 이 회로에서 C_1 소자는 충·방전을 수행하는 소자이기 때문에 C_1 소자를 더블클릭 → Property editor 창의 IC = 0 입력한다.

⑤ 접지(라이브러리 명 : Tool Palette → GND → Source)

- symbol : 0 선택

⑥ PSpice → New Simulation → Name(Astable MB) → Simulation setting (Astable MB) → Run to Time : 10ms

2 시뮬레이션 결과

① 트리거 전압(V_{R2}), 출력전압(V_{OUTPUT}) 파형 측정

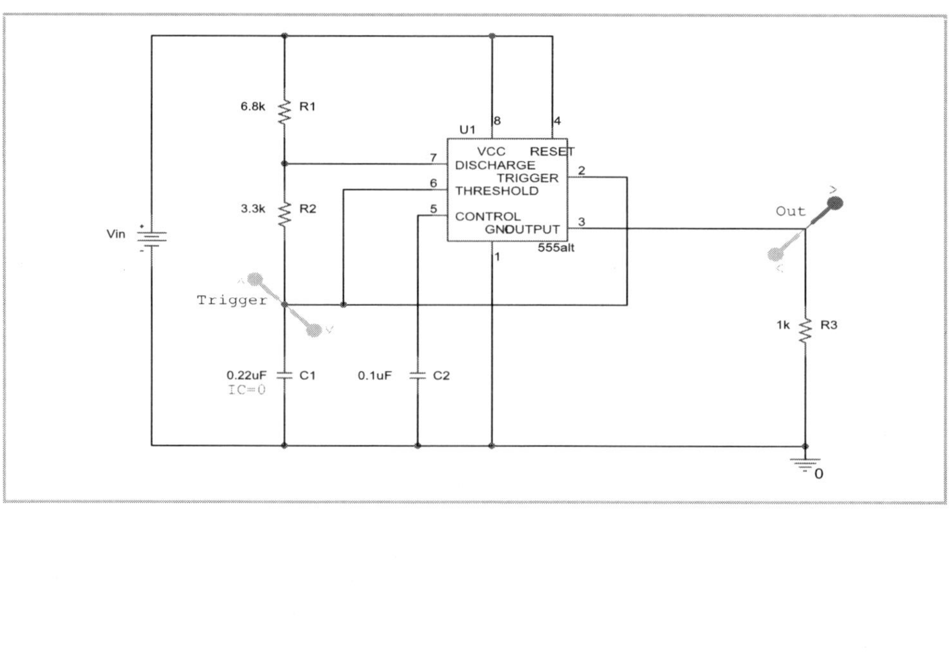

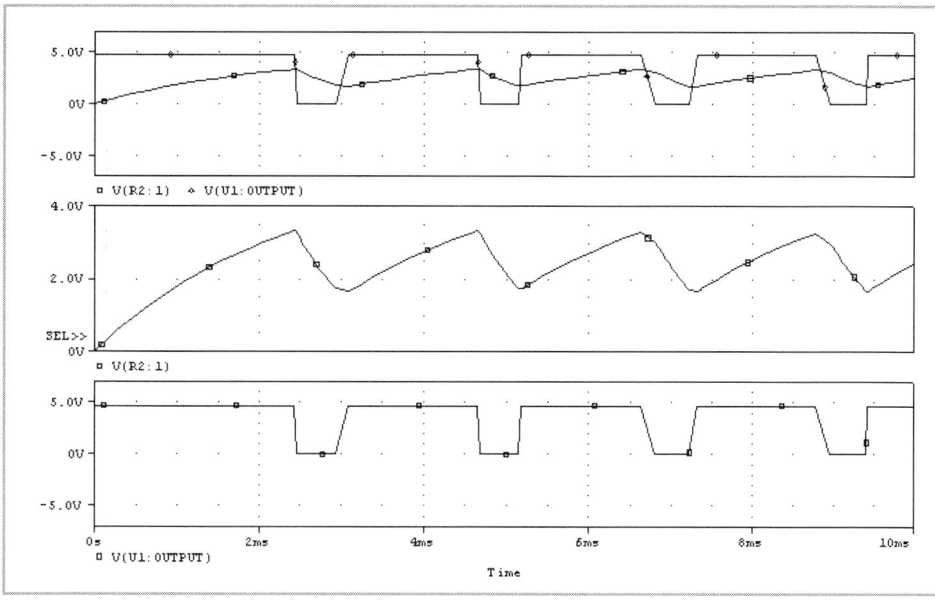

9.6 555 전압제어 발진기

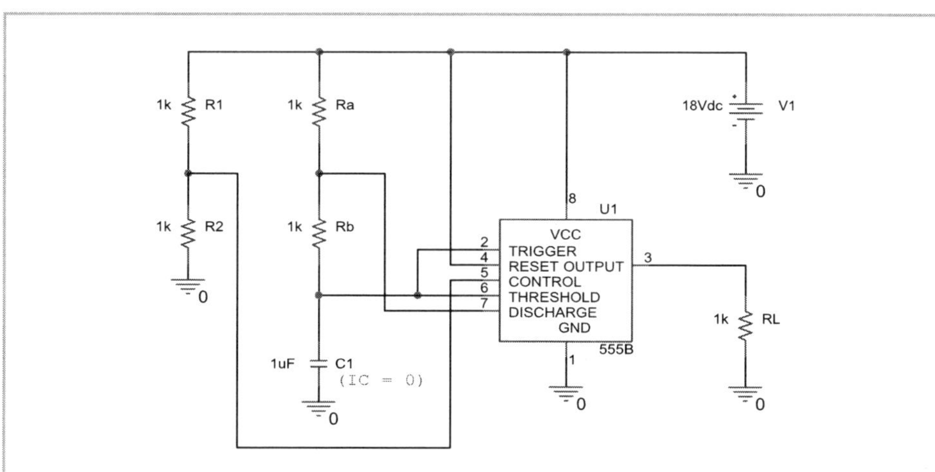

▌그림 9-6▌ 전압제어 발진기

1 회로 시뮬레이션 조건

① 직류 전압원(라이브러리 명 : SOURCE → VDC)

- 부품 이름/크기 : $V_1 = 18V_{dc}$

② 555 타이머(라이브러리 명 : ANL_MISC → 555B)

- 부품 이름 : U_1

③ 저항(라이브러리 명 : ANALOG → R)

- 부품 이름/크기 : $R_1 = R_2 = R_a = R_b = R_L = 1(k\Omega)$

④ 콘덴서(라이브러리 명 : ANALOG → C)

- 부품 이름/크기 : $C_1 = 0.1(\mu F)$
- Analysis setup : 이 회로에서 C_1 소자는 충·방전을 수행하는 소자이기 때문에 C_1 소자를 더블클릭 → Property editor 창의 IC = 0 입력하거나 또는 Simulation setting 창에서 Analysis 클릭 → Transient options 창에서 ☑ Skip the initial Transient bias point calculation을 마킹하여 사용한다.

⑤ 접지(라이브러리 명 : Tool Palette → GND → Source)

- symbol : 0 선택

⑥ PSpice → New Simulation → Name(555 Oscillator) → Simulation setting(555 Oscillator) → Run to Time : 10ms

2 시뮬레이션 결과

① 트리거 전압(V_1 : TRIGGER), 출력전압(V_1 : OUTPUT) 파형 측정

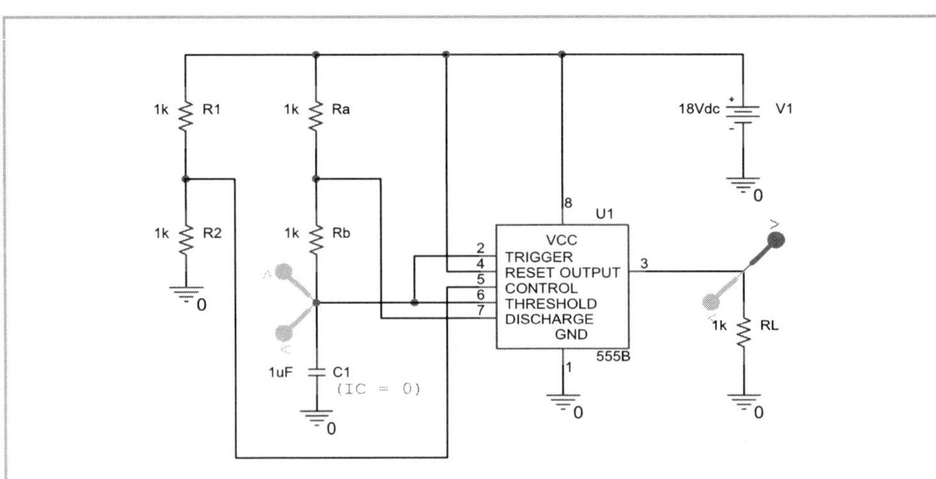

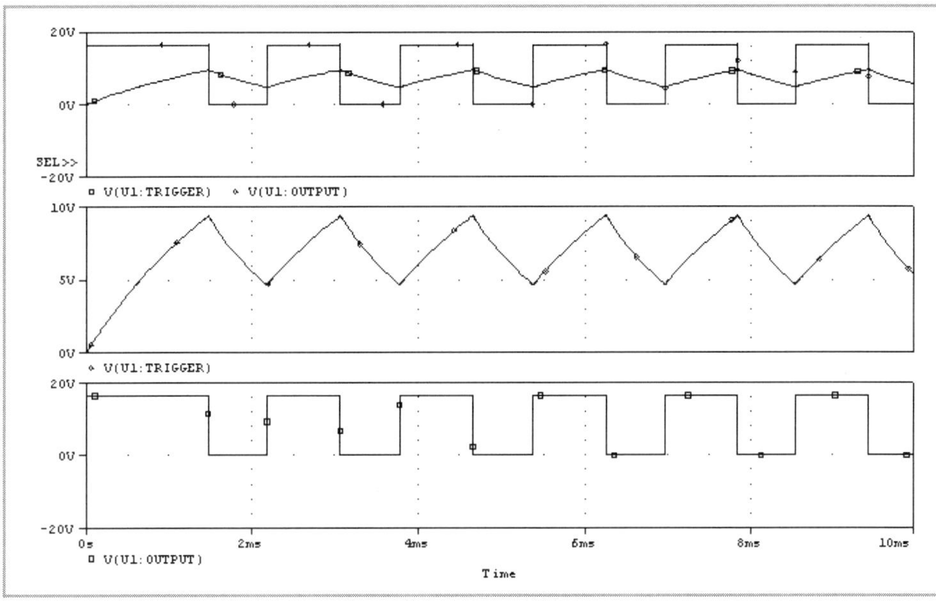

9.7 555 톱니파 발진기

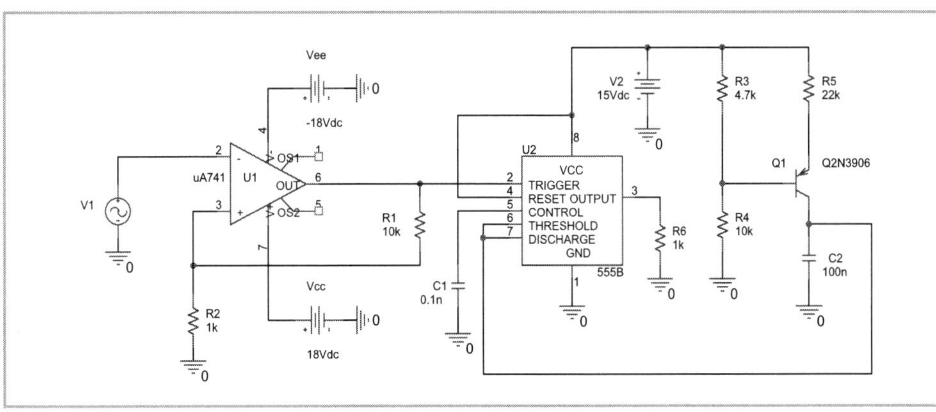

▌그림 9-7▐ 전압제어 발진기

1 회로 시뮬레이션 조건

① 정현파 전압원(라이브러리 명 : SOURCE→VSIN)

- 부품 이름 : V_1

- 크기 : VOFF = 0, VAMPL = 5V, FREQ = 1kHz

② 직류 전압원(라이브러리 명 : SOURCE→VDC)

- 부품 이름/크기 : V_{cc} = 18V_{dc}, V_{ee} = -18V_{dc}, V_2 = 15V_{dc}

③ 555 타이머(라이브러리 명 : ANL_MISC→555B)

- 부품 이름 : U_2

④ OP-AMP(라이브러리 명 : OPAMP→uA741)

- 부품 이름 : U_1

⑤ 저항(라이브러리 명 : ANALOG→R)

- 부품 이름/크기 : R_1 = 10(kΩ), R_2 = 1(kΩ), R_3 = 4.7(kΩ), R_4 = 10(kΩ), R_5 = 22(kΩ), R_6 = 1(kΩ)

⑥ 콘덴서(라이브러리 명 : ANALOG→C)

- 부품 이름/크기 : C_1 = 0.1(nF), C_2 = 100(nF)

⑦ Transistor(라이브러리 명 : BIPOLAR→Q2N3906)

- 부품 이름 : Q_1

⑧ 접지(라이브러리 명 : Tool Palette→GND→Source)

- symbol : 0 선택

⑨ PSpice→New Simulation→Name(Saw-tooth wave A)→Simulation setting (Saw-tooth wave A)→Run to Time : 30㎳

2 시뮬레이션 결과

① 톱니파 전압(V_{U2}) 파형 측정

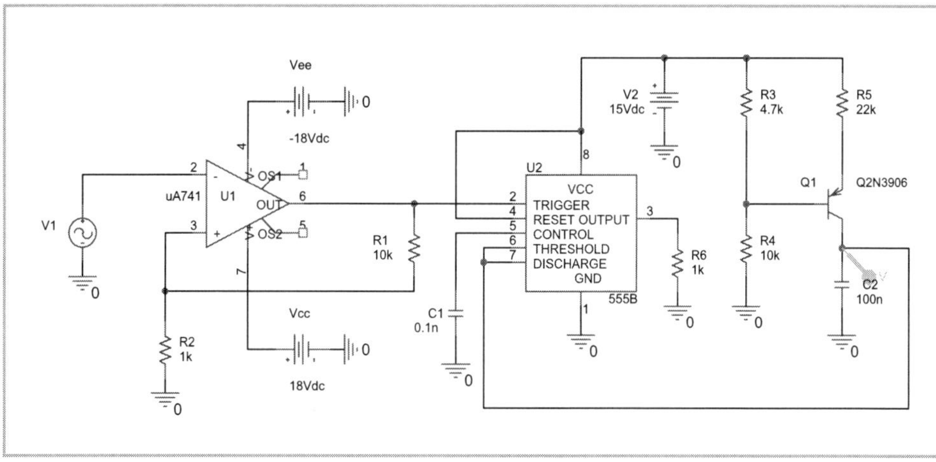

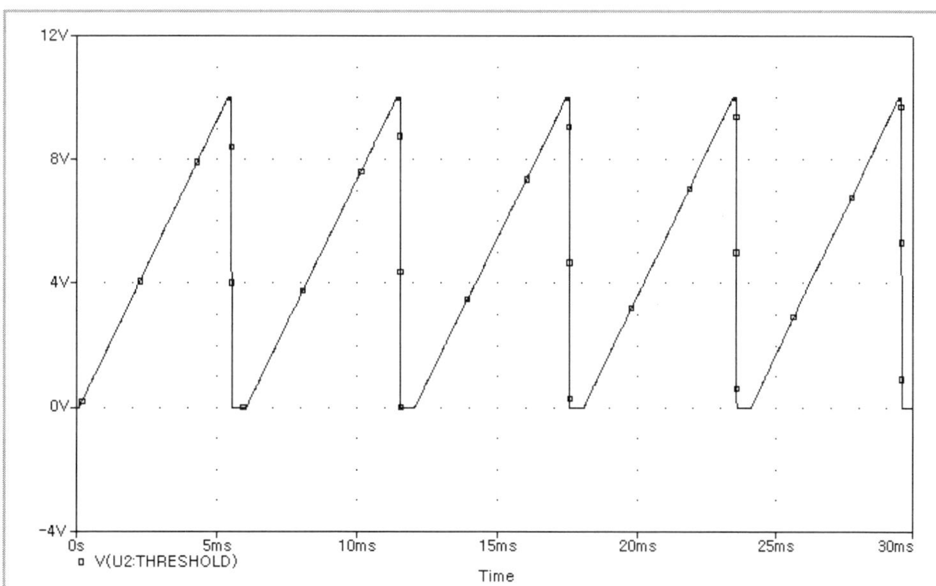

9.8 트랜지스터를 이용한 비안정 발진기

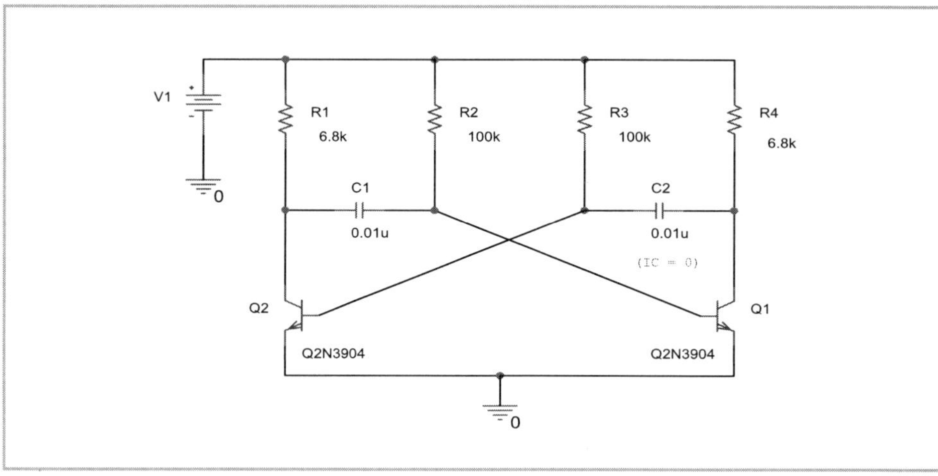

【그림 9-8】 트랜지스터를 이용한 비안정 발진기

1 회로 시뮬레이션 조건

① 직류 전압원(라이브러리 명 : SOURCE → VDC)

- 부품 이름/크기 : $V_1 = 6V_{dc}$

② Transistor(라이브러리 명 : BIPOLAR → Q2N3904)

- 부품 이름 : Q_1, Q_2

③ 저항(라이브러리 명 : ANALOG → R)

- 부품 이름/크기 : $R_1 = R_4 = 6.8(k\Omega)$, $R_2 = R_3 = 100(k\Omega)$

④ 콘덴서(라이브러리 명 : ANALOG → C)

- 부품 이름/크기 : $C_1 = C_2 = 0.01(\mu F)$
- Analysis setup : C_1, C_2 소자는 충·방전을 수행하는 소자이기 때문에 C_1, C_2 소자 중 1개를 더블클릭 → Property editor 창의 IC = 0 입력한다.

⑤ 접지(라이브러리 명 : Tool Palette → GND → Source)

- symbol : 0 선택

⑥ PSpice → New Simulation → Name(TR-Oscillator A) → Simulation setting (TR-Oscillator A) → Run to Time : 10㎳

2 시뮬레이션 결과

① V_{Q1}, V_{Q2} 전압파형 측정

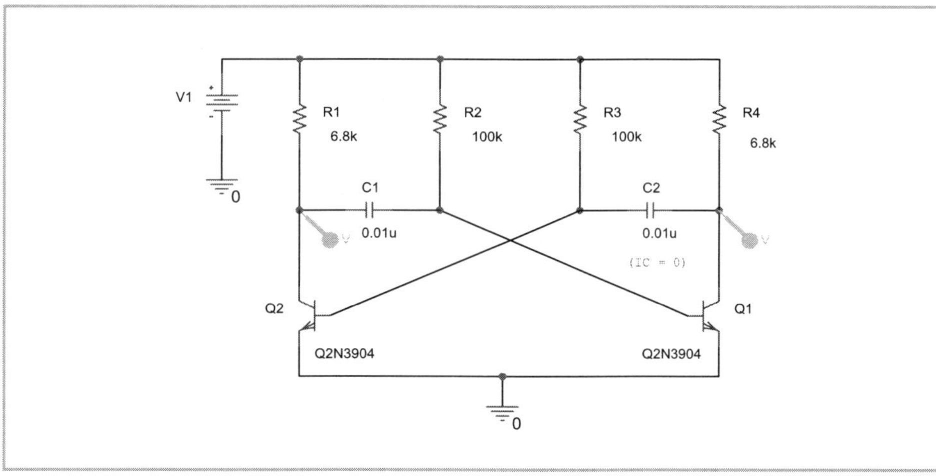

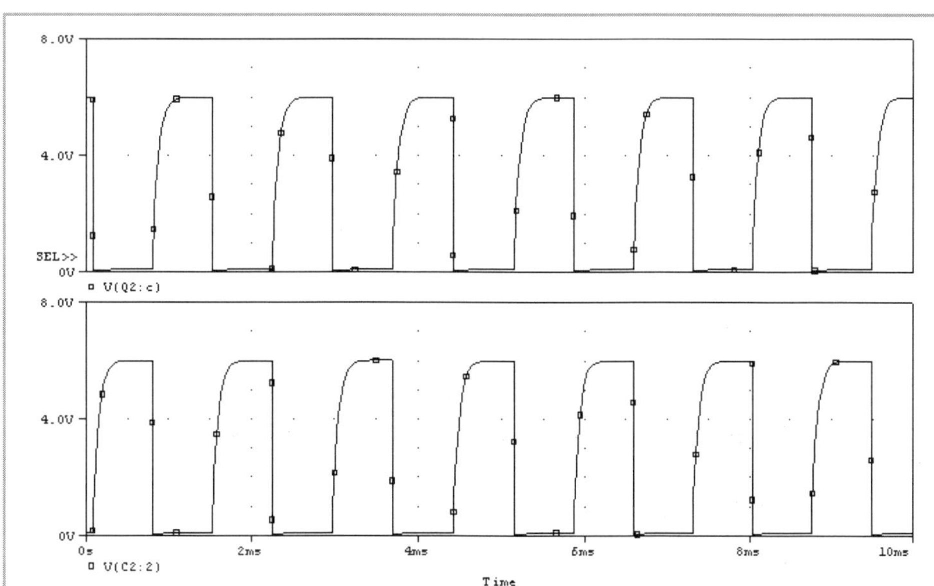

9.9 PWM 신호(1)

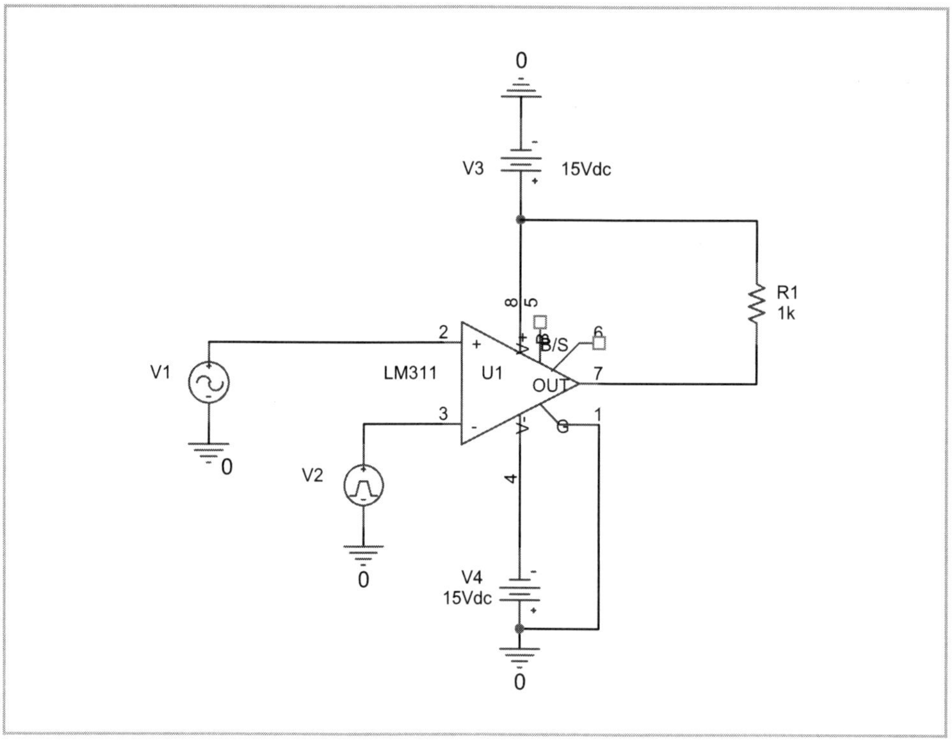

▎그림 9-9▎ PWM 신호(1)

1 회로 시뮬레이션 조건

① 정현파 전압원(라이브러리 명 : SOURCE → VSIN)

- 부품 이름 : V_1
- 크기 : VOFF = 0, VAMPL = 3V, FREQ = 60Hz

② 직류 전압원(라이브러리 명 : SOURCE → VDC)

- 부품 이름/크기 : $V_3 = V_4 = 15V_{dc}$

③ 구형파 전압원(라이브러리 명 : SOURCE → VPULSE)

- 부품 이름 : V_2

- 구형파 전압원 조건

Parameter	V_2
TD(Time Delay)	TD = 0ms
PER(Period)	PER = 1ms
TR(Time Rising)	TR = 500μs
TF(Time Falling)	TF = 500μs
V_1 / V_2	V_1 = -4V / V_2 = 4V
PW(Pulse Width)	PW = 1ns

④ 저항(라이브러리 명 : ANALOG → R)

- 부품 이름/크기 : R_1 = 1(kΩ)

⑤ 접지(라이브러리 명 : Tool Palette → GND → Source)

- symbol : 0 선택

⑥ PSpice → New Simulation → Name(PWM Signal A) → Simulation setting(PWM Signal A) → Run to Time : 30ms

2 시뮬레이션 결과

① 정현파 전압(V_1 : +), 삼각파 전압(V_1 : -), PWM 전압(V_1 : OUT) 파형 측정

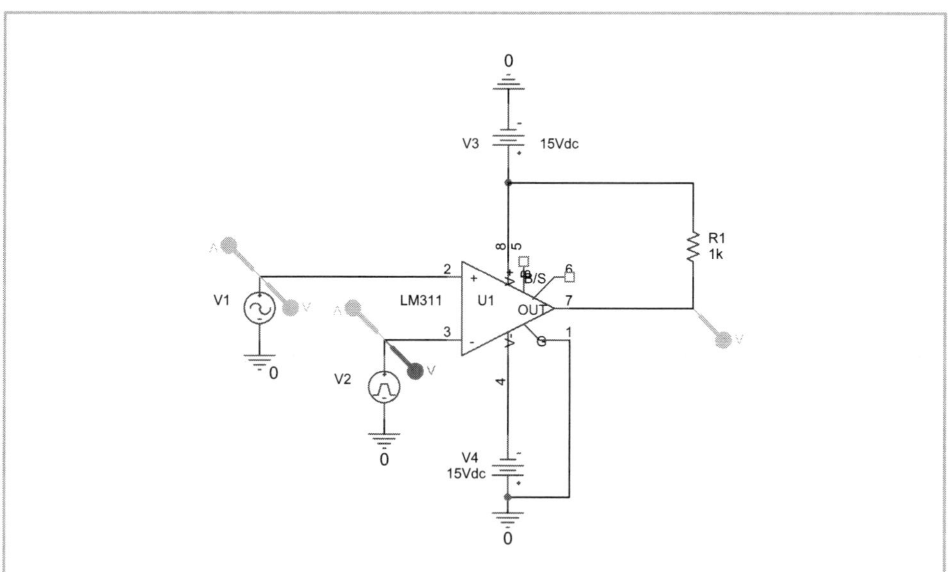

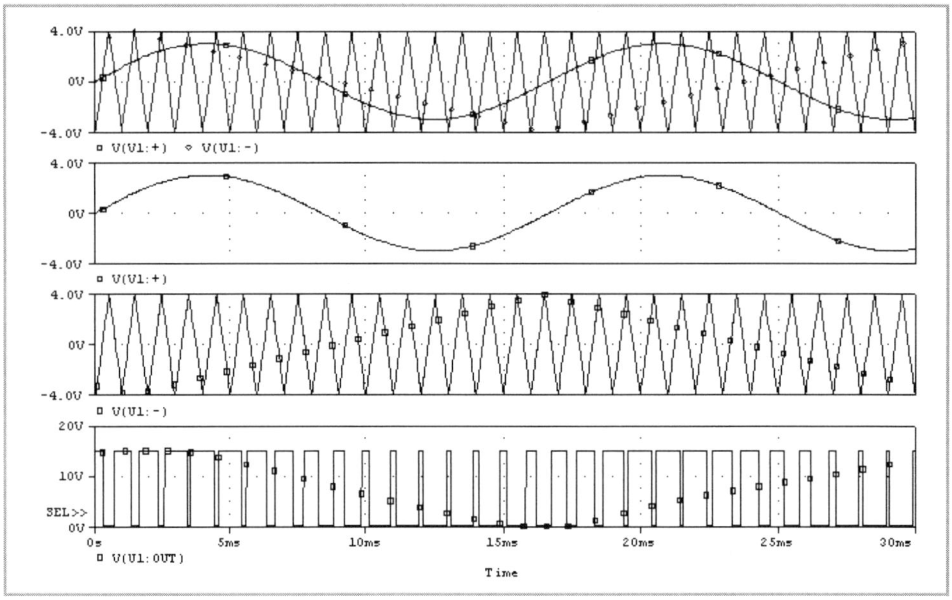

9.10 PWM 신호(2)

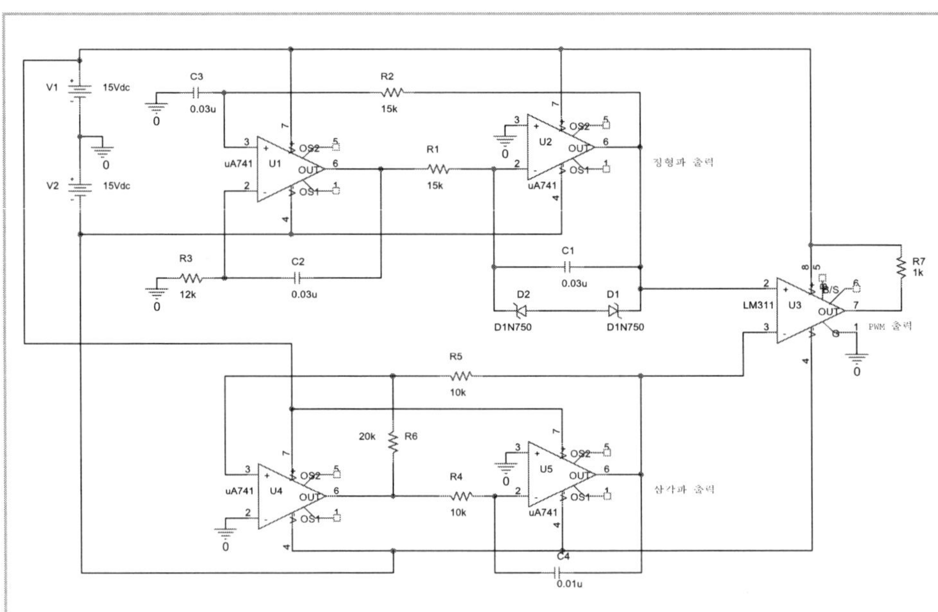

❚ 그림 9-10 ❚ PWM 신호(2)

1 회로 시뮬레이션 조건

① 직류 전압원(라이브러리 명 : SOURCE → VDC)

- 부품 이름/크기 : $V_2 = 5V_{dc}$, $V_{cc} = 15V_{dc}$, $V_{ee} = -15V_{dc}$

② OP-AMP(라이브러리 명 : OPAMP → uA741, LM311)

- 부품 이름 : U_1, U_2, U_3, U_4, U_5

③ 저항(라이브러리 명 : ANALOG → R)

- 부품 이름/크기 : $R_1 = 15(k\Omega)$, $R_2 = 15(k\Omega)$, $R_3 = 12(k\Omega)$, $R_4 = 10(k\Omega)$, $R_5 = 10(k\Omega)$, $R_6 = 20(k\Omega)$, $R_7 = 1(k\Omega)$

④ 콘덴서(라이브러리 명 : ANALOG → C)

- 부품 이름/크기 : $C_1 = C_2 = C_3 = 0.033(\mu F)$, $C_4 = 0.01(\mu F)$

⑤ 제너다이오드(라이브러리 명 : DIODE → D1N750)

- 부품 이름 : D_1, D_2

⑥ 접지(라이브러리 명 : Tool Palette → GND → Source)

- symbol : 0 선택

⑦ PSpice → New Simulation → Name(PWM Signal B) → Simulation setting (PWM Signal B) → Run to Time : 200ms

2 시뮬레이션 결과

① 정현파 전압(V_{C1}), 삼각파 전압(V_{U3}), PWM 전압(V_{OUT}) 파형 측정 : 파형 확대 (190ms ~ 200ms)

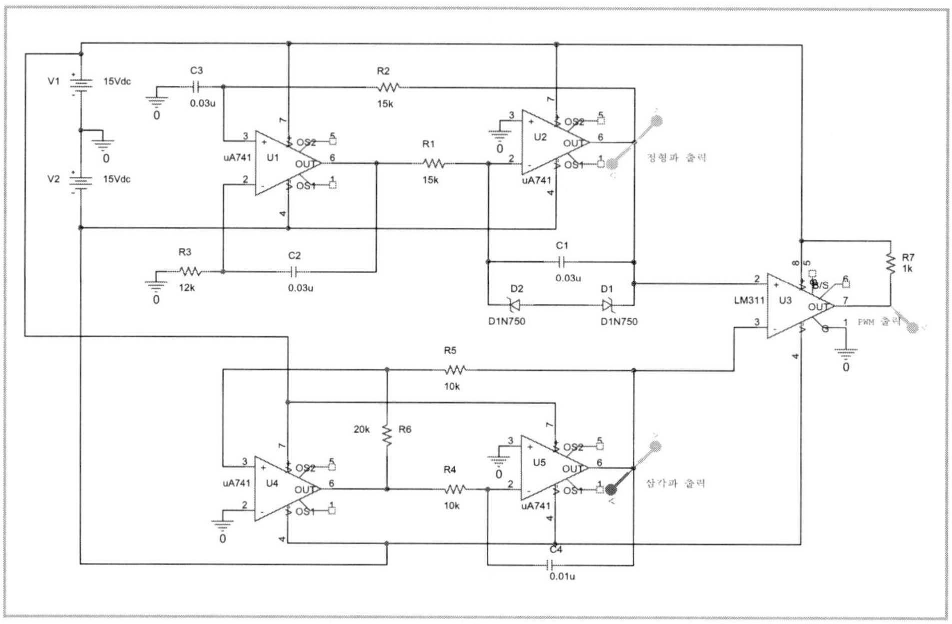

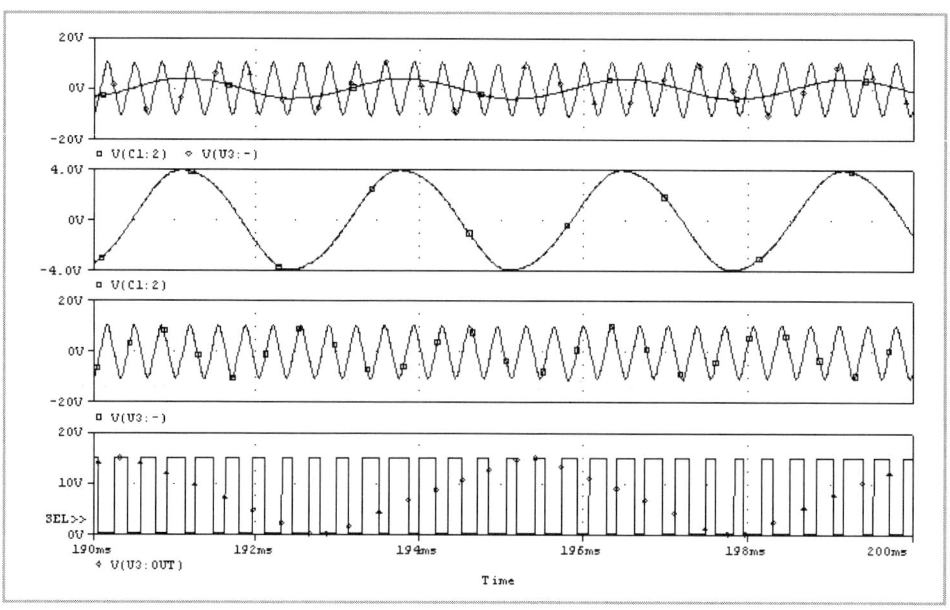

9.11 PWM 신호(3)

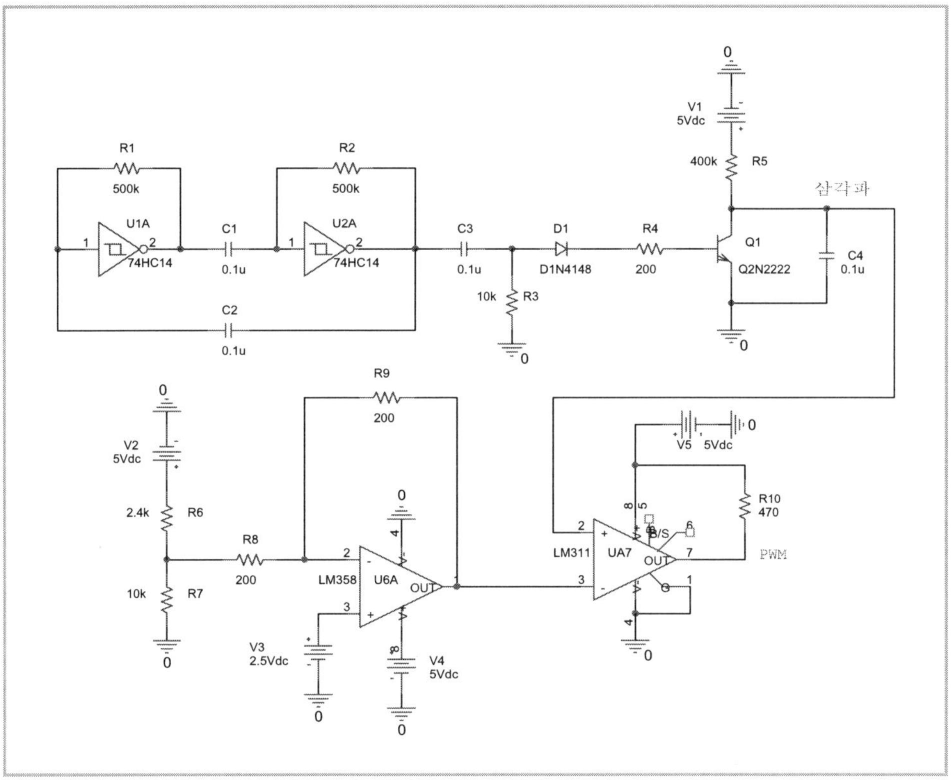

▌그림 9-11▐ PWM 신호(3)

1 회로 시뮬레이션 조건

① 직류 전압원(라이브러리 명 : SOURCE → VDC)

- 부품 이름/크기 : $V_1 = 5V_{dc}$, $V_2 = 5V_{dc}$, $V_3 = 2.5V_{dc}$, $V_4 = 5V_{dc}$, $V_5 = 5V_{dc}$

② OP-AMP(라이브러리 명 : OPAMP → LM358, LM311)

- 부품 이름 : U_{6A}, U_{A7}

③ NOT 게이트(라이브러리 명 : 74HC → 74HC14)

- 부품 이름 : U_{1A}, U_{2A}

③ 다이오드(라이브러리 명 : DIODE → D1N4148)

- 부품 이름 : D_1

④ 트랜지스터(라이브러리 명 : BIPOLAR → Q2N2222)

- 부품 이름 : Q_1

⑤ 저항(라이브러리 명 : ANALOG → R)

- 부품 이름/크기 : $R_1 = R_2 = 500(k\Omega)$, $R_3 = 10(k\Omega)$, $R_4 = 200(\Omega)$, $R_5 = 400(k\Omega)$, $R_6 = 2.4(k\Omega)$, $R_7 = 10(k\Omega)$, $R_8 = R_9 = 200(\Omega)$, $R_{10} = 470(\Omega)$

⑥ 콘덴서(라이브러리 명 : ANALOG → C)

- 부품 이름/크기 : $C_1 = C_2 = C_3 = C_4 = 0.1(\mu F)$

⑦ 접지(라이브러리 명 : Tool Palette → GND → Source)

- symbol : 0 선택

⑧ PSpice → New Simulation → Name(PWM Signal C) → Simulation setting (PWM Signal C) → Run to Time : 1s

⑨ PSpice → Edit simulation profile 창 → Maximum step : 1ms

2 시뮬레이션 결과

① 비안정 멀티 바이브레이터 파형(V_{R1}, V_{C2}) → 주파수는 R, C 시정수에 의하여 결정되므로 커패시터 값은 고정시킨 상태에서 저항값을 변화시켜 주파수를 설정한다.

$$[f = \frac{1.4}{(R_1 \times C_1 + R_2 \times C_2)} \fallingdotseq \frac{1.4}{(500k \times 0.1\mu + 500k \times 0.1\mu)} \fallingdotseq 14Hz]$$

미분파(V_{C3}), 삼각파(V_{R5}), 오차전압(V_{UA7} : -), PWM(V_{UA7} : $_{OUT}$) 파형 측정

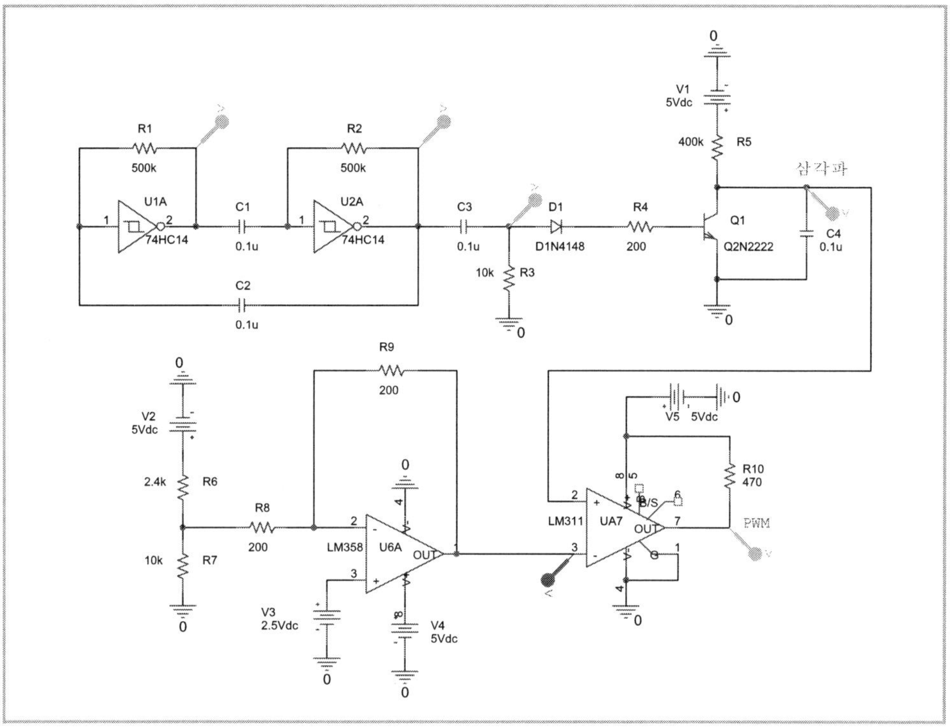
R1
500k
U1A
74HC14
C1
0.1u
R2
500k
U2A
74HC14
C2
0.1u
C3
0.1u
D1
D1N4148
R4
200
10k R3
V1
5Vdc
400k R5
삼각파
Q1
Q2N2222
C4
0.1u
R9
200
V2
5Vdc
2.4k R6
10k R7
R8
200
LM358
U6A
OUT
V3
2.5Vdc
V4
5Vdc
V5 5Vdc
R10
470
LM311
UA7
B/S
OUT
PWM

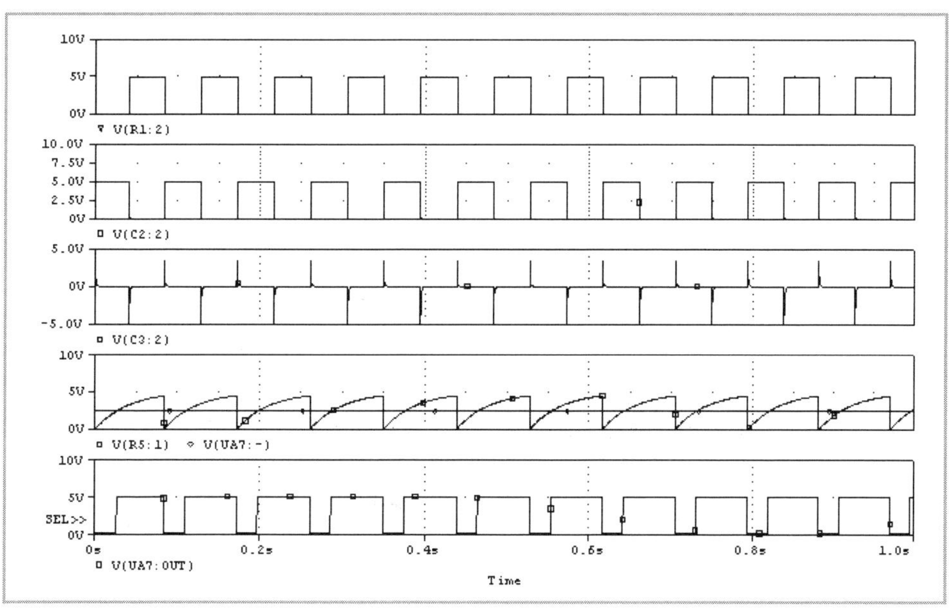
V(R1:2)
V(C2:2)
V(C3:2)
V(R5:1) V(UA7:-)
V(UA7:OUT)
SEL>>
Time

② 비안정 멀티 바이브레이터 시정수 → [$R_1 = R_2 = 500(k\Omega)$], 삼각파(V_{R5}), 오차 전압(V_{UA7} : -) → PWM 펄스 변화[$R_6 = 200(\Omega)$], PWM(V_{UA7} : $_{OUT}$) 파형 측정

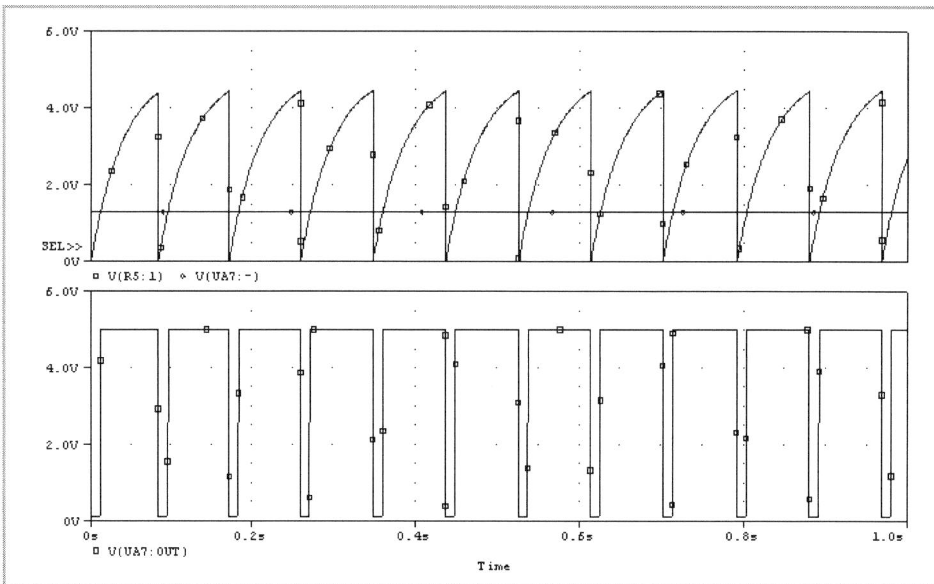

③ 비안정 멀티 바이브레이터 파형(V_{R1}, V_{C2}) → 주파수 변화[$R_1 = R_2 = 300(k\Omega)$], 미분파(V_{C3}), 삼각파(V_{R5}), 오차 전압(V_{UA7} : -) → [R6 = 2.4(kΩ)], PWM(V_{UA7} : $_{OUT}$) 파형 측정

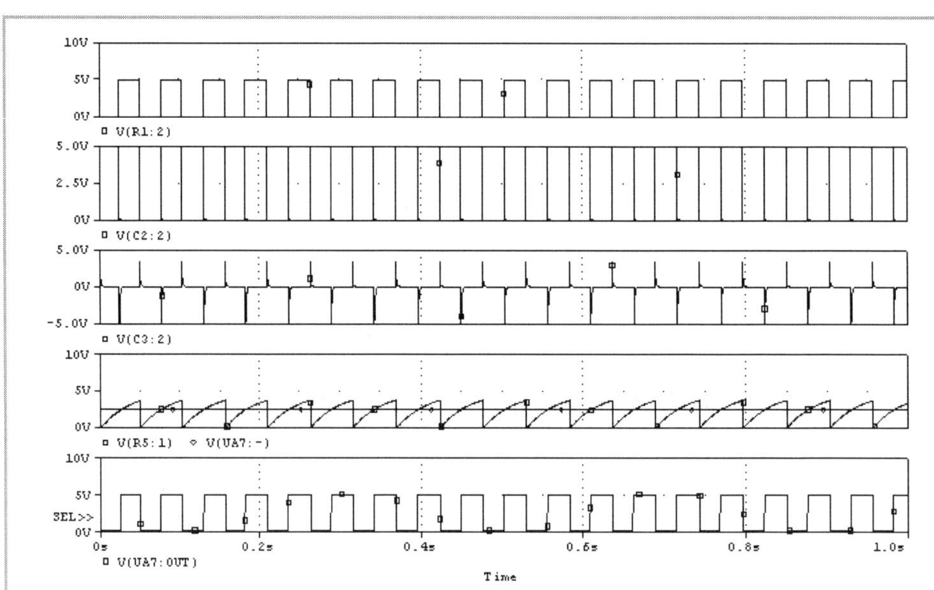

CHAPTER 10

디지털 논리회로

Chapter 10

디지털 논리회로

10.1 OR 게이트 회로

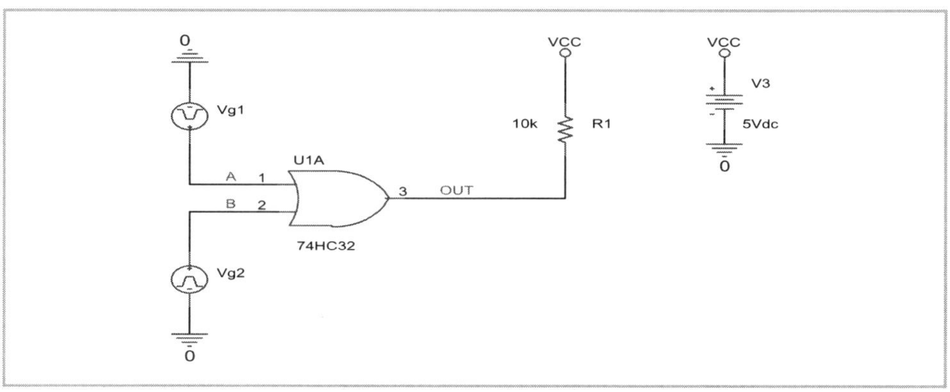

▌그림 10-1▐ OR 게이트 회로

1 회로 시뮬레이션 조건

① 직류 전압원(라이브러리명 : SOURCE → VDC)

- 부품 이름/크기 : V_3 = $5V_{dc}$

② 구형파 전압원(라이브러리명 : SOURCE → VPULSE)

- 부품 이름 : V_{g1}, V_{g2}
- 구형파 전압원 조건

Parameter	V_{g1}	V_{g2}
TD(Time Delay, 지연시간)	TD = 0ms	TD = 0.15ms
PER(Period, 주기)	PER = 0.5ms	
TR(Time Rising, 상승시간)	TR = 1ns	
TF(Time Falling, 하강시간)	TF = 1ns	
V_1(초기전압) / V_2(펄스전압)	V_1 = 0V / V_2 = 5V	
PW(Pulse Width, 펄스폭)	PW = 0.25ms	

③ 저항(라이브러리명 : ANOLOG→R)

- 부품 이름/크기 : R_1 = 10(kΩ)

④ OR 게이트(라이브러리명 : 74HC→74HC32, 7400→7432)

- 부품 이름 : U_{1A}

⑤ BUBBLE((라이브러리명 : Tool Palette→CAPSYM→VCC)

- 부품 이름 : V_{CC}

⑥ 접지(라이브러리명 : Tool Palette→GND→Source)

- symbol : 0 선택

⑦ Pspice→New Simulation→Name(OR)→Simulation setting(OR)→Run to Time : 5ms

2 시뮬레이션 결과

① OR Gate[74HC32, CMOS계열] 입력전압(V_A, V_B), 출력전압(V_{OUT}) 파형 측정

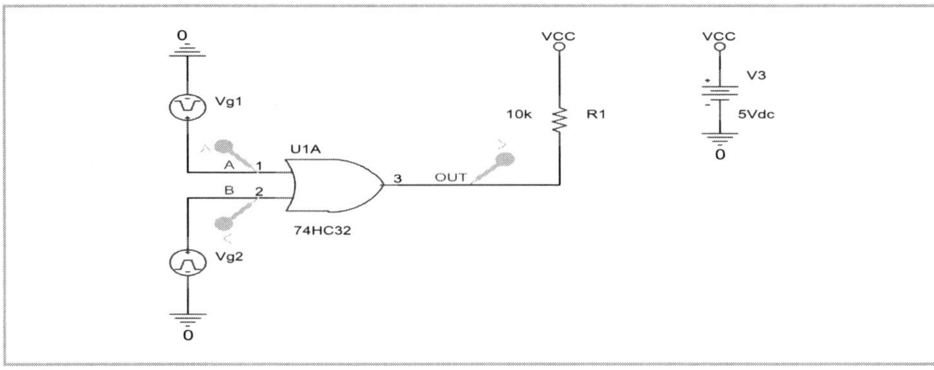

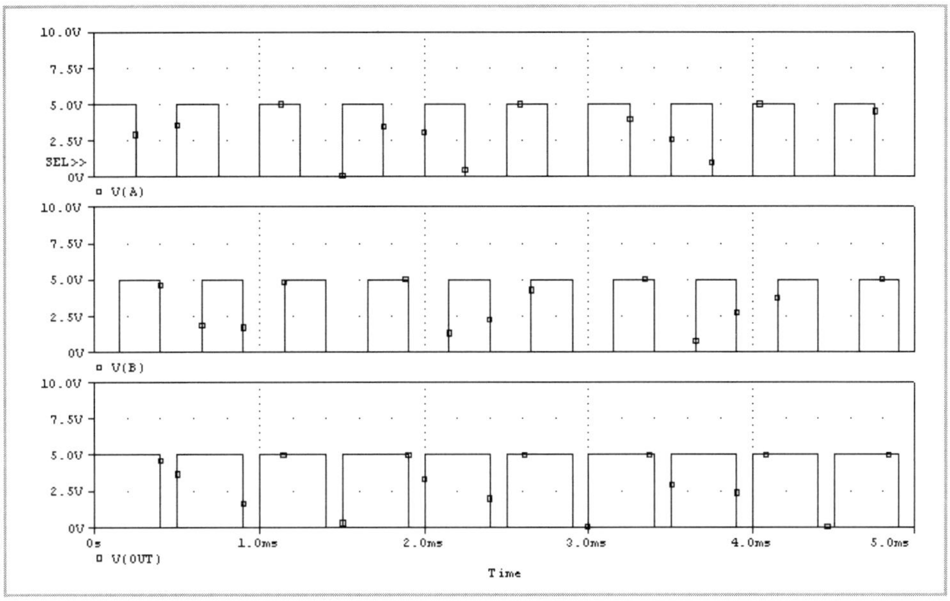

② OR Gate[7432, TTL계열로 TR의 PN 접합 전위장벽으로 출력전압의 전압강하 발생] 입력전압(V_A, V_B), 출력전압(V_{OUT}) 파형 측정

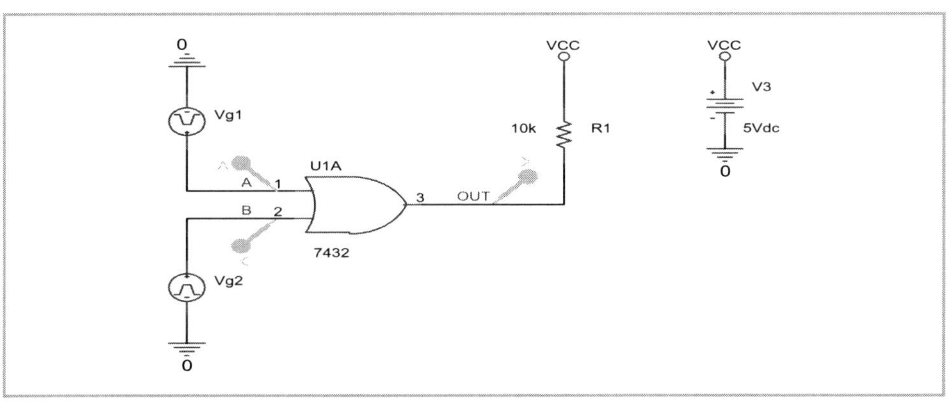

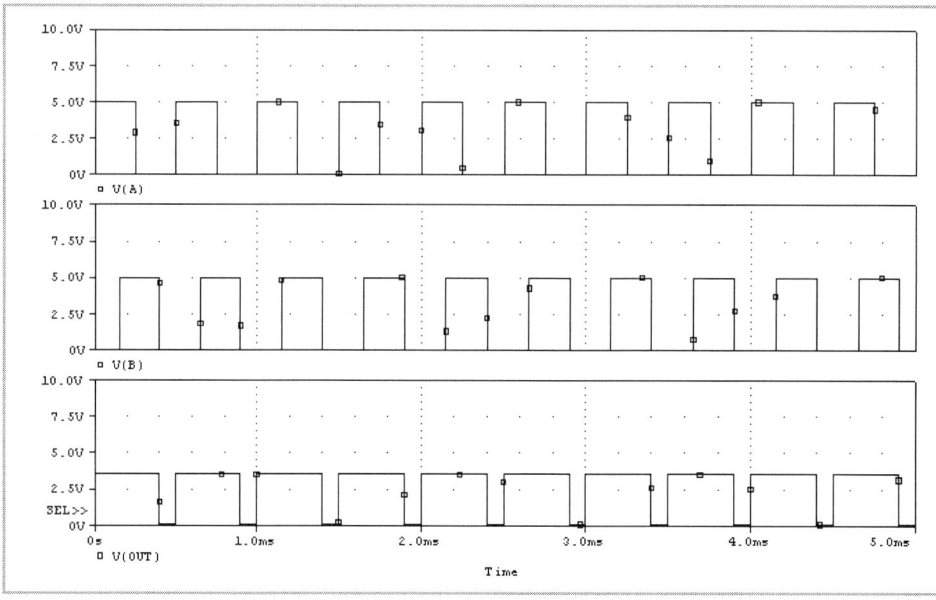

10.2 입력 B 단자 접지 OR 게이트 회로

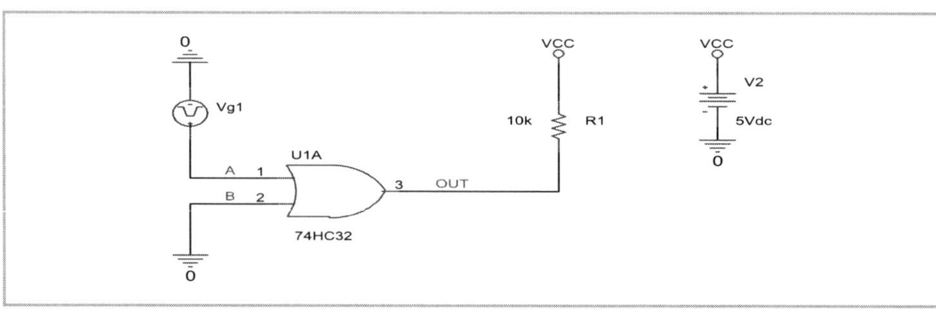

▌그림 10-2▐ 입력 B 단자 접지 OR 게이트 회로

1 회로 시뮬레이션 조건

① 직류 전압원(라이브러리명 : SOURCE → VDC)

- 부품 이름/크기 : $V_2 = 5V_{dc}$

② 구형파 전압원(라이브러리명 : SOURCE → VPULSE)

- 부품 이름 : V_{g1}

- 구형파 전압원 조건

Parameter	V_{g1}
TD(Time Delay, 지연시간)	TD = 0ms
PER(Period, 주기)	PER = 0.5ms
TR(Time Rising, 상승시간)	TR = 1ns
TF(Time Falling, 하강시간)	TF = 1ns
V_1(초기전압) / V_2(펄스전압)	V_1 = 0V / V_2 = 5V
PW(Pulse Width, 펄스폭)	PW = 0.25ms

③ 저항(라이브러리명 : ANOLOG → R)

- 부품 이름/크기 : R_1 = 10(kΩ)

④ OR 게이트(라이브러리명 : 74HC → 74HC32, 7400 → 7432)

- 부품 이름 : U_{1A}

⑤ BUBBLE((라이브러리명 : Tool Palette → CAPSYM → VCC)

- 부품 이름 : V_{CC}

⑥ 접지(라이브러리명 : Tool Palette → GND → Source)

- symbol : 0 선택

⑦ Pspice → New Simulation → Name(OR-B) → Simulation setting(OR-B) → Run to Time : 5ms

2 시뮬레이션 결과

① OR Gate 입력전압(V_A, V_B), 출력전압(V_{OUT}) 파형 측정

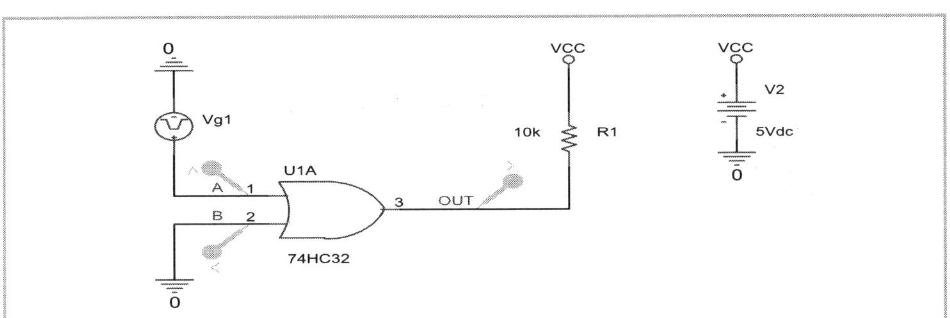

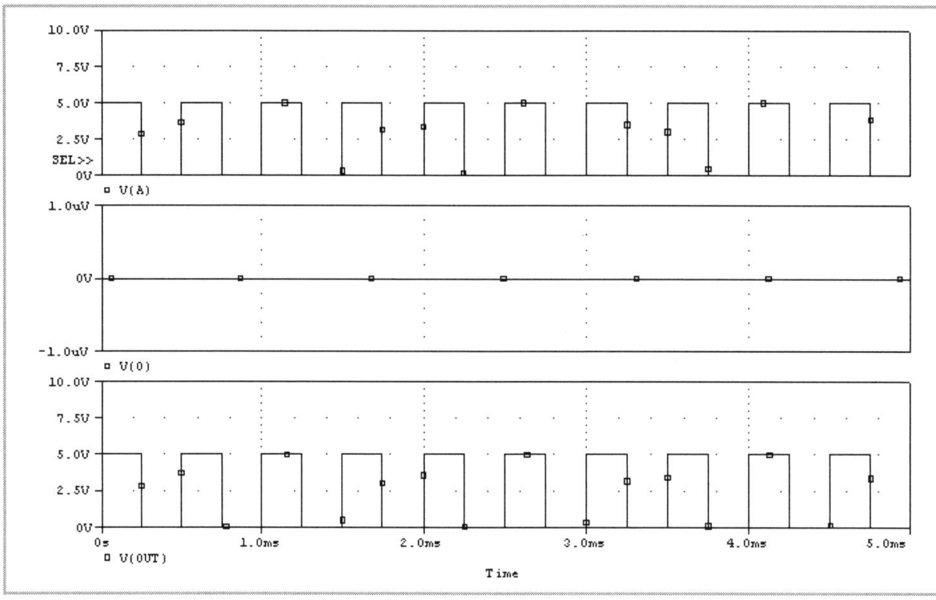

10.3 3입력 OR 게이트 회로

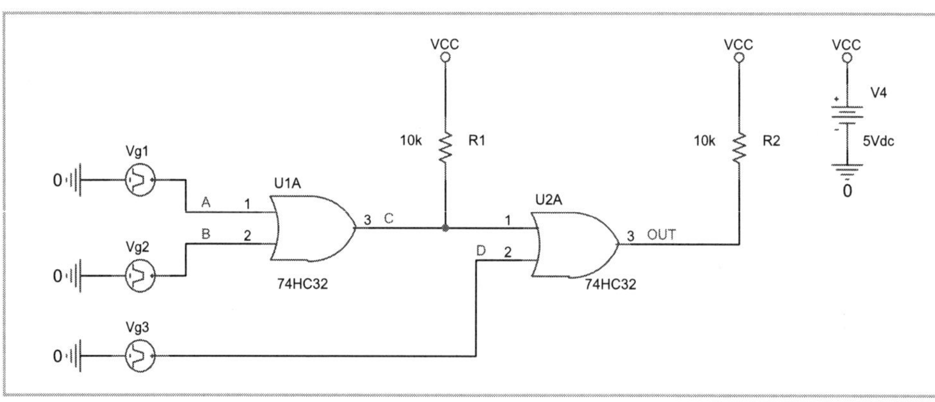

❙그림 10-3❙ 3입력 OR 게이트 회로

1 회로 시뮬레이션 조건

① 직류 전압원(라이브러리명 : SOURCE → VDC)

- 부품 이름/크기 : $V_4 = 5V_{dc}$

② 구형파 전압원(라이브러리명 : SOURCE → VPULSE)

- 부품 이름 : V_{g1}, V_{g2}, V_{g3}
- 구형파 전압원 조건

Parameter	V_{g1}	V_{g2}	V_{g3}
TD(Time Delay, 지연시간)	TD = 0ms	TD = 0.15ms	TD = 0.15ms
PER(Period, 주기)	PER = 0.5ms		
TR(Time Rising, 상승시간)	TR = 1ns		
TF(Time Falling, 하강시간)	TF = 1ns		
V_1(초기전압) / V_2(펄스전압)	V_1 = 0V / V_2 = 5V		
PW(Pulse Width, 펄스폭)	PW = 0.25ms		

③ 저항(라이브러리명 : ANOLOG → R)

- 부품 이름/크기 : R_1 = R_2 = 10(kΩ)

④ OR 게이트(라이브러리명 : 74HC → 74HC32, 7400 → 7432)

- 부품 이름 : U_{1A}, U_{2A}

⑤ BUBBLE((라이브러리명 : Tool Palette → CAPSYM → VCC)

- 부품 이름 : V_{CC}

⑥ 접지(라이브러리명 : Tool Palette → GND → Source)

- symbol : 0 선택

⑦ Pspice → New Simulation → Name(OR-C) → Simulation setting(OR-C) → Run to Time : 5ms

2 시뮬레이션 결과

① OR Gate 입력전압(V_A, V_B, V_C, V_D), 출력전압(V_{OUT}) 파형 측정

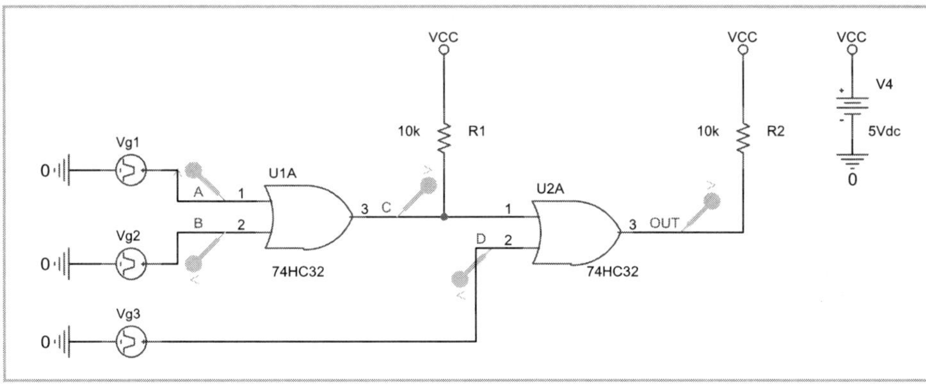

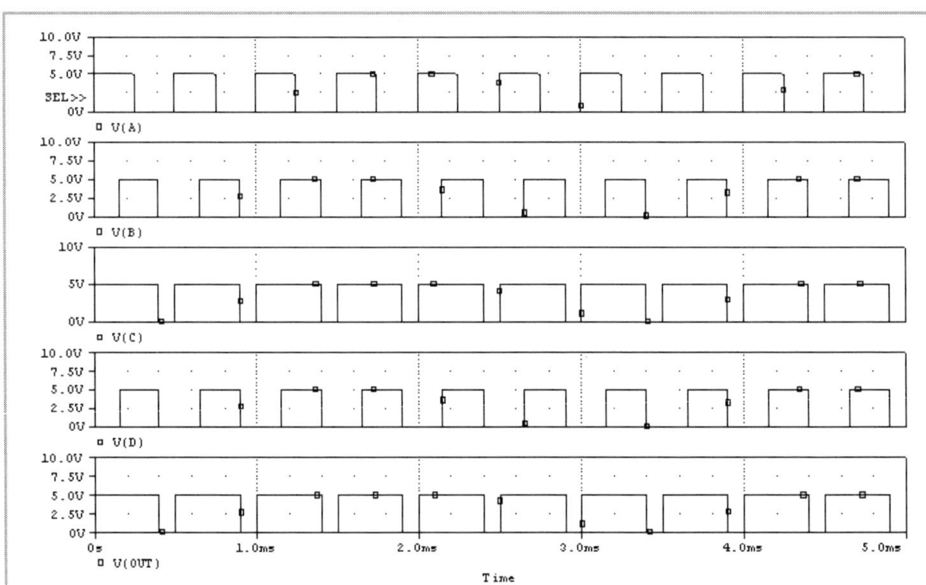

10.4 AND 게이트 회로

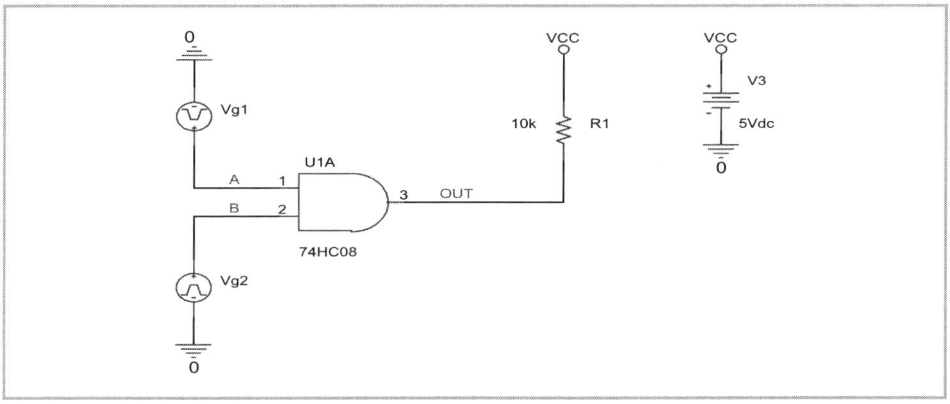

【그림 10-4】 AND 게이트 회로

1 회로 시뮬레이션 조건

① 직류 전압원(라이브러리명 : SOURCE → VDC)

- 부품 이름/크기 : V_3 = $5V_{dc}$

② 구형파 전압원(라이브러리명 : SOURCE → VPULSE)

- 부품 이름 : V_{g1}, V_{g2}
- 구형파 전압원 조건

Parameter	V_{g1}	V_{g2}
TD(Time Delay, 지연시간)	TD = 0ms	TD = 0.15ms
PER(Period, 주기)	PER = 0.5ms	
TR(Time Rising, 상승시간)	TR = 1ns	
TF(Time Falling, 하강시간)	TF = 1ns	
V_1(초기전압) / V_2(펄스전압)	V_1 = 0V / V_2 = 5V	
PW(Pulse Width, 펄스폭)	PW = 0.25ms	

③ 저항(라이브러리명 : ANOLOG → R)

- 부품 이름/크기 : R_1 = 10(kΩ)

④ AND 게이트(라이브러리명 : 74HC → 74HC08, 7400 → 7408)

- 부품 이름 : U_{1A}

⑤ BUBBLE((라이브러리명 : Tool Palette → CAPSYM → VCC)

- 부품 이름 : V_{CC}

⑥ 접지(라이브러리명 : Tool Palette → GND → Source)

- symbol : 0 선택

⑦ Pspice → New Simulation → Name(AND) → Simulation setting(AND) → Run to Time : 5ms

2 시뮬레이션 결과

① AND Gate 입력전압(V_A, V_B), 출력전압(V_{OUT}) 파형 측정

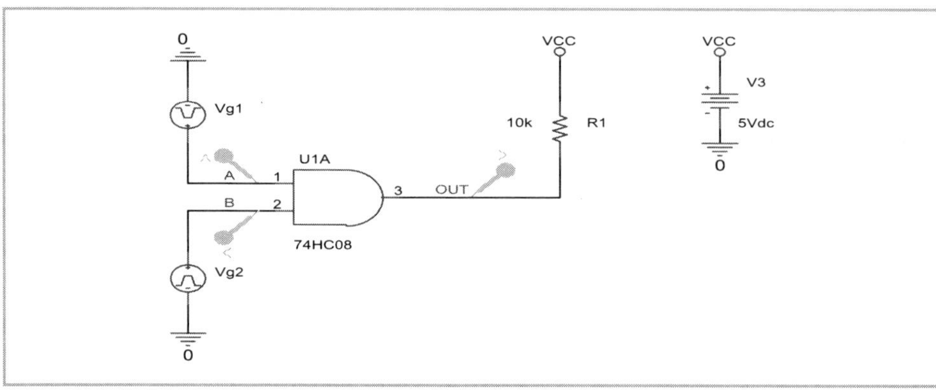

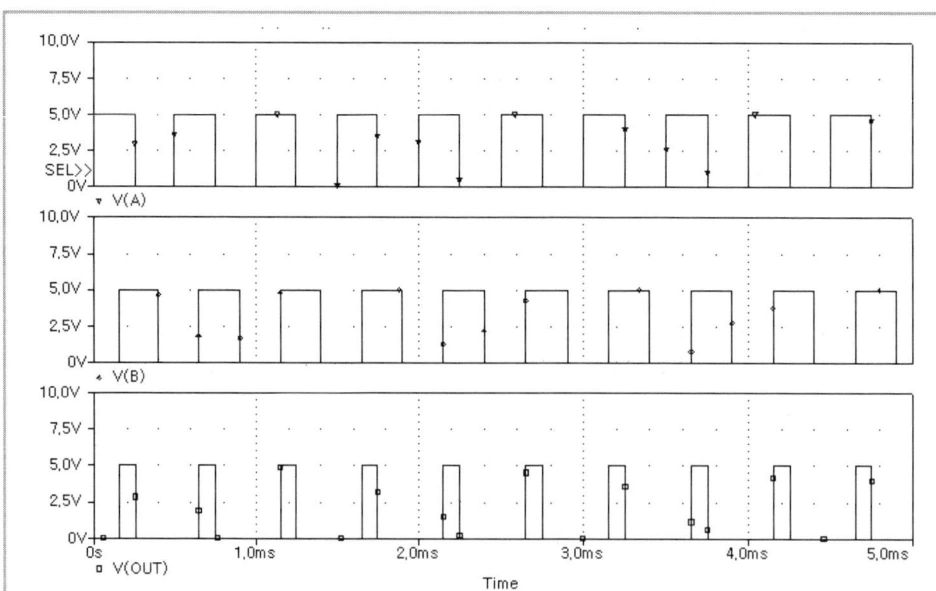

10.5 입력 B 단자 +5V_{dc} 인가 시 AND 게이트 회로

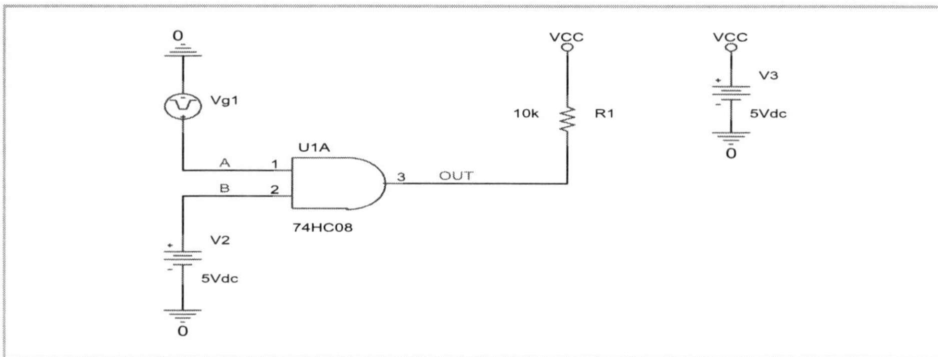

▌그림 10-5▐ +5V_{dc} 인가 시 AND 게이트 회로

1 회로 시뮬레이션 조건

① 직류 전압원(라이브러리명 : SOURCE → VDC)

- 부품 이름/크기 : V_2 / V_3 = 5V_{dc}

② 구형파 전압원(라이브러리명 : SOURCE → VPULSE)

- 부품 이름 : V_{g1}
- 구형파 전압원 조건

Parameter	V_{g1}
TD(Time Delay, 지연시간)	TD = 0ms
PER(Period, 주기)	PER = 0.5ms
TR(Time Rising, 상승시간)	TR = 1ns
TF(Time Falling, 하강시간)	TF = 1ns
V_1(초기전압) / V_2(펄스전압)	V_1 = 0V / V_2 = 5V
PW(Pulse Width, 펄스폭)	PW = 0.25ms

③ 저항(라이브러리명 : ANOLOG → R)

- 부품 이름/크기 : R_1 = 10(kΩ)

④ AND 게이트(라이브러리명 : 74HC → 74HC08, 7400 → 7408)

- 부품 이름 : U_{1A}

⑤ BUBBLE((라이브러리명 : Tool Palette → CAPSYM → VCC)

- 부품 이름 : V_{CC}

⑥ 접지(라이브러리명 : Tool Palette → GND → Source)

- symbol : 0 선택

⑦ Pspice → New Simulation → Name(AND-B) → Simulation setting(AND-B) → Run to Time : 5ms

2 시뮬레이션 결과

① AND Gate 입력전압(V_A, V_B), 출력전압(V_{OUT}) 파형 측정

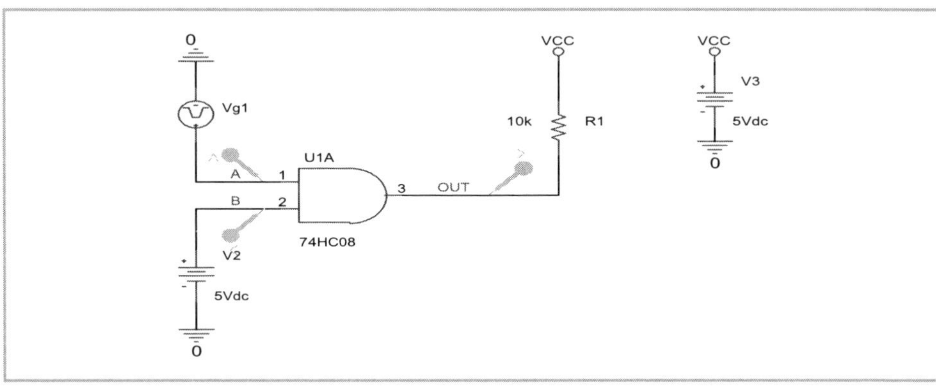

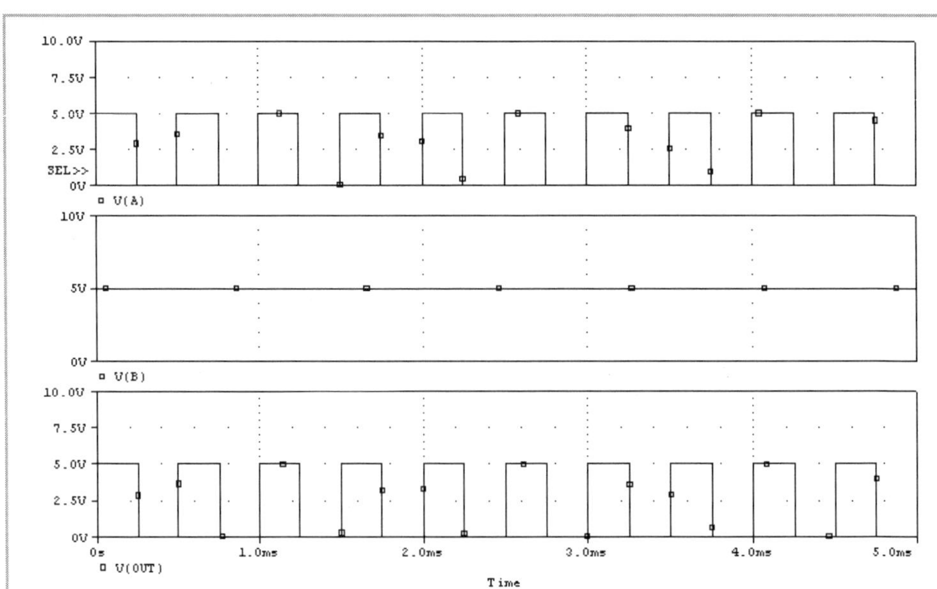

10.6 3입력 AND 게이트 회로

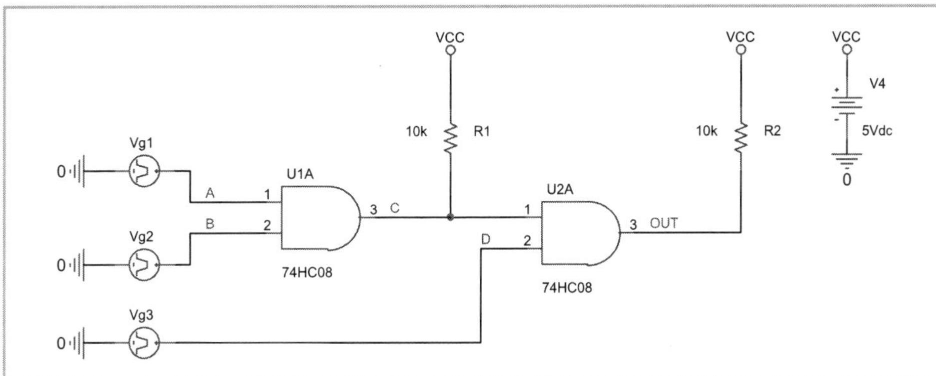

그림 10-6 3입력 AND 게이트 회로

1 회로 시뮬레이션 조건

① 직류 전압원(라이브러리명 : SOURCE → VDC)

- 부품 이름/크기 : V_4 = $5V_{dc}$

② 구형파 전압원(라이브러리명 : SOURCE → VPULSE)

- 부품 이름 : V_{g1}, V_{g2}, V_{g3}
- 구형파 전압원 조건

Parameter	V_{g1}	V_{g2}	V_{g3}
TD(Time Delay, 지연시간)	TD = 0ms	TD = 0.15ms	TD = 0.15ms
PER(Period, 주기)	PER = 0.5ms		
TR(Time Rising, 상승시간)	TR = 1ns		
TF(Time Falling, 하강시간)	TF = 1ns		
V_1(초기전압) / V_2(펄스전압)	V_1 = 0V / V_2 = 5V		
PW(Pulse Width, 펄스폭)	PW = 0.25ms		

③ 저항(라이브러리명 : ANOLOG → R)

- 부품 이름/크기 : R_1 = R_2 =10(kΩ)

④ AND 게이트(라이브러리명 : 74HC → 74HC08, 7400 → 7408)

- 부품 이름 : U_{1A}, U_{2A}

⑤ BUBBLE((라이브러리명 : Tool Palette → CAPSYM → VCC)

- 부품 이름 : V_{CC}

⑥ 접지(라이브러리명 : Tool Palette → GND → Source)

- symbol : 0 선택

⑦ Pspice → New Simulation → Name(AND-C) → Simulation setting(AND-C) → Run to Time : 5ms

2 시뮬레이션 결과

① AND Gate 입력전압(V_A, V_B, V_C, V_D), 출력전압(V_{OUT}) 파형 측정

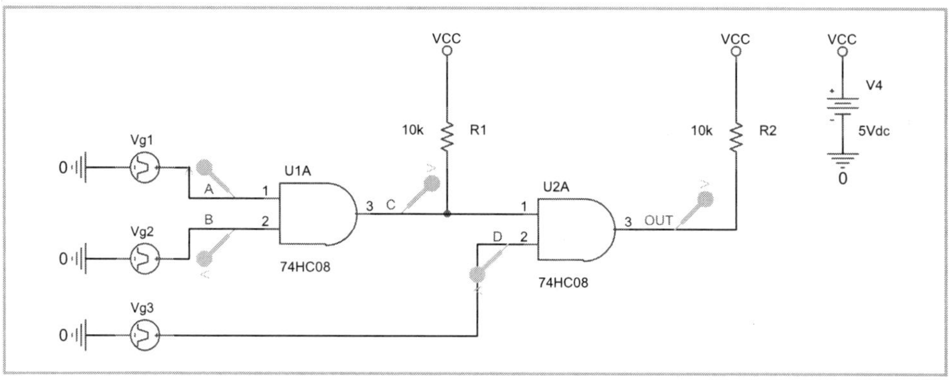

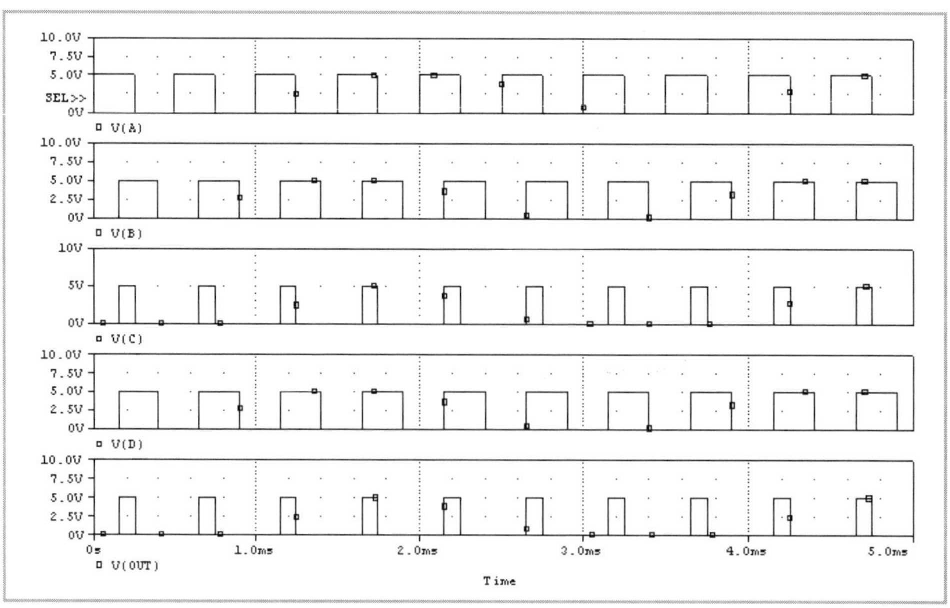

10.7 NOT 게이트 회로

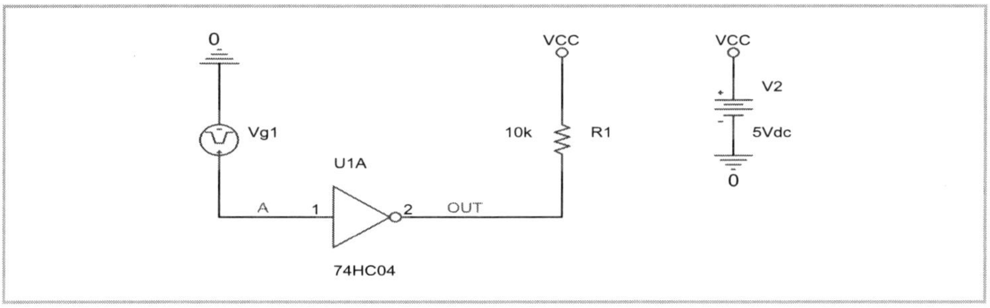

❙그림 10-7❙ NOT 게이트 회로

1 회로 시뮬레이션 조건

① 직류 전압원(라이브러리명 : SOURCE → VDC)

- 부품 이름/크기 : V_2 = $5V_{dc}$

② 구형파 전압원(라이브러리명 : SOURCE → VPULSE)

- 부품 이름 : V_{g1}
- 구형파 전압원 조건

Parameter	V_{g1}
TD(Time Delay, 지연시간)	TD = 0ms
PER(Period, 주기)	PER = 0.5ms
TR(Time Rising, 상승시간)	TR = 1ns
TF(Time Falling, 하강시간)	TF = 1ns
V_1(초기전압) / V_2(펄스전압)	V_1 = 0V / V_2 = 5V
PW(Pulse Width, 펄스폭)	PW = 0.25ms

③ 저항(라이브러리명 : ANOLOG → R)

- 부품 이름/크기 : R_1 = 10(kΩ)

④ NOT 게이트(라이브러리명 : 74HC → 74HC04, 7400 → 7404)

- 부품 이름 : U_{1A}

⑤ BUBBLE((라이브러리명 : Tool Palette → CAPSYM → VCC)

- 부품 이름 : V_{CC}

⑥ 접지(라이브러리명 : Tool Palette → GND → Source)

- symbol : 0 선택

⑦ Pspice → New Simulation → Name(NOT) → Simulation setting(NOT) → Run to Time : 3ms

2 시뮬레이션 결과

① NOT Gate 입력전압(V_A), 출력전압(V_{OUT}) 파형 측정

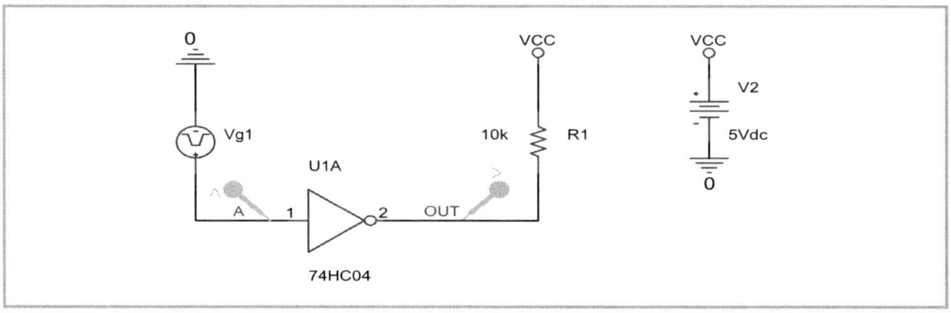

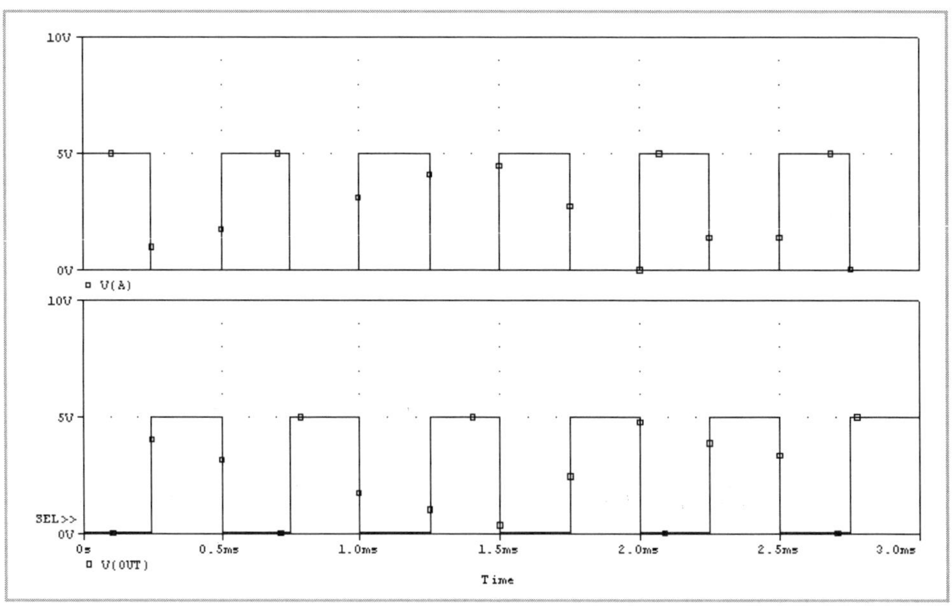

10.8 이중 NOT 게이트 회로

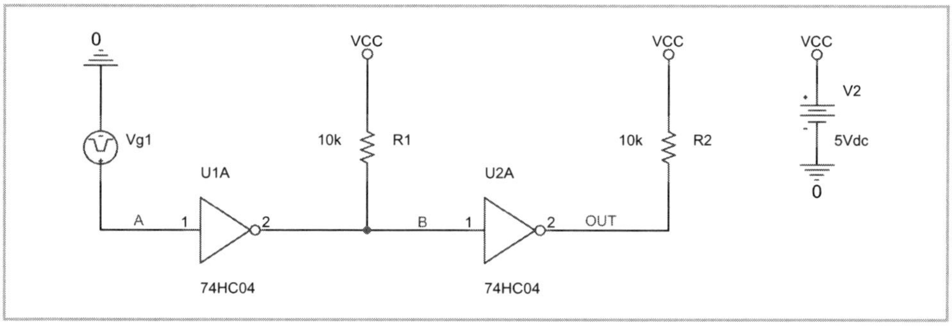

❙그림 10-8❙ 이중 NOT 게이트 회로

1 회로 시뮬레이션 조건

① 직류 전압원(라이브러리명 : SOURCE → VDC)

- 부품 이름/크기 : V_2 = $5V_{dc}$

② 구형파 전압원(라이브러리명 : SOURCE → VPULSE)

- 부품 이름 : V_{g1}

- 구형파 전압원 조건

Parameter	V_{g1}
TD(Time Delay, 지연시간)	TD = 0ms
PER(Period, 주기)	PER = 0.5ms
TR(Time Rising, 상승시간)	TR = 1ns
TF(Time Falling, 하강시간)	TF = 1ns
V_1(초기전압) / V_2(펄스전압)	V_1 = 0V / V_2 = 5V
PW(Pulse Width, 펄스폭)	PW = 0.25ms

③ 저항(라이브러리명 : ANOLOG → R)

- 부품 이름/크기 : R_1 = R_2 = 10(kΩ)

④ NOT 게이트(라이브러리명 : 74HC → 74HC04, 7400 → 7404)

- 부품 이름 : U_{1A}, U_{1B}

⑤ BUBBLE((라이브러리명 : Tool Palette → CAPSYM → VCC)

- 부품 이름 : V_{CC}

⑥ 접지(라이브러리명 : Tool Palette → GND → Source)

- symbol : 0 선택

⑦ Pspice → New Simulation → Name(NOT-B) → Simulation setting(NOT-B) → Run to Time : 3ms

2 시뮬레이션 결과

① NOT Gate 입력전압(V_A, V_B), 출력전압(V_{OUT}) 파형 측정

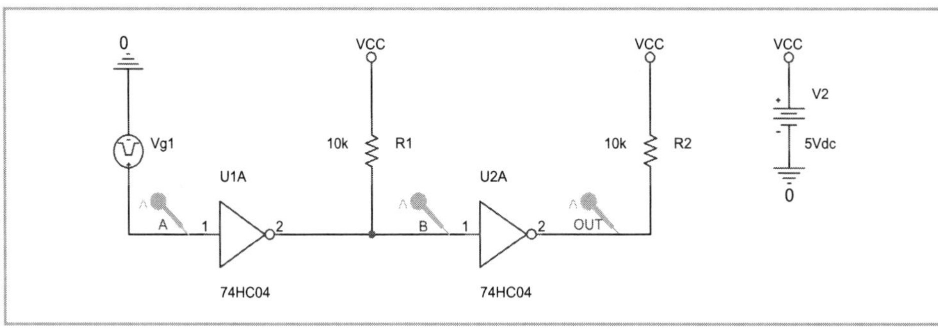

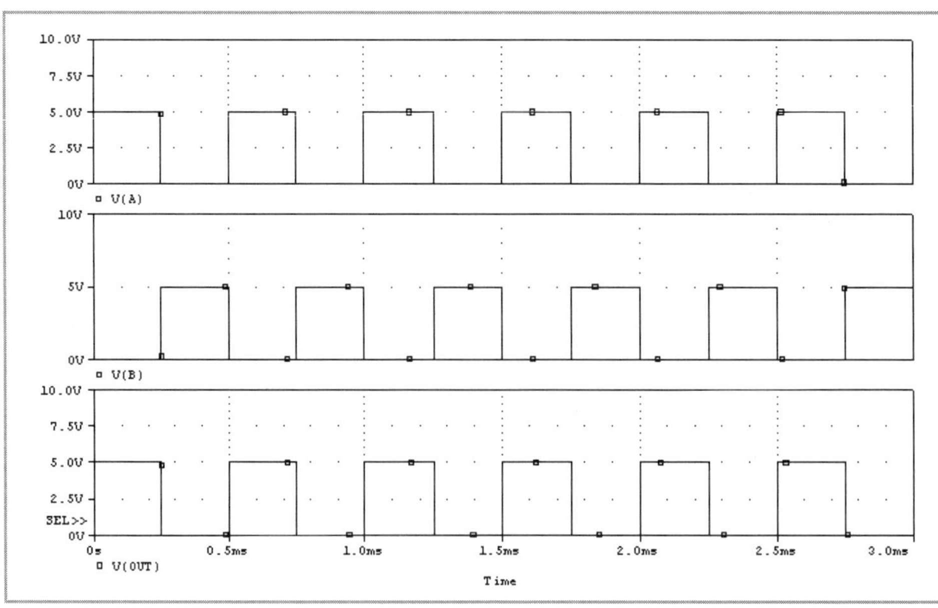

10.9 NOR 게이트 회로

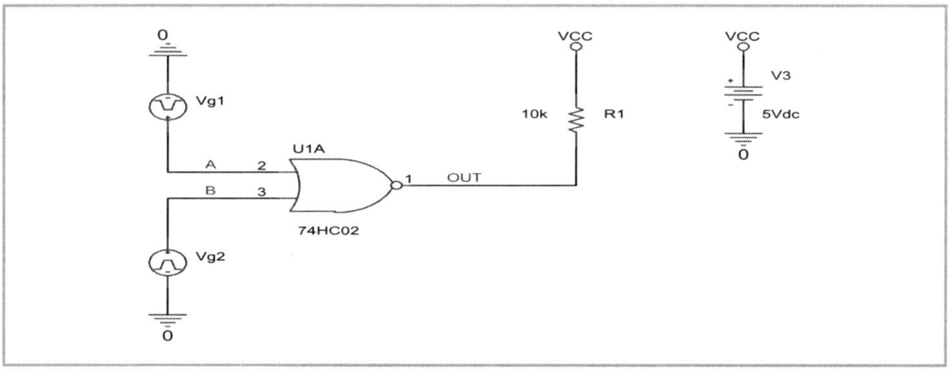

┃그림 10-9┃ NOR 게이트 회로

1 회로 시뮬레이션 조건

① 직류 전압원(라이브러리명 : SOURCE → VDC)

- 부품 이름/크기 : V_3 = $5V_{dc}$

② 구형파 전압원(라이브러리명 : SOURCE → VPULSE)

- 부품 이름 : V_{g1}, V_{g2}

- 구형파 전압원 조건

Parameter	V_{g1}	V_{g2}
TD(Time Delay, 지연시간)	TD = 0ms	TD = 0.15ms
PER(Period, 주기)	PER = 0.5ms	
TR(Time Rising, 상승시간)	TR = 1ns	
TF(Time Falling, 하강시간)	TF = 1ns	
V_1(초기전압) / V_2(펄스전압)	V_1 = 0V / V_2 = 5V	
PW(Pulse Width, 펄스폭)	PW = 0.25ms	

③ 저항(라이브러리명 : ANOLOG → R)

- 부품 이름/크기 : R_1 = 10(kΩ)

④ NOT 게이트(라이브러리명 : 74HC → 74HC02, 7400 → 7402)

- 부품 이름 : U_{1A}

⑤ BUBBLE((라이브러리명 : Tool Palette → CAPSYM → VCC)

- 부품 이름 : V_{CC}

⑥ 접지(라이브러리명 : Tool Palette → GND → Source)

- symbol : 0 선택

⑦ Pspice → New Simulation → Name(NOR) → Simulation setting(NOR) → Run to Time : 3ms

2 시뮬레이션 결과

① NOR Gate 입력전압(V_A, V_B), 출력전압(V_{OUT}) 파형 측정

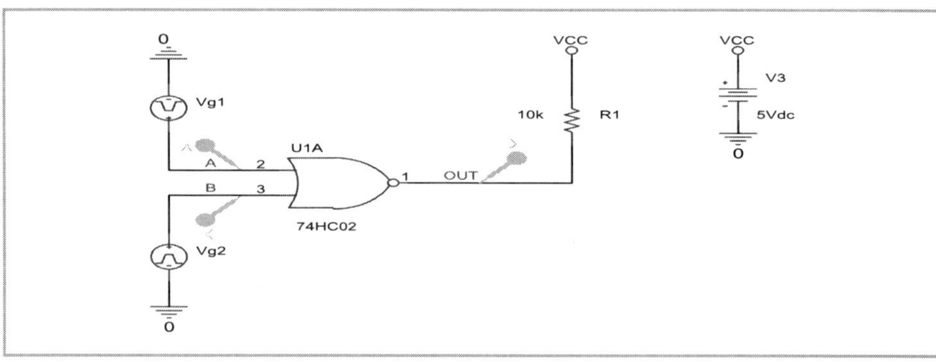

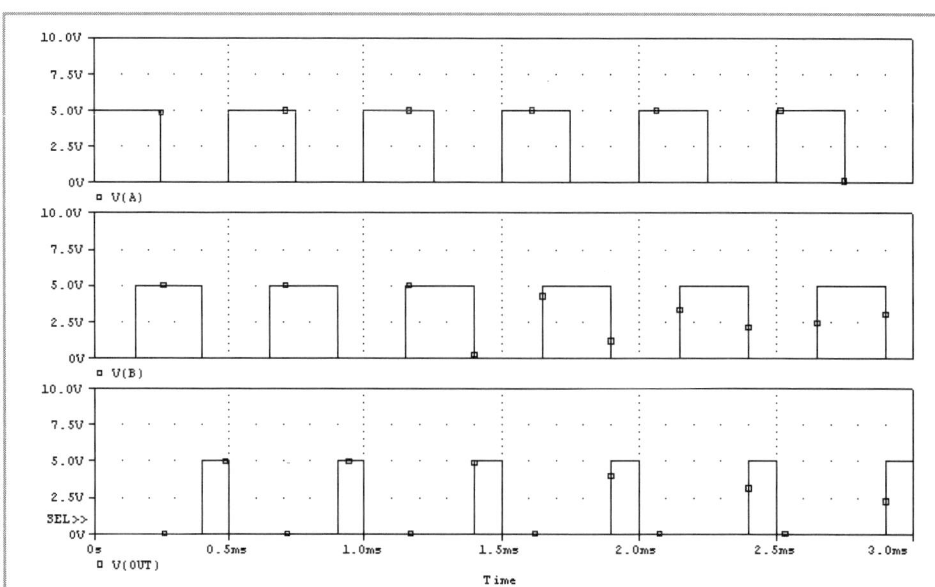

10.10 OR + NOT 게이트를 이용한 NOR 게이트 회로

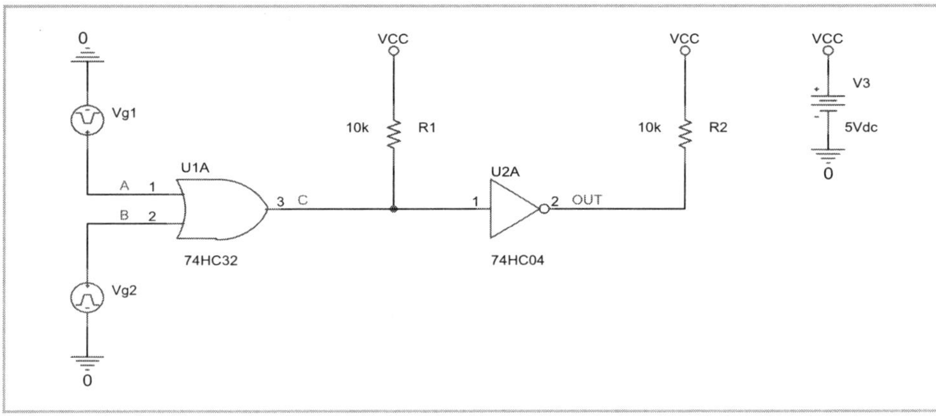

▌그림 10-10▌ OR + NOT 게이트를 이용한 NOR 게이트 회로

1 회로 시뮬레이션 조건

① 직류 전압원(라이브러리명 : SOURCE → VDC)

- 부품 이름/크기 : V_3 = $5V_{dc}$

② 구형파 전압원(라이브러리명 : SOURCE → VPULSE)

- 부품 이름 : V_{g1}, V_{g2}
- 구형파 전압원 조건

Parameter	V_{g1}	V_{g2}
TD(Time Delay, 지연시간)	TD = 0ms	TD = 0.15ms
PER(Period, 주기)	PER = 0.5ms	
TR(Time Rising, 상승시간)	TR = 1ns	
TF(Time Falling, 하강시간)	TF = 1ns	
V_1(초기전압) / V_2(펄스전압)	V_1 = 0V / V_2 = 5V	
PW(Pulse Width, 펄스폭)	PW = 0.25ms	

③ 저항(라이브러리명 : ANOLOG → R)

- 부품 이름/크기 : R_1 = R_2 = 10(kΩ)

④ OR 게이트(라이브러리명 : 74HC → 74HC32, 7400 → 7432)

- 부품 이름 : U_{1A}

⑤ NOT 게이트(라이브러리명 : 74HC → 74HC04, 7400 → 7404)

- 부품 이름 : U_{2A}

⑥ BUBBLE((라이브러리명 : Tool Palette → CAPSYM → VCC)

- 부품 이름 : V_{CC}

⑦ 접지(라이브러리명 : Tool Palette → GND → Source)

- symbol : 0 선택

⑧ Pspice → New Simulation → Name(OR+NOT) → Simulation setting(OR+NOT) → Run to Time : 5ms

2 시뮬레이션 결과

① OR Gate 입력전압(V_A, V_B), 출력전압(V_C), NOT Gate 출력전압(V_{OUT})파형측정

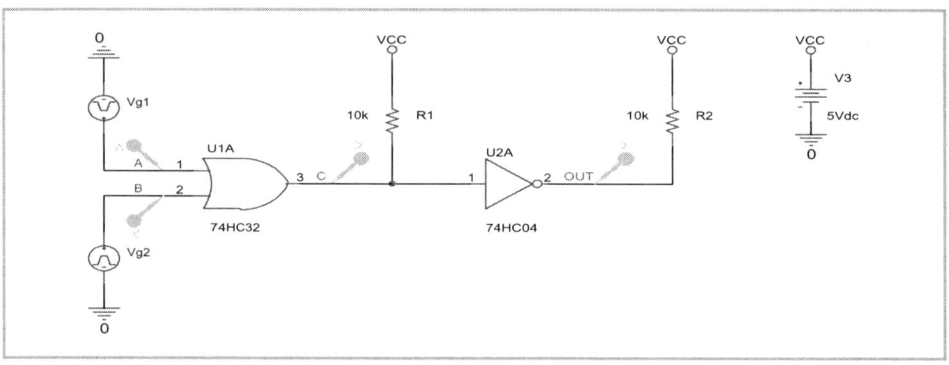

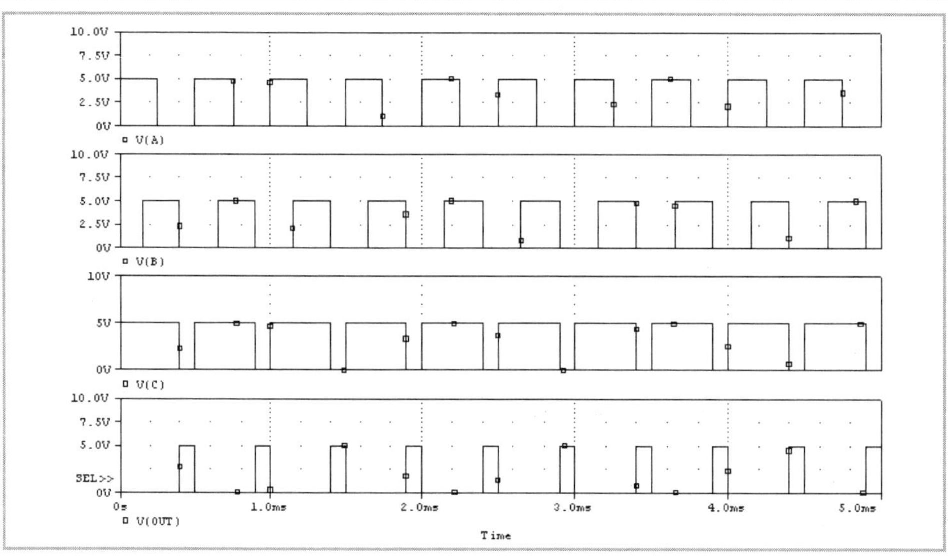

10.11 NAND 게이트 회로

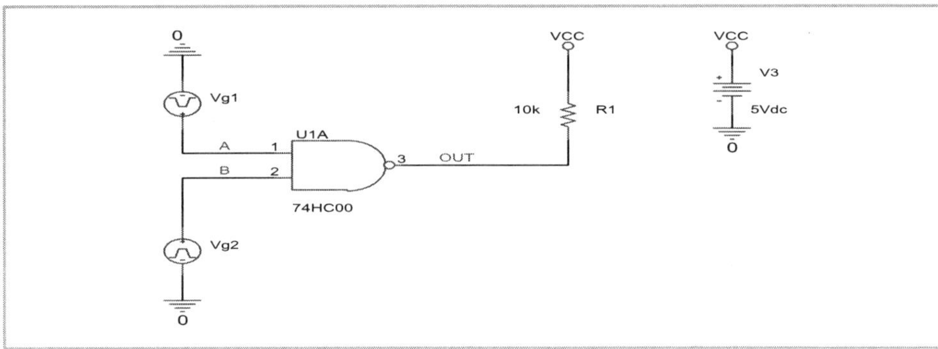

▌그림 10-11▌ NAND 게이트 회로

1 회로 시뮬레이션 조건

① 직류 전압원(라이브러리명 : SOURCE → VDC)

- 부품 이름/크기 : V_3 = 5Vdc

② 구형파 전압원(라이브러리명 : SOURCE → VPULSE)

- 부품 이름 : V_{g1}, V_{g2}
- 구형파 전압원 조건

Parameter	V_{g1}	V_{g2}
TD(Time Delay, 지연시간)	TD = 0ms	TD = 0.15ms
PER(Period, 주기)	PER = 0.5ms	
TR(Time Rising, 상승시간)	TR = 1ns	
TF(Time Falling, 하강시간)	TF = 1ns	
V_1(초기전압) / V_2(펄스전압)	V_1 = 0V / V_2 = 5V	
PW(Pulse Width, 펄스폭)	PW = 0.25ms	

③ 저항(라이브러리명 : ANOLOG → R)

- 부품 이름/크기 : R_1 = 10(kΩ)

④ NOT 게이트(라이브러리명 : 74HC → 74HC00, 7400 → 7400)

- 부품 이름 : U_{1A}

⑤ BUBBLE((라이브러리명 : Tool Palette → CAPSYM → VCC)

- 부품 이름 : V_{CC}

⑥ 접지(라이브러리명 : Tool Palette → GND → Source)

- symbol : 0 선택

⑦ Pspice → New Simulation → Name(NAND) → Simulation setting(NAND) → Run to Time : 5ms

2 시뮬레이션 결과

① NAND Gate 입력전압(V_A, V_B), 출력전압(V_{OUT}) 파형 측정

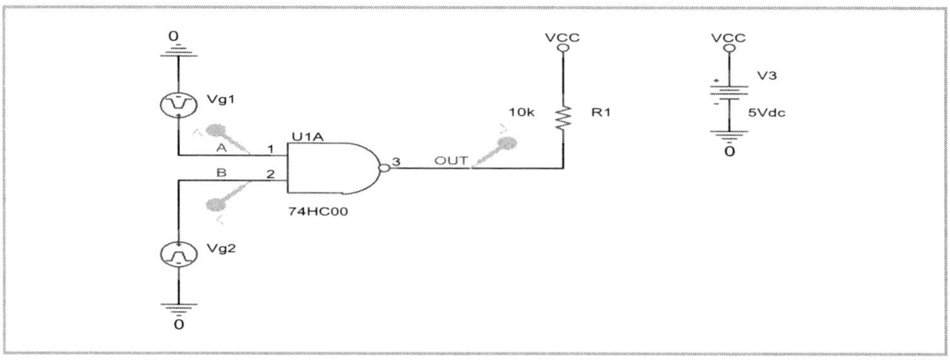

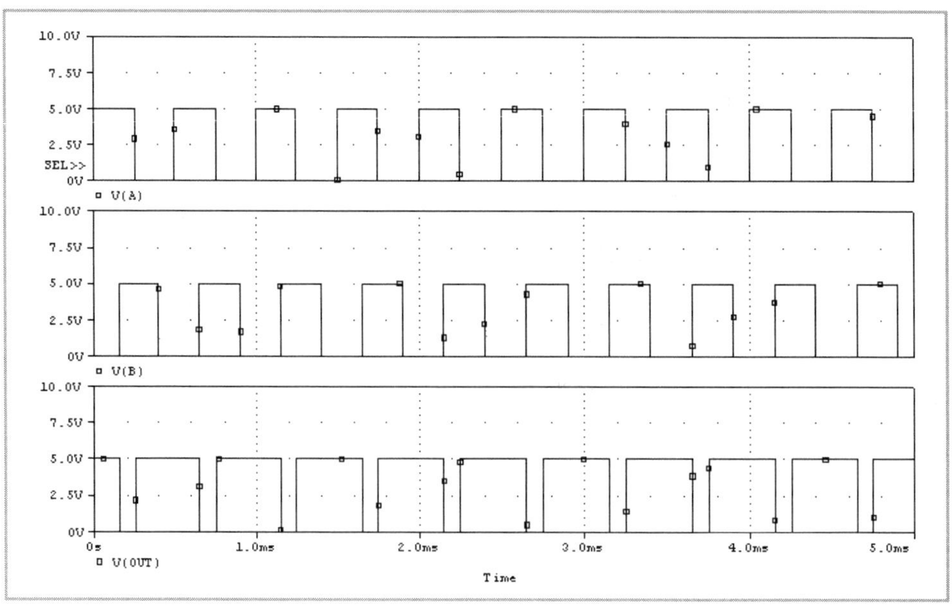

10.12 AND + NOT 게이트를 이용한 NAND 게이트 회로

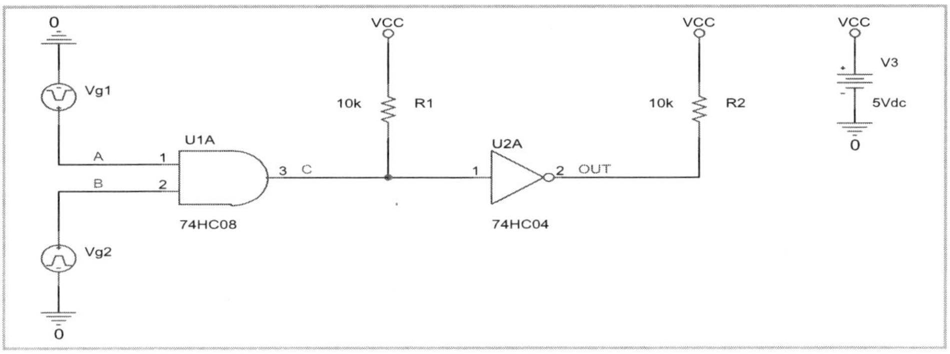

▌그림 10-12▐ AND + NOT 게이트를 이용한 NAND 게이트 회로

1 회로 시뮬레이션 조건

① 직류 전압원(라이브러리명 : SOURCE → VDC)

- 부품 이름/크기 : V_3 = 5Vdc

② 구형파 전압원(라이브러리명 : SOURCE → VPULSE)

- 부품 이름 : V_{g1}, V_{g2}

- 구형파 전압원 조건

Parameter	V_{g1}	V_{g2}
TD(Time Delay, 지연시간)	TD = 0ms	TD = 0.15ms
PER(Period, 주기)	PER = 0.5ms	
TR(Time Rising, 상승시간)	TR = 1ns	
TF(Time Falling, 하강시간)	TF = 1ns	
V_1(초기전압) / V_2(펄스전압)	V_1 = 0V / V_2 = 5V	
PW(Pulse Width, 펄스폭)	PW = 0.25ms	

③ 저항(라이브러리명 : ANOLOG → R)

- 부품 이름/크기 : R_1 = R_2 = 10(kΩ)

④ AND 게이트(라이브러리명 : 74HC → 74HC08, 7400 → 7408)

- 부품 이름 : U_{1A}

⑤ NOT 게이트(라이브러리명 : 74HC→74HC04, 7400→7404)

- 부품 이름 : U_{2A}

⑥ BUBBLE((라이브러리명 : Tool Palette→CAPSYM→VCC)

- 부품 이름 : V_{CC}

⑦ 접지(라이브러리명 : Tool Palette→GND→Source)

- symbol : 0 선택

⑧ Pspice→New Simulation→Name(AND+NOT)→Simulation setting(AND+NOT)→Run to Time : 5ms

2 시뮬레이션 결과

① OR Gate 입력전압(V_A, V_B), 출력전압(V_C), NOT Gate 출력전압(V_{OUT})파형측정

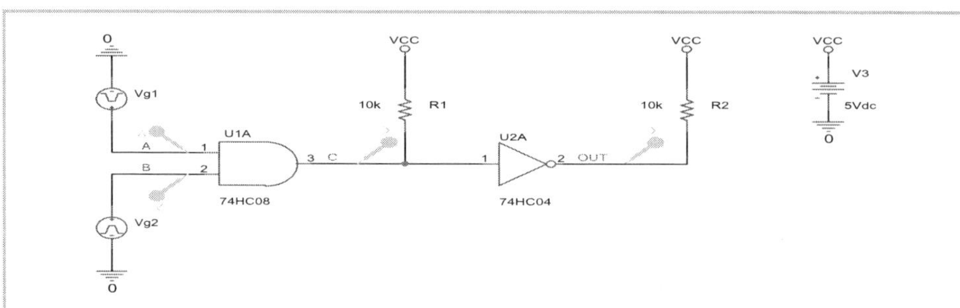

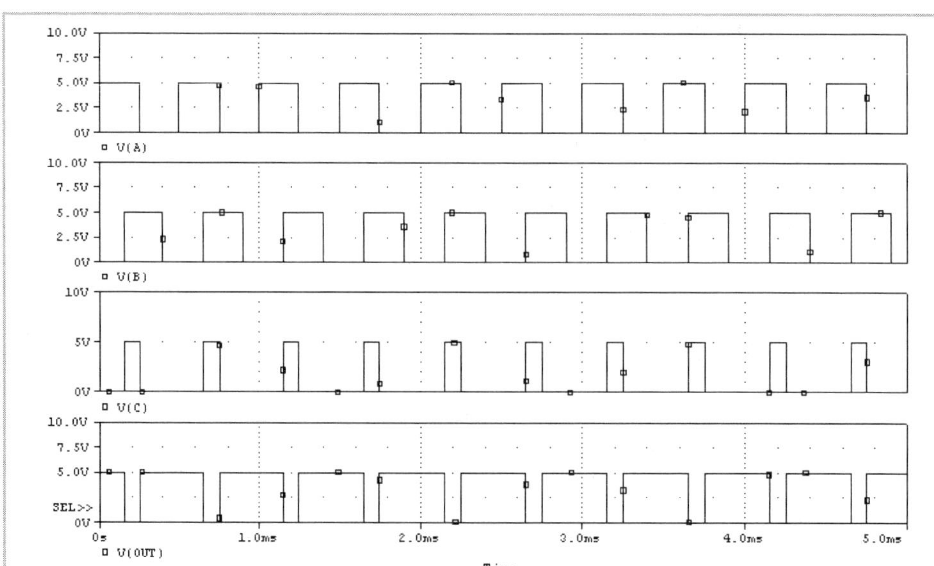

10.13 XOR(Exclusive OR) 게이트 회로

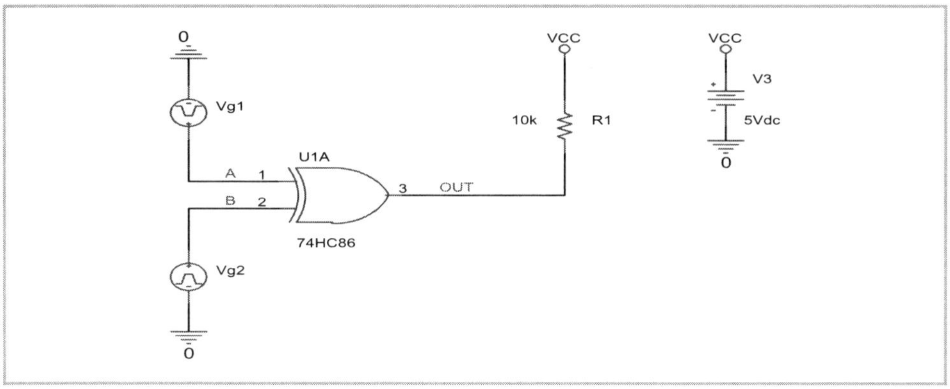

▌그림 10-13▐ XOR 게이트 회로

1 회로 시뮬레이션 조건

① 직류 전압원(라이브러리명 : SOURCE → VDC)

- 부품 이름/크기 : V_3 = $5V_{dc}$

② 구형파 전압원(라이브러리명 : SOURCE → VPULSE)

- 부품 이름 : V_{g1}, V_{g2}
- 구형파 전압원 조건

Parameter	V_{g1}	V_{g2}
TD(Time Delay, 지연시간)	TD = 0ms	TD = 0.15ms
PER(Period, 주기)	PER = 0.5ms	
TR(Time Rising, 상승시간)	TR = 1ns	
TF(Time Falling, 하강시간)	TF = 1ns	
V_1(초기전압) / V_2(펄스전압)	V_1 = 0V / V_2 = 5V	
PW(Pulse Width, 펄스폭)	PW = 0.25ms	

③ 저항(라이브러리명 : ANOLOG → R)

- 부품 이름/크기 : R_1 = 10(kΩ)

④ XOR 게이트(라이브러리명 : 74HC → 74HC86, 7400 → 7486)

- 부품 이름 : U_{1A}

⑤ BUBBLE((라이브러리명 : Tool Palette → CAPSYM → VCC)

- 부품 이름 : V_{CC}

⑥ 접지(라이브러리명 : Tool Palette → GND → Source)

- symbol : 0 선택

⑦ Pspice → New Simulation → Name(XOR) → Simulation setting(XOR) → Run to Time : 5ms

2 시뮬레이션 결과

① XOR Gate 입력전압(V_A, V_B), 출력전압(V_{OUT}) 파형 측정

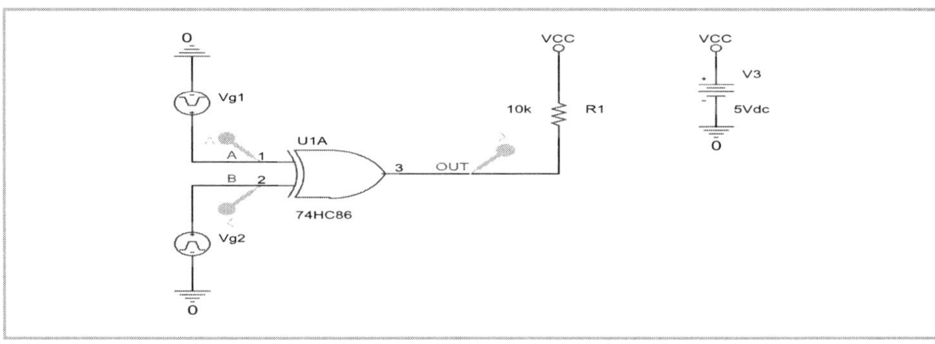

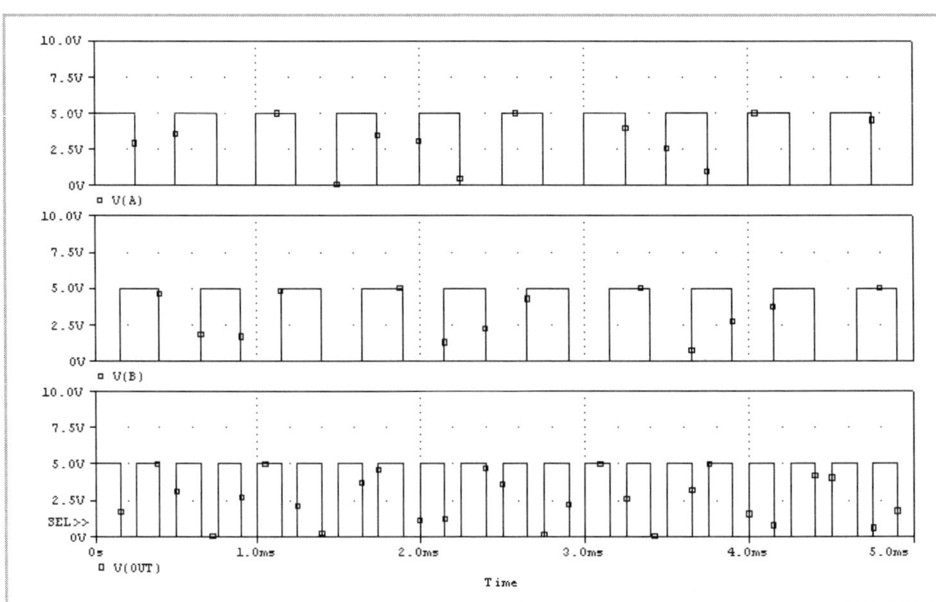

10.14 AND + OR + NOT 게이트를 이용한 XOR 게이트 회로

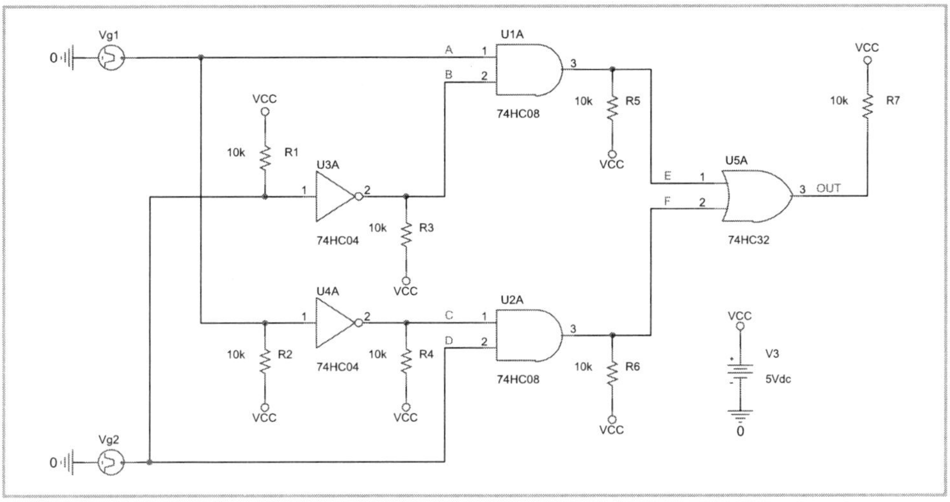

▌그림 10-14▐ AND + OR + NOT 게이트를 이용한 XOR 게이트 회로

1 회로 시뮬레이션 조건

① 직류 전압원(라이브러리명 : SOURCE → VDC)

- 부품 이름/크기 : V_3 = 5Vdc

② 구형파 전압원(라이브러리명 : SOURCE → VPULSE)

- 부품 이름 : V_{g1}, V_{g2}

㉠ 구형파 전압원 조건

Parameter	V_{g1}	V_{g2}
TD(Time Delay, 지연시간)	TD = 0ms	TD = 0.15ms
PER(Period, 주기)	PER = 0.5ms	
TR(Time Rising, 상승시간)	TR = 1ns	
TF(Time Falling, 하강시간)	TF = 1ns	
V_1(초기전압) / V_2(펄스전압)	V1 = 0V / V2 = 5V	
PW(Pulse Width, 펄스폭)	PW = 0.25ms	

③ 저항(라이브러리명 : ANOLOG → R)

- 부품 이름/크기 : R_1 = R_2 = R_3 = R_4 = R_5 = R_6 = R_7 = 10(kΩ)

④ AND 게이트(라이브러리명 : 74HC→74HC08, 7400→7408)

- 부품 이름 : U_{1A}, U_{2A}

⑤ NOT 게이트(라이브러리명 : 74HC→74HC04, 7400→7404)

- 부품 이름 : U_{3A}, U_{4A}

⑥ OR 게이트(라이브러리명 : 74HC→74HC32, 7400→7432)

- 부품 이름 : U_{5A}

⑦ BUBBLE((라이브러리명 : Tool Palette→CAPSYM→VCC)

- 부품 이름 : V_{CC}

⑧ 접지(라이브러리명 : Tool Palette→GND→Source)

- symbol : 0 선택

⑨ Pspice→New Simulation→Name(AND+NOT+OR)→Simulation setting(AND+NOT+OR)→Run to Time : 3ms

2 시뮬레이션 결과

① 각 논리 Gate 입력전압(V_A, V_B, V_C, V_D, V_E, V_F), 출력전압(V_{OUT}) 파형 측정

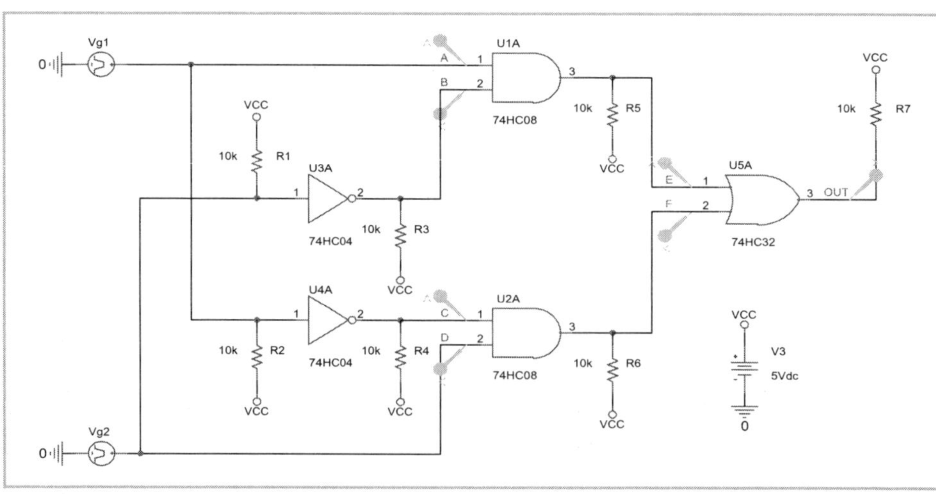

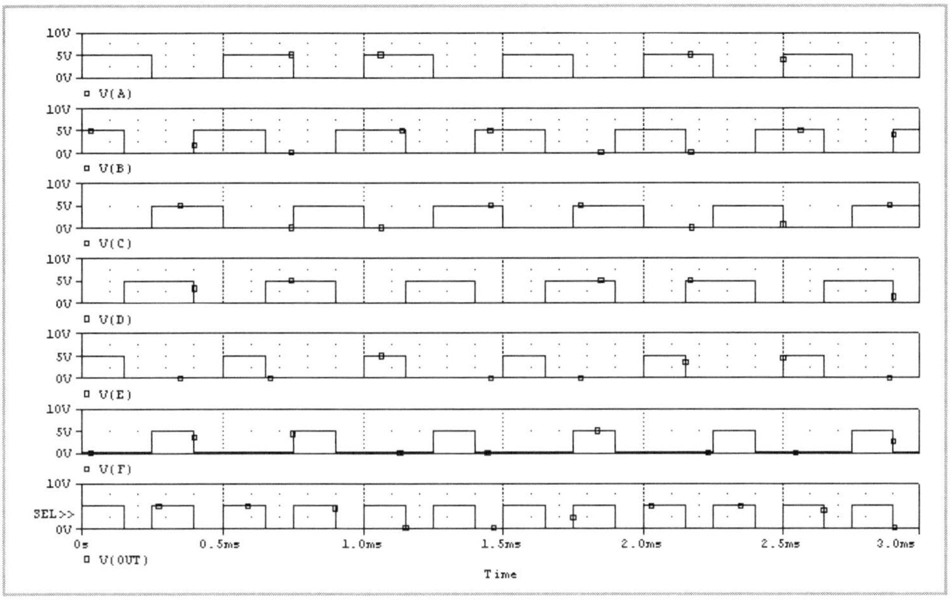

10.15 XNOR(Exclusive NOR) 게이트 회로

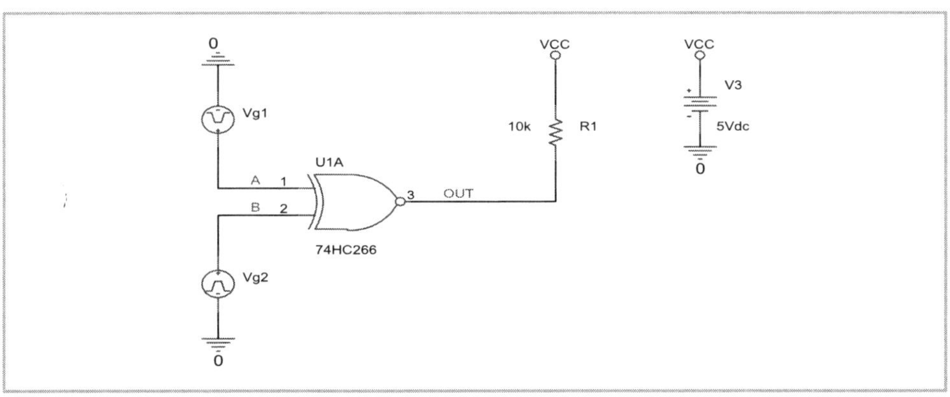

▌그림 10-15▐ XNOR 게이트 회로

1 회로 시뮬레이션 조건

① 직류 전압원(라이브러리명 : SOURCE → VDC)

- 부품 이름/크기 : V_3 = $5V_{dc}$

② 구형파 전압원(라이브러리명 : SOURCE → VPULSE)

- 부품 이름 : V_{g1}, V_{g2}
- 구형파 전압원 조건

Parameter	V_{g1}	V_{g2}
TD(Time Delay, 지연시간)	TD = 0ms	TD = 0.15ms
PER(Period, 주기)	PER = 0.5ms	
TR(Time Rising, 상승시간)	TR = 1ns	
TF(Time Falling, 하강시간)	TF = 1ns	
V_1(초기전압) / V_2(펄스전압)	V1 = 0V / V2 = 5V	
PW(Pulse Width, 펄스폭)	PW = 0.25ms	

③ 저항(라이브러리명 : ANOLOG → R)

- 부품 이름/크기 : R_1 = 10(kΩ)

④ XNOR 게이트(라이브러리명 : 74HC → 74HC266, 7400 → 74266)

- 부품 이름 : U_{1A}

⑤ BUBBLE((라이브러리명 : Tool Palette → CAPSYM → VCC)

- 부품 이름 : V_{CC}

⑥ 접지(라이브러리명 : Tool Palette → GND → Source)

- symbol : 0 선택

⑦ Pspice → New Simulation → Name(XNOR) → Simulation setting(XNOR) → Run to Time : 5ms

2 시뮬레이션 결과

① XNOR Gate 입력전압(V_A, V_B), 출력전압(V_{OUT}) 파형 측정

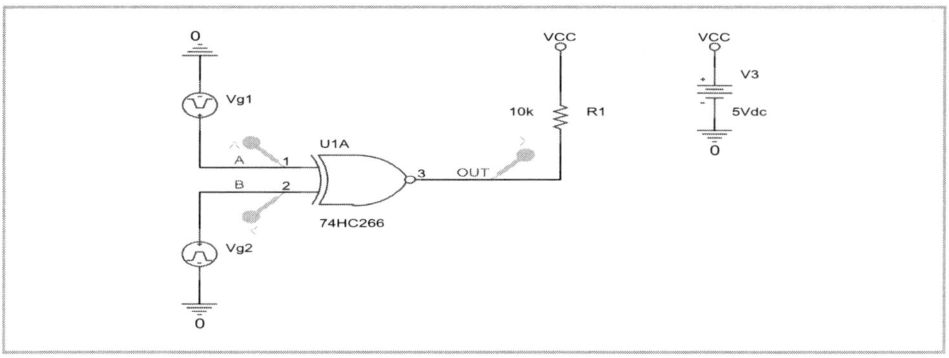

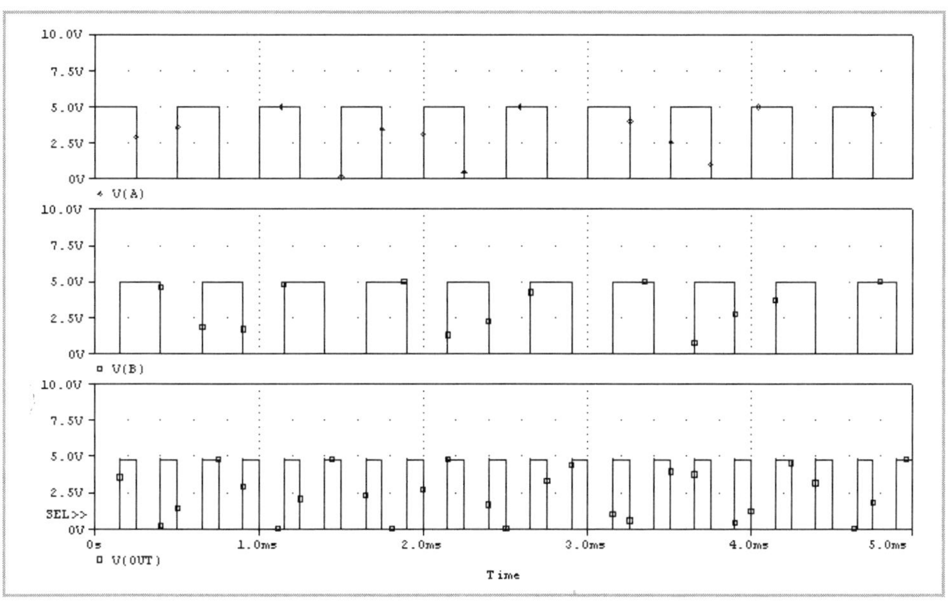

10.16 AND + OR + NOT 게이트를 이용한 XNOR 게이트 회로

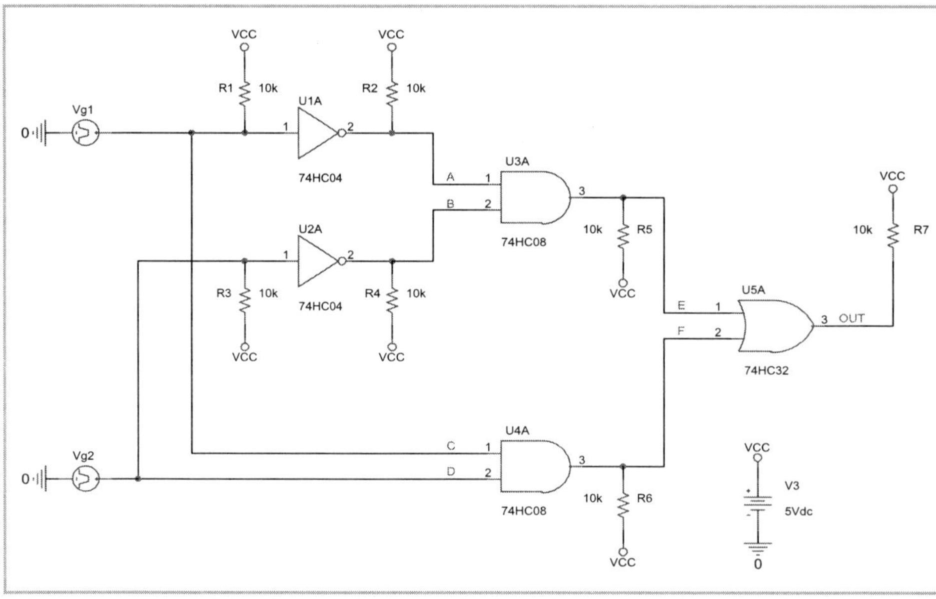

❙그림 10-16❙ AND + OR + NOT 게이트를 이용한 XOR 게이트 회로

1 회로 시뮬레이션 조건

① 직류 전압원(라이브러리명 : SOURCE → VDC)

- 부품 이름/크기 : V_3 = 5V_{dc}

② 구형파 전압원(라이브러리명 : SOURCE → VPULSE)

- 부품 이름 : V_{g1}, V_{g2}
- 구형파 전압원 조건

Parameter	V_{g1}	V_{g2}
TD(Time Delay, 지연시간)	TD = 0ms	TD = 0.15ms
PER(Period, 주기)	PER = 0.5ms	
TR(Time Rising, 상승시간)	TR = 1ns	
TF(Time Falling, 하강시간)	TF = 1ns	
V_1(초기전압) / V_2(펄스전압)	V_1 = 0V / V_2 = 5V	
PW(Pulse Width, 펄스폭)	PW = 0.25ms	

③ 저항(라이브러리명 : ANOLOG → R)

- 부품 이름/크기 : R_1 = R_2 = R_3 = R_4 = R_5 = R_6 = R_7 = 10(kΩ)

④ AND 게이트(라이브러리명 : 74HC → 74HC08, 7400 → 7408)

- 부품 이름 : U_{3A}, U_{4A}

⑤ NOT 게이트(라이브러리명 : 74HC → 74HC04, 7400 → 7404)

- 부품 이름 : U_{1A}, U_{2A}

⑥ OR 게이트(라이브러리명 : 74HC → 74HC32, 7400 → 7432)

- 부품 이름 : U_{5A}

⑦ BUBBLE((라이브러리명 : Tool Palette → CAPSYM → VCC)

- 부품 이름 : V_{CC}

⑧ 접지(라이브러리명 : Tool Palette → GND → Source)

- symbol : 0 선택

⑨ Pspice → New Simulation → Name(AND+NOT+OR) → Simulation setting (AND+NOT+OR) → Run to Time : 3ms

2 시뮬레이션 결과

① 각 논리 Gate 입력전압(V_A, V_B, V_C, V_D, V_E, V_F), 출력전압(V_{OUT}) 파형 측정

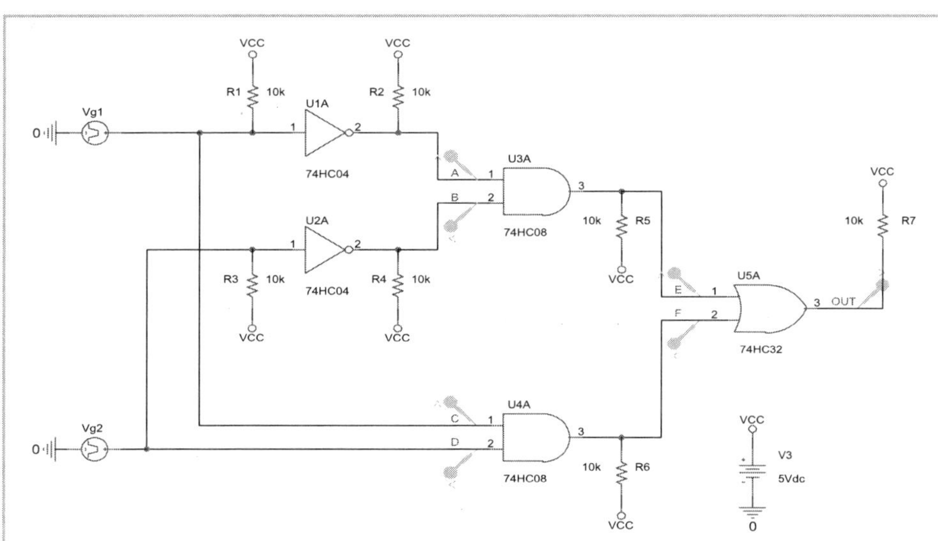

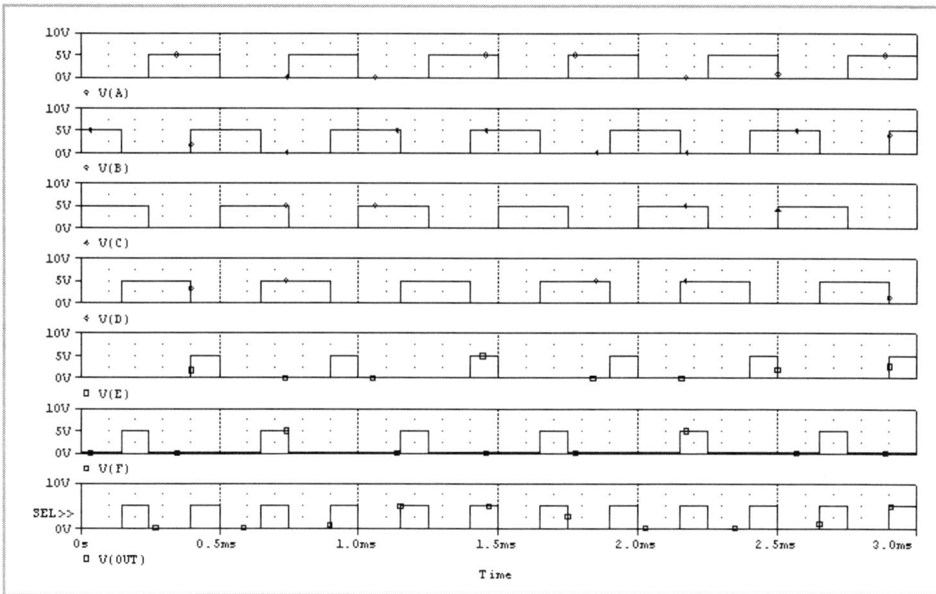
10V
5V
0V
V(A)
V(B)
V(C)
V(D)
V(E)
V(F)
SEL>>
V(OUT)
0s
0.5ms
1.0ms
1.5ms
2.0ms
2.5ms
3.0ms
Time

1. 나인플러스 EDA(주), OrCAD PSpice A/D를 이용한 회로 시뮬레이션 과정.

2. 이승무 저, OrCAD 9.1, 한올출판사, 2005.

3. 최평 외, PSpice 기초와 활용, 복두출판사, 2000.

4. 조준익, PSpice를 이용한 회로 시뮬레이션, 기한재, 2006.

5. 서영수 외, PSPICE와 PSIM 시뮬레이션 중심의 전력전자공학, 동일출판사, 2007.

6. 홍순찬 외, PSpice를 활용한 전력전자공학, 인터비전, 2005.

7. 임남혁 외, 전력전자, 계림, 2007.

8. 김태웅 외, 전력전자회로, 내하출판사, 2005.

저자약력

한 우 용 - 전북대학교 전기공학과 공학사
- 전북대학교 전기공학과 공학석사
- 전북대학교 전기공학과 공학박사
- 전주비전대학 신재생에너지과 교수

박 효 식 - 한양대학교 전기공학과 공학사
- 한양대학교 전기공학과 공학석사
- 한양대학교 전기공학과 공학박사
- (주)현대엘리베이터 기술연구소 선임연구원
- 전주비전대학 신재생에너지과 교수

OrCAD PSpice를 이용한

전력전자공학 시뮬레이션

지 은 이 | 한우용 · 박효식

펴 낸 이 | 김형근

펴 낸 곳 | 도서출판 기한재

주　　소 | 경기도 파주시 회동길 56
(파주출판도시)

전　　화 | 031)955-0900~2

팩　　스 | 031)955-0100

등　　록 | 1990년 3월 15일 제2-968호

발　　행 | 2021년 3월 10일 1판 7쇄

정　　가 | 18,000원

무단 복제 및 무단 전재를 금합니다.

Published by Kihanjae Co.
ISBN 978-89-7018-625-2
http://www.kihanjae.com
E-mail : kihanjae@hanmail.net